Xpert.press

Die Reihe **Xpert.press** vermittelt Professionals in den Bereichen Softwareentwicklung, Internettechnologie und IT-Management aktuell und kompetent relevantes Fachwissen über Technologien und Produkte zur Entwicklung und Anwendung moderner Informationstechnologien.

Rainer Weber

Technologie von Unternehmenssoftware

Mit SAP-Beispielen

Springer Vieweg

Rainer Weber
Fakultät Informatik
Georg-Simon-Ohm-Hochschule Nürnberg
Nürnberg
Deutschland

ISSN 1439-5428
ISBN 978-3-642-24422-3 ISBN 978-3-642-24423-0 (eBook)
DOI 10.1007/978-3-642-24423-0

Die Deutsche Nationalbibliothek verzeichnet diese Publikation in der Deutschen Nationalbibliografie; detaillierte bibliografische Daten sind im Internet über http://dnb.d-nb.de abrufbar.

Springer Vieweg

Gedruckt auf säurefreiem und chlorfrei gebleichtem Papier.

Springer Vieweg ist Teil der Fachverlagsgruppe Springer Science+Business Media
www.springer-vieweg.de

Vorwort

Hören Sie, ich habe reiche Erfahrungen –
auf allen Gebieten des Lebens, des Denkens ... ich bin kein Egoist.
Die Menschheit soll dessen teilhaftig werden.
Die Stühle
Eugène Ionesco[1]

Es ist schon alles gesagt, nur noch nicht von allen.
Karl Valentin[2]

Thema

Das Buch behandelt die technologischen Konzepte von *Unternehmenssoftware*, auch *betriebliche Anwendungssysteme* oder auf Englisch *Enterprise Applications* genannt. Dabei konzentrieren wir uns auf Standardsoftware, da diese heute für Anwendungssysteme überwiegend eingesetzt wird.

Betriebliche Standardsoftware ist seit vielen Jahren auf dem Markt, und es haben sich Grundprinzipien für ihren Aufbau herausgebildet. Ähnlich wie sich in den verschiedenen Teilgebieten der Informatik technologische Konzepte wie der Von-Neumann-Rechner, die Objektorientierung oder das relationale Datenmodell etabliert haben, gibt es bei Unternehmenssoftware zum Beispiel Geschäftsobjekte, die dreistufige Client-Server-Architektur, die daten- und funktionsorientierte Integration von Anwendungssystemen, die Anpassung von Standardsoftware. Zeigen sich die Konzepte teilweise ebenfalls in nicht-betrieblichen Softwaresystemen, so kommen wesentliche Impulse doch von betrieblichen Anwendungssystemen.

[1] Ionesco E (1962) Die Stühle. Der neue Mieter. Reclam Universal-Bibliothek Nr. 8656, Stuttgart, S. 47.

[2] http://www.karl-valentin.de/zitate. Abgerufen am 19.05.2011.

An Literatur, die einen Überblick über die Technologie von Unternehmenssoftware gibt, besteht nach meiner Beobachtung ein Mangel. In Lehrbüchern der Wirtschaftsinformatik wird das Thema meist nur angerissen, aus meiner Sicht zu wenig für Wirtschaftsinformatiker. Für einige Themen, z. B. Data Warehouse Systeme, gibt es zumindest Spezialliteratur, welche auch die technischen Aspekte abdeckt. Für andere Themen steht oftmals nur ausführlichere herstellerbezogene Literatur zur Verfügung, vor allem mit SAP-Bezug.

Das Buch beschränkt sich auf Kernthemen, die für die überwiegende Mehrheit der Wirtschaftsinformatiker von Belang ist und durch die anderen Teilgebiete der Wirtschaftsinformatik nicht abgedeckt sind. Daher wird die Softwaretechnik für große Standardsoftwaresysteme nur am Rande angesprochen. Hierfür gibt es ebenso Grundprinzipien und Programmiertechniken, siehe z. B. Fowler (2002) und Keller und Krüger (2006).

Zielgruppe

Studierende der Wirtschaftsinformatik

Das Buch richtet sich vor allem an Studierende der Wirtschaftsinformatik. In seiner Ausrichtung auf technologische Aspekte von Unternehmenssoftware bildet es die Brücke zwischen den Informatik- und den weiteren Inhalten eines Wirtschaftsinformatikstudiums.

Studierende der Informatik

Weiterhin ist das Buch für Studierende der Informatik von Interesse, die sich beim Studium der Architektur von Softwaresystemen betriebliche Anwendungssysteme genauer ansehen möchten. Und generell etwas über Anwendungssysteme erfahren wollen oder speziell über SAP-Software.

Praktiker

Und schließlich können es Praktiker in der Wirtschaft nutzen, welche mit betrieblichen Anwendungen bereits vertraut sind und einen Überblick über die Technologie von Unternehmenssoftware, vielleicht speziell von SAP-Systemen, erhalten möchten.

Merkmale des Buchs

Kurz und bündig

Wer liest gerne ein dickes Fachbuch? Meine Erfahrung ist, dass Leser – Studierende und andere – bei Fachbüchern die knappe Form bevorzugen. Aus meiner Sicht ist es für das Studium ausreichend, sich auf die wesentlichen Aspekte zu konzentrieren, diese dafür langfristig zu behalten. Bewusst wird nicht die vollständige Abdeckung aller Facetten angestrebt, sondern eine Auswahl gemäß Wichtigkeit und Ausgewogenheit getroffen. In dem Sinne wird ein barocker Stil vermieden und ein minimalistischer angestrebt.

Einpassung zu angrenzenden Gebieten

Passend zur Knappheit wird große Redundanz vermieden. Daher behandelt das Buch jene Inhalte nicht, welche bereits angrenzende Gebiete des Studiums abdecken. Ein Grundwissen darüber wird vorausgesetzt. Dies sind zum einen übliche Informatikinhalte wie Rechnerarchitektur, Betriebssysteme, Datenbanken, Kommunikationsnetze, insbesondere TCP/IP, HTTP und Internettechnologie, Programmierung und Softwaretechnik, vor allem UML. Zum anderen wird in der Wirtschaftsinformatik ein Grundverständnis von der Funktionalität, nicht jedoch von der Technologie von Unternehmenssoftware vorausgesetzt. So ist zum Beispiel ein erster Umgang mit SAP ERP hilfreich. Auf den Inhalt von Unternehmenssoftware wird nur in Beispielen eingegangen. In einzelnen Fällen mag es sein, dass Teile des Buchs bereits an anderer Stelle im Studium behandelt sind, z. B. die Themen XML und Web-Services.

Nachhaltigkeit

Der Inhalt soll langfristig von Nutzen sein, auch wenn sich die Technologie schnell entwickelt. Ein langlebiges, abstrahiertes Wissen ist sinnvoll, entsprechend sind die Konzepte herauszuarbeiten. Es soll möglichst von Modewellen losgelöst sein, welche in der Wirtschaftsinformatik ausgeprägt sind; sie geben zwar neue Anregungen und bestimmen die Richtung mit, blühen aber durch ihre Zugespitztheit oftmals nur kurzzeitig auf. In diesem Sinne ist in diesem Buch zum Beispiel die serviceorientierte Architektur großenteils in die funktionsorientierte Integration eingebettet, ein langfristig gültiges Konzept und bereits in Vorgängertechnologien, wie RPC oder CORBA angelegt. Motiviert von diesem Anliegen werden in Kap. 16 zentrale Paradigmen summarisch mit Kapitelbezug aufgelistet und damit explizit gemacht.

Durchgängig SAP-Beispiele

Nach der Darstellung eines Konzepts erscheint zur Illustration häufig ein SAP-Beispiel. Die durchgängige Wahl von SAP-Beispielen ist dadurch begründet, dass ich mit SAP-Software gegenüber anderen Produkten am besten vertraut bin. Zudem ist die Software weit verbreitet. Und schließlich spielen didaktische, motivationssteigernde Gründe eine Rolle: Die Studierenden spüren, dass die nachhaltigen Konzepte aktuelle Bedeutung haben und schätzen, dass ihr „Marktwert" mit diesen Kenntnissen steigt. Für den Praktiker, der sich über die Technologie von Unternehmenssoftware informieren möchte, mag der Bezug zu einer vorhandenen, vielleicht „seiner" Software, ebenso ein Pluspunkt sein. Die SAP-Beispiele sollen jedoch weder eine umfassende Darstellung der Produkte noch eine Produktschulung sein.

Wer es gerne herstellerunabhängig mag, kann einfach die Abschnitte der SAP-Beispiele überspringen. Das Buch ist auch ohne diese verständlich (bis auf Kap. 3, welches eine Sonderrolle einnimmt). Ich selbst lerne allerdings gerne am Beispiel und empfinde es als schade, wenn selbst in praxisnäheren akademischen Büchern Produktbeispiele fehlen, vorgeblich, weil sich die technischen Facetten zu schnell ändern.

Anwendungsbeispiel Einkauf

Da sich das Buch auf die Technologie von Unternehmenssoftware konzentriert, sind tiefere betriebswirtschaftliche Kenntnisse nicht erforderlich. Beispiele aus Anwendungen helfen jedoch zum Verständnis. Ich verwende durchgängig solche aus dem Einkauf. Wegen der Durchgängigkeit brauchen Sie sich nur einmal in die Anwendung eindenken. Der Einkauf wurde gewählt, weil er leicht mit gesundem Menschenverstand zu durchdringen ist, anders als zum Beispiel das Rechnungswesen.

Verständnis durch Anwendung in Übungen

Der Inhalt wird durch Übungsaufgaben gefestigt. Dabei wird bewusst auf Lernfragen verzichtet, stattdessen wird auf die Anwendung des Gelernten Wert gelegt. Nach meiner Erfahrung „setzt" sich erst dadurch das Wissen bei den Studierenden. Gelegentlich wird Inhalt allein durch eine Übung vermittelt, um ihn dadurch zu „erfahren". Für alle Übungsaufgaben sind Lösungsskizzen angegeben. Für einige ist der Zugang zu einem SAP-System nötig, meist zu einem SAP ERP System, oft mit IDES-Inhalt[3], für einen Teil der Übungen im Kapitel über analytische Systeme zu einem SAP Business Warehouse. Nach meiner Erfahrung haben die meisten Hochschulen im deutschsprachigen Raum über die Einrichtung der SAP University Competence Center[4] Zugriff auf ein SAP ERP System, viele auch auf ein SAP Business Warehouse, so dass dies selten eine Hürde sein dürfte. Im Kapitel über funktionsorientierte Integration wird das Microsoft Visual Studio zur Entwicklung eines Web-Service verwendet. Nach meiner Erfahrung wird dies ebenfalls an den meisten Hochschulen kein Hindernis darstellen.

Abgeschlossene Kapitel

Die Kapitel sind weitgehend in sich abgeschlossen, inklusive Literaturhinweise. Dadurch ist es möglich, nur einzelne Kapitel zu lesen oder die Kapitel in einer anderen Reihenfolge. Der Zusammenhang der Kapitel ist im Abschnitt „Aufbau" dargelegt.

Überblick, Details und Literaturverweise

Ich möchte die Interessen zweier Lesergruppen vereinen: „Normalleser/Überblick reicht" und „Fortgeschrittene/Das will ich genauer wissen". Einem Leser der Lesergruppe „Normalleser/Überblick reicht" soll das Buch einen Überblick über die grundlegende Technologie von Unternehmenssoftware vermitteln. Für die Lesergruppe „Fortgeschrittene/Das will ich genauer wissen" wird für Details auf speziellere Literatur verwiesen: Zum einen im Abschnitt „Weiterführende Literatur" am Ende jedes Kapitels, zum anderen finden sich gelegentlich auch im Text Details mit genauen Literaturverweisen, als Beleg und zum gründlicheren Nachvollziehen.

Bei der weiterführenden Literatur und oftmals ebenso bei der zitierten wird in der Regel auf solche Werke verwiesen, mit denen eine tiefere Einarbeitung leicht möglich ist. Daher wird eher auf lehrbuchartige Literatur verwiesen als – wissenschaftlich korrekter – auf Originalliteratur. Zum Beispiel nicht auf die 500-seitige Spezifikation von BPMN 2.0, sondern auf ein Buch, worin das Thema didaktisch und umfassend behandelt wird.

[3] IDES ist ein Modellunternehmen für Demonstrations- und Schulungszwecke, welches SAP als Inhalt eines Mandanten bereitstellt. Dadurch kann beim Umgang mit dem System auf Customizing-, Stamm- und Bewegungsdaten aufgesetzt werden.

[4] http://www.sap-ucc.com/emea. Abgerufen am 14.04.2011.

Aufbau

Das Buch gliedert sich in drei Teile:

Teil I: Anwendungssysteme und Systemlandschaft

Teil I befasst sich mit der Technologie und den Modellierungskonzepten einzelner Typen von Anwendungssystemen sowie ihrem Zusammenwirken in einer Systemlandschaft.

Kapitel 1 stellt ein Schichtenmodell zur Einordnung vor und gibt einen Überblick über Teil I.

Kapitel 2 behandelt die Modellierungssicht operativer Systeme: Geschäftsdaten, Geschäftsobjekte, Geschäftsprozesse und Geschäftsschnittstellen. Diese Konzepte sind ebenso für die weiteren Systemtypen bedeutsam. SAP ERP und Beispiele aus der SAP NetWeaver Technologie für die behandelten Modellierungskonzepte, z. B. das ABAP-Dictionary und diverse Geschäftsobjektkonzepte bis hin zu Business Objects in Enterprise SOA, werden verwendet.

In Kap. 3 geht es um die Client-Server-Architektur als die technische Infrastruktur aller Systemtypen, gleichsam der „Motor" eines Anwendungssystems. Sie wird weitgehend am Beispiel von SAP-Software erklärt. Daneben werden kurz alternative Architekturen, die Java Enterprise Edition sowie Microsoft.NET, angesprochen.

Kapitel 4 behandelt analytische Systeme, speziell Data Warehouse Systeme, die sich vom Aufbau und der Modellierungssicht her von operativen Systemen unterscheiden. Hier und in den nächsten beiden Kapiteln wird motiviert, weswegen weitere Systeme neben dem als „eierlegende Wollmilchsau" erscheinenden ERP-System sinnvoll sein können. Das neuere Konzept der Hauptspeicherdatenbanken wird angesprochen. Beispiel: SAP Business Warehouse.

In Kap. 5 werden Planungssysteme an Hand von Supply Chain Management Systemen dargestellt. Beispiel: SAP Supply Chain Management.

Kapitel 6 führt den Begriff der Systemlandschaft ein, der Zusammenschluss mehrerer Anwendungssysteme. Beispiele: SAP System Landscape Directory, SAP NetWeaver Master Data Management und SAP Customer Relationship Management. Neben dem „klassischen" Fall werden neuere Architektur- und Organisationsansätze dargestellt: Die serviceorientierte Architektur und Cloud-Computing, auch am Beispiel von SAP Business ByDesign.

Teil II: Integrationstechniken

Das Thema von Teil II sind Integrationstechniken, mit welchen Anwendungssysteme in einer Systemlandschaft verbunden werden.

Kapitel 7 gibt einen Überblick über die Integrationstechniken.

Kapitel 8 stellt die erste vor: die Integration über die Benutzeroberfläche, dargestellt an Hand von Portalsystemen. Beispiel: SAP NetWeaver Portal.

Kapitel 9 behandelt die Integration über Datenaustausch. XML steht stellvertretend für Techniken zum Austausch strukturierter Geschäftsdaten. Beispiel: Datenaustauschkonzepte in SAP-Software.

Kapitel 10 hat die funktionsorientierte Integration zum Thema, erläutert vor allem mittels Web-Services. Beispiele: SAP Business Application Programming Interface (BAPI), SAP Enterprise SOA.

Kapitel 11 stellt die nachrichtenorientierte Infrastruktur vor, welche die datenaustausch- und funktionsorientierte Integration unterstützt. Beispiel: SAP NetWeaver Process Integration.

In Kap. 12 geht es um die geschäftsprozessorientierte Integration, einschließlich systemübergreifender Geschäftsprozesse. Beispiele: SAP Business Workflow, SAP NetWeaver BPM, SAP Records Management.

Teil III: Lebenszyklus

Teil III dreht sich nicht mehr um Systemstrukturen, sondern um Methoden, welche beim Einsatz von Unternehmenssoftware angewendet werden, insbesondere bei deren Einführung und Betrieb. Er bietet die technische Schnittstelle zum Informationsmanagement.

Kapitel 13 gibt einen Überblick über den Teil und zeigt ein Phasenmodell für den Lebenszyklus einer Systemlandschaft auf. In den Folgekapiteln werden zwei wichtige Phasen herausgegriffen.

Kapitel 14 behandelt die Anpassung von Standardsoftware mit unterschiedlichen Mitteln. Beispiele: Customizing in SAP-Systemen, Eigenentwicklung mit ABAP, SAP Änderungs- und Transportwesen, SAP Business Add-in, Anpassung in SAP Business ByDesign und in SAP Records Management.

Kapitel 15 zeigt Aufgaben der Systemadministration. Beispiele: SAP-Berechtigungswesen, Systemüberwachung und Problembearbeitung für SAP-Systeme, SAP Solution Manager, Archivierung in SAP-Software.

Kapitel 16 schließt mit einer Zusammenfassung und einem Denkanstoß, wie Unternehmenssoftware heute ist und wie sie gewünscht wäre. Im Kapitel findet sich auch eine Übersicht über abstrakte Konzepte, welche in den verschiedenen Kapiteln des Buchs am Beispiel angesprochen wurden. Damit versucht es, das „Denken in Strukturen“, ein oft angesprochener Nutzen abstrakter Wissenschaften wie der Informatik und der Mathematik, explizit zu machen.

Dank

Einige Fachkundige aus der Wirtschaft (Softwareanbieter, Beratungsunternehmen, Anwender) und aus der Hochschule haben Kapitelentwürfe gelesen, nützliche Anregungen gegeben und Verbesserungsvorschläge gemacht. Ich danke diesen Probelesern, namentlich Oliver Fischer, Peter Rausch, Joachim Scheja, Christian Schiedermeier, Klemens Schmid und Arnulf Zitzelsberger. In gleicher Weise danke ich meinem Lektor, Herrn Hermann Engesser.

Literatur

Weiterführende Literatur

Eigentlich müsste man für dieses Kapitel schreiben „wegführende Literatur", denn die folgende Literatur setzt das Thema entweder in betriebswirtschaftlicher oder informatischer Richtung fort. Somit ist die Literatur komplementär zu diesem Buch zu sehen.

Zum einen also die Bücher aus eher *betriebswirtschaftlicher* Sicht, d. h. der in Systemen enthaltenen Anwendungen; die Technologie steht dort nicht im Zentrum, wenngleich dem Thema im folgenden Buch ein Kapitel gewidmet ist:

Gronau N (2010) Enterprise Resource Planning: Architektur, Funktionen und Management von ERP-Systemen. 2. Auflage. Oldenbourg, München

Mertens P (2009) Integrierte Informationsverarbeitung 1: Operative Systeme in der Industrie. 17. Auflage. Gabler, Wiesbaden

Mertens P, Meier M (2008) Integrierte Informationsverarbeitung 2: Planungs- und Kontrollsysteme in der Industrie. 10. Auflage. Gabler, Wiesbaden

Zum anderen die näher an der Technologie verteilter Systeme angesiedelte Literatur, d. h. die *informatische*. Sie betrifft vor allem Teil II und Kap. 3. Hier gibt es mehr Berührung und teilweise Überlappung als bei der ersten genannten Kategorie:

Coulouris G, Dollimore J, Kindberg T (2002) Verteilte Systeme. 3. Auflage. Pearson Studium, München

Illik JA (2007) Verteilte Systeme. Expert, Renningen

Mandl P (2009) Master-Kurs Verteilte betriebliche Informationssysteme. Vieweg+Teubner, Wiesbaden

Tanenbaum A, van Steen M (2007) Verteilte Systeme. 2. Auflage. Pearson Studium, München

Weitere zitierte Literatur

- Fowler M (2002) Patterns of Enterprise Application Architecture. Addison-Wesley Longman, Amsterdam
- Keller H, Krüger S (2006) ABAP Objects. 3. Auflage. Galileo Press, Bonn

Abkürzungsverzeichnis

ABAP	Advanced Business Application Programming (früher: Allgemeiner Berichtsaufbereitungsprozessor)
ACID	Atomicity, Consistency, Isolation, Durability
ADK	Archive Development Kit
ALE	Application Link Enabling
ANSI	American National Standards Institute
API	Application Programming Interface
APO	Advanced Planner and Optimizer
AS	Applikationsserver
ASP	Application Service Providing
asXML	ABAP Serialization XML
A2A	Application to Application
BAM	Business Activity Monitoring
BAPI	Business Application Programming Interface
Banf	Bestellanforderung
BDE	Betriebsdatenerfassung
BEx	Business Explorer
BI	Business Intelligence
BPEL	Business Process Execution Language
BPM	Business Process Management
BPMN	Business Process Model and Notation (früher: Business Process Modelling Notation)
BUS	Business Object
BW	Business Warehouse
BWA	Business Warehouse Accelerator
B2B	Business to Business
CAD	Computer Aided Design
CDR	Common Data Representation
CICS	Customer Information Control System
CIF	Core Interface

CIM	Common Information Model
CO	Controlling
CORBA	Common Object Request Broker Architecture
CPU	Central Processing Unit
CRM	Customer Relationship Management
CRUD	create, read, update, delete
CSV	Comma (oder: Character) separated Value
DB	Datenbank
DCE	Distributed Computing Environment
DIM-ID	Dimensionsidentifikator
DLL	Dynamic Link Library
DMTF	Distributed Management Task Force
DOM	Document Object Model
DSO	Data Store Object
DSS	Decision Support System
DWH	Data Warehouse
Dynpro	Dynamisches Programm
EAI	Enterprise Application Integration
ECC	Enterprise Central Component
EDI	Electronic Data Interchange
EDIFACT	Electronic Data Interchange Format for Administration, Commerce and Transport
EIS	Executive Information System
EJB	Enterprise Java Bean
EM	Event Management
EPK	Ereignisgesteuerte Prozesskette
ERP	Enterprise Resource Planning
ETL	Extraktion, Transformation, Laden
FI	Financials (Finanzwesen)
GB	Gigabyte (2^{30} Byte)
GUI	Graphical User Interface
HR	Human Resources (Personalwesen)
HTML	Hypertext Markup Language
HTTP	Hypertext Transfer Protocol
IBM	Industrial Business Machines
ICF	Internet Communication Framework
ICM	Internet Communication Manager
ID	Identification, Identifier
IDES	Internet Demonstration and Evaluation System (früher: International Demonstration and Education System)
IDL	Interface Definition Language
IDoc	Intermediate Document
IEEE	Institute of Electrical and Electronics Engineers
ISDN	Integrated Services Digital Network

ISO	International Organization for Standardization
IT	Informationstechnik
ITS	Internet Transaction Server
iView	Integrated View
JAAS	Java Authentication and Authorization Services
Java EE	Java Enterprise Edition
JAXP	Java API for XML Processing
JCA	Java Connector Architecture
JCo	Java Connector
JDBC	Java Database Connectivity
JEE	Java Enterprise Edition
JMS	Java Messaging Service
JNDI	Java Naming and Directory Interface
JSP	Java Server Page
JTA	Java Transaction API
J2EE	Java 2 Enterprise Edition
KB	Kilobyte
LUW	Logical Unit of Work
MB	Megabyte (2^{20} Byte)
MDM	Master Data Management
MIS	Management Information System
MM	Materials Management (Materialwirtschaft)
MOLAP	Multidimensional OLAP
MTE	Monitoring Tree Element
OASIS	Organization for the Advancement of Structured Information Standards
ODS	Operational Data Store
OLAP	Online Analytical Processing
OLTP	Online Transaction Processing
OMG	Object Management Group
OSI	Open Systems Interconnection
PB	Petabyte (2^{50} Byte)
PC	Personal Computer
PDF	Portable Document Format
PLM	Product Lifecycle Management
POP3	Post Office Protocol 3
PP	Production Planning (Produktionsplanung)
PSA	Persistent Staging Area
qRFC	queued RFC
RAC	Real Application Cluster
RFC	Remote Function Call
RMI	Remote Method Invocation
ROLAP	Relational OLAP
RPC	Remote Procedure Call

RTF	Rich Text Format
R/2	Real-time System Version 2 (eigentlich keine Abkürzung)
R/3	Real-time System Version 3 (eigentlich keine Abkürzung)
SaaS	Software as a Service
SAP	Systeme, Anwendungen und Produkte in der Datenverarbeitung
SAP PI	SAP Process Integration
SAPS	SAP Application Benchmark Performance Standard
SAX	Simple API for XML
SCM	Supply Chain Management
SD	Sales and Distribution (Vertrieb)
SID	Stammdaten-Identifikationsnummer
SLD	System Landscape Directory
SMI	Supplier Managed Inventory
SMTP	Simple Mail Transfer Protocol
SOA	Serviceorientierte Architektur
SOAP	Früher eine Abkürzung für „Simple Object Access Protocol“
SPOF	Single Point of Failure
SQL	Structured Query Language
SRM	Supplier Relationship Management
SSO	Single Sign-on
TB	Terabyte (2^{40} Byte)
TCO	Total Cost of Ownership
TCP/IP	Transmission Control Protocol und Internet Protocol
TP-Monitor	Transaction Processing Monitor
tRFC	transaktionaler RFC
UDDI	Universal Description, Discovery and Integration
UML	Unified Modeling Language
URI	Universal Resource Identifier
URL	Universal Resource Locator
VMI	Vendor Managed Inventory
WfMC	Workflow Management Coalition
WS	Web Service
WSDL	Web Service Description Language
WS-I	Web Service Interoperability Organization
W3C	World Wide Web Consortium
WORM	Write Once, Read Multiple
XDR	eXternal Data Representation
XML	eXtended Markup Language
XSL	Extensible Stylesheet Language
XSLT	XSL Transformations
ZBV	Zentrale Benutzerverwaltung

Inhaltsverzeichnis

Teil III Lebenszyklus

Teil I
Anwendungssysteme und Systemlandschaft

Kapitel 1
Überblick über Teil I

Gibt es Sektoren, die dich besonders interessieren. *Pause*. Oder bloß alles?
Endspiel
Samuel Beckett[1]

Zusammenfassung

Dieses Kapitel dient als Rahmen für die Folgekapitel, welche sich alle mit Technologie- und Modellierungskonzepten unterschiedlicher Typen von Anwendungssystemen und ihrem Zusammenschluss zu einer Systemlandschaft befassen. Ein Schichtenmodell für Anwendungssysteme wird zur Einordnung vorgestellt.

Lernziel

Ein Schichtenmodell für Anwendungssysteme als Rahmen für das Folgende kennenlernen.

Wenn Sie dieses Buch lesen und sich somit für die Technologie von Unternehmenssoftware interessieren, haben Sie sicherlich bereits ein Grundverständnis von einem Anwendungssystem. Im Augenblick reicht es aus, sich darunter ein Softwaresystem vorzustellen, welches betriebliche Anwendungsprogramme beinhaltet und eine eigene Datenhaltung in Form einer Datenbank hat. Im Verlaufe des Buches werden wir dies konkretisieren.

Ein erster Ansatz dazu ist das folgende Schichtenmodell (Abb. 1.1). Schichtenmodelle dieser Art finden sich in leicht unterschiedlicher Form häufig in der

[1] Beckett S (1974) Endspiel. Suhrkamp Taschenbuch 171, erste Auflage 1974, Frankfurt a. M., S. 103.

R. Weber, *Technologie von Unternehmenssoftware*, DOI 10.1007/978-3-642-24423-0_1,

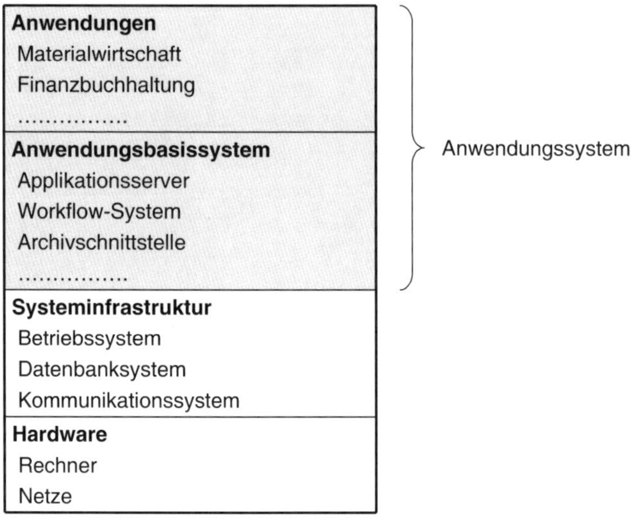

Abb. 1.1 Schichtenmodell von Anwendungssystemen

Literatur, so etwa die Architektur-Modellpyramide in Keller (2007, S. 22). Auf der untersten Schicht unseres Schichtenmodelles befindet sich die *Hardware*, also Rechner inklusive aller Peripheriegeräte und Kommunikationsnetze, welche die Rechner verbinden. Eine Schicht darüber ist die *Systeminfrastruktur*, d. h. die Systemsoftware im weiteren Sinne. Sie umfasst das Betriebssystem, die Kommunikationssoftware (meist TCP/IP-basiert) zur Nutzung von Rechnernetzen und das Datenbanksystem, was so gut wie immer in einem betrieblichen Anwendungssystem verwendet wird.

Prinzipiell wäre es möglich, ein Anwendungssystem bereits auf der Schicht der Systeminfrastruktur aufbauend zu entwickeln. Es zeigt sich jedoch, dass für Anwendungssysteme typische Basisfunktionalität identifiziert werden kann, welche von jeglicher betriebswirtschaftlichen Anwendung genutzt werden kann. Diese in einer Schicht bereitzustellen, vereinfacht die Anwendungsentwicklung erheblich. Daher gibt es als Brücke zwischen Anwendungen und Systeminfrastruktur das, was wir in diesem Buch *Anwendungsbasissystem* nennen[2]. Es deckt sich in etwa mit dem, was im IT-Jargon als *Middleware* bezeichnet wird. Es umfasst eine Vielzahl von anwendungsunabhängigen Funktionen, etwa ein Laufzeitsystem, Programmierschnittstellen zur Transaktionsverwaltung, zur Kommunikation über

[2] Um SAP-Kundigen den Zusammenhang aufzuzeigen: das Anwendungsbasissystem im engeren Sinne ist dort die dreistufige Client-Server-Architektur, insbesondere der Applikationsserver und die Dienste, die dort verfügbar sind. Mit anderen Worten: Ein Teil von SAP NetWeaver(Heilig und Karch 2008), nämlich die SAP NetWeaver Application Platform. Im weiteren Sinne wäre es ganz SAP NetWeaver, verschiedene weitere Teile werden in diesem Buch ebenfalls eine Rolle spielen.

HTTP, zum Archivieren von Altdaten oder ein Workflow-System zur Steuerung von Geschäftsprozessen.

Fügt man zum Anwendungsbasissystem den „betriebswirtschaftlichen Inhalt" hinzu, also die *Anwendungen* (Anwendungsprogramme), erhält man ein *Anwendungssystem*. Allerdings kann das Anwendungssystem nicht sofort nach der Installation eingesetzt werden, die unternehmensspezifischen Einstellungen müssen zuvor konfiguriert werden (Customizing).

In diesem Buch beschäftigen wir uns kaum mit jenen Schichten, welche bereits umfangreich in der Informatik behandelt werden (Hardware, Systeminfrastruktur). Wir konzentrieren uns vielmehr auf das Anwendungsbasissystem und die Technologie- und Modellierungsaspekte von Anwendungssystemen.

In heute verfügbaren Anwendungssystemen zeigt sich, dass zwischen verschiedenen Realisierungen der unteren Schichten M:N-Verwendungsbeziehungen bestehen, was man *Plattformunabhängigkeit* nennt:

- Eine Systeminfrastruktur kann auf unterschiedlicher Hardware lauffähig sein, z. B. läuft das Betriebssystem Linux auf unterschiedlichen Rechnern. Umgekehrt lassen sich für eine Hardware unterschiedliche Systeminfrastrukturen nutzen.
- Gleiches gilt für die Beziehung zwischen Anwendungsbasissystem und Systeminfrastruktur. Dies ist insbesondere deswegen vorteilhaft, weil die Nutzungsdauer von Unternehmenssoftware meist wesentlich länger als die einer Systemsoftwareversion ist (Buck-Emden 1999, S. 119).

Lediglich das Anwendungsbasissystem und das Anwendungssystem sind nicht immer derart entkoppelt. Bei SAP-Software, welche den SAP NetWeaver Applikationsserver ABAP verwendet (siehe Kap. 3), herrscht zum Beispiel eine sehr enge Kopplung. Bei Anwendungsbasissystemen, welche auf der Java Enterprise Edition aufbauen (siehe ebenfalls Kap. 3), sind sie dagegen prinzipiell entkoppelt.

In unserem Modell ist die Anwendungsschicht untergliedert in die Teilschichten bzw. Ebenen (Abb. 1.2):

- *Geschäftsdaten*: Sie werden im Datenbanksystem persistent, d. h. dauerhaft, gespeichert.
- *Geschäftsobjekte*: Im Sinne einer objektorientierten Modellierung werden damit neben den Daten auch die betrieblichen Funktionen abgebildet.
- *Geschäftsprozesse*: Darin geschieht die Verkettung der betrieblichen Funktionen.

Daneben gibt es *Geschäftsschnittstellen*, die auf allen Teilschichten möglich sind.

Diese Begriffe werden ausführlich in Kap. 2 behandelt.

Nun haben viele Unternehmen nicht nur ein betriebliches Anwendungssystem im Einsatz, sondern mehrere, welche zusammenwirken und funktional spezialisiert sind: neben operativen Systemen für das Tagesgeschäft gibt es analytische Systeme für die Auswertung von Daten und Planungssysteme, behandelt in den Kap. 4 und 5. Sie werden in einer *Systemlandschaft* integriert (Abb. 1.3). Vereinfachend sind nur zwei Systeme dargestellt, darin nur die Schicht „Anwendungen", weil sie vorran-

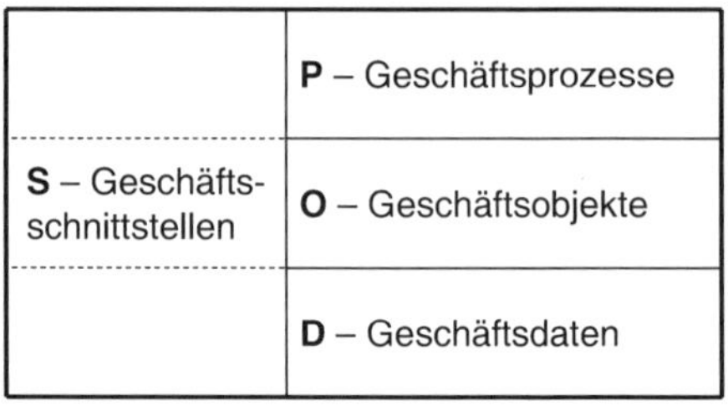

Abb. 1.2 Schichten der Anwendungen

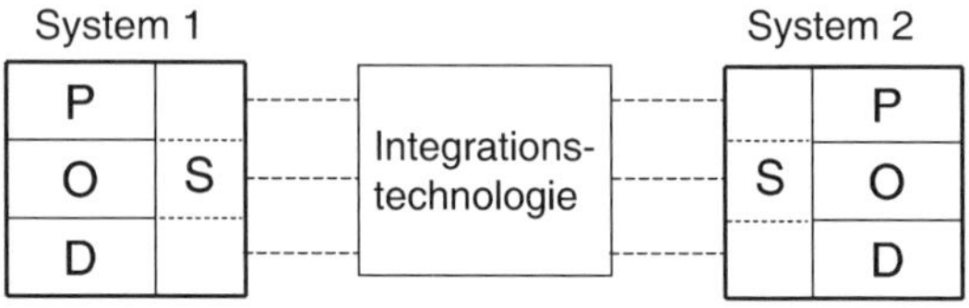

Abb. 1.3 Systemlandschaft

gig für diese Betrachtung wichtig ist. Jedes Anwendungssystem hat seine eigenen Geschäftsdaten, Geschäftsobjekte und Geschäftsprozesse.

Darüber hinaus gibt es systemübergreifende Geschäftsprozesse, deren Schritte Funktionalität verschiedener Systeme verwenden. Solche Prozesse können unter einer systemübergreifenden Geschäftsprozesssteuerung stehen. Dies lässt sich durch ein übergeordnetes System realisieren, welches für die Steuerung der Teilsysteme zuständig ist. Ein systemübergreifender Geschäftsprozess kann aber auch, zumindest virtuell, dadurch entstehen, dass interne Geschäftsprozesse der Systeme 1 und 2 miteinander kommunizieren, meist durch Nachrichtenaustausch. Beides, systemübergreifende Geschäftsprozesssteuerung und Nachrichtenaustausch, sind Formen von Integrationstechnologie, die Systeme über ihre Geschäftsschnittstellen verbindet. Insgesamt ergibt die Gesamtheit der Geschäftsprozesse eine *Prozesslandschaft* neben der Systemlandschaft.

Oftmals bestehen zwischen Systemen einer Systemlandschaft nicht nur Integrationsbeziehungen auf der Schicht der Geschäftsprozesse, sondern auch auf den Schichten der Geschäftsobjekte und Geschäftsdaten. So können Geschäftsdaten von einem System an ein anderes gesendet werden oder Geschäftsobjekte eines Systems Methoden eines Geschäftsobjekts eines anderen Systems aufrufen. Natürlich lassen sich solche Interaktionen ebenso als Teil eines systemübergreifenden Geschäftsprozesses sehen.

Integrationstechnologie ist das Thema des zweiten Teils des Buches.

Eine Schicht kann intern aus mehreren gleich aufgebauten Komponenten bestehen, für die übergeordnete Schicht aber weitgehend homogen erscheinen.

- So kann das Anwendungsbasissystem mehrere gleich aufgebaute Applikationsserver enthalten. Für die Anwendungen stellt sich das Anwendungsbasissystem dagegen wie nur ein Applikationsserver dar.

- Auf der Systeminfrastrukturschicht kann ein Datenbanksystem zur Leistungssteigerung und Ausfallsicherheit als Mehrprozessorsystem ausgelegt sein, mit gespiegelten Festplatten; für das Anwendungsbasissystem ist es dagegen nur *eine* Datenbank.
- Auf der Schicht der Hardware werden, vor allem zur Leistungssteigerung, Rechner mit mehreren Rechnerkernen eingesetzt.

Insofern handelt es sich um *verteilte Systeme* (Coulouris et al. 2002; Tanenbaum und van Steen 2007), auf verschiedenen Schichten. Wie bei verteilten Systemen bekannt, gibt es jedoch Grenzen, an denen dann doch durchscheint, dass mehrere Komponenten im Einsatz sind, etwa in manchen Fehlerfällen.

Nur auf der Anwendungsschicht ist der Aufbau aus mehreren gleich aufgebauten Komponenten, transparent für den Verwender, schwierig und nicht in der Form verbreitet. Die Idee wäre, eine Systemlandschaft wie ein großes Anwendungssystem erscheinen zu lassen, die Schicht regelt intern, wie z. B. Geschäftsobjekte verteilt werden. Ansätze in die Richtung gibt es bei Integrationstechniken, insbesondere Portal und serviceorientierte Architektur (siehe Kap. 6 und 8).

Der Aufbau des Buches orientiert sich an unserem Schichtenmodell. Im ersten Teil sehen wir uns einzelne Typen von Anwendungssystemen an, nämlich *operative*, *analytische* und *Planungssysteme*. Getrennt davon behandeln wir das Anwendungsbasissystem, die Client-Server-Architektur, die allen Systemtypen zugrunde liegt. Sehr bald erkennen wir, dass die Anwendungssysteme in einer Systemlandschaft zusammenarbeiten.

1.1 Literatur

Buck-Emden R (1999) Die Technologie des SAP-Systems R/3. 4. Auflage, Addison-Wesley, München

Coulouris G, Dollimore J, Kindberg T (2002) Verteilte Systeme. 3. Auflage. Pearson Studium, München

Heilig L, Karch S (2008) SAP NetWeaver. 2. Auflage, Galileo Press, Bonn

Keller W (2007) IT-Unternehmensarchitektur. dpunkt, Heidelberg

Tanenbaum A, van Steen M (2007) Verteilte Systeme. 2. Auflage. Pearson Studium, München

Kapitel 2
Operative Systeme

HAMM *trübsinnig*: Es ist ein Tag wie jeder andere.
CLOV Solange er dauert. *Pause*. Das ganze Leben die gleichen Albernheiten.
Endspiel
Samuel Beckett[1]

Zusammenfassung

Aufbauend auf einem Grundverständnis von einem ERP-System als typisches operatives System werden die Modellierungskonzepte Geschäftsdatum, Geschäftsobjekt und Geschäftsprozess eingeführt, welche in einer Schichtenarchitektur aufeinander aufbauen. Tatsächlich spielen diese Modellierungskonzepte ebenso bei den anderen Systemtypen eine Rolle. Ein weiteres Modellierungskonzept sind Geschäftsschnittstellen, die zur Integration von Systemen dienen. SAP ERP und Beispiele aus SAP NetWeaver werden zur Illustration eingesetzt.

Lernziele

- Die Modellierungs- und technologischen Konzepte operativer Systeme kennenlernen. Viele davon gelten für jegliche Anwendungssysteme.
- Geschäftsobjekte in UML modellieren können.

[1] Beckett S (1974) Endspiel. Suhrkamp Taschenbuch 171, erste Auflage 1974, Frankfurt a. M., S. 65.

R. Weber, *Technologie von Unternehmenssoftware*, DOI 10.1007/978-3-642-24423-0_2,

2.1 Merkmale von ERP-Systemen

Als ersten Systemtyp sehen wir uns *operative Systeme* an, im Englischen *Transactional Systems* genannt. Die bekanntesten sind *Enterprise Resource Planning (ERP)* Systeme wie SAP R/3 oder in der heutigen Version SAP ERP[2]. Der Begriff „Enterprise Resource Planning" ist etwas unglücklich gewählt, da es sich nicht vorrangig um die *Planung* im Sinne von Planungssystemen (siehe Kap. 5) handelt. Ich gehe davon aus, dass Sie bereits ein Grundverständnis von der betriebswirtschaftlichen Funktionalität eines ERP-Systems haben (siehe z. B. Einführungen in die Wirtschaftsinformatik oder spezieller Mertens 2009 und Gronau 2010). Bevor wir zu unserem Thema, den Modellierungs- und technologischen Konzepten, kommen, wiederholen wir kurz die wesentlichen Merkmale eines ERP-Systems (vgl. Abb. 2.1):

- Vor allem Abdeckung der *innerbetrieblichen* Datenverarbeitung. „Inner-", d. h. die Interaktion mit Geschäftspartnern (Kunde, Lieferant) wird nicht besonders intensiv unterstützt. „-betrieblich", d. h. nicht unmittelbar betriebliche Funktionen, z. B. CAD-Software oder Bürosoftware, sind meist nur über Schnittstellen gekoppelt (siehe Abschn. 2.6).
- Konzentration auf *operative* Funktionen, also das Tagesgeschäft. Analysen und Planungen sind zwar vorhanden, aber nicht ausgeprägt wie in spezielleren Systemen (siehe Kap. 4 und 5).
- *Dialog- und Hintergrundfunktionen*: Sachbearbeiter arbeiten mit Dialogprogrammen, wobei Bildschirmmasken als grafische Benutzeroberfläche dienen, z. B. bei der Erfassung einer Bestellung. Eine Hintergrundfunktion erfordert dagegen keine menschliche Intervention; ein Beispiel ist die Gehaltsabrechnung.
- *Datenintegration*: Alle Anwendungen greifen auf eine gemeinsame Datenbank zu. Zum Beispiel verwenden sowohl der Einkauf als auch die Produktionsplanung unterschiedliche Teile des Materialstamms (siehe Abschn. 2.3).
- *Funktionsintegration*: Die Funktionen sind aufeinander abgestimmt, so dass das Ergebnis einer Funktion von einer Folgefunktion verwendet werden kann. Aus meiner Sicht spielen dafür auch die Querbezüge zwischen Funktionen eine Rolle, nämlich dass mit einer Funktion automatisch eine Folgefunktion angestoßen wird. Manche könnten dies bereits als eine Form der Prozessintegration sehen – die Abgrenzung ist m.E. nicht einfach. Zum Beispiel wird bei einem Wareneingang (Funktion der Logistik) zugleich automatisch ein Buchungssatz (Funktion der Finanzbuchhaltung) erstellt.
- *Prozessintegration*: Die Funktionen sind in der Reihenfolge aufeinander abgestimmt und in einem (Geschäfts-)Prozess integriert. Zum Beispiel wird im Ein-

[2] Wie verwenden den Begriff „SAP ERP" hier und in den Folgekapiteln meist übergreifend für SAP R/3, SAP R/3 Enterprise und SAP ERP bzw. SAP ECC (Enterprise Central Component).

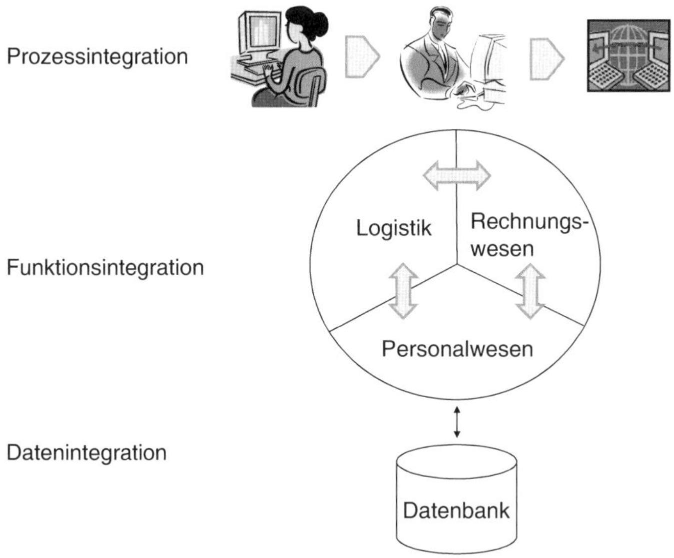

Abb. 2.1 Ein ERP-System, z. B. SAP ERP

kaufsprozess festgelegt sein, dass eine Bestellanforderung einer ein- oder mehrstufigen Freigabe unterliegt, bevor sie in eine Bestellung umgesetzt werden kann.
- *Standardsoftware*: Üblicherweise wird heute für operative Systeme, insbesondere ERP, Standardsoftware verwendet, kaum mehr Individualsoftware. Es gibt Open Source ERP-Systeme, deren Verbreitung aber heute nicht hoch ist (Gronau 2010, S. 24). Dies mag insbesondere daran liegen, dass die Lizenzkosten nur einen kleinen Teil der Gesamtkosten des Softwareeinsatzes ausmachen (vgl. Kap. 13).

Auf den ersten Blick enthält damit ein ERP-System „alles was ein Unternehmen braucht". Wir werden in den Kap. 4–6 sehen, weshalb es weitere Systeme gibt.

Beispiel: SAP ERP

Für Benutzer stellt sich das System SAP ERP als eine große Menge von *Transaktionen* dar, zum Beispiel die Transaktion zum Anlegen einer Bestellung[3]. Transaktionen sind die feinsten Funktionen des Systems, d. h. solche, welche ein Sachbearbeiter eigenständig in einem Arbeitsschritt durchführen kann. Tatsächlich verwenden

[3] Zur Größenordnung: Lehnert und Bonitz (2010, S. 154) berichten über 70.000 Transaktionen und 370.000 Programme in SAP ECC 6.0, wovon ein Großteil im Standardmenü „SAP Easy Access" zu finden ist, in bis zu sieben Menüebenen (Lehnert und Bonitz 2010, S. 225).

Sachbearbeiter jeweils nur eine überschaubare Menge von Transaktionen, die ihrem Aufgabengebiet entsprechen. Der Begriff „Transaktion" ist von Datenbanken bekannt (ACID-Prinzip), wird aber von SAP in einem allgemeineren Sinne verwendet: für jede dialogorientierte Anwendungsfunktion, selbst eine mit nur lesendem Datenzugriff[4].

Die Transaktionen sind in einem baumartigen Menü hierarchisch gruppiert nach den *Bereichen* (Abb. 2.2):

- Logistik
- Rechnungswesen
- Personalwesen

Die Logistik und das Rechnungswesen enthalten Unterbereiche, *Module* genannt. Die gebräuchlichsten sind:

Logistik:

- Materialwirtschaft (Materials Management, MM)
- Produktionsplanung (Production Planning, PP)
- Vertrieb (Sales and Distribution, SD)

Rechnungswesen:

- Finanzwesen (Financials, FI, das externe Rechnungswesen)
- Controlling (treffender wäre die Bezeichnung „Kostenrechnung und Controlling", CO)

Der Bereich Personalwesen ist zugleich ein Modul, Human Resources (HR).

Mit „Bereichen" und „Modulen" verwenden wir die Terminologie von SAP R/3. In der neuen Version SAP ERP werden etwas andere Begriffe gewählt, wie „Komponente" statt „Modul". In der heutigen Gliederung enthält es Financials, Human Capital Management und Operations. Ich halte die „traditionelle" Begriffswahl jedoch für nützlich, weil sie den Sachverhalt gut wiedergibt und sich in der Praxis etabliert hat.

Neben den Transaktionen, welche Funktionen mit Benutzerdialog realisieren, gibt es Funktionen, die im Hintergrund ausgeführt werden, d. h. ohne Benutzerinteraktion. Beispiele sind:

- das Ausdrucken von Gehaltsabrechnungen am Monatsende
- das automatische Versenden einer Bestellung über Electronic Data Interchange
- der Aufruf der Funktion „Bestellanforderung anlegen" durch einen entfernten Aufruf aus einem anderen System, z. B. einem Web-basierten Beschaffungssystem (siehe Kap. 10).

---

[4] Hier vereinfachen wir ein wenig: es gibt daneben noch andere Dialogfunktionen, vor allem Reports, welche jedoch oft als Transaktionen gekapselt sind („Reporttransaktion") und Web-Anwendungen, realisiert durch Business Server Pages oder Web Dynpro Anwendungen (Keller und Krüger 2006, Kap. 9).

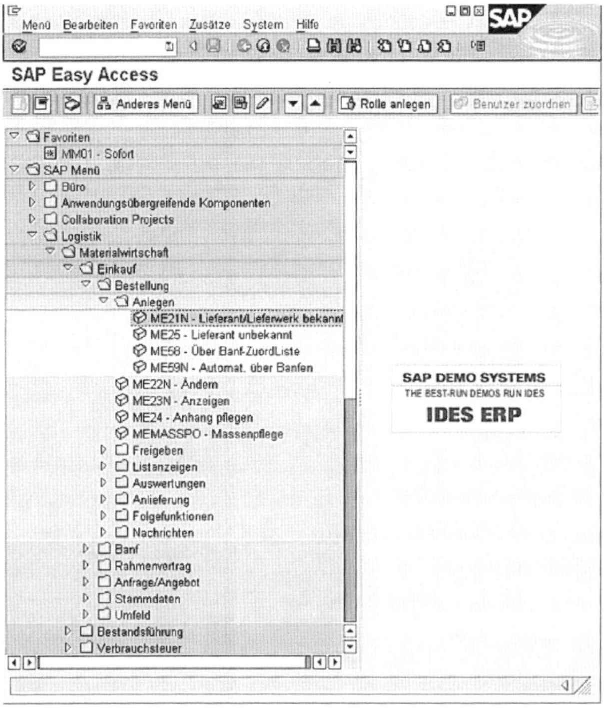

Abb. 2.2 SAP ERP Menübaum

Funktionen im Hintergrund werden oft durch *Hintergrundjobs (Batch-Jobs)* ausgeführt, die periodisch eingeplant werden, z. B. täglich nachts um 21 Uhr.

2.2 Modellierungssicht

Wir benutzen die in Abb. 2.3 wiedergegebene Modellierungssicht, womit sich die Funktionalität operativer Systeme einfach beschreiben lässt. Tatsächlich werden wir diese Modellierungskonzepte ebenfalls in analytischen und Planungssystemen wiederfinden, zusätzlich zu dort spezifischen Konzepten. Wir wollen jedoch mit einem bekannten Systemtyp starten und erst später zu spezielleren übergehen.

Die Funktionen der Anwendungen sind in objektorientierten Klassen von *Geschäftsobjekten* gruppiert, hier die Klassen „Bestellung" und „Wareneingang". Die Methoden der Klassen bearbeiten *Geschäftsdaten*, welche persistent, d. h. dauerhaft, in Datenbanktabellen gespeichert sind. Vereinfachend ist jeweils nur eine Datenbanktabelle in der Abbildung gezeigt, und die Datenbanktabellen der Positionen

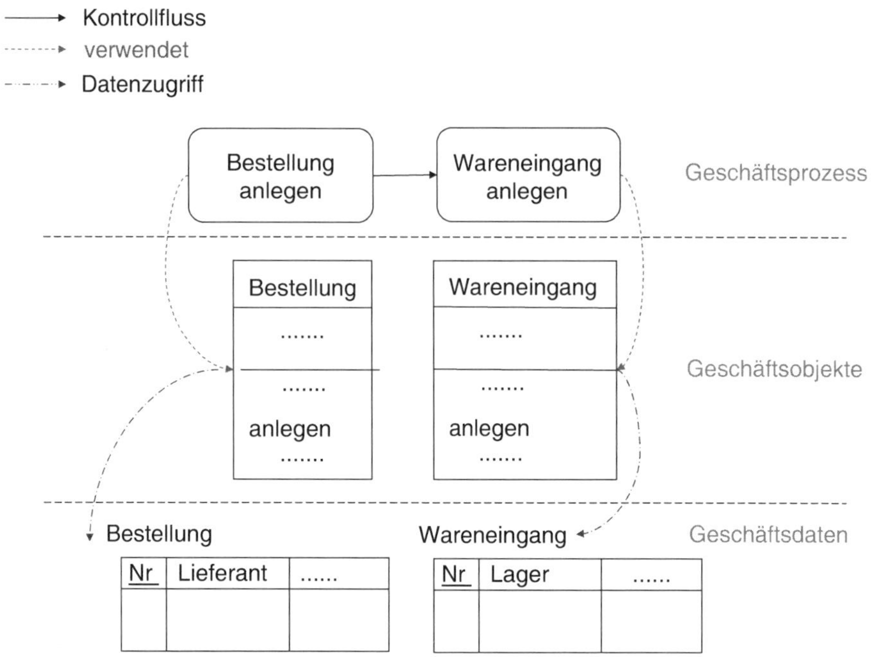

Abb. 2.3 Modellierungssicht

werden zunächst weggelassen. Die Methoden der Geschäftsobjekte werden in einer logischen Reihenfolge aufgerufen, was einem *Geschäftsprozess* entspricht.

In den folgenden Abschnitten gehen wir detailliert auf die drei Schichten ein.

2.3 Geschäftsdaten

2.3.1 Datenarten

Geschäftsdaten, im Folgenden oft einfach *Daten* genannt, sind komplexe Datenstrukturen, welche persistent in einer Datenbank gespeichert werden. Zum Beispiel das Geschäftsdatum (die Einzahl von „Geschäftsdaten") Material, welches neben einer eindeutigen Identifikation (ID, siehe Abschn. 2.3.2.1, oft eine Nummer) Attribute wie die Basismengeneinheit, die Bestellmengeneinheit, den Bewertungspreis hat – und eine Vielzahl mehr. Die ID und die Basismengeneinheit sind nicht eigenständige Geschäftsdaten, sondern lediglich Attribute des Geschäftsdatums Material. Ein Attribut kann elementar sein, z. B. die Basismengeneinheit, oder zusammengesetzt, z. B. eine Adresse. Wir sehen also nicht jedes einzelne Datenfeld als

Abb. 2.4 Datenarten: Einteilungsmöglichkeiten

Geschäftsdatum an, sondern fassen größere Mengen zu einem Geschäftsdatum zusammen. Ein Attribut kann auch eine Referenz auf andere Geschäftsdaten sein. Insbesondere referenzieren Bewegungsdaten Stammdaten (s. u.), in unserem Fall das Material einen Lieferanten. Dadurch ergeben sich Beziehungen zwischen den Geschäftsdaten.

In der Datenmodellierung wird festgelegt, welche Daten Geschäftsdaten in einem System sein sollen und wie sie auf Tabellen eines Datenbanksystems abgebildet werden.

Bisher sprachen wir von Geschäftsdaten auf der Typebene. Auf der Instanzebene kann es z. B. die Materialien 1400 (kurz für „das Material mit der ID bzw. Nummer 1400") und 1401 geben, mit unterschiedlichen Attributausprägungen.

In einem betrieblichen Anwendungssystem werden verschiedene Arten von Daten verarbeitet (Abb. 2.4). Wir sehen uns im Folgenden Einteilungsmöglichkeiten an. Die meisten der Datenarten finden sich z. B. in Heilig et al. (2006, S. 23). Die wichtigste Unterscheidung ist die nach Stamm- und Bewegungsdaten.

2.3.1.1 Stamm- und Bewegungsdaten

Stammdaten (Master Data) sind Geschäftsdaten mit einer zeitlich langen Relevanz. Sie werden von anderen Geschäftsdaten, insbesondere Bewegungsdaten, referenziert. Ein Beispiel ist das Material: Das Material 1400 zum Beispiel kann über viele Jahre hinweg angefordert und bestellt werden. Erhalten bleibt die Materialnummer 1400, einige Attribute von Stammdaten können sich dagegen mehr oder weniger häufig ändern, zum Beispiel der Bewertungspreis als gleitender Durchschnittspreis (häufig) oder die Bestellmengeneinheit, wenn ab einem Zeitpunkt nicht mehr

Kisten sondern gleich ganze Paletten bestellt werden (selten). Selbst die Bezeichnung (im Gegensatz zur Materialnummer!) kann sich ändern („Raider heißt jetzt Twix"). Daher etwas verkürzend und meines Erachtens nicht ganz korrekt liest man oft „Stammdaten sind Daten, welche sich selten ändern". Andere Stammdaten sind:

- Kunde
- Lieferant
- Stückliste
- Arbeitsplan
- Personal (Stammsatz eines Mitarbeiters)
- Kostenstelle

Gebräuchlich und synonym sind die Wörter: „Materialstammdaten", „Materialstamm" und „Materialstammsatz".

Eine besondere Art von Stammdaten sind *Referenzdaten*: Referenziert ein Stammdatum ein Referenzdatum, werden dessen Attribute „geerbt", d. h. es werden immer dessen aktuelle Attributwerte berücksichtigt. Ein Beispiel ist die Referenzeinkaufsorganisation[5], auf deren Konditionen zugeordnete Einkaufsorganisationen zugreifen (Hellberg 2009, S. 19).

Bewegungsdaten (Transactional Data) spiegeln die alltäglichen Geschäftsvorfälle wider. Ein Beispiel ist die Bestellanforderung (kurz Banf genannt). Ein Mitarbeiter benötigt für die Produktion 10 Stück des Materials mit der Nummer 1400. Er erstellt dafür eine Banf. Die Banf hat Attribute wie den Ersteller und das Erstellungsdatum. Andere Bewegungsdaten sind:

- Bestellung
- Rechnung
- Materialbeleg zu einem Materialzugang
- Buchhaltungsbeleg

Bewegungsdaten sind nur in einem begrenzten Zeitraum relevant[6]: Bei einer Bestellanforderung reicht dieser vom Zeitpunkt, an welchem sie angelegt wurde, in der Regel bis zum Zeitpunkt, an dem das angeforderte Material eintrifft. Danach verschwinden die Bewegungsdaten nicht aus dem System, sie sind weiterhin zur Nachvollziehbarkeit und zur Auswertung vorhanden. Tatsächlich bleiben betriebswirtschaftliche Daten meist „für immer" erhalten, wechseln aber sicherlich irgendwann zur Entlastung der Datenbank in ein Archivsystem (vgl. Abschn. 15.4).

[5] Tatsächlich wäre dies in SAP ERP eine Organisationseinheit. Diesen Unterschied sehen wir uns allerdings erst später an.

[6] Nach Plattner und Zeier (2011, S. 92) speichern Unternehmen Daten typischerweise für zehn Jahre, benutzen aber nur 20 % davon, nämlich die der letzten zwei Jahre. So werden weniger als ein Prozent der Aufträge im Jahr nach der Erzeugung geändert (Plattner und Zeier 2011, S. 97).

Tab. 2.1 Datenarten in SAP-Software

Konzept	Beispiel	Definition
Organisationseinheit	Werk 1000	Customizing
Stammdatum	Sicht des Materials 1400 für Werk 1000	Stammdatenpflege
Bewegungsdatum	Banf: 10 Stück des Materials 1400 für Werk 1000	Geschäftsvorfall
Unstrukturiertes Zusatzdatum	Bild des Materials 1400	Content Management

2.3.1.2 Beispiel: Organisationseinheiten in SAP-Software

Erweitern wir unser Beispiel ein wenig (vgl. Tab. 2.1): Ein Mitarbeiter benötigt für die Produktion 10 Stück des Materials 1400 *für das Werk 1000* (das Werk Nürnberg). Neu ist, dass sich unsere Banf auf das Werk 1000 bezieht. Ein Werk ließe sich als Stammdatum sehen. Das Werk ist allerdings Teil der Organisationsstruktur des Unternehmens, was in einem System wie SAP ERP im Customizing und nicht in der Stammdatenpflege definiert wird. Daher sprechen wir in diesem Fall von Customizing-Daten, hier speziell von *Organisationseinheiten*. Weitere wichtige Organisationseinheiten in einem SAP-System sind, in SAP-Terminologie:

- *Buchungskreis*: die kleinste bilanzierende Einheit, d. h. ein Unternehmen, eventuell innerhalb eines Konzerns. Auf Englisch heißt der Begriff etwas sprechender „Company Code“.
- *Kostenrechnungskreis*: Für einen solchen Konzernteil wird eine Kostenrechnung erstellt. Es ist möglich, dass mehrere Buchungskreise (Unternehmen) eine gemeinsame Kostenrechnung haben und damit im selben Kostenrechnungskreis liegen.
- *Einkaufsorganisation*: Führt die Einkaufsaktivitäten für einen Konzernteil durch, was werksübergreifend (zentraler Einkauf) oder werksspezifisch (dezentraler Einkauf) sein kann.

Stammdaten (ebenso wie Bewegungsdaten) beziehen sich auf Organisationseinheiten. Daher kann ein Datensegment (auch *Sicht* genannt) eines Stammdatums, d. h. inhaltlich zusammengehörige Daten, mehrfach vorhanden sein, nämlich pro Organisationseinheit ein Mal. Beispiel: Der Bewertungspreis für das Material 1400 kann im Werk 1000 anders als im Werk 2000 sein, z. B. weil sowohl die Lohnkosten bei Eigenfertigung als auch die Beschaffungskosten bei Zukaufteilen unterschiedlich sind. Insofern kann man sich – bildlich gesprochen – die für ein Material gespeicherten Daten wie einen Aktenordner vorstellen, z. B. Ordner „Material 1400“. Pro Segment gibt es ein Registerblatt, z. B. Registerblatt „Einkauf“ oder Registerblatt „Buchhaltung“. Und zu jedem Registerblatt kann es mehrere Datenblätter geben, z. B. zum Registerblatt „Buchhaltung“ ein Datenblatt mit den Buchhaltungsdaten zu Material 1400 für Werk 1000 und ein anderes Datenblatt für Werk 2000.

Die Anzahl der Datenblätter kann null sein: Einerseits wenn bisher noch keine Daten zu irgendeiner Organisationseinheit erfasst sind, andererseits, wenn es gar keine Daten z. B. für das Registerblatt „Einkauf“ geben kann, weil das Material nur eigengefertigt wird.

Neben den Organisationseinheiten gibt es noch eine Fülle weiterer Customizing-Daten, welche meist nicht unmittelbar Geschäftsdaten entsprechen. Dies sehen wir uns in Kap. 14 genauer an.

2.3.1.3 Bestands- und Flussdaten

Bestands- wie Flussdaten betreffen Zahlen. *Flussdaten* sind Bewegungsdaten, die Zu- oder Abgänge wiedergeben, z. B. Materialbewegungen. Sie werden auch *Stromgrößen*, im Gegensatz zu *Bestandsgrößen*, genannt. *Bestandsdaten* akkumulieren solche Flussdaten, ein Beispiel ist der Materialbestand. Er könnte als ein Attribut der Materialstammdaten abrufbar sein. Diese Datenarten werden neben Stammdaten in Kap. 4 zentral sein.

2.3.1.4 Zustands- und Ereignisdaten

Zustands- und Ereignisdaten liegt das Modell von Zustandsübergangssystemen zugrunde, in der Informatik auch „Automaten“ genannt. *Zustandsdaten* im engeren Sinne geben einen Zustand von Stamm- oder Bewegungsdaten wieder. Z.B. könnte sich eine Bestellanforderung im Zustand „freigegeben“ befinden, ein Material im Zustand „gesperrt für Bestellungen“. Der Zustand ist dann ein Attribut jener Daten. Etwas weiter gefasst lassen sich auch Stamm- und Bestandsdaten als Zustandsdaten sehen (Heilig et al. 2006, S. 23). *Ereignisdaten* geben Zustandsänderungen wieder, z. B. „Bestellung wurde geändert“. Wir werden Ereignisse weiter unten in Abschn. 2.4 behandeln.

2.3.1.5 Änderungsdaten

Änderungsdaten protokollieren Änderungen an Geschäftsdaten. Im einfachsten Fall verzeichnen sie nur, dass und wann eine Änderung stattfand, was z. B. bei unstrukturierten Daten (s. u.) genügen mag. Bei strukturierten Daten lässt sich dagegen die konkrete Änderung aufzeichnen. Zum Beispiel könnte protokolliert werden, wie sich das Gewicht eines Materials von einem alten auf einen neuen Wert geändert hat. Änderungsdaten können sowohl für Stamm- als auch für Bewegungsdaten geschrieben werden. In vielen Ländern ist es für Finanzanwendungen gesetzlich verpflichtend, die Änderungshistorie von Datensätzen zu speichern (Plattner und Zeier 2011, S. 109).

2.3.1.6 Aktive und passive Daten

Aktive Daten werden in gerade laufenden Geschäftsprozessen verwendet, *passive* Daten nicht – sie dienen nur noch für analytische, statistische Zwecke (Plattner und Zeier 2011, S. 93).

2.3.1.7 Strukturierte und unstrukturierte Daten

Bisher haben wir uns alleine *strukturierte* Daten angesehen, d. h. solche, die als Datenstruktur existieren, man kann auf jeden Teil per Selektor zugreifen. Daneben gibt es im Sinne der betriebswirtschaftlichen Datenverarbeitung *unstrukturierte*, vor allem verschiedene Arten von Dokumenten. Neben dem in der Tab. 2.1 erwähnten Bild eines Materials sind dies Dokumente wie:

- eingescannte Rechnungen
- PDF-Dokumentschablonen zur vereinfachten Dateneingabe
- Textverarbeitungsdateien zur Dokumentation

Diese Dokumente, meist speicherintensive, werden aus Speicherperformanzgründen und weil die Selektion über deren Attribute nicht möglich ist, üblicherweise nicht in Datenbanken abgelegt, sondern in *Dokumentenverwaltungssystemen* und ähnlichen Systemen (Content Management Systeme, Archivsysteme). Logisch gesehen sind sie meist Bewegungsdaten, aber teilweise können sie zu Stammdaten gehören, z. B. das Bild eines Mitarbeiters oder eines Materials für einen Produktkatalog.

Im Fall von gescannten Dokumenten wird üblicherweise zu diesem unstrukturierten Datum ein entsprechendes strukturiertes erfasst, oft „abgetippt", so dass die Daten zusätzlich in verarbeitbarer Form zur Verfügung stehen. Beispiel: Eine eingehende Rechnung in Papierform wird eingescannt, um sie im Unternehmen den Sachbearbeitern als Originalbeleg bequem elektronisch zur Verfügung zu stellen. Eine Verbindung (Link) besteht vom strukturierten Datum zur Anzeige des Originalbelegs.

Tatsächlich ist die Grenze zwischen strukturierten und unstrukturierten Daten nicht scharf. Etwa lassen sich aus Formularen eines bekannten, festen Aufbaus, z. B. Evaluationsbögen, per Texterkennung vorhandene Eintragungen maschinell ermitteln. Oder bei einem Textverarbeitungsdokument ist mittels Volltextsuche auch ein Zugriff auf die darin enthaltenen Informationen möglich, wenngleich sich die Auswertung schwieriger gestaltet als bei Datenbanktabellen. Am schwierigsten ist die maschinelle Auswertung bei einem eingescannten handgeschriebenen Dokument (Handschrifterkennung?). Dagegen stehen XML-Dokumente näher an der Grenze zur komfortablen Auswertung (siehe Kap. 9). Technisch gesehen, im Sinne einer Ablage in relationalen Datenbanksystemen, zählt man sie allerdings zu den unstrukturierten Daten, da zumindest Zusatzaufwand für die Suche anfällt, z. B. für eine Attributierung.

2.3.2 *Beispiel: ABAP Dictionary in SAP-Software*

Datentypen in Unternehmenssoftware werden häufig nicht im Programm selbst definiert, sondern an zentraler Stelle in einem *Data Dictionary*, bei SAP *ABAP Dictionary* genannt (Keller und Krüger 2006, S. 72). Auf diese Weise können sich alle Programme aus diesem globalen Datentypvorrat „bedienen", so dass gleiche Datentypen nicht in jedem Programm erneut definiert werden müssen. Einschränkungen für den Zugriff lassen sich durch das *Paketkonzept* mit Sichtbarkeitsregeln treffen.

Neben elementaren Datentypen gibt es beliebig komplex strukturierte. Darunter finden sich auch Typen für *interne Tabellen*, welche in SAP-Software besonders üblich sind. Schachtelungen zwischen den Typen sind möglich, woraus sich „tiefe Strukturen" ergeben.

Während interne Tabellen nur zur Programmlaufzeit gefüllt sind, enthalten *Datenbanktabellen* persistente Daten. Sie werden ebenfalls im ABAP Dictionary definiert. Damit verwendet SAP von SQL nur den Datenmanipulationsteil, nicht die Mechanismen zur Datendefinition (realisiert durch das ABAP Dictionary) oder für Integritätsbedingungen (realisiert durch die ABAP-Programme). Datenbanktabellen sind nach der Normalformenlehre flach: die Felder beziehen sich nur auf elementare Datentypen. Im ABAP Dictionary wird hierzu ein zweistufiges Domänenkonzept verwendet. Für eine Datenbanktabelle werden die Schlüssel- und Nichtschlüsselfelder definiert. Für jedes Feld wird ein Datentyp angegeben, üblicherweise ein *Datenelement*. Das Datenelement enthält zum einen beschreibende Information, z. B. Texte und Dokumentation, welche insbesondere in Benutzeroberflächen verwendet wird, zum anderen den technischen Datentyp, wobei hier auf eine *Domäne* (die „zweite Domäne" neben dem Datenelement) verwiesen wird. In der Domäne sind technische Eigenschaften hinterlegt, als wichtigste der Datentyp, z. B. „10-stellige Zeichenkette".

2.3.3 *Strukturmerkmale*

Wir betrachten nun verschiedene Aspekte, die die Struktur der Daten betreffen.

2.3.3.1 Nummernvergabe

Um ein Datum identifizieren zu können, erhält es eine eindeutige *Identifikation* (kurz: *ID*), manchmal auch Identifikator, Nummer, Schlüssel oder Kennung genannt. Oft ist diese numerisch, aber alphanumerische IDs sind ebenso üblich, wobei in der Regel pragmatischerweise nicht zwischen Groß- und Kleinschreibung unterschieden wird. Es gibt:

- *Interne Nummernvergabe*: Die ID, in dem Falle wirklich meist numerisch, wird beim Anlegen automatisch vom System vergeben. In der Regel wird von der letzten vergebenen Nummer einfach hochgezählt.
- *Externe Nummernvergabe*: Der Benutzer vergibt eine ID. In dem Falle, gerade bei alphanumerischen IDs, wäre der Begriff „ID-Vergabe" angemessener. Das System prüft natürlich, ob die vorgeschlagene ID noch frei ist.

Beispiel: Nummernkreise in SAP-Software

In SAP-Software gibt es für die Nummernvergabe *Nummernkreise* bzw. *Nummernkreisobjekte*, für welche sich verschiedene Nummernkreisintervalle definieren lassen (Schneider 2010, S. 486 ff.). „Objekt" ist hier nicht im programmiersprachlichen, objektorientierten Sinn zu verstehen, das Nummernkreisobjekt entspricht eher dem Geschäftsdatum, für das der Nummernkreis gilt. Beim Aufruf des Funktionsbausteins `NUMBER_GET_NEXT` erhält man eine neue Nummer, wobei hierfür der Nummernkreis gesperrt wird. Das Ziehen der Nummer kann man in die Anwendungstransaktion (nach dem ACID-Prinzip) einbeziehen, so dass bei einem Rollback auch die Nummer zurückgegeben wird. Auf diese Weise ergeben sich lückenlose, chronologische Nummern. Werden viele Nummern pro Zeiteinheit benötigt, so lassen sich zur Performanzsteigerung verschiedene Pufferungsmechanismen für Nummernkreise einsetzen. Den aktuellen Nummernstand kann man in der Transaktion der Nummernkreisverwaltung (`NRIV`) einsehen.

2.3.3.2 Schlüsselstruktur

Die ID ist meist zugleich der (Primär-)Schlüssel in der Datenbanktabelle zum Speichern der Daten (siehe Aufgabe 2.2). Vereinfachend wurde von „der ID" gesprochen. Tatsächlich kann diese aus verschiedenen Teilen bestehen, entsprechend einem zusammengesetzten Schlüssel einer Datenbanktabelle[7].

2.3.3.3 Bezeichnung

Gerade bei intern vergebenen IDs, aber auch bei mnemotechnisch vergebenen externen IDs wählt der Benutzer beim Anlegen außerdem eine längere *Bezeichnung*, manchmal zudem ein *Kürzel* oder einen *Suchbegriff*, beides für Suchfunktionen. Die Bezeichnung wird in der Anmeldesprache des Benutzers vergeben und kann übersetzt werden. Legt der Benutzer das o. g. Material 1400 mit der Bezeichnung

---

[7] Bei SAP-Software kann die Organisationseinheit als Schlüsselbestandteil hinzukommen. Auch „die Organisationseinheit" kann zusammengesetzt aufgebaut sein. Beispiel: Der Lagerort 001 im Werk 1000 ist ein anderer als der Lagerort 001 im Werk 2000, entsprechend wird zur vollständigen Spezifikation sowohl das Werk als auch die Nummer des Lagerorts angegeben.

Abb. 2.5 Kopf- und Positionsdaten

„Stahlrohr SL" in der Anmeldesprache „Deutsch" an, so kann die Bezeichnung für die Anmeldesprache Englisch übersetzt werden in „Steel tube SL". Während die ID für das ordnungsgemäße Funktionieren eindeutig sein muss, ist dies für eine Bezeichnung technisch gesehen nicht erforderlich, aus pragmatischen Gründen aber sinnvoll. Daher wird dies oftmals bei der Dateneingabe geprüft, wenngleich ein Verstoß gegen die Eindeutigkeit meist höchstens mit einer Warnung und keiner Fehlermeldung geahndet wird.

2.3.3.4 Kopf- und Positionsdaten

Vielen Geschäftsdaten, insbesondere Bewegungsdaten, ist die Struktur „Kopf- und Positionsdaten" gemein (Abb. 2.5).

Im Kopf befinden sich die Daten, welche alle Positionen gleichermaßen betreffen, in den Positionen die positionsspezifischen. Im Kopf sind die folgenden Daten fast immer vorhanden:

- Ersteller (Benutzer)
- Erstellungsdatum
- Status

Die Daten auf Positionsebene variieren dagegen stark.

2.3.3.5 Historisierung

Vor allem bei Stammdaten stellt sich die Frage, ob für ein Datum

- nur der aktuelle Wert oder
- der für einen Zeitpunkt jeweils gültige Wert *(Historisierung)*

gespeichert werden muss.

Beispiel: Historisierung in SAP ERP:

- In SAP ERP ist im Materialstamm die aktuell in einem Werk vorhandene Menge ersichtlich. Möchte man wissen, wie hoch der Bestand zu einem früheren Zeitpunkt war, muss man Auswertungen durchführen, z. B. über Materialbelege oder Änderungsbelege.
- Im Personalwesen von SAP ERP werden alle Personaldaten mit Zeitintervallen gespeichert: dem Zeitpunkt, ab dem das Personaldatum gilt, und dem Zeitpunkt, bis zu dem es gilt. Die Zeitintervalle gelten genauer gesagt für zusammengehörige Daten, z. B. Maßnahmen oder die Arbeitszeit, die sog. *Infotypen*. Sollen die Daten „bis auf weiteres" gelten, wird das größte Datum (31.12.9999) gewählt. Ändert sich zu einem späteren Zeitpunkt der Wert, wird „abgegrenzt", d. h. der „bis"-Wert des bisherigen Intervalls geändert und ein weiteres Intervall mit dem neuen Datenwert hinzugefügt. Tatsächlich gibt es auch diffizilere Formen der Zeitsteuerung, auf die wir hier nicht eingehen.

2.4 Geschäftsobjekte

Wir verwenden eine objektorientierte Modellierungssicht, um die Funktionen – mit und ohne Dialog – als Methoden zu Klassen von Geschäftsobjekten zu gruppieren. Sehen wir uns ein Beispiel an (Abb. 2.6).

Darin ist eine Klasse für eine Bestellung in UML-Notation abgebildet. Sie zeigt, welche Attribute (`ID`, `Antragsteller`, `Erstellungsdatum`) eine Bestellung hat und welche Methoden (mit anderen Worten: Funktionen, Operationen,

Abb. 2.6 Geschäftsobjekte

Dienste) sie den Verwendern bietet: `anlegenD`, `anlegenH`, ... Um die dialogorientierte Methode `anlegen` von jener ohne Dialog zu unterscheiden, wird in der Abbildung teilweise ein `D` für „Dialog“ und ein `H` für „Hintergrund“ verwendet. Zusätzlich sind im Fach unter den Methoden Ereignisse aufgelistet; wir werden bald auf sie zu sprechen kommen.

Auf der Instanzebene zeigt eine *Objektreferenz* auf ein *Objekt* (anders formuliert: eine *Objektinstanz*) einer Klasse. Häufig wird das Wort „Geschäftsobjekt“ ebenfalls für den Typ, d. h. die Klasse, verwendet („das Geschäftsobjekt Bestellung“). Aus dem Zusammenhang wird jedoch meist klar, was gemeint ist.

Objekte und Klassen mit Methoden und Attributen sind aus der objektorientierten Programmierung vertraut. Drei Besonderheiten sind aber zu nennen:

- Es sind Objekte der *Modellierungssicht*, nicht notwendigerweise hinsichtlich der softwaretechnischen Realisierung.
- Es sind *persistente* Objekte.
- Die Objekte können *Ereignisse* neben Methoden und Attributen haben.

In den Folgeabschnitten gehen wir auf diese Unterschiede ein.

2.4.1 Modellierungssicht

Wir verwenden Geschäftsobjekte als ein *Modell*, nämlich die objektorientierte Repräsentation von betrieblichen Daten, Funktionen und Ereignissen. Geschäftsobjekte können in einer objektorientierten Programmiersprache entwickelt sein, müssen es aber nicht. Im letzten Fall existieren die Klassen nur in unserer Vorstellung, also „virtuell“. Geschäftsobjekte geben die Geschäftsdaten wieder, also z. B. Lieferanten, Bestellungen, Rechnungen (siehe Abschn. 2.3), und welche Funktionen mit ihnen möglich sind. Vereinfacht gesprochen gehört eine Funktion zu einer Klasse, wenn sie hauptsächlich deren Objekte, also Geschäftsdaten, verändert oder liest. In Aufgabe 2.3 werden wir uns praktisch der Modellierung widmen. Während Geschäftsobjekte meist grobgranulare Methoden haben, finden sich bei der objektorientierten Programmentwicklung viele Klassen wesentlich feinerer Granularität.

2.4.2 Persistente Objekte

Im Gegensatz zu den „üblichen“, *transienten* Objekten in objektorientierten Sprachen wie C++ oder Java „lebt“ ein persistentes Objekt nicht nur zur Laufzeit des Programms, welches seine Methoden aufruft. Es lebt vielmehr ständig in der Datenbank (meist schläft es), selbst wenn es derzeit kein Programm verwendet. Wird ein Programm beendet oder gar das System heruntergefahren, bleiben die Geschäftsobjekte bestehen und stehen nach einem erneuten Systemstart weiterhin zur Verfügung.

Ein persistentes Objekt wird durch eine *Objektreferenz* identifiziert, die im einfachsten Fall aus dem Klassennamen und der (persistenten) ID des Objekts besteht. Das Objekt ist dann nur in seinem System bekannt und verfügbar. Möchte man systemübergreifend Objekte identifizieren, so kann man dies z. B. durch Hinzufügen der Identifikation des Systems erreichen. Wir nehmen an, dass jede Klasse von Geschäftsobjekten ein Attribut `ID` enthält, welches für die Bildung der Objektreferenz verwendet werden kann. Kennt man die Objektreferenz, kann man das Objekt aus der Datenbank laden und zum Beispiel mit der Methode `anzeigen` in einer Bildschirmmaske betrachten.

Die Datenhaltung in Datenbanktabellen haben wir in Abschn. 2.3 angesehen. Im einfachen Fall mag dies eine Tabelle pro Klasse sein, wie Abb. 2.3 suggeriert. Meist werden es jedoch mehrere Tabellen sein, was insbesondere eine Folge der Normalformenlehre relationaler Datenbanken ist. Die Gesamtheit der Attribute aus Geschäftsobjektsicht lässt sich jedoch meist als ein Baum darstellen (siehe Kap. 9). Unter dem Stichwort *objektrelationale Abbildung (Mapping)* werden in der Literatur Programmiertechniken vorgeschlagen, um diesen Strukturunterschied zu überbrücken, siehe z. B. Mandl (2009, S. 346 ff.).

Soll ein persistentes Objekt von einem Programm bearbeitet werden, wird ein *Laufzeitobjekt* erzeugt. Wir vergegenwärtigen uns wiederum, dass die Begriffe ebenfalls auf der Modellierungsebene sinnvoll sind, selbst wenn die Implementierung nicht in einer objektorientierten Programmiersprache erfolgt. Das Laufzeitobjekt ist gleichsam eine zur Laufzeit bearbeitbare Kopie des persistenten Objekts. Die Werte der Attribute werden nämlich zum Zeitpunkt der Objektinstanziierung aus der Datenbank kopiert. Während der Bearbeitung wird das Laufzeitobjekt durchaus zeitweise vom persistenten Objekt abweichen, nämlich wenn gerade Daten im Laufzeitobjekt geändert werden, die erst später im persistenten Objekt fortgeschrieben werden. Objektdaten können sich also in der Datenbank (als Langzeitspeicher) und in den Attributen des Laufzeitobjekts (als eine Art Cache-Speicher) befinden und kurzzeitig inkonsistent sein. Die langfristige Konsistenz wird durch fachmännische Programmierung gewährleistet: Wird ein Laufzeitobjekt zum Zweck der Änderung des Geschäftsobjekts gebildet, so wird eine Sperre gesetzt. Insofern wird es zu jedem Zeitpunkt nur höchstens ein solches Laufzeitobjekt für Änderungsoperationen geben.

Befinden sich alle Geschäftsdaten in den Attributen des Laufzeitobjekts? In der Regel wird dies nicht der Fall sein. Während bei der „üblichen“ objektorientierten Programmierung der komplette Objektzustand nur in den Attributen des Objekts zu finden ist, kann bei persistenten Objekten ja jederzeit auf die in der Datenbank gespeicherten Objektdaten zugegriffen werden. Daher wäre es prinzipiell möglich, formal keine Attribute zu verwenden und über Lesemethoden (z. B. „Get-Methoden“) die benötigten Attribute aus der Datenbank nachzulesen. In pragmatischer Weise werden daher nur jene Geschäftsdaten als Attribute abgelegt, welche zur Laufzeit häufig benötigt werden. Dies ist insbesondere aus Performanzsicht sinnvoll, da sich die Geschäftsdaten oftmals in mehreren Tabellen befinden und auf diese Weise Tabellenzugriffe nur dann durchgeführt werden, wenn es erforderlich ist. In einigen Fällen werden Geschäftsdaten während der Methodenausführung nicht einmal in Attributen gehalten, sondern in lokalen Variablen von Methoden. Man denke etwa an eine Dialogmethode, wo die Benutzereingaben in einer Variablen einer komplexen Datenstruktur abgelegt werden.

2.4.3 Ereignisse

Neben Attributen und Methoden spielen in Geschäftsprozessen *Ereignisse* eine Rolle. Sie geben Zustandsänderungen von Geschäftsobjekten wieder. Ereignisse könnten in einem Klassendiagramm in einem dritten „Fach" unter den Methoden notiert werden.

Beispiele:

- Banf angelegt (auch das Entstehen eines neuen Geschäftsobjekts wird als Zustandsänderung angesehen)
- Ware eingetroffen
- Sicherheitsbestand eines Materials unterschritten

Ereignisse können in Geschäftsprozessen (siehe Abschn. 2.5) verwendet werden, um

- Geschäftsprozesse zu *starten*. Z.B. könnte das Ereignis „Banf angelegt" einen Freigabeprozess starten, „Sicherheitsbestand eines Materials unterschritten" einen Beschaffungsprozess.
- Geschäftsprozesse während des Laufs zu *synchronisieren*. Z.B. „Ware eingetroffen" kann den nach der Bestellung wartenden Einkaufsprozess fortsetzen.

Neben der automatisierten Behandlung von Ereignissen wird oftmals ein kritisches Ereignis lediglich in einem Protokoll aufgezeichnet, so dass ein Überwacher manuell darauf reagieren kann (Alert-Management).

Ereignisse sind aus der Notation der Ereignisgesteuerten Prozesskette (EPK) bekannt (Scheer 1997). Dort tauchen sie im Wechsel mit Funktionen auf. Tatsächlich würde man nicht alle EPK-Ereignisse als Geschäftsobjektereignisse vorsehen, sondern sich entscheiden, welche Ereignisse für Geschäftsprozesse zum Start oder zur Synchronisation bestimmt sind und welche nur eine lokale Bedeutung der Art „Funktion ausgeführt" haben.

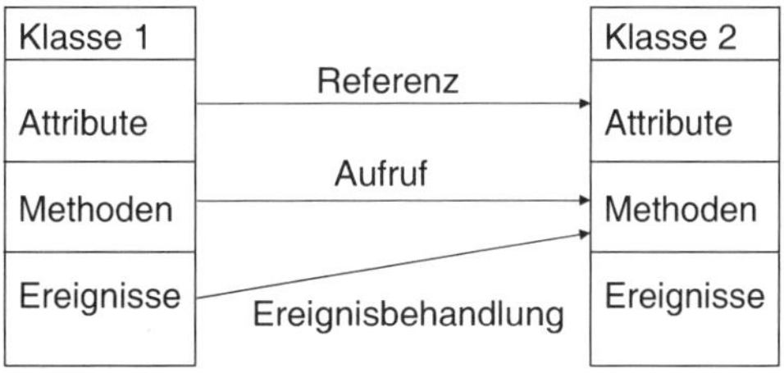

Abb. 2.7 Verkettung von Geschäftsobjekten

2.4.4 Verkettung von Geschäftsobjekten

Bisher betrachteten wir eine Klasse von Geschäftsobjekten isoliert von anderen. Nun sehen wir uns die Verkettung von Geschäftsobjekten verschiedener Klassen an, welche auf Ebene der Attribute, Methoden oder Ereignisse erfolgen kann (Abb. 2.7).

1. *Referenzierendes Attribut*: Ein Attribut der Klasse 1 kann eine Referenz auf ein Objekt der Klasse 2 sein. Zum Beispiel kann die Klasse Bestellung (Klasse 1) eine Referenz auf einen Lieferanten (Klasse 2) haben. Auf diese Weise ergeben sich weitverzweigte Objektgeflechte.
2. *Methodenaufruf*: In der Implementierung einer Methode der Klasse 1 wird eine Methode der Klasse 2 aufgerufen. Beispiel: Beim Buchen eines Wareneingangs werden das Materialkonto und das Abstimmkonto im Hauptbuch wertmäßig fortgeschrieben. Diese Art der Verkettung ist, anders als die Referenz, nicht in der Definition der Klasse, sondern nur in der Implementierung der Klasse oder dazugehörigen Entwurfsdokumenten (z. B. UML-Sequenzdiagrammen) zu finden.
3. *Ereignisbehandlung:* Tritt ein Ereignis für ein Objekt der Klasse 1 ein, kann eine Methode der Klasse 2 als *Ereignisbehandler (Event Handler)* registriert sein (vgl. Abschn. 11.3.3). Jene wird dann aufgerufen. Beispiel: Trifft ein Wareneingang ein – Klasse 1 –, wird der Bestellprozess weitergeschaltet. Dieser hat die Klasse 2, hier ein Prozessobjekt. Dies entspricht der obigen Ereignisverwendung „Geschäftsprozess synchronisieren". Während Referenz und Methodenaufruf bereits im Programmcode angelegt sind, kann die Ereignisbehandlung teilweise auch statisch im Customizing oder in anderen Einstellungen eingetragen werden.

2.4.5 Abzug eines Geschäftsobjekts

Hier interessiert uns die Frage, ob wir einen „Abzug" eines Geschäftsobjekts machen können, d. h. eine Kopie der Geschäftsdaten des Geschäftsobjekts, welche zum

Beispiel von einem System in ein anderes übertragen werden kann[8]. Diese Fragestellung wird uns in Kap. 9 weiter beschäftigen.

Von dem, was wir bisher erfahren haben, erscheint dies aus theoretischer Sicht schwierig. Geschäftsobjekte können Referenzen auf andere Geschäftsobjekte haben, welche dadurch erreichbar sind. Lassen wir die Referenz weg, fehlen wesentliche Daten. Kopieren wir die referenzierten Daten mit, so kann es sein, dass das referenzierte Geschäftsobjekt wiederum eine Referenz auf ein drittes Geschäftsobjekt enthält, und so fort. Bei einem stark datenintegrierten System wie einem ERP-System kann man auf diese Weise einen großen Teil der Geschäftsdaten „am Wickel" haben, was schon aus Performanzgründen keine Lösung ist.

In praktischen Fällen muss das Problem pragmatisch gelöst werden, z. B. wenn eine Bestellung als EDI-Nachricht versendet werden soll. Dann wird bei der Bildung des Abzugs eine „sinnvolle" Untermenge der potentiell vom Geschäftsobjekt erreichbaren Daten aufgenommen werden.

Beispiel: Bei einer Bestellung würde man natürlich die Bestellpositionen aufnehmen. In den Bestellpositionen würde man die Materialnummer in der Form aufnehmen, wie sie der Empfänger der EDI-Nachricht kennt; schließlich kann sich die Materialnummer im sendenden Unternehmen von der des empfangenden Unternehmens unterscheiden. Hier haben wir bereits einen ersten Fall für eine Umschlüsselung zum Zwecke der Datenübertragung vor uns. Weitere Attribute des Materials brauchen nicht aufgenommen werden, da der Empfänger das Geschäftsobjekt bereits bei sich hat, wenn auch nicht mit der identischen, so doch mit einer kompatiblen Attributmenge (z. B. keine Einkaufsdaten, dafür Vertriebsdaten).

Theoretisch ist es auch möglich, die Referenzen selbst in die Kopie aufzunehmen und nur bei Bedarf auszuwerten. Man nennt dies *Lazy Loading*; das Gegenteil, das Lesen des gesamten Objektgeflechts, wäre *Eager Loading* (Mandl 2009, S. 350).

2.4.6 Beispiel: Geschäftsobjektkonzepte in SAP-Software

In SAP-Software finden sich im Laufe der Zeit unterschiedlich mächtige Geschäftsobjektkonzepte.

1. Implizite Geschäftsobjekte in früher SAP-Software
   Unsere objektorientierte Modellierungssicht lässt sich schon auf die nichtobjektorientiert realisierte Funktionalität früher SAP-Software anwenden, wenngleich der Name dort nicht einmal fällt. Sehen wir uns Abb. 2.2 an, so erkennen wir, dass die Darstellung im Menü eines SAP-Systems in weiten Teilen, wenn auch nicht durchgängig, mit Geschäftsobjekten verträglich ist. Denn

[8] Diese Aufgabe sieht zunächst weniger anspruchsvoll aus als das Laden von Objekten samt Klassen in Java (Coulouris et al. 2002, S. 237); bei Letzterem kann zusätzlich der Programmcode geladen werden, so dass ebenso übertragene Methoden auf dem Zielrechner ausgeführt werden können.

die Gruppierung erfolgt zunächst in hierarchisch organisierten Bereichen (z. B. `Logistik → Materialwirtschaft → Einkauf`), und auf der unteren Ebene oftmals in Geschäftsobjekten (z. B. Bestellanforderung, Bestellung, Anfrage). Die Entsprechung für „Methoden", meist mit Dialog, wären hierbei Transaktionen und – nicht im Menü sichtbar – Funktionsbausteine mit oder ohne Dialog. Funktionsbausteine werden nicht von einem Benutzer direkt aufgerufen wie Transaktionen, sondern von anderen Programmen. Je nach Inhalt und Granularität entspricht ein Funktionsbaustein einer Methode eines Geschäftsobjekts.

2. Business Object Repository
   Das *Business Object Repository* wurde in SAP R/3 zunächst allein für SAP Business Workflow entwickelt (Gatling et al. 2009, S. 289 ff.). Man kann darin *Objekttypen* (sinngemäß Klassen) definieren, welche die oben beschriebene Anwendungsfunktionalität auch formal als Methoden kapseln und einen Zugriff auf ihre Daten in Form von Attributen ermöglichen; daneben gibt es Ereignisse. Insgesamt wird das in Abschn. 2.4 beschriebene Konzept von persistenten Objekten abgebildet. Das Business Object Repository ist hierarchisch nach Anwendungsbereichen organisiert.
   Da das Business Object Repository zu einem Zeitpunkt entstand, als es die objektorientierte Erweiterung, ABAP Objects (s. u.), von ABAP noch nicht gab, handelt es sich nur um eine Simulation von Objektorientierung. Denn ein Geschäftsdatum kann nicht nur über eine Methode geändert werden, sondern ebenfalls direkt über die Transaktion, welche durch die Methode gekapselt wird. Für den Zugriff auf Methoden, Attribute und Ereignisse durch SAP Business Workflow ist das Business Object Repository gut geeignet. Dagegen wäre die objektorientierte Programmierung unhandlich, da Objektorientierung nicht direkt in die Sprache „gegossen", sondern über Makros realisiert ist.
   Beispiel: Der Objekttyp `BUS2012` (`BUS` steht für „Business Object") „Bestellung" enthält als Schlüsselattribut die Bestellnummer, die ID gemäß Abschn. 2.3. Die Bestellung 47 ist damit über die Objektreferenz `BUS2012:0000000047` zugreifbar. Ein Attribut der Bestellung ist der Lieferant, eine Methode mit Dialog wäre Change, welche den Aufruf des Funktionsbausteins `ME_DISPLAY_PURCHASE_DOCUMENT` kapselt.
   Ein zweiter Verwendungszweck des Business Object Repository ergab sich später: SAP-Geschäftsschnittstellen (siehe Abschn. 2.6), die *Business Application Programming Interfaces (BAPI)*, sind darin organisiert. Waren die meisten Methoden für SAP Business Workflow dialogorientiert, so sind BAPIs dialogfrei. Es sind von SAP freigegebene Schnittstellen, stabil und umfangreich in Transaktion `BAPI` dokumentiert. Sie werden einerseits verwendet, um SAP-Funktionalität aus Nicht-SAP-Systemen aufzurufen. Andererseits können SAP-Kunden eigene Programme mit Zugriff auf SAP-Funktionalität schreiben (siehe Abschn. 14.6). Die Implementierung einer BAPI-Methode ist ein Funktionsbaustein, welcher nach gewissen Konventionen, insbesondere hinsichtlich der Bezeichnung, entwickelt ist. Zum Beispiel kapselt die BAPI-Methode `GetItemsForRelease` im Objekttyp `BUS2012` den Aufruf des Funkti-

onsbausteins `BAPI_PO_GETITEMSREL`. Programme, die BAPIs verwenden, rufen üblicherweise direkt den Funktionsbaustein auf, nicht die entsprechende Methode.

3. Geschäftsobjekte mit ABAP Objects
   Neuere betriebswirtschaftliche Funktionalität wird in *ABAP Objects* realisiert (Keller und Krüger 2006). Damit ist auch die programmiersprachliche Repräsentation von Geschäftsobjekten möglich. Allerdings gibt es im Augenblick keine den BAPIs vergleichbare Organisation von Geschäftsobjekten. Ein entfernter Methodenaufruf ist bisher nicht vorhanden. Hierfür müssen Verwender auf BAPIs (Zugriff über Remote Function Call) oder Enterprise Services (siehe folgender Absatz) ausweichen.
4. Business Objects in Enterprise SOA
   Business Objects werden in Enterprise SOA als Modellierungsmittel eingesetzt, um Enterprise Services in Form von Web-Services zu gruppieren (Huvar et al. 2008, S. 57). Enterprise SOA und Web-Services werden genauer in den Kap. 6 und 10 behandelt. Im Augenblick genüge die Vorstellung eines Web-Service als im Internet zugreifbare dialogfreie Funktion. Die Business Objects sind nicht zu verwechseln mit dem oben genannten Business Object Repository, wenngleich der Verwendungszweck ein ähnlicher ist.[9] Ein Enterprise Service wird einem Business Object zugeordnet, man könnte Enterprise Services somit als Methoden von Business Objects sehen. Business Objects wiederum sind größeren Einheiten, den *Prozesskomponenten,* zugeordnet. Neben dieser Verwendung als Klassifizierungsinformation für Enterprise Services lassen sich im Rahmen von Business Objects außerdem Datentypen definieren, welche die Enterprise Services für einheitlich typisierte Schnittstellen verwenden.

2.5 Geschäftsprozesse

2.5.1 Begriffe

Waren in der Frühzeit von Informationssystemen die Daten der Dreh- und Angelpunkt (Unternehmensdatenmodell), so haben heute die Prozesse diese Rolle übernommen. Sie werden bereits ein Grundverständnis von Geschäftsprozessen aus anderen, einführenden Lehrveranstaltungen der Wirtschaftsinformatik mitbringen. Wiederholen wir kurz die wesentlichen Konzepte von Geschäftsprozessen, wobei wir uns auf die technischen Aspekte konzentrieren: ein *Geschäftsprozess* (im Folgenden kurz *Prozess* genannt) besteht aus *Aktivitäten*, die miteinander verkettet sind (Reihenfolgebeziehung, *Kontrollfluss*). Eine Aktivität wird entweder von mensch-

[9] „Business Objects" gibt es bei SAP noch in einem dritten Kontext: das Unternehmen dieses Namens, welches analytische Funktionalität bereitstellt und von SAP aufgekauft wurde (vgl. Kap. 4).

lichen *Bearbeitern* (Mitarbeitern, Benutzern) ausgeführt, meist unter Verwendung von Unternehmenssoftware. Oder sie wird selbsttätig, ohne menschliche Interaktion von der Unternehmenssoftware ausgeführt – hier sehen wir wieder unsere Einteilung in Dialog- und Hintergrundbearbeitung. Das in einer Aktivität ausgeführte Programm nennen wir die *Aktivitätsimplementierung*. Eine Prozessdefinition umfasst somit:

- Kontrollfluss
- Datenfluss
- Bearbeiterzuordnung

In der Literatur beinhalten Definitionen von Geschäftsprozessen oftmals „... der einen Nutzen für einen internen oder externen Kunden erbringt ...“. Das Ziel ist natürlich richtig. Aber sollte dies aus technischer Sicht Bestandteil der Definition sein? Das ist, als fügte man bei der Definition eines Autos hinzu „... das Freude beim Fahren macht ...“ – ist es kein Auto, wenn der Fahrer keine Freude empfindet? Oft wird zudem von der Ein- und Ausgabe eines Geschäftsprozesses gesprochen. Zu beachten ist hierbei, dass Ein- und Ausgaben nicht nur zu Beginn und Ende des Prozesses zustandekommen – Eingaben finden z. B. in vielen Dialogaktivitäten während des Prozessablaufs statt. Ebenso ergeben sich die Ausgaben oft schrittweise, durch Berechnungen (Schreiben in die Datenbank) oder Versenden von Nachrichten in den einzelnen Aktivitäten.

2.5.2 Kontrollfluss

In Abb. 2.8 sehen wir den Einkaufsprozess in vereinfachter Form. Genauer gesagt sehen wir eine *Prozessdefinition* (Typebene), auch *Prozessmodell* genannt. Eine *Prozessinstanz* (Instanzebene) wäre ein konkreter Ablauf der Prozessdefinition zu einer bestimmten Zeit, z. B. jener, der am 08.04.2012 um 10:42:33 Uhr mit der Bestellung von fünf Druckern und drei PCs beginnt. Aus dem Zusammenhang wird meist klar, ob mit „Prozess“ die Prozessdefinition oder -instanz gemeint ist.

Aus der Bezeichnung der Aktivitäten, wie `Bestellung anlegen`, lässt sich auf die Aktivitätsimplementierung schließen: die Methode anlegen der Klasse Bestellung (siehe Abschn. 2.4). Dies zeigt den Zusammenhang zwischen Geschäftsprozess und Geschäftsobjekt: Die Aktivitätsimplementierung ist eine Methode eines Geschäftsobjekts. Wir betrachten hier Prozesse mit höchstem Detaillierungsgrad. In einer vergröberten Darstellung könnte eine Aktivität für einen (Teil-)Prozess stehen (Hierarchiebildung). Formal ließe sich dies durch ein Geschäftsobjekt der Art „Prozess“ abbilden. Jede Aktivität geht hauptsächlich mit genau einem Geschäftsobjekt um, welches erzeugt (z. B. Aktivität `Bestellung anlegen`) oder bearbeitet wird (z. B. `Rechnung prüfen`). Neben dem Geschäftsobjekt können zusätzliche Parameter eine Rolle spielen, etwa weitere Geschäftsobjekte, elementare Daten wie ein Freigabecode bei einer Aktivität

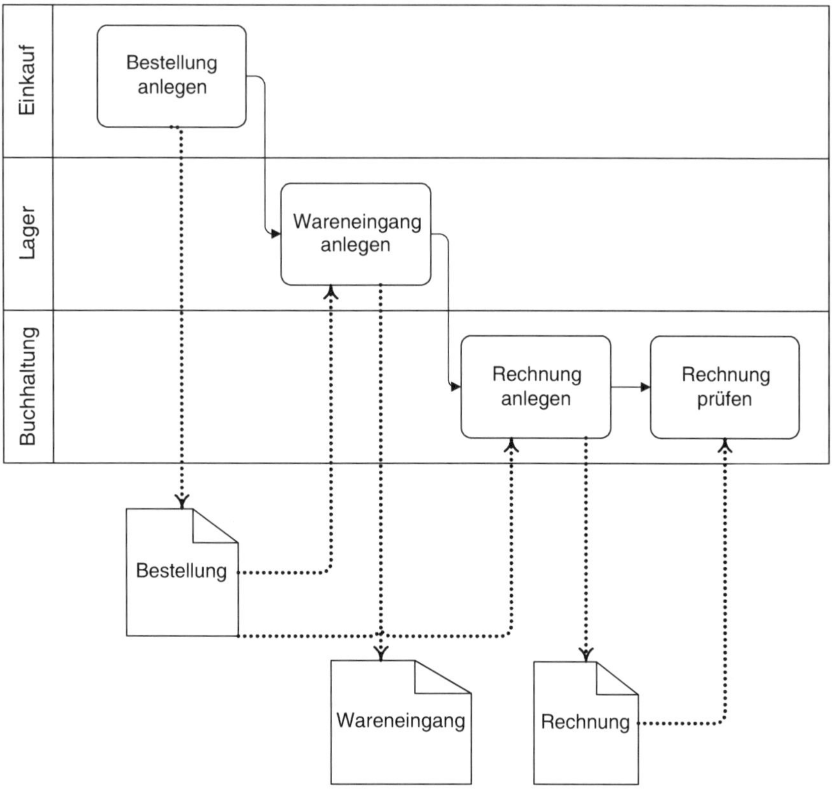

Abb. 2.8 Geschäftsprozess „Einkauf"

`Bestellung freigeben` oder ein Rückgabe-Code. In der zweiten Aktivität `Wareneingang anlegen` spielt neben dem Hauptobjekt `Wareneingang`, welches erzeugt wird, das Nebenobjekt `Bestellung` eine Rolle, da der Wareneingang mit Bezug auf die Bestellung gebucht wird.

Ein Prozess mit einem großen, oft überwiegenden Anteil von Dialogaktivitäten wird im Jargon „*Workflow*" genannt. Im engeren, präzisieren Sinne, versteht man unter einem Workflow einen Geschäftsprozess, der durch ein Workflow-Management-System gesteuert wird (siehe Kap. 12). Dialogaktivitäten sind in Prozessen üblich zur:

- *Datenerfassung*: alle `anlegen`-Methoden, wie Anlegen von Bestellungen, Rechnungen, Wareneingängen oder Materialstammdaten

- *Datenanpassung*: verwandt mit der Datenerfassung; alle `ändern`-Methoden, wie Ändern eines Urlaubsantrags, wenn ein Urlaub für einen bestimmten Zeitraum nicht gewährt wird
- *Genehmigung* (auch Freigabe oder Prüfung genannt): Freigabe einer Bestellanforderung, Rechnungsprüfung, Urlaubsantragsgenehmigung

In manchen Fällen sind vollständig automatisierte Geschäftsprozesse möglich, die ohne Benutzerdialog auskommen: Verarbeitungsketten, zum Beispiel organisiert in aufeinander abgestimmten Hintergrundverarbeitungs-Jobs.

2.5.3 Datenfluss

Neben dem Kontrollfluss gibt es den *Datenfluss*, der festlegt, wie Daten zwischen den Aktivitäten übergeben werden. Eine Aktivität benötigt als Daten die Objektreferenz zum Geschäftsobjekt, dessen Methode aufgerufen wird, und eventuell zusätzlich Methodenparameter. Der Datenfluss kann, je nachdem welche Notation zur Definition des Kontrollflusses verwendet wird, von Schritt zu Schritt oder indirekt über den Prozess geschehen. Im Fall von Geschäftsobjekten können wir ihn auch *Objektfluss* nennen (in Abb. 2.8 gepunktet gezeichnet). Wird in einem Schritt ein Geschäftsobjekt erzeugt, kann es z. B. im Folgeschritt überprüft oder weiterbearbeitet werden. Daher muss das Geschäftsobjekt bzw. die Objektreferenz fließen. Tatsächlich wird in vielen Prozessen über weite Teile lediglich ein und dasselbe Geschäftsobjekt bearbeitet, und daran werden Änderungen, Prüfungen und Ergänzungen durchgeführt. Der Datenfluss muss mit dem Kontrollfluss in dem Sinne konsistent sein, dass die benötigten Daten zu einem Schritt geflossen sein müssen, wenn die Kontrolle dorthin gelangt ist.

2.5.4 Bearbeiterzuordnung

Schließlich haben wir in der linken Spalte von Abb. 2.8 noch die *Bearbeiterzuordnung* . Sie definiert, *wer* die Aktivität durchzuführen hat. Wir unterscheiden zwischen konkreten und abstrakten Bearbeitern. Die *konkreten Bearbeiter* sind die Benutzer, welche die Aktivitäten ausführen könnten (Malte Meier, Hilde Huber, ...). Oftmals kommt nicht genau ein Benutzer in Frage, sondern eine Gruppe von möglichen Bearbeitern, aus der einer die Aktivität ausführen wird. Es ist jedoch zumindest mühsam, den Aktivitäten direkt eine Menge von konkreten Bearbeitern, d. h. Benutzern, zuzuordnen. Zudem ändern sich solche Bearbeitermengen häufig. Daher verwendet man bei der Zuordnung üblicherweise *abstrakte Bearbeiter*. Dies sind Bearbeiter in Form von *Benutzergruppen*, *Rollen, Stellen* und ähnlichen Dingen. Damit ist die Bearbeiterzuordnung indirekt und oftmals grobgranular. Für

`Bestellung anlegen` ist die Abteilung `Einkauf` zuständig, jeder dort tätige Einkäufer könnte eine Bestellung anlegen. Der abstrakte Bearbeiter wäre hier (im einfachsten Fall) die Benutzergruppe der Einkaufsmitarbeiter. Ein anderes Beispiel für einen abstrakten Bearbeiter ist der Sicherheitsbeauftragte des Unternehmens. Als konkreter Bearbeiter wird dagegen jener Benutzer ermittelt, welcher gerade diese Stelle oder Rolle innehat.

Ein weiteres Unterscheidungsmerkmal bei der Bearbeiterzuordnung ist die zwischen statischer und dynamischer. Die Bearbeiter können *statisch* festgelegt sein: bereits in der Prozessdefinition können wir ablesen, welche Mitarbeiter in Frage kommen. In Abb. 2.8 sind alle Bearbeiterzuordnungen statisch. Bearbeiter könnten aber auch *dynamisch* zugeordnet sein, d. h. die Bearbeiter hängen von der in der Prozessinstanz bearbeiteten Geschäftsobjektinstanz oder von anderen Laufzeitdaten ab. Hier müssen wir also die Laufzeitdaten kennen, um auf den Bearbeiter zu schließen. Das wäre zum Beispiel der Fall, wenn es zwei Buchhalter gäbe, und der eine die Rechnungen der Lieferanten mit Namen A–K erfasst, der andere die Lieferanten mit Namen L–Z (ein etwas künstliches Beispiel in dem Fall). Eine häufig verwendete dynamische Zuordnung ist „Vorgesetzter des Antragsstellers“: abhängig davon, wer den Antrag gestellt hat, ergibt sich der Bearbeiter, es ist dessen Vorgesetzter. Formal lässt sich eine dynamische Bearbeiterzuordnung als ein Attribut oder eine Methode eines Geschäftsobjektes fassen, welche eine Menge von abstrakten Bearbeitern als Ergebnis liefert.

2.5.5 Implizite und explizite Geschäftsprozesse

Geschäftsprozesse gibt es der Sache nach seit jeher schon, sie sind ein anderer, modernerer Begriff für *Betriebsabläufe (Ablauforganisation)*. Populär wurde der Begriff mit dem „Business Process Reengineering“ (Hammer und Champy 1994). Im weiteren Sinne wird „Geschäftsprozess“ auch für Anwendungen („der Geschäftsprozess Einkauf“) bis hin zur Wirtschaftstätigkeit eines Unternehmens überhaupt („Unterstützung der Geschäftsprozesse“) gebraucht.

Unternehmenssoftware unterstützt Geschäftsprozesse. Zum einen bietet sie die Aktivitätsimplementierungen (z. B. die Methode `Bestellung.anlegen`). Zum anderen ist der Kontrollfluss zumindest teilweise bereits implizit in der Software vorhanden, was sich aus der Prozessintegration ergibt.

Beispiele:

- Ein Wareneingang zu einer Bestellung kann natürlich erst nach dem Anlegen jener Bestellung erfolgen.
- Eine Bestellanforderung kann erst freigegeben werden, nachdem sie angelegt wurde.

Diese Dinge liegen in der Natur der Sache. Manche Abhängigkeiten sind dagegen weniger offensichtlich und in der Unternehmenssoftware auf eine von mehreren möglichen Arten angelegt. Die Geschäftsprozesse, welche in die Anwendungssoftware „gegossen“ wurden, nennen wir *implizite Geschäftsprozesse*. Teilweise ist Prozesslogik in der Anwendung „hart verdrahtet“, was eine Umorganisation der Prozesse erschwert. Oder die Methoden von Geschäftsobjekten sind nur mit Benutzeroberfläche verfügbar, was einen automatisierten Aufruf in Prozessen zumindest aufwändiger werden lässt.

Unternehmenssoftware lässt oftmals noch Freiraum für verschiedene Ausgestaltungen von Prozessen, z. B. ob bei der Rechnungsprüfung und -freigabe ein Vier-Augen-Prinzip angewendet werden soll. Teilweise kann es durch das Customizing eingestellt werden, teilweise wird es im Unternehmen schlichtweg auf diese Weise gelebt.

Geschäftsprozesse können modelliert werden. Wir sprechen dann von *expliziten Geschäftsprozessen*. Die Modellierung kann erfolgen:

- Mit einem *Modellierungswerkzeug* als Dokumentation der Geschäftsprozesse. Dies können jene sein, welche die Anwendungssoftware unterstützt oder vorschlägt *(Referenzgeschäftsprozesse)* oder die betriebsindividuellen.
- Mit einem *Werkzeug zur Geschäftsprozessautomatisierung* (Workflow-Management-System, Business Prozess-Management-System, siehe Kap. 12). Der Aufwand dafür ist hoch. Daher, aber nicht nur aus diesem Grund, ist auch heute noch nur ein kleiner Teil der Geschäftsprozesse mit solchen Werkzeugen automatisiert. Der Automatisierungsnutzen im täglichen Betrieb muss mit den Kosten durch Entwicklung und Wartung verglichen werden.

Damit explizite Geschäftsprozesse von einer Unternehmenssoftware realisiert werden können, müssen diese konform mit den impliziten sein.

Typische Probleme bei Geschäftsprozessen sind:

- Die Prozessdefinition steckt nur in den Köpfen der Leute, und oftmals kennt jede Person nur einen Ausschnitt des Prozesses.
- Die Prozessdefinition ist erfasst, entspricht aber nicht dem tatsächlichen Ablauf.
- Die Prozessdefinition (erfasst oder nicht erfasst) hat Schwächen (z. B. der Prozess dauert zu lange, ist unnötig umständlich, hat redundante Dateneingaben).
- Der Prozess könnte stärker automatisiert werden.

2.6 Geschäftsschnittstellen

So umfassend die Funktionalität eines ERP-Systems auf den ersten Blick erscheint, so hat sie doch ihre Grenzen. Daher spielen in einem Unternehmen weitere, angrenzende Softwaresysteme eine Rolle. Abbildung 2.9 zeigt Beispiele.

Einige Erläuterungen zu den in Abb. 2.9 gekoppelten Systemen:

- Zeiterfassungssystem: Mitarbeiter erfassen ihre Arbeitszeit mit Magnetkarten. Die Arbeitszeitdaten werden im ERP-System, Teil Zeitabrechnung, verwendet.

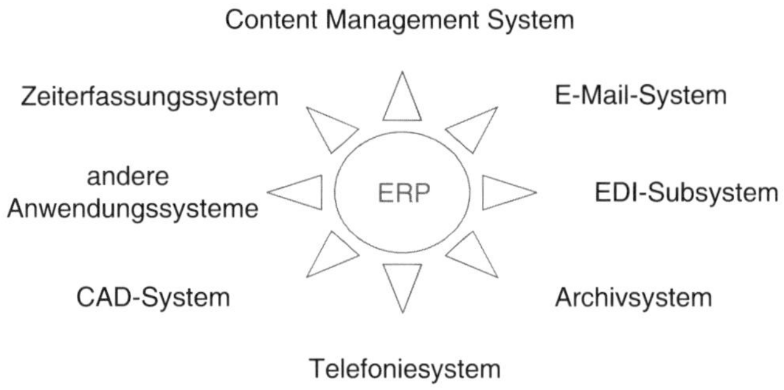

Abb. 2.9 Geschäftsschnittstellen eines ERP-Systems

- Content Management System: Unstrukturierte Daten, z. B. Textdokumente, werden dort abgelegt.
- E-Mail-System: E-Mails können an Geschäftspartner oder Mitarbeiter aus dem ERP-System heraus versendet werden.
- EDI-Subsystem: Bestellungen an Lieferanten können bei einer engen Integration per Electronic Data Interchange (EDI) gesendet werden, und entsprechend von Kunden Aufträge empfangen werden.
- Archivsystem: Im Laufe der Zeit sammeln sich immer mehr Daten in der Datenbank an, was ihre Leistung verschlechtert. Sinnvoll ist es daher, Altdaten in ein Archivsystem auszulagern. Das Löschen kommt aus Gründen der Nachvollziehbarkeit meist nicht in Frage (vgl. Abschn. 15.4).
- Telefoniesystem: Eine Funktion ist hierbei, einen Lieferanten auf Knopfdruck im Anwendungssystem anzurufen – die Telefonnummer muss nicht eingetippt werden.
- CAD-System: Konstruktionszeichnungen sind Teil der technischen Datenverarbeitung, sie stehen aber in Bezug zu Geschäftsdaten (Materialstamm, Stückliste).
- Andere Anwendungssysteme: Daten können zur Auswertung an ein Data Warehouse System übermittelt werden. Dies und weitere Formen der Integration von Anwendungssystemen wird in Kap. 4 und Teil II behandelt.

Die angesprochenen Systeme werden an das ERP-System über *Geschäftsschnittstellen* gekoppelt. In unserer Modellierungssicht lassen sich Geschäftsschnittstellen als Verbindungsmöglichkeiten eines Anwendungssystems zu einem anderen System sehen, welches externe Geschäftsdaten, Geschäftsobjekte oder Geschäftsprozesse bietet, die die internen ergänzen. Entsprechend sind die Schnittstellen auf allen drei Ebenen möglich. Wir vertiefen die Integration über Schnittstellen in Teil II. Wir verwenden den Begriff *Geschäftsschnittstellen*, um die inhaltlichen Schnittstellen von den technischen Integrationsmöglichkeiten (z. B. HTTP, RPC, XML) zu unterscheiden. Wenn der Kontext klar ist, genügt das Wort *Schnittstelle*.

Oftmals sind es Programmierschnittstellen (APIs) des ERP-Systems, welche von den externen Systemen verwendet werden. Da eine Unternehmenssoftware wie SAP ERP weit verbreitet ist, unterstützen Hersteller, z. B. von Zeiterfassungssystemen, in der Regel diese Schnittstellen. Um dem Kunden ein besseres Gefühl der Sicherheit zu geben, dass die Integration problemlos funktioniert, lassen häufig Hersteller ihr Produkt beim Anbieter der Unternehmenssoftware *zertifizieren*. Allerdings ist dies für den Hersteller des gekoppelten Systems mit Zertifizierungskosten verbunden.

2.7 Übungen und Lösungsvorschläge

2.7.1 Übungen

Aufgabe 2.1 (Stamm-, Bewegungs- und Customizing-Daten):

Geben Sie für die folgenden Daten an, ob es sich um Stamm-, Bewegungs- oder Customizing-Daten handelt:

- Anfrage
- Angebot
- Geschäftspartner
- Rahmenvertrag
- Bankverbindung eines Kunden
- Zahlung eines Kunden
- Bestellung im XML-Format
- Aktuelles Tagesdatum

Aufgabe 2.2 (Datenbanktabellenstruktur):

a) Wie lauten die Tabellenstrukturen für Bestellungen?
b) Wie lautet die Tabellenstruktur für die Materialbezeichnung?

Aufgabe 2.3 (Modellierung von Geschäftsobjekten):

Modellieren Sie das im Folgenden beschriebene Einkaufssystem durch ein UML-Klassendiagramm. In den Klassen brauchen Sie nur die Attribute und Methoden erwähnen, die der Einkauf verwendet:

Mitarbeiter legen Bestellanforderungen an, wenn sie Materialien benötigen. In einer Bestellanforderung können mehrere unterschiedliche Materialien angefordert werden. Bestellanforderungen müssen freigegeben werden, wenn ein bestimmter

Betrag überschritten wird. Die Freigabeprüfung wird üblicherweise vom Vorgesetzten des Mitarbeiters durchgeführt.

Aus freigegebenen Bestellanforderungen erzeugen Einkäufer Bestellungen. Zwar kann der Antragsteller für jedes Material einen Lieferanten als Bezugsquelle vorschlagen, die Einkäufer müssen diese Vorschläge jedoch nicht übernehmen. Zudem können Einkäufer Materialien aus unterschiedlichen Bestellanforderungen gesammelt in Bestellungen umwandeln, um bessere Einkaufskonditionen zu erhalten.

Die Bestellungen werden je nach Lieferant in Papierform oder per Electronic Data Interchange übermittelt.

Aufgabe 2.4 (Geschäftsobjekte und Geschäftsschnittstellen):

Diese Aufgabe erfordert den Zugriff auf ein SAP ERP System.

Sehen Sie sich die Schnittstellen des Geschäftsobjekts „Bestellung" im SAP-System an (Transaktion `BAPI`).

a) Wozu dienen die einzelnen Methoden?
b) Welche Methode verwenden Sie, um eine Bestellung anzulegen? Welche Parameter müssen Sie dazu zumindest belegen?
c) Wie sind die einzelnen Methoden implementiert? Sehen Sie sich ein Beispiel an.

Aufgabe 2.5 (Geschäftsprozess):

Nachdem eine Banf angelegt wurde (vereinfachend gehen wir davon aus, dass diese nur eine Position enthält), muss sie von einem Mitarbeiter, welcher die entsprechende Berechtigung hat, freigegeben werden. Im Anschluss erhält der Ersteller der Banf eine Nachricht, ob die Banf freigegeben oder abgelehnt wurde.

Stellen Sie diesen kleinen Geschäftsprozess in der vorher vorgestellten Form dar.

2.7.2 Lösungsvorschläge für die Übungen

Aufgabe 2.1 (Stamm-, Bewegungs- und Customizing-Daten):

- Anfrage: Bewegungsdatum
- Angebot: Bewegungsdatum
- Geschäftspartner: Stammdatum

- Rahmenvertrag: Dies könnte man als einen Grenzfall zwischen Stamm- und Bewegungsdaten ansehen. In SAP ERP ist er nicht bei den Stammdaten zu finden, sondern auf der Ebene der Bewegungsdaten.
- Bankverbindung eines Kunden: Weder – noch. Es ist nicht ein eigenständiges Geschäftsdatum, sondern Teil des Stammdatums „Kunde".
- Zahlung eines Kunden: Bewegungsdatum
- Bestellung im XML-Format: Bewegungsdatum
- Aktuelles Tagesdatum: Weder – noch. Es ist nicht ein eigenständiges Geschäftsdatum, es kann vielmehr als Attribut bei vielen Geschäftsdaten vorkommen.

Aufgabe 2.2 (Datenbanktabellenstruktur):

a) • Kopftabelle: ID (Schlüsselfeld), Erstellungsdatum, Ersteller, Lieferant, ...
 • Positionstabelle: ID (Schlüsselfeld), Positionsnummer (Schüsselfeld), Materialnummer, Menge, Mengeneinheit, Lieferdatum, ...

 Wir beschränken uns auf die wichtigsten Attribute, um das Prinzip aufzuzeigen. Wer an einem „realen" Beispiel interessiert ist, möge in einem SAP ERP System die Definitionen der Tabellen `EKKO` (Kopf) und `EKPO` (Position) ansehen (Transaktion `SE11`), mit über 100 bzw. 200 Attributen.

b) Materialnummer (Schlüsselfeld), Sprache (Schlüsselfeld), Bezeichnung. Man nennt dies auch *Texttabelle*.

Aufgabe 2.3 (Modellierung von Geschäftsobjekten):

Siehe Abb. 2.10.

Wichtig sind die getrennten Klassen für Kopf und Position, jeweils bei der Bestellanforderung und bei der Bestellung, um die Beziehungen zwischen Bestellanforderungen und Bestellungen detailliert wiedergeben zu können. Die Stammdaten sind nur rudimentär abgebildet, da sie für verschiedene Geschäftsprozesse verwendet werden.

Besonderes Augenmerk sollte auf die Multiplizitäten gelegt werden, da sie Randbedingungen für die Geschäftsprozesse festlegen. Einige Mulitplizitäten hätte man auch anders wählen können, mit Auswirkungen auf die Geschäftsprozesse.

Aufgabe 2.4 (Geschäftsschnittstellen):

a) `Werkzeuge`→`Business Framework: BAPI-Explorer (BAPI)`.
 Im Baum `Materialwirtschaft`→`Einkauf` wählen, dort `Purchase Order`. Untergeordnet sind die Methoden zu sehen, für die jeweils unter anderem eine Kurzbeschreibung vorhanden ist.

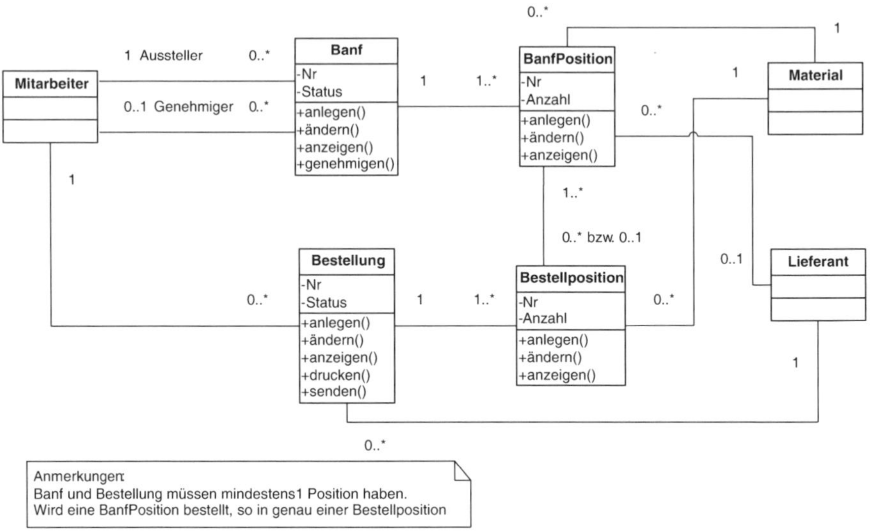

Abb. 2.10 Klassendiagramm „Einkauf"

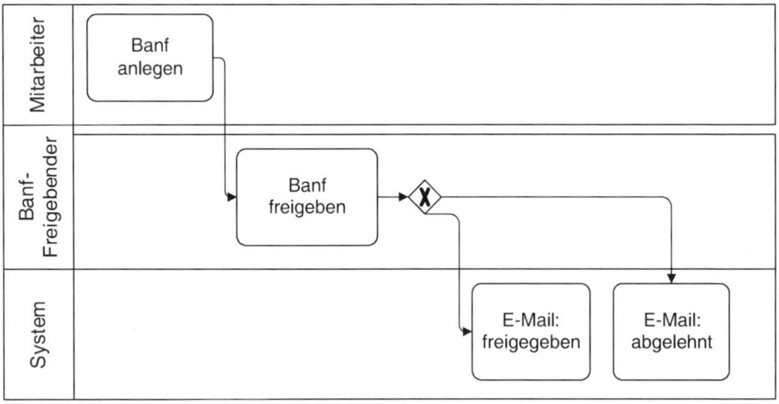

Abb. 2.11 Geschäftsprozess „Banf-Freigabe"

b) Methode `CreateFromData1`, wofür auch eine Dokumentation enthalten ist. Die Frage nach obligatorischen und optionalen Parametern lässt sich vielleicht am übersichtlichsten im *Function Builder* ersehen (Registerkarte `Werkzeuge`), Funktionsbaustein `BAPI_PO_CREATE1`. Dort in den entsprechenden Registerkarten nachsehen, wo in der Spalte „Optional" ein Haken gesetzt sein kann.

c) Die Methoden sind durch Funktionsbausteine implementiert, wie `BAPI_PO_CREATE1`. Den Quelltext sieht man im Function Builder in der Registerkarte `Quelltext`.

Aufgabe 2.5 (Geschäftsprozess):

Siehe Abb. 2.11.

2.8 Literatur

Coulouris G, Dollimore J, Kindberg T (2002) Verteilte Systeme. 3. Auflage. Pearson Studium, München

Gatling G et al. (2009) Workflow-Management mit SAP. 2. Auflage. Galileo Press, Bonn

Gronau N (2010) Enterprise Resource Planning: Architektur, Funktionen und Management von ERP-Systemen. 2. Auflage. Oldenbourg, München

Hammer M, Champy J (1994) Reengineering the Corporation. Addison-Wesley, Reading, MH

Heilig L, Karch S, Böttcher O, Hofmann C (2006) SAP NetWeaver Master Data Management. Galileo Press, Bonn

Hellberg T (2009) Einkauf mit SAP MM. 2. Auflage. Galileo Press, Bonn

Huvar M, Falter T, Fiedler T, Zubev A (2008) Anwendungsentwicklung mit Enterprise SOA. Galileo Press, Bonn

Keller H, Krüger S (2006) ABAP Objects. 3. Auflage. Galileo Press, Bonn

Lehnert V, Bonitz K (2010): SAP-Berechtigungswesen. Galileo Press, Bonn

Mandl P (2009) Master-Kurs Verteilte betriebliche Informationssysteme. Vieweg+Teubner, Wiesbaden

Mertens P (2009) Integrierte Informationsverarbeitung 1: Operative Systeme in der Industrie. 17. Auflage. Gabler, Wiesbaden

Plattner H, Zeier A (2011) In-Memory Data Management. Springer, Berlin Heidelberg New York

Scheer A-W (1997) Wirtschaftsinformatik – Referenzmodelle für industrielle Geschäftsprozesse. 7. Auflage. Springer, Berlin Heidelberg New York

Kapitel 3
Client-Server-Architektur

Du hast das Know-how und ich dein Vertrauen
Wir werden das System durchschauen
Jackpot
Tocotronic[1]

Zusammenfassung

Als Kern des Anwendungsbasissystems wird die dreistufige Client-Server-Architektur mit Datenbank-, Applikations- und Präsentationsschicht am Beispiel von SAP-Software ausführlich dargestellt. Besonderes Augenmerk wird auf Fragen der Performanz und Ausfallsicherheit gelegt. Architekturen mit weniger oder mehr Stufen werden der dreistufigen gegenübergestellt. Die Ansätze Java Enterprise Edition und Microsoft .NET werden kurz angesprochen.

Lernziel

Die dreistufige Client-Server-Architektur am Beispiel kennenlernen und mit anderen Ansätzen vergleichen können.

[1] Tocotronic (1999) K.O.O.K. Compact Disk, Universal.

R. Weber, *Technologie von Unternehmenssoftware*, DOI 10.1007/978-3-642-24423-0_3,

3.1 Dreistufige Client-Server-Architektur der SAP-Software

3.1.1 Überblick

In diesem Kapitel konzentrieren wir uns auf die heute verbreitete technische Architektur eines Anwendungssystems, die *dreistufige Client-Server-Architektur*. Ihre bekannteste Ausprägung ist die des Systems SAP R/3, die in etwas erweiterter Form ebenso für das Nachfolgeprodukt SAP ERP sowie den Großteil der übrigen SAP-Software Bestand hat. Wir sehen uns diese Architektur als längere Fallstudie an, abweichend von den anderen Kapiteln, in denen eher kürzere SAP-Beispiele zur Illustration der Konzepte präsentiert werden. Dies ist didaktisch dadurch motiviert, dass in der Fallstudie sowohl die wesentlichen Konzepte enthalten sind als auch die Architektur übersichtlich und daher gut zu vermitteln ist. Sie werden die SAP-Spezifika leicht von den allgemeingültigen Aspekten trennen können. Auf alternative Ansätze, Java Enterprise Edition und Microsoft .NET, gehen wir nur kürzer ein.

Neben der Client-Server-Architektur gibt es weitere anwendungsunabhängige Komponenten, die zum Anwendungsbasissystem gezählt werden und zu einem großen Teil in anderen Kapiteln angesprochen werden. Einige Beispiele:

- Software-Entwicklungsumgebung
- Workflow-Management-System
- Schnittstellen zu Zusatzsoftware (Dokumentenverwaltung, Archivsystem, Electronic Data Interchange, Kommunikation)

Mehrere *Applikationsserver,* worauf die Anwendungsprogramme laufen, sind üblicherweise über schnelle lokale TCP/IP-Netze mit genau einem *Datenbankserver* verbunden, der den Zugriff zur Datenbank bereitstellt (Abb. 3.1).

Die Benutzer arbeiten an Arbeitsplatzrechnern, meist Personal-Computern, die mit den Applikationsservern verbunden sind. Sie werden *Präsentationsserver* genannt, weil sie den Benutzern die Präsentation der Benutzerdialoge bieten. Im üblichen Jargon heißen sie *Clients*. Für die Verbindung zwischen Applikations- und Datenbankserver können schnellere Netze als für die Anbindung der Präsentationsserver verwendet werden, wie die Abbildung suggeriert. Allerdings könnten alle auch dasselbe Netz nutzen. Wir erkennen also drei *Schichten*, welche die jeweiligen Server umfassen. Die Datenbankschicht wird auch *Persistenzschicht* genannt.

Größere Anwendungssysteme haben Hunderte oder Tausende Benutzer[2]. Neben Anwendungsprogrammen für *Dialogbenutzer* laufen solche ohne Benutzerinteraktion, *Hintergrundjobs* genannt. Beispiele sind das Erstellen von Gehaltsabrechnungen und die Datenarchivierung. Da mehrere Benutzer und Hintergrundjobs

[2] Nach Föse et al. (2008, S. 30) wurden mit der dreistufigen SAP-Client-Server-Architektur mehrere Tausend parallele Benutzer simuliert.

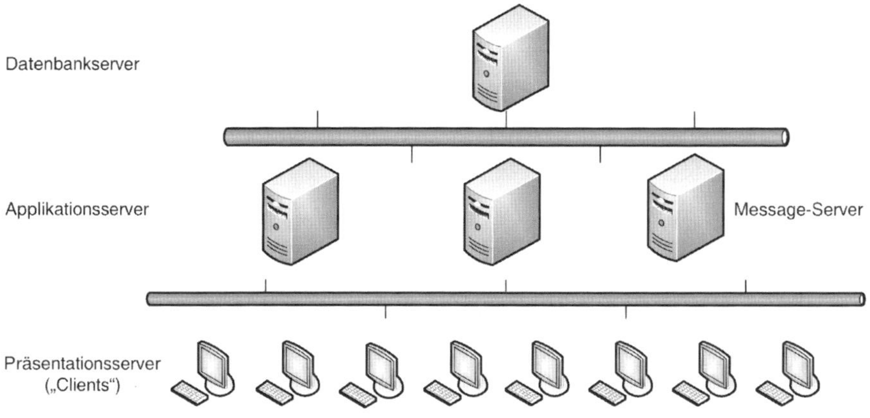

Abb. 3.1 Dreistufige Client-Server-Architektur

gleichzeitig Bearbeitungswünsche haben, wird ein Verteiler benötigt, zwischen den Rechnern und innerhalb eines Rechners.

Wieso mehrere vernetzte Applikationsserver statt nur eines, welcher entsprechend leistungsfähig ist? Die Architektur kam in Unternehmenssoftware Anfang der Neunzigerjahre auf und konnte sich wegen der im Vergleich zu Großrechnern niedrigen Kosten etablieren: ein Großrechner, damals üblich in der betrieblichen Datenverarbeitung, war wesentlich teurer als mehrere zusammengeschaltete kleinere Rechner. Anfangs waren dies Unix-Rechner, heute wird ebenfalls Windows und Linux eingesetzt. Zudem ist eine Leistungssteigerung per *Skalierung* möglich: wird mehr Leistung benötigt, vor allem wenn die Anzahl der Benutzer anwächst, lässt sich ein zusätzlicher Applikationsserver aufnehmen. Somit ist nicht das gesamte System, etwa ein Großrechner, durch ein neues zu ersetzen.

In den letzten Jahren zeigt sich durch die erhöhte Rechnerleistung und das bessere Preis/Leistungsverhältnis wieder eine Tendenz zur Zentralisierung: eine geringere Anzahl von leistungsfähigeren Rechnern, was insbesondere den Administrationsaufwand senkt.

Neben der Skalierung bietet diese Architektur einen weiteren Mechanismus zur Performanzsteuerung: die *Lastbalancierung*: Meldet sich ein Benutzer über eine *Logon-Gruppe* (eine Teilmenge der Applikationsserver, es können auch alle sein) am System an, wird er automatisch dem derzeit am wenigsten belasteten Applikationsserver der Logon-Gruppe zugeteilt. Diese Zuteilung nimmt ein ausgezeichneter Applikationsserver vor, der *Message-Server*, den jeder Präsentationsserver kennt. Im Standardfall wird nach der mittleren Dialogantwortzeit zugeteilt, andere lassen sich konfigurieren (Schneider 2010, S. 295). Alternativ wäre denkbar, jede Benutzerinteraktion dem gegenwärtig am wenigsten belasteten Applikationsserver zuzuteilen. Dies wird aber wohl aus Aufwands- und Einfachheitsgründen nicht praktiziert.

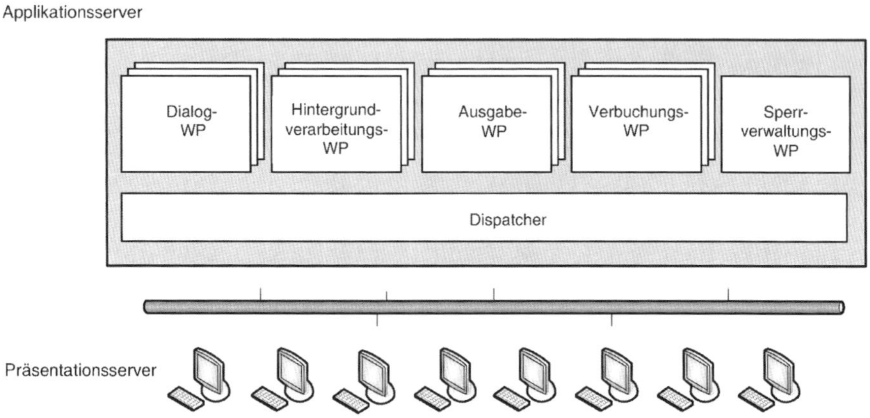

Abb. 3.2 SAP NetWeaver Applikationsserver ABAP

Die Architektur bietet zudem eine gewisse *Ausfallsicherheit*: sollte ein Applikationsserver nicht mehr korrekt funktionieren, können sich die Benutzer an einem anderen anmelden – die Funktionsfähigkeit des Gesamtsystems ist nicht bedroht. Einer der neuralgischen Punkte *(Single Point of Failure, SPOF)* ist der Datenbankserver, weil er nur einmal vorhanden ist.

Sehen wir uns nun die drei Schichten genauer an.

3.1.2 Applikationsserver

Der *SAP NetWeaver Applikationsserver ABAP* (kurz: AS ABAP) ist die Anwendungsplattform für betriebswirtschaftliche Programme in der SAP-eigenen Programmiersprache *ABAP (Advanced Business Application Programming Language)* (Keller und Krüger 2006). Der Zusatz „ABAP" dient zur Unterscheidung vom *SAP NetWeaver Application Server Java*, welcher auf dem JEE-Standard basiert (siehe Abschn. 3.3). Beide können seit einiger Zeit auf demselben Rechner laufen („Double-Stack-Installation") (Föse et al. 2008, S. 29). Ein Applikationsserver wird auch als eine *Instanz* der Applikationsebene bezeichnet.

Der AS ABAP sowie die weiteren Komponenten der Client-Server-Architektur sind die Basis für den Großteil der SAP-Software, für SAP ERP wie für die weiteren Produkte SCM, SRM, CRM, PLM und BW (sie werden in den Kap. 4 und 6 erläutert). Die Basisschicht ist hauptsächlich in C und C++ geschrieben (Buck-Emden 1999, S. 115). Wie andere Komponenten der SAP-Client-Server-Architektur ist der AS ABAP plattformübergreifend, d. h. für verschiedene Unix-Dialekte, inklusive Linux, Windows und IBM-Großrechnerbetriebssysteme verfügbar. Abbildung 3.2 gibt einen Einblick in den inneren Aufbau des AS ABAP.

3.1.2.1 Prozesse

Der AS ABAP enthält mehrere Prozesse, die wir im Folgenden kennenlernen werden. Manche werden *Workprozesse* genannt. Technisch gesehen sind dies gleichermaßen „Prozesse" im Sinne von Betriebssystemen: bei Unix Betriebssystemprozesse, bei Windows Threads innerhalb eines Prozesses (Schneider 2010, S. 293). Wir behandeln zuerst die Prozesse, die lokal in einem SAP-System eine Rolle spielen: Dispatcher, Workprozesse, Message-Server. Dann kommen wir zu den Prozessen, welche über die Systemgrenzen hinausbringen: Gateway, Internet Communication Manager und Web-Dispatcher.

Dispatcher

Der Dispatcher ist in jedem Applikationsserver ein Mal vorhanden und steuert die dort vorhandenen Workprozesse.

Es gibt verschiedene Workprozess-Typen. Von den meisten kann es mehrere Instanzen geben. Wie viele es sind, legt der Systemadministrator fest.

Dialog-Workprozess

Ein Dialog-Workprozess ist für die Bearbeitung von Programmen mit Benutzerdialog zuständig[3]. Abbildung 3.3 zeigt stilisiert eine typische SAP-Transaktion, auch *SAP-LUW (Logical Unit of Work)* genannt. Sie besteht aus einem Dialogteil mit Benutzerinteraktion und einem Verbuchungsteil, der vom System ohne Benutzerinteraktion durchgeführt wird. Im Dialogteil werden mehrere Bildschirmbilder (Masken, bei SAP *Dynpro*, d. h. *dynamisches Programm*, genannt) bearbeitet. Die Dynpros sind hier in Hunderterschritten nummeriert, was man in der Praxis meist vorfindet. Die „Schleife" bei Dynpro 200 deutet an, dass ein Dynpro in mehreren Dialogschritten bearbeitet werden kann.

Ein Dialogschritt beginnt damit, dass der Benutzer auf seinem Präsentationsserver ein Dynpro zum Eingeben von Daten (Eingabefelder) und Ausführen von Funktionen (Druckknöpfe, Menü) vor sich sieht. Der Benutzer gibt Daten ein und löst eine Aktion aus, z. B. durch eine Drucktaste wie „Sichern" oder auch nur durch die Taste „Datenfreigabe" („Enter"). Da die Dynpro-Ablauflogik auf dem Applikationsserver ausgeführt wird, wird die Kontrolle an den Applikationsserver und dort an den Dispatcher übergeben. Jener sucht einen gerade freien Dialog-Workprozess und lässt ihn den Dialogschritt bearbeiten. Darin reagiert das Dialogprogramm auf

[3] Dies ist der Fall „klassischer" Transaktionen, welche den Großteil der SAP-Anwendungen ausmachen. Ein Sonderfall davon ist ein Programm, das von einem Benutzer gestartet wird, aber nur Aktionen ohne Benutzeroberfläche durchführt. Der Ablauf von Anwendungen mit neuen Benutzeroberflächen, wie Web Dynpro, unterscheidet sich etwas von klassischen Transaktionen.

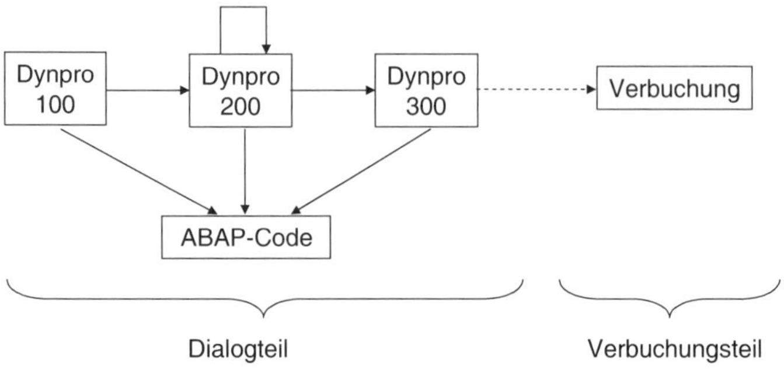

Abb. 3.3 Ablauf einer SAP-Transaktion

die Aktion und die eingegebenen Daten des Benutzers. Dies kann eine Prüfung der Eingabefelder, eine Berechnung oder eine Speicherung in der Datenbank sein. Ist gerade kein Workprozess frei, wird die Anfrage in die Dispatcher-Warteschlange eingereiht und gewartet, der Benutzer sieht in der Zeit ein Wartesymbol (Uhr, Sanduhr). Letztlich wird das Ergebnis im Dynpro visualisiert, z. B. eine Meldung „Bestellung 101124 angelegt“ gezeigt, gewisse Dynpro-Ausgabefelder werden gefüllt, und es wird vielleicht zu einem anderen Dynpro gesprungen. Danach ist der Dialog-Workprozess für die Bearbeitung eines anderen Dialogschritts frei, vom selben Benutzer oder einem anderen.

Beim Bearbeiten eines Dialogprogramms macht das Nachdenken des Benutzers sowie das Eintippen die meiste Zeit aus. Das „Rechnen“ im weiteren Sinne, d. h. das Ausführen des Anwendungsprogramms auf dem Applikationsserver, ist dagegen nur kurz, z. B. ein Zehntel der Benutzerzeit. Daher kann ein Dialog-Workprozess in kurzer Zeitabfolge eine ganze Reihe von Dialogschritten verschiedener Benutzer abarbeiten. Nach einer Faustregel sollte für fünf bis zehn Benutzer ein Dialog-Workprozess bereitgestellt werden. Die Anzahl der Dialog-Workprozesse sollte aber nicht unkritisch hoch angesetzt werden, was bei ausgelasteter CPU keinen Nutzen bringt und viele teure Kontextwechsel auf Betriebssystemebene verursacht (Schneider 2010, S. 304).

Ein Workprozess kann beliebige Anwendungsprogramme ausführen. So könnte auf einem Applikationsserver zur selben Zeit ein Mitarbeiter eine Bestellung anlegen, ein anderer eine Adresse in einem Personalstammsatz ändern.

Intern besteht ein Workprozess aus vier Teilen (Föse et al. 2008, S. 49):

- *Dynpro-Prozessor:* Er ist für die Bildschirmbearbeitung zuständig.
- *ABAP-Prozessor:* Er führt den ABAP-Code aus, welcher vom Dynpro-Prozessor aufgerufen wird.
- *SQL-Schnittstelle:* Über sie erfolgt der Zugriff zur Datenbank.
- *Task-Handler:* Er koordiniert die ersten drei.

Hintergrundverarbeitungs-Workprozess

Ein Hintergrundverarbeitungs-Workprozess *(Batch-Workprozess)* führt Hintergrundprogramme aus, eingeplant als Hintergrundjobs (Batch-Jobs). Die Einplanung kann zu bestimmten Zeitpunkten, oftmals periodisch, oder ereignisgesteuert geschehen (Föse et al. 2008, S. 49).

Anders als ein Dialogprogramm besteht ein Hintergrundprogramm nicht aus vielen kleinen Dialogschritten mit natürlichen Wartephasen dazwischen. Vielmehr kann es „in einem Stück" abgearbeitet werden und wird entsprechend nicht unterbrochen, ebenso wenig wie die weiter unten genannten Ausgabe- und Verbuchungs-Workprozesse (Schneider 2010, S. 399). Sollen mehrere Hintergrundprogramme gleichzeitig ausgeführt werden, müssen daher mehrere Hintergrundverarbeitungs-Workprozesse zur Verfügung stehen. Ansonsten wartet ein Hintergrundprogramm, bis ein Hintergrundverarbeitungs-Workprozess frei wird, was je nach Aufgabe lange dauern kann.

Für einen Applikationsserver lassen sich verschiedene *Betriebsarten* einstellen: so kann man im Tagesbetrieb mehr Dialogprozesse zur Verfügung stellen, im Nachtbetrieb mehr Hintergrundverarbeitungs-Workprozesse (Schneider 2010, S. 309). Das Umschalten zwischen den Betriebsarten geschieht automatisch.

Sperrverwaltungs-Workprozess

Der Sperrverwaltungs-Workprozess *(Enqueue-Workprozess)* dient zum Sperren von Daten, welche in die Datenbank geschrieben werden sollen. Er stellt sicher, dass nicht mehrere Benutzer gleichzeitig ein Datum ändern können und damit Inkonsistenzen erzeugen. Tatsächlich verwendet SAP nicht (nur) die Sperrlogik des Datenbanksystems, sondern hat eine eigene, workprozess- und applikationsserverübergreifende entwickelt. Bei einer solchen Sperre werden oftmals Sätze mehrerer Tabellen, z. B. von Kopf- und Positionstabelle (vgl. Abschn. 2.3), zusammen gesperrt. Da die gesperrten Daten in mehreren Dialogschritten bearbeitet werden, welche von verschiedenen Dialog-Workprozessen ausgeführt werden können, muss die Sperre workprozessübergreifend sein.

Zu sperrende Daten werden im Hauptspeicher des Applikationsservers, in dem der Sperrverwaltungs-Workprozess läuft, in einer *Sperrtabelle* (keine Tabelle in der Datenbank!) abgelegt. Darin ist festgelegt, welcher Benutzer gerade welche Geschäftsobjekte sperrt. Aus Sicherheitsgründen (Rechnerausfall) werden die Sperren zusätzlich in einer lokalen Datei auf dem Sperrverwaltungs-Server gespeichert (Schneider 2010, S. 477). Technisch wird das Sperren über sog. *Sperrobjekte* realisiert, worauf hier aber nicht weiter eingegangen wird (Föse et al. 2008, S. 107 ff.).

Der Sperrverwaltungs-Workprozess ist nur einmal im System vorhanden, d. h. es gibt nur einen solchen Workprozess auf genau einem der Applikationsserver. Möchte ein Benutzer (bzw. dessen Dialog-Workprozess) eine Sperre setzen, muss er sich an den Sperrverwaltungs-Workprozess wenden. Da dieser auf einem anderen

Applikationsserver laufen kann, ist die Vermittlung des Message-Servers (s. u.) nötig. Funktioniert der Sperrverwaltungs-Workprozess nicht, kann keine Sperre mehr gesetzt werden, und im System ist keine sinnvolle Arbeit mehr möglich.

Ausgabe-Workprozess

Ein Ausgabe-Workprozess *(Spool-Workprozess)* dient im Wesentlichen zum Drucken. Mit Unternehmenssoftware werden umfangreiche Mengen von Ausdrucken erstellt, man denke an das Drucken von Gehaltsabrechnungen in einem größeren Unternehmen am Monatsende oder an das Drucken von Bestellungen. Entsprechend gibt es einen eigenen Workprozess-Typ, der diese Aufgabe übernimmt. Die Daten werden dabei gepuffert an die Ausgabegeräte, insbesondere Drucker, übertragen[4]. Weitere Ziele wie Fax und Archivierung sind möglich (Föse et al. 2008, S. 135), ebenso die Kopplung an ein *Output-Management-System* (Föse et al. 2008, S. 127).

Verbuchungs-Workprozess

Der *Verbuchungs-Workprozess* ist für das sog. *asynchrone Verbuchen* zuständig, die übliche Art, wie Transaktionen ihre Daten in die Datenbank schreiben. Beim asynchronen Verbuchen werden Datenänderungen akkumuliert und zunächst in spezielle Verbuchungstabellen der Datenbank geschrieben. Erst nach dem Ende eines Benutzerdialogs (vgl. Abb. 3.4, in Anlehnung an Buck-Emden 1999, S. 137) werden die Daten in die „richtigen" Tabellen der Datenbank geschrieben. Auf diese Weise erhält der Benutzer sofort eine Rückmeldung (z. B. „Bestellanforderung 101125 wurde gesichert") und muss nicht warten. Tatsächlich geschieht die endgültige Speicherung in der Datenbank aber erst nach Abschluss des Dialogs im Verbuchungs-Workprozess.

In Abb. 3.4 bearbeitet ein Benutzer ein Geschäftsdatum, repräsentiert durch Einträge in Datenbanktabellen, im Dialog. Beim Drücken der „Speichern"-Taste löst das ABAP-Programm ein `COMMIT WORK` für die SAP-LUW aus[5] (Zeitpunkt 3); jenes ABAP-Programm wurde für das asynchrone Verbuchen ausgelegt. Danach geht die Kontrolle an einen Verbuchungs-Workprozess über. Die Sperre, welche zu Beginn der Bearbeitung des Geschäftsobjekts angefordert wurde (Zeitpunkt 2), wird erst vom Verbuchungs-Workprozess freigegeben (Zeitpunkt 4). Dies ist nötig,

---

[4] Der Zwischenspeicher heißt *TemSe (temporäre sequenzielle Objekte)*. Per Administration lässt sich einstellen, ob die Speicherung in der Datenbank oder im Dateisystem des Betriebssystems geschieht (Föse et al. 2008, S. 50).

[5] Tatsächlich wird bei jedem Bildwechsel in der Transaktionsbearbeitung ein (Datenbank-) COMMIT ausgelöst, so dass Daten mit ändernden SQL-Operationen als Datenbanktransaktion (Datenbank-LUW, im Gegensatz zur SAP-LUW) in die Datenbank geschrieben würden, wenn nicht mit der Programmiertechnik des asynchronen Verbuchens gearbeitet worden wäre (Föse et al. 2008, S. 51).

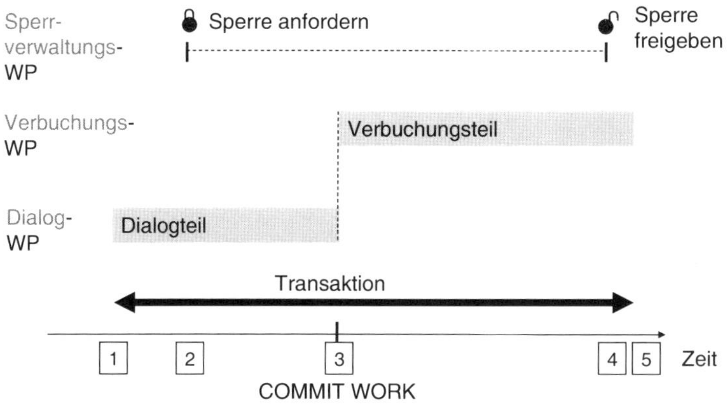

Abb. 3.4 Asynchrones Verbuchen

da die bearbeiteten Daten erst nach dem Sichern in der Datenbank anderen zur Verfügung stehen dürfen. Vor und nach dem Benutzen der Sperren können Vor- und Nachbereitungsaktionen der Transaktion stattfinden (Zeitpunkte 1 bzw. 5).

Hinsichtlich der Wichtigkeit der Verbuchung wird zwischen den Kategorien V1 bis V3 unterschieden, welche intern leicht unterschiedlich abgearbeitet werden: V2-Verbuchungen, meist für statistische Fortschreibungen, können zu einem späteren Zeitpunkt stattfinden, V3-Verbuchungen werden periodisch von einem Hintergrundjob durchgeführt. Die Festlegung der Verbuchungsart wird durch eine Einstellung („Ablaufart") beim Verbuchungsfunktionsbaustein und durch ABAP-Sprachmittel vorgenommen (Schneider 2010, S. 313 f.). Neben dem asynchronen Verbuchen, was der Normalfall ist, gibt es das *synchrone* und das *lokale* Verbuchen; für Details siehe (Schneider 2010, S. 315). Workprozesse können aber auch direkt mit SQL auf die Datenbank zugreifen (Buck-Emden 1999, S. 139).

Als Faustregel sollte das Verhältnis von Verbuchungs- zu Dialog-Workprozessen 1: 4 sein (Schneider 2010, S. 313).

Message-Server

Der Prozess Message-Server läuft auf genau einem Applikationsserver, daher nennt man jenen Applikationsserver ebenfalls „Message-Server". Er ist für die Kommunikation zwischen den Applikationsservern zuständig. Seine Rolle bei der Lastverteilung haben wir schon kennengelernt. Eine andere wichtige Rolle kommt ihm beim Sperren zu: da es nur einen Sperrverwaltungs-Workprozess gibt, der auf einem der Applikationsserver läuft, wenden sich die Applikationsserver über den Message-Server an den Sperrverwaltungs-Workprozess. Wegen dieser engen Zusammenarbeit laufen Message-Server und Sperrverwaltungs-Workprozess sinnvollerweise auf demselben Applikationsserver (Föse et al. 2008, S. 51). Man nennt ihn die *Zentralinstanz*. Andere Instanzen sind Dialoginstanzen und die Datenbankinstanz.

Gateway

Das *Gateway* ist für die Kommunikation mit anderen Systemen (SAP-Systeme und andere) zuständig, insbesondere per Remote Function Call (RFC). Der Dispatcher kommuniziert mit dem Gateway, wenn solche Kommunikation „nach außen" anfällt.

Internet Communication Manager (ICM)

Der ICM kam erst später hinzu, als der Applikationsserver zum Web-Applikationsserver ausgebaut wurde. Das heißt, dass der Applikationsserver nun Internet-Kommunikationsprotokolle wie HTTP und SMTP direkt unterstützt, während zuvor die HTTP-Anbindung weitgehend über eine gesonderte Software, den *Internet Transaction Server*, erledigt wurde (s. u.). Z.B. verwendet die Laufzeitumgebung für das Web Dynpro für ABAP den ICM. Gelangt eine HTTP-Anfrage an den ICM, ruft er das entsprechende ABAP-Programm auf. Hierzu wird im *Internet Communication Framework (ICF)* konfiguriert, welches Programm für welchen URL zuständig ist. In Aufgabe 3.8 sehen wir uns diesen Mechanismus genauer an.

Web-Dispatcher

Neben dem ICM kann es noch einen Web-Dispatcher geben, der eingehende Anfragen über Web-Protokolle (vor allem HTTP) an die Applikationsserver verteilt[6]. Der Web-Dispatcher kann in einer demilitarisierten Zone installiert werden und bietet einige über den ICM hinausgehende Funktionen. Er verteilt im Gegensatz zum Message-Server transaktionsweise, Anfragen ohne Transaktionskontext werden sogar immer verteilt (Schneider 2010, S. 296 f.).

Wir sehen, dass in einem SAP-System der Message-Server, der Sperrverwaltungs-Workprozess und die Datenbankinstanz *Single Points of Failure (SPOF)* sind: fällt einer aus, fällt das gesamte System aus.

[6] Der Web-Dispatcher kann gleichfalls die Verteilung der Anfragen an AS ABAP und AS Java durchführen.

3.1.2.2 Speicher und Pufferung

Ein Applikationsserver hat zum einen einen globalen Speicher *(Shared Memory)*, welcher allen Workprozessen zur Verfügung steht, zum anderen einen lokalen Speicher, den nur ein Workprozess zu einem Zeitpunkt nutzt. Im lokalen Speicherbereich befindet sich der Benutzerkontext, der insbesondere die gerade in Dynpros bearbeiteten Daten enthält und die Berechtigungen des Benutzers[7] (Föse et al. 2008, S. 49). Das Shared Memory speichert z. B. technische Daten, wie die Laufzeitfassungen der genutzten ABAP-Programme, die Dynpros, Dictionary-Objekte, aber auch anwendungsspezifische Daten in Tabellenpuffern *(Caching)*.

Der Zugriff zu solchen Tabellenpuffern ist etwa 10- bis 100-mal schneller als das Lesen vom Datenbankserver (Schneider 2010, S. 45). Sinnvoll ist dies für solche Daten, auf die fast nur lesend zugegriffen wird, z. B. den Fabrikkalender. Weitere Anwendungsfälle werden wir uns in Aufgabe 3.7 ansehen. Gepuffert sollte werden, wenn Tabellen klein sind, wenig geändert werden, da die Puffersynchronisation (s. u.) teuer ist, der Zugriff über Schlüsselfelder geschieht[8] und kurzfristige Inkonsistenzen akzeptabel sind, da die Puffersynchronisation mit Verzögerung abläuft (Schneider 2010, S. 442).

Verschiedene Pufferungsarten lassen sich einstellen (Schneider 2010, S. 432 ff.):

- *Einzelsatzpufferung*: Wird in einer Select-Anweisung auf einen einzelnen Datensatz zugegriffen[9], so wird dieser im Tabellenpuffer des Applikationsservers gespeichert.
- *Vollständige Pufferung*: Wird ein Datensatz der Tabelle gelesen, so wird gleich der vollständige Tabelleninhalt in den Tabellenpuffer gebracht. Diese Pufferungsart wird bei kleineren Tabellen angewendet.
- *Generische Pufferung*: Dies ist eine Pufferungsart zwischen Einzelsatzpufferung und vollständiger Pufferung. Bei einer generisch mit `N` Schlüsselfeldern gepufferten Tabelle werden bei einem Tabellenzugriff mit einer Gleichheitsbedingung in den ersten `N` Schüsselfeldern alle Datensätze in den Tabellenpuffer geschrieben, die in den ersten `N` Schlüsselfeldern mit der Selektionsbedingung übereinstimmen.

Der Pufferzugriff geschieht im Applikationsserver nur, wenn die Selektionsbedingung eine Gleichbedingung ist, ansonsten wird von der Datenbank gelesen.

Datensätze einer Tabelle können in mehreren Applikationsservern gepuffert sein. In dem Fall ist eine *Puffersynchronisation* nötig (Schneider 2010, S. 437), also eine Aktualisierung der Tabellenpuffer aller betroffenen Applikationsserver, wenn ein gemeinsamer Datensatz von einem der Applikationsserver in der Datenbank ge-

[7] Der Benutzerkontext wird pro Modus gebildet (Schneider 2010, S. 392). Die Ablage kann, je nach Konfiguration, in verschiedenen Speicherbereichen erfolgen (SAP Roll Memory, SAP Extended Memory, SAP Heap Memory).

[8] Der Zugriff über einen Sekundärindex wird bei der Pufferung nicht unterstützt.

[9] Der Zugriff muss dabei mit der Anweisung `SELECT SINGLE` und vollständigem Schlüssel geschehen.

ändert wird. Hierbei wird der lokale Applikationsserver synchron aktualisiert, die anderen asynchron, d. h. zeitverzögert, so dass sich eine kurzzeitige Inkonsistenz einstellen kann. Die Pufferinvalidierung geschieht dabei in den Einheiten, wie der Puffer gefüllt wurde, d. h. einzelsatzweise, vollständig oder die betroffenen generischen Einheiten. Da der Pufferplatz beschränkt ist, können Verdrängungen geschehen, wobei die Least-recently-used-Strategie verwendet wird (Schneider 2010, S. 440).

3.1.3 Datenbankserver

Der Datenbankserver verwaltet die Datenbank. Man kann ihn als einen Applikationsserver mit Zusatzfunktionalität ansehen, daher wird er *Datenbankinstanz* genannt.

Prinzipiell wären bei manchen Datenbanksystemen mehrere Datenbankserver möglich, was in der Praxis aber nicht üblich ist (Schneider 2010, S. 47). Während es aus Sicht eines SAP-Systems nur einen Datenbankserver gibt, kann der interne Aufbau sehr wohl eine verteilte Architektur aufweisen, z. B. ein hochperformantes Datenbanksystem auf Mehrprozessorarchitektur mit Spiegelung von Platten zur Steigerung der Ausfallsicherheit. So kann für Oracle-Datenbanken der Real Application Cluster (RAC) eingesetzt werden. Aus Sicht des SAP-Systems ist es jedoch nur ein Datenbankserver; die Datenbank übernimmt selbst die Lastverteilung zwischen den physischen Servern (Mehrwald 2010, S. 19).

Um die Programme, die auf dem Applikationsserver laufen, von der Schnittstelle des konkreten Datenbanksystems zu isolieren, gibt es die *Datenbankschnittstelle*. Sie gewährt einen einheitlichen Zugriff auf verschiedene Datenbanksysteme (Oracle, IBM DB2, IBM Informix, Microsoft SQL Server, SAP MaxDB). Bei Verwendung eines Datenbanksystems fallen üblicherweise Kosten für die Laufzeitlizenz an. In ABAP greift man mit dem sog. *Open SQL* auf die Datenbank zu.

Performanzprobleme betreffen häufig den Datenbankserver, denn Datenzugriffe sind teuer. Daher ist eine sorgfältig entworfene Datenbankschnittstelle für die Performanz des Gesamtsystems wichtig, etwa durch die Wiederverwendung optimierter SQL-Anweisungen (Buck-Emden 1999, S. 148). Zudem dienen verschiedene Programmiertechniken und Pufferungsmechanismen der Leistungssteigerung, so die bereits beim Applikationsserver beschriebene Tabellenpufferung.

In der Datenbank werden alle Stamm-, Bewegungs- und Customizing-Daten (siehe Abschn. 2.3) gehalten, daneben weitgehend alle technischen Daten wie Programme, Datentypdefinitionen und Dynpros. Im Gegensatz zu den technischen Daten sind Stamm-, Bewegungs- und Customizing-Daten in Mandanten organisiert[10]. Ein *Mandant* stellt eine zugriffstechnisch abgeschlossene Datenmenge dar: Benut-

[10] Tatsächlich gibt es auch in wenigen Fällen ein mandantenunabhängiges (mandantenübergreifendes) Customizing.

zer melden sich in einem Mandanten an, sie sehen und bearbeiten nur die Daten jenes Mandanten. Betriebswirtschaftlich kann man sich darunter einen Konzern vorstellen, insofern zählt der Mandant zu den Organisationseinheiten. Allerdings können Mandanten auch für Test- und Schulungszwecke eingerichtet werden. Im Gegensatz zu den anderen Organisationseinheiten behandeln wir ihn an dieser Stelle, weil er einen eher technischen Charakter hat. Der Mandant ist ein Schlüsselfeld in allen Stamm-, Bewegungs- und Customizing-Datenbanktabellen. Bei den SQL-Anweisungen der Anwendungsprogramme wird der Mandant allerdings üblicherweise nicht explizit angegeben, die Anweisungen werden vielmehr in Open SQL implizit um die Angabe des aktuellen Mandanten ergänzt.

Hier ist der heute übliche, traditionelle Ansatz für ein Datenbanksystem beschrieben. Ein neuerer Ansatz mit großem Potential für die betriebliche Datenverarbeitung, *Hauptspeicherdatenbanken*, findet sich in Abschn. 4.6, da er mit dem Wissen über analytische Systeme verständlicher ist.

3.1.4 Präsentationsserver

Die Funktionsaufteilung zwischen Applikationsserver und Präsentationsserver kann unterschiedlich gestaltet sein:

- *Thin Client*: Der Client übernimmt nur wenige Aufgaben. Beispiele: Terminal eines Großrechners, Web-Browser, Terminalserver-Client.
- *Fat Client* oder *Rich Client*: Der Client übernimmt mehr Aufgaben, wofür ein eigenes Programm auf dem Präsentationsserver installiert wird. Beispiele: SAP GUI für Windows, Java Applet.

Die Tendenz zur großrechnerähnlichen Zentralisierung, wie wir sie bei Applikationsservern gesehen haben, setzt sich bei Präsentationsservern fort: Thin Clients in Form von Web-Browsers (einfache Funktionalität, ähnlich wie ein Terminal) werden bevorzugt. Der Vorteil von Web-Browsern als Präsentationsserver liegt hauptsächlich darin, dass kein zusätzliches Programm auf den Arbeitsplatzrechnern installiert und gewartet (Programmkorrekturen) werden muss.

Durch die Verbreitung von Windows-PCs in Unternehmen wird bei Fat Clients der SAP GUI für Windows deutlich am meisten verwendet. Während früher für diverse andere Präsentationsplattformen (OS/2 von IBM, Apple Macintosh, X-Terminals) eigene SAP GUIs bereitgestellt wurden, gibt es seit längerer Zeit aus Wirtschaftlichkeitsgründen und bedingt durch die Verfügbarkeit des plattformneutralen Java neben dem Windows-GUI nur noch einen weiteren SAP GUI, nämlich für Java.

Technisch gesehen ist der SAP GUI ein Programm, das auf einem Rechner installiert wird und als ein Prozess auf diesem läuft. Dadurch wird der Rechner zum Präsentationsserver. Der Prozess kommuniziert über das SAP-eigene DIAG-Protokoll, das ein Format für die plattformübergreifende Übertragung festlegt, mit dem Applikationsserver, damit auf dem Präsentationsserver die Bildschirmbilder aufgebaut werden können. Während der AS ABAP hauptsächlich die Applikationslogik bereitstellt, enthält er also ebenfalls ein wenig Präsentationslogik. Je nach verwendetem SAP GUI (Windows oder Java) kann sich die Benutzeroberfläche geringfügig unterscheiden („Rendering"). In diesem Sinne ähnelt das DIAG-Protokoll dem Zweck nach, wenn auch nicht in der Syntax, HTML. Für die im Mittel pro Transaktionsschritt übertragene Datenmenge gibt Schneider (2010, S. 346) als Obergrenze 5 bis 8 KB an.

In der Vergangenheit zeigten sich bei SAP-Software ergonomische Vorteile eines Fat Client (Bildaufbauzeiten, Stabilität) in Form des SAP GUI, insbesondere weil die applikationsserverseitige Präsentationslogik (die Schnittstelle zwischen Applikationsserver und Präsentationsserver) nicht eigens auf Web-Browser ausgerichtet war, sondern per Übersetzung nachträglich angepasst wurde. Diese Aufgabe übernimmt der „SAP GUI für HTML". Der Name ist etwas irreführend. Tatsächlich läuft auf dem Präsentationsserver nur ein üblicher Web-Browser. Die Präsentationslogik übernimmt eine SAP-Komponente, der *Internet Transaction Server (ITS)* (Föse et al. 2008, S. 40), ein Gateway (Protokollkonverter) zwischen dem DIAG-Protokoll und HTTP/HTML. War der ITS früher auf einem eigenen Server installiert, getrennt vom Applikationsserver, ist er mittlerweile in den AS ABAP integriert. Neuere SAP-Benutzeroberflächen wie das Web Dynpro oder Business Server Pages sind bereits vom Entwurf her auf Web-Browser ausgerichtet[11].

Bei den SAP GUIs für Windows und Java werden heute GUI-Controls (DLLs bzw. Java Beans, siehe Abschn. 3.3) verwendet, die auf dem Präsentationsserver als Teil des SAP GUI installiert werden, z. B. der ABAP List Viewer, das Tree-Control, das Textedit-Control, das HTML-Control. Der Grundgedanke ist dabei, gleich am Anfang mehr Daten vom Applikationsserver zum Präsentationsserver zu übertragen (z. B. gleich die gesamte Tabelle, wenn auch nicht alles sofort angezeigt wird) und Präsentationsoperationen (z. B. Sortieren der Tabelle) auf dem Präsentationsserver durchzuführen statt auf dem Applikationsserver. Dadurch sollen Anfragen an den Applikationsserver verringert werden *(„Roundtrips")*. Vorteilhaft ist dies dann, wenn auf dem Präsentationsserver mehrere Operationen auf den Daten durchgeführt werden, nachteilhaft, wenn die Maske nur kurz aufgerufen und dann wieder abgebrochen wird. In Schneider (2010, S. 343) wird berichtet, dass sich die mittlere Netzwerklast gegenüber den Vorgängerversionen erhöht hat. Während bei puren Web-Oberflächen viel Präsentationslogik dem Web-Server obliegt, kann per Scripting mehr Funktionalität auf den Client übertragen werden.

[11] Neben dem Web Dynpro für ABAP und für Java (letzteres verwendet einen JEE-Applikationsserver, siehe Abschn. 3.3) wird der *Web Client* von SAP empfohlen (Back et al. 2010). Dieser ist BSP-basiert, ging aus Entwicklungen des SAP CRM Interaction Center hervor, und in SAP CRM ist er am meisten verbreitet, er ist aber z. B. auch in SAP ERP einsetzbar.

3.1.5 Dimensionierung

Beim Aufsetzen eines SAP-Systems spielt zunächst die Frage eine Rolle, wie viel Leistung insgesamt bereitzustellen ist, vor der Frage, wie viele und welche Rechner eingesetzt werden. Die Berechnung der Systemgröße nennt man *Sizing*.

3.1.5.1 Quick-Sizer

SAP stellt dazu Methoden und Werkzeuge zur Verfügung. Eines ist der *Quick-Sizer* (Schneider 2010, S. 257 ff.). Er unterstützt zwei Methoden, welche getrennt ablaufen:

- Benutzerbasiertes Sizing: Hier ist die Anzahl der Benutzer ausschlaggebend, die eine bestimmte Anwendung (z. B. Materialwirtschaft, Produktionsplanung) verwenden. Es gibt Erfahrungswerte über den Ressourcenbedarf, welcher von der Anwendung abhängt.
- Durchsatzbasiertes Sizing: Hier wird das Mengengerüst betrachtet, z. B. wie viele Kundenaufträge oder Lieferungen in einem Zeitintervall anfallen.

Eine Möglichkeit, die beiden Methoden in Einklang zu bringen, ist, sie für bestimmte Prozesse parallel durchzuführen und die Ergebnisse zu vergleichen. Eine andere, einige Prozesse benutzerbasiert und andere durchsatzbasiert zu berechnen. Verwendet wird beim Sizing eine künstliche Recheneinheit für die Rechnerleistung, SAPS (SAP Application Benchmark Performance Standard), und die übliche Einheit Byte für die Speichergröße.

Im nächsten Schritt wird das Ergebnis einem Hardwareanbieter übergeben, damit dieser eine detaillierte Dimensionierung durchführen und einen konkreten Hardwarevorschlag erstellen kann.

3.1.5.2 Hardwarekonsolidierung

Zu entscheiden ist, ob weniger leistungsfähigere Rechner verwendet werden, evtl. gar nur einer *(Hardwarekonsolidierung)*, oder mehr leistungsschwächere. Beide gegenläufigen Trends spielen gegenwärtig eine Rolle (Schneider 2010, S. 283). Rechner werden immer leistungsfähiger, so dass eine stärkere Zentralisierung heute, im Gegensatz zur Anfangszeit von Client-Server-Architekturen, möglich ist. Virtualisierungstechniken, d. h. die Installation von mehreren logischen Servern oder gar Systemen auf einem Rechner, sind ein weiterer Einflussfaktur[12]. Bei der Entscheidung spielen vor allem Kosten und die Verfügbarkeit eine Rolle. Was die

[12] Hierbei ist es möglich, eine physische Datenbank für mehrere SAP-Systeme zu verwenden *(Multi Components in one Database* (Föse et al. 2008, S. 33)).

Performanz betrifft, so lässt sich mit beiden Möglichkeiten ein performantes System erzielen (Schneider 2010, S. 287). Die Wartung als wichtige Kostenkategorie wird bei einer kleineren Anzahl von Rechnern weniger aufwändig sein. Weitere Argumente für und gegen eine Hardwarekonsolidierung finden sich in Schneider (2010, S. 283 ff.). Die Virtualisierung von SAP-Systemen ist ausführlich in Bögelsack et al. (2010) beschrieben.

Neben den Rechnern spielt deren Konfiguration eine Rolle, z. B. wie viele Prozesse konfiguriert werden und wie der Speicher verschiedenen Ressourcen zugeteilt wird.

3.1.5.3 Dimensionierung der Workprozesse

Für die Frage, wie viele Dialog-Workprozesse vorgesehen werden sollen, sind nach Schneider (2010, S. 302) zwei Relationen entscheidend:

- Anzahl Benutzer / Anzahl Dialog-Workprozesse = (Denkzeit + Antwortzeit) / Antwortzeit
- Anzahl Workprozesse / Anzahl Prozessoren = Antwortzeit / CPU-Zeit

Auf diese Weise erhält man, unter gegebenen Annahmen, die oben genannte Faustregel von 5 bis 10 Benutzern pro Dialog-Workprozess.

Eine andere Frage ist die Verteilung der Workprozesse auf die Applikationsserver und die Behandlung der Datenbankinstanz. So ist es nach Schneider (2010, S. 300) im Sinne einer besseren Verfügbarkeit sinnvoll, die zentrale Instanz und die Datenbankinstanz auf einen Rechner zu legen. Ein weiterer Grund ist ein Geschwindigkeitsvorteil, wenn das lokale Netz nicht besonders schnell ist (Fischer 2011). Bei großen Installationen ist es dagegen vorteilhaft, wenn sie für eine bessere Performanz auf getrennten Instanzen laufen.

3.2 Architekturvarianten

Wir haben uns die dreistufige Client-Server-Architektur als Hauptvertreter für heutige Anwendungssysteme angesehen. Hierbei konnten die drei *logischen* Schichten, Präsentations-, Anwendungs- und Datenbankschicht, auf drei *physische* Schichten von Rechnern verteilt werden. In Alonso et al. (2004, S. 5), werden die logischen Schichten auf Englisch *Layer* genannt, die physischen *Tier*, was auf Deutsch beides mit „Schicht" oder „Ebene" wiedergegeben wird. Im Folgenden nennen wir Layer „Schicht" und Tier „Stufe". Die Schichten sind konzeptuell in jeglicher Unternehmenssoftware enthalten, wenngleich sie oftmals stark verzahnt und programmmäßig schlecht zu isolieren sind.

In Alonso et al. (2004, S. 5) wird die Datenbankschicht allgemeiner als *Resource Management Layer* bezeichnet, um auch andere Datenquellen als die Datenbank

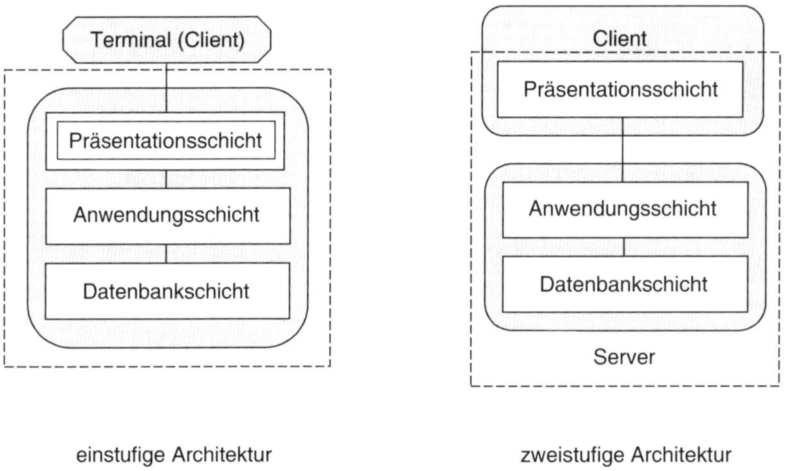

Abb. 3.5 Ein- und zweistufige Architektur

einzuschließen, z. B. ein Dateisystem oder den Zugriff auf weitere Anwendungssysteme, um von dort dynamisch Daten zu lesen. Eine ähnliche Idee werden wir in Kap. 4 in einem Beispiel in Form von *virtuellen Datenwürfeln* wiederfinden. Da in Unternehmenssoftware ein Datenbanksystem zur Speicherung der Geschäftsdaten üblich ist, verwenden wir den etwas spezielleren Begriff.

Bei der Präsentationsschicht denkt man üblicherweise an die Darstellung in einer grafischen Benutzeroberfläche. Man kann die Sicht aber weiter fassen und auch andere „Clients" berücksichtigen, z. B. Programme auf einem anderen Rechner (Alonso et al. 2004, S. 4 f.). In dem Sinne lässt sich die Serialisierung/Deserialisierung bei entfernten Funktionsaufrufen (siehe Kap. 10) als „Präsentationslogik" sehen.

Durch Verteilung der Schichten auf verschieden viele Stufen entstehen verschiedene Architekturvarianten. Die folgende Darstellung orientiert sich an Alonso et al. (2004, S. 9 ff.), die entsprechenden Abbildungen sind leicht abgewandelt. Hierbei sind Schichten in eckigen Kästen dargestellt, Stufen (d. h. Rechner) in Kästen mit abgerundeten Ecken, der gestrichelte Kasten gibt die Software des Anwendungssystems wieder. Ein Spezialfall ist das Terminal im ersten Bild; dieser achteckige Kasten ist ein Gerät, kein Rechner.

3.2.1 Einstufige Architektur

Das gesamte Anwendungssystem, also alle drei Schichten, befindet sich auf einem Rechner. Die Bedienung geschieht durch „dumme" Terminals. Es ist ein Zentralsystem (siehe Abb. 3.5, links), keine Client-Server-Architektur.

Dieser Fall ist in der Großrechnerwelt vorherrschend, früher war es der Standardfall für betriebliche Anwendungen. Bekannt und auch heute noch verbreitet sind Großrechner *(Mainframes)* des Herstellers IBM. Ein sog. *Transaktionsmonitor (Transaction Processing Monitor*, *TP-Monitor*; ein typisches Beispiel ist CICS von IBM), verteilt die Benutzeranfragen an Programme und gewährleistet die transaktionale Ausführung. Die Daten sind in einer Datenbank gespeichert. Die betriebliche Standardsoftware SAP R/2 hat gerade eine solche Architektur.

Oftmals gab es die Trennung der Schichten nur konzeptuell, nicht in einer strengen softwaretechnischen Realisierung („monolithische Systeme"), wie es heute häufiger anzutreffen ist.

3.2.2 Zweistufige Architektur

Diese prägte den Begriff „Client-Server-Architektur" (siehe Abb. 3.5, rechts). Der Server übernimmt die Aufgaben der Anwendungs- und Datenbankschicht, der Client die der Präsentationsschicht. Ein Teil der Software des Anwendungssystems ist somit auf dem Client zu installieren. Neben dieser üblichen Trennung ist die Aufteilung Präsentations- und Anwendungsschicht auf der einen Seite und Datenbankschicht auf der anderen Seite möglich.

Bei zweistufigen Architekturen kann sich leicht ein Lastproblem ergeben, da ein einzelner, meist wesentlich leistungsschwächerer Rechner als ein Großrechner nur eine nicht zu große Anzahl von Benutzern bedienen kann (Alonso et al. 2004, S. 14).

3.2.3 Dreistufige Architektur

Diesen Fall kennen wir bereits. Da es nun drei Rechnertypen gibt, sind die Bezeichnungen „Client" und „Server" (siehe Abb. 3.6, links) nicht mehr ausreichend. Üblicherweise übernimmt der Applikationsserver auch ein kleines Stück der Präsentationsschicht,

indem er dem Präsentationsserver die von jenem aufzubereitende Bildschirminformation schickt; das Argument gilt natürlich ebenso für die zweistufige Architektur. Beim SAP-System ist die aufzubereitende Bildschirminformation gemäß dem DIAG-Protokoll kodiert.

3.2.4 Vierstufige Architektur

In Alonso et al. (2004, S. 19 ff.) werden verschiedene Arten von N-stufigen Architekturen beschrieben. Dabei findet sich auch der Gedanke, ein „großes" An-

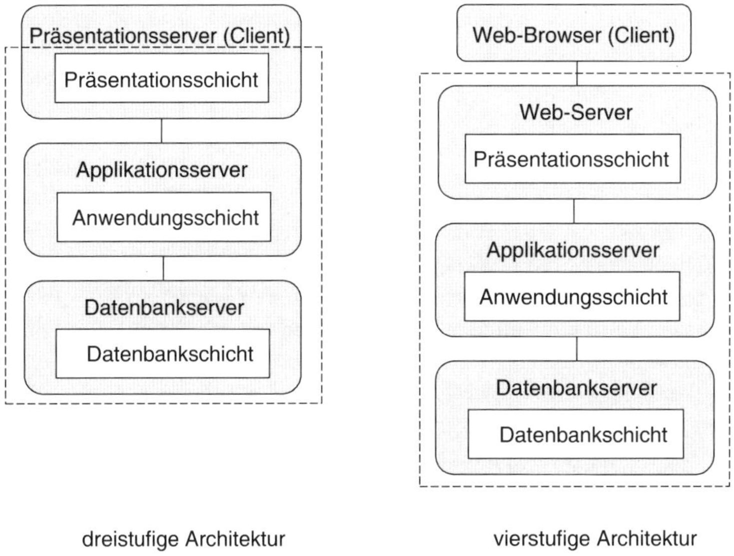

Abb. 3.6 Drei- und vierstufige Architektur

wendungssystem als eine N-stufige Architektur zu betrachten, die viele „kleinere" Anwendungssysteme integriert. Wir bilden dies dagegen als eine Systemlandschaft ab (siehe Kap. 6), worin verschiedene Integrationstechniken (Teil II des Buches) verwendet werden.

Die heute wohl wichtigste vierstufige Architektur ist jene, welche einen Web-Server einbezieht. Die Aufgaben von Web- und Applikationsserver sind dort auf zwei Rechner verteilt (siehe Abb. 3.6, rechts), bei einer dreistufigen Architektur sind sie verschmolzen („Web-Applikationsserver"). Der Client enthält keine für das Anwendungssystem spezifische Präsentationsschicht, sondern nur eine generische in Form des Web-Browsers. Die Präsentationsschicht obliegt im Wesentlichen dem Web-Server, welcher die HTML-Seiten erzeugt, die vom Web-Browser nur noch dargestellt werden. An der Stelle sieht man deutlich, dass die Präsentationsschicht nicht immer – anders als Java Applets oder der SAP GUI für Windows – mit dem „Client", in unserem Fall dem Web-Browser, identifiziert werden kann.

Generell ist zu beobachten, dass mit jeder zusätzlichen Stufe zwar die Flexibilität steigt, ebenso aber die Komplexität, während die Performanz sinkt, da die Kommunikation zwischen den Stufen Leistung beansprucht (Alonso et al. 2004, S. 22).

3.2.5 *Peer-to-Peer- und Grid-Architekturen, Cloud-Computing*

Client-Server-Architekturen sind heute in Unternehmenssoftware vorherrschend. Um zu zeigen, dass nicht nur solche Architekturen vorstellbar sind, seien kurz einige neuere Ansätze verteilter Systeme erwähnt. Es muss sich aber erst noch zeigen, ob und wie bedeutsam sie für Unternehmenssoftware werden:

- *Peer-to-Peer-Architektur*: Hier sind die Knoten eines verteilten Systems nicht mehr Client oder Server, sondern gleichrangig (Mandl 2009, S. 341 ff.).
- *Grid-Architektur*: Sehr viele parallele, heterogene Rechner stellen dabei Rechenleistung zur Verfügung, ähnlich wie ein Stromnetz (Power Grid) Energie (Tanenbaum und van Steen 2007, S. 35 ff.; Mandl 2009, S. 6 f.). Die Idee ist, nicht genutzte Rechenleistung zur Lösung von umfangreichen Rechenaufgaben zu verwenden (Weinhardt et al. 2009). Die Grid-Architektur ähnelt der Peer-to-Peer-Architektur, man könnte sie als eine Variante davon sehen (Mandl 2009, S. 345).
- *Cloud-Computing*: Dies ist ähnlich der Grid-Architektur. Ein externer Anbieter stellt Rechnerleistung zur Verfügung. Dabei liegt der Fokus allerdings nicht wie bei der Grid-Architektur auf Hintergrundprogrammen, sondern auf Dialoganwendungen, insbesondere Web-Anwendungen. Die detaillierten Unterschiede zwischen Grid-Architektur und Cloud-Computing sind in Weinhardt et al. (2009) beschrieben. Cloud-Computing kann nicht nur für die Systeminfrastruktur verwendet werden, es sind auch Verwendungsmöglichkeiten bis zur Nutzung von vollständiger Unternehmenssoftware möglich. Cloud-Computing wird ausführlicher in Kap. 6 behandelt.

3.3 Weitere Client-Server-Beispiele

Wir haben ausführlich den AS ABAP behandelt. Ein anderer Ansatz sind Applikationsserver gemäß der Java Enterprise Edition. Microsoft .NET bietet ähnliche Möglichkeiten. Beide sind kurz im Folgenden beschrieben.

3.3.1 *Java Enterprise Edition*

Die *Java Enterprise Edition (JEE*, früher auch *J2EE* genannt) ist kein Produkt, sondern ein Standard, welcher Vorgaben für Applikationsserver macht.

JEE legt zweierlei Dinge fest:

- Einzuhaltende Schnittstellen: Diese Schnittstellen müssen Anwendungsprogramme einhalten, damit sie auf einem JEE-Applikationsserver ablaufen können.

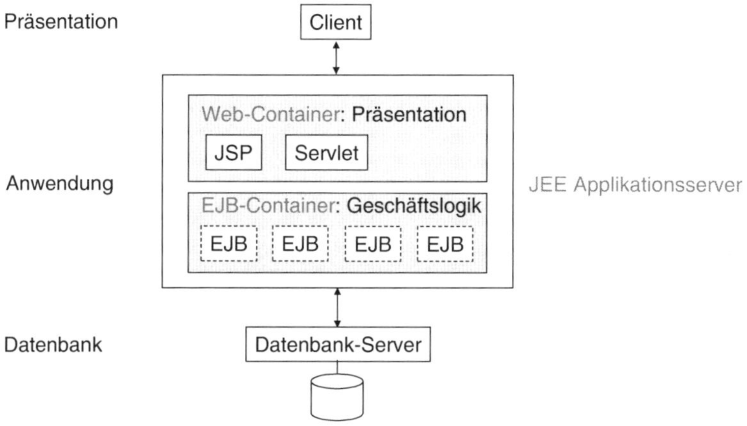

Abb. 3.7 Schichtenarchitektur nach JEE

- Verwendbare Schnittstellen: Programmierschnittstellen (APIs), welche ein JEE-Applikationsserver anbieten soll und welche die Anwendungsprogramme verwenden können.

3.3.1.1 Einzuhaltende Schnittstellen

In Abb. 3.7 ist die Drei-Schichtenarchitektur nach JEE dargestellt. In der Mitte sehen wir einen JEE-Applikationsserver. Er bietet eine Laufzeitumgebung, die in zwei Teile aufgespalten ist: den EJB-Container und den Web-Container. Der Begriff *Container* kann bei JEE als eine Laufzeitumgebung verstanden werden.

EJB steht für *Enterprise Java Bean*. Es ist die Form, in welcher Anwendungsprogramme für JEE geschrieben werden. Ein EJB ist eine Klasse, die bestimmte Schnittstellen bereitstellt. Man kann sich den Ablauf von Anwendungsprogrammen auf einem JEE-Applikationsserver ereignisorientiert vorstellen: im Applikationsserver treten bestimmte Ereignisse bzw. Zustandswechsel auf, z. B. der Zustandswechsel von `Passive` auf `Method-Ready`. Es ist festgelegt, dass dann diejenigen Methoden aufgerufen werden, welche mit der Annotation `@PreActivate` versehen sind. Man nennt dies *Inversion of Control*, – eine EJB-Methode wird zum richtigen Zeitpunkt, z. B. wenn eine Anfrage eintrifft, aufgerufen – oder das Hollywood-Prinzip: „Don't call us, we call you" (Mandl 2009, S. 116). EJBs können auch zeitweilig „schlafengelegt" und später wieder reaktiviert werden.

Es gibt verschiedene Bean-Typen:

- *Session-Bean*: Sie dient für eine Client-Sitzung (Session). Ein typisches Einsatzbeispiel ist ein Einkaufskorb in einem E-Commerce-System (Alonso et al. 2004, S. 106), wo die aus mehreren Interaktionen bestehende Sitzung den Zustand speichern muss; man spricht von einer *zustandsbehafteten (stateful)* Session-Bean. Daneben gibt es *zustandslose (stateless)* Session-Beans für „Einmalaktionen".

- *Entity-Bean*: Mit ihr lassen sich persistente Objekte abbilden (siehe Abschn. 2.4). Die Persistenz kann von der Entity-Bean selbst oder vom Container verwaltet werden.
- *Message-driven-Bean*: Mit ihr lässt sich nachrichtenbasierte Kommunikation realisieren (siehe Kap. 11).

Eine EJB ist ein Beispiel für eine *Komponente* eines *Komponentenmodells* im Sinne der Softwaretechnik (Mandl 2009, S. 113). Wie für viele Konzepte der Informatik gibt es keine eindeutige Definition, aber ein gemeinsames Grundverständnis von einer Komponente: ein größerer Softwarebaustein, welcher Objekte kapselt, Schnittstellen bereitstellt, mit anderen Komponenten zusammengesetzt werden kann und in einer Ablaufumgebung, meist einem Applikationsserver, läuft.

Der *Web-Container* ist die Laufzeitumgebung für die Darstellung der Benutzerdialoge. Tatsächlich gibt es „Applikationsserver", welche nur den Web-Container anbieten. Der bekannteste ist wohl der Jakarta Tomcat Server. In dem Fall handelt es sich um keinen „richtigen" Applikationsserver, sondern lediglich um einen Web-Server.

Im Web-Container laufen *Servlets*. Dies sind vereinfacht gesprochen Programme, welche eine HTTP-Anfrage entgegennehmen und als HTTP-Antwort eine HTML-Seite zurücksenden. In dem Programm steckt damit sowohl die Verarbeitungslogik der HTTP-Anfrage (z. B. Produktinformationen aus einer Datenbank abzurufen) als auch die Präsentationslogik (z. B. aus den Produktinformationen eine HTML-Seite zu erzeugen, welche die Produktinformationen ansprechend darstellt).

Da dies etwas kniffelig zu programmieren ist, gibt es noch eine höhere Programmierschnittstelle: *Java Server Pages (JSP)*. Eine solche kann man sich als eine HTML-Seite vorstellen, in der an einigen Stellen Java-Code eingestreut ist; eine Art HTML-Schablone also. Wird auf eine JSP zugegriffen, läuft der Java-Code ab, und aus dem Ergebnis zusammen mit der HTML-Schablone wird eine echte HTML-Seite, die Antwortseite, generiert. Technisch wird eine JSP in ein Servlet übersetzt. Der wesentliche Vorteil von JSP ist die im Vergleich zu Servlets einfachere und – durch eine gewisse Trennung von Präsentation (HTML) und Geschäftslogik (der eingestreute Java-Code) – strukturiertere Programmierung von Web-Anwendungen.

3.3.1.2 Verwendbare Schnittstellen (APIs)

Der zweite Aspekt von JEE, neben der Laufzeitumgebung und der sich daraus ergebenden Schnittstellen, sind die Programmierschnittstellen, welche JEE-Server bereitstellen. Gemäß Alonso et al. (2004, S. 105) kann man sie gut nach den üblichen drei Schichten einteilen. Auch die einzuhaltenden Schnittstellen sind aufgenommen und mit einem (*) gekennzeichnet, um ein geschlossenes Bild der JEE-Schnittstellen zu erhalten.

- Präsentation und Kommunikation:
  - Servlets (*)
  - Java Server Pages (JSP) (*)
  - JAXP (Java API for XML Processing)[13]
  - JavaMail: Schnittstelle zum E-Mail-Service (SMTP, POP3)
  - JAAS (Java Authentication and Authorization Services)
- Anwendungsintegration:
  - Enterprise Java Beans (EJB) (*)
  - JTA (Java Transaction API): für komponentengesteuerte Transaktionen
  - JMS (Java Messaging Service): Schnittstelle zu nachrichtenorientierter Middleware (asynchrone Kommunikation) (siehe Kap. 11)
  - JNDI (Java Naming and Directory Interface): Zugriff auf Namens- und Verzeichnisdienste
- Datenbank- und allgemeiner Ressourcenzugriff:
  - JDBC (Java Database Connectivity): Zugriff auf relationale Datenbanken
  - JPA (Java Persistence API)[14]: zur Unterstützung persistenter Objekte, insbesondere objektrelationaler Abbildung (siehe Abschn. 2.4)
  - JCA (Java Connector Architecture): einheitlicher Zugriff auf andere Anwendungssysteme

Es gibt verschiedene Applikationsserver, welche nach JEE entworfen sind. Beispiele:

- JBoss: ein Open-Source-Applikationsserver
- IBM WebSphere Applikationsserver
- Oracle WebLogic Application Server: der größte Konkurrent von SAP verwendet somit JEE.
- SAP NetWeaver Applikationsserver Java: dies ist ein zweiter Applikationsserver neben dem AS ABAP; er ist insbesondere für Unternehmen gedacht, welche eigene Anwendungsprogramme in Java schreiben möchten. Die Kommunikation mit dem AS ABAP geschieht über den Java Connector (JCo) (Schneider 2010, S. 383): Auf Java-Seite ist es ein Methodenaufruf einer Enterprise Java Bean, auf ABAP-Seite ein BAPI- bzw. RFC-Aufruf. Natürlich kann die Kommunikation auch über Enterprise Services erfolgen (siehe Abschn. 10.6).

---

[13] Wir erinnern uns: Nach Alonso et al. (2004, S. 4 f.) ist „Präsentation" für einen Client weiter gefasst als nur für grafische Benutzeroberflächen. Entsprechend werden auch die Methoden für die XML-Darstellung und, hinsichtlich Kommunikation, die E-Mail an einen Client darunter verstanden.

[14] In der EJB-3.0-Spezifikation (Mandl 2009, S. 363).

- Sun Java System Application Server: ein kostenloser Server, welcher allerdings nicht für den praktischen Einsatz genutzt werden kann, sondern lediglich als Vorlage und Referenz für Implementierungen dient.

3.3.1.3 SAP-Beispiel: Vergleich AS ABAP – JEE

Abschließend ein kurzer Vergleich mit dem AS ABAP: Die EJBs entsprechen etwa den ABAP-Anwendungsprogrammen. Wie viele EJBs gleichzeitig laufen können (also in gewisser Weise die Anzahl der Workprozesse) regelt der JEE-Applikationsserver. Die Programmierschnittstellen von JEE finden sich beim AS ABAP teilweise als integrierter Bestandteil der Programmiersprache ABAP (z. B. die Datenbankzugriffe in ABAP über Open SQL, Sprachkommandos für Transaktionen wie `COMMIT WORK`) und der Software-Entwicklungsumgebung (z. B. für persistente Objekte). Andere sind dort ebenfalls Programmierschnittstellen (z. B. Methoden zum Versenden von E-Mails oder eine XML-Programmierschnittstelle gemäß dem Document Object Model). Hinsichtlich Web-Anbindung entspräche ein Servlet ungefähr einem ICF-Service, eine JSP etwa einer BSP (statt Java wird dort ABAP als Skriptsprache verwendet), wobei der AS ABAP außerdem die Web-Dynpro-Technik bietet.

Andere Funktionen (JCA, JNDI, JMS) sehen wir eher bei weiteren SAP NetWeaver-Komponenten wie der SAP Process Integration und SAP Enterprise SOA (siehe Kap. 11).

3.3.2 Microsoft .NET

Schließlich sei noch Microsoft .NET erwähnt. Es bietet ähnliche Funktionalität wie JEE, weswegen lediglich auf einige Besonderheiten hingewiesen wird (siehe Abb. 3.8).

Microsoft bietet mit .NET eine Programmier- und Laufzeitumgebung, welche heute hauptsächlich in Windows-Systemen eingesetzt wird.

Programme werden in einer .NET-Sprache geschrieben (z. B. die Microsoft-eigene Sprache C# oder C++) und in ein Zwischenformat (nicht Maschinencode, d. h. es wird interpretiert), die *Common Intermediate Language*, übersetzt. Die Laufzeitkomponente *Common Language Runtime* verwendet einen Just-in-Time-Compiler, um dieses Zwischenformat in Maschinencode zu übersetzen. Es stehen in Form von ASP.net dem JSP ähnliche Möglichkeiten zur Entwicklung von Web-Anwendungen zur Verfügung. Umfangreiche Programmierschnittstellen können verwendet werden.

Vergleichen wir den AS ABAP, JEE und Microsoft .NET als Anwendungsplattformen:

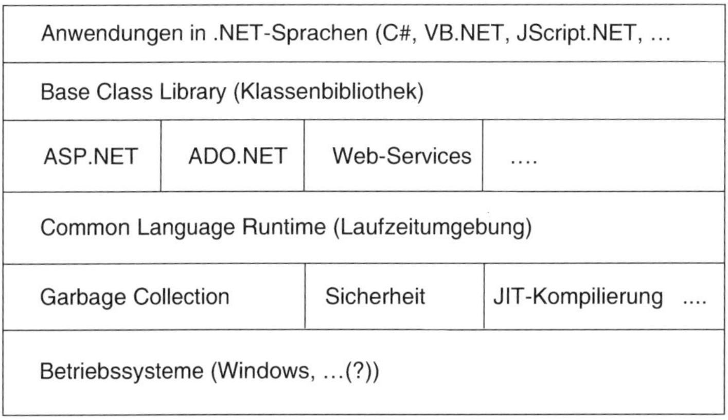

Abb. 3.8 Microsoft .NET

	ABAP	JEE	.NET
Programmiersprachen	1	1	n
Programmierumgebungen	1	n	(1)
Betriebssysteme	n	n	(1)

„n“ bedeutet, dass es mehrere Möglichkeiten gibt. Der Eintrag „(1)“ bei den Programmierumgebungen und Betriebssystemen für .NET wurde gemäß der Einschätzung über den heutigen praktischen Einsatz gewählt.

3.4 Übungen und Lösungsvorschläge

3.4.1 Übungen

Aufgabe 3.1 (Applikationsserver – theoretisch):

Wie viele der folgenden Prozesse (Work-Prozesse oder andere) gibt es im gesamten SAP-System und pro Applikationsserver mindestens, wie viele höchstens (z. B. ≥ 0)? Füllen Sie dazu die Tabelle aus[15]:

[15] Die Übungsaufgabe ist inspiriert von verschiedenen Fragen in Föse et al. (2008, S. 62 f.).

Prozess	System	Applikationsserver
Dialog		
Hintergrund		
Kommunikation		
Sperrverwaltung		
Verbuchung		
Ausgabe (Spool)		
Datenbanksicherung		
Gateway		
Message-Server		

Aufgabe 3.2 (Applikationsserver – praktisch):

Diese Übung erfordert den Zugriff auf einen SAP NetWeaver Applikationsserver ABAP, z. B. durch ein SAP ERP System.

a) Welche Applikationsserver verwendet Ihr SAP-System (Tipp: Monitoring des Systems)? Aus welchen Teilen setzt sich dabei der Name der eingetragenen Applikationsserver zusammen?
b) Welche Prozesse laufen auf den Applikationsservern?
Was bedeutet in diesem Zusammenhang „UP2"?
c) Welche Benutzer sind am System angemeldet?
Auf welchem Präsentationsserver arbeiten sie? Mit welcher GUI-Version – und: Was ist eine GUI-Version?

Aufgabe 3.3 (Sperren):

Diese Übung erfordert den Zugriff auf ein SAP ERP System.

Rufen Sie die Materialstammpflege im Änderungsmodus für ein vorhandenes Material in zwei verschiedenen Modi auf. Sie brauchen dazu keine Änderungen vorzunehmen, d. h. insbesondere nichts zu speichern.

Kontrollieren Sie die gesetzten Sperren im Systemmonitor. Selektieren Sie verschieden viele Sichten und beobachten Sie die Unterschiede.

Aufgabe 3.4 (Lastverteilung):

Sie haben das Konzept der Logon-Gruppen für SAP-Systeme kennengelernt. Welchen Vorteil bietet eine Logon-Gruppe in den folgenden Fällen[16]:

[16] Die Übungsaufgabe ist inspiriert von Schneider (2010, S. 306).

a) Eine Logon-Gruppe mit einem oder wenigen Applikationsservern für eine bestimmte Anwendung (zum Beispiel Materialwirtschaft)?
b) Eine Logon-Gruppe für ein bestimmtes Land?
c) Eine Logon-Gruppe für Callcenter-Mitarbeiter?

Aufgabe 3.5 (Performanz):

Diese Übung erfordert den Zugriff auf einen SAP NetWeaver Applikationsserver ABAP, z. B. durch ein SAP ERP System.

Wie groß ist die durchschnittliche Antwortzeit für Dialogschritte in Ihrem System im Augenblick?

Wie viel Zeit wird davon für Datenbankzugriffe verbraucht? (Tipp: Systemlast, aggregierte Statistiksätze – lokal, Detailanalyse)

Aufgabe 3.6 (Datenbankserver):

Diese Übung erfordert den Zugriff auf ein SAP ERP System.

a) Ermitteln Sie den Speicherplatz der Datenbank, verteilt nach den verschiedenen Anwendungen. (Achtung: performanzintensiv! Tipp: Application Monitor)
b) Wie viele Tabellen gibt es im System?
c) Betrachten Sie die Datenbanktabelle `MARA`, sehen Sie sich die Felder an. Welche Indizes gibt es für die Tabelle `MARA` (Tipp: ABAP Workbench, Entwicklung, Dictionary)?

Aufgabe 3.7 (Tabellenpufferung):

In Kap. 2 lernten wir die Unterscheidung in Stamm-, Bewegungs- und – in SAP-Software – auch Customizing-Daten (wie Organisationseinheiten) kennen. Welche Datenarten würden Sie in einem Applikationsserver puffern und warum?

Aufgabe 3.8 (Web-Applikationsserver):

Diese Übung erfordert den Zugriff auf einen SAP NetWeaver Applikationsserver ABAP, z. B. durch ein SAP ERP System.

Zu Testzwecken steht ein sehr einfacher Dienst im Web-Applikationsserver zur Verfügung: `Ping`. Dieser kann im Browser mittels „Service testen" im Kontextmenü des Service aufgerufen werden.

Finden Sie das Programm auf dem Applikationsserver, welches gerade diese Ausgabe produziert. (Tipp: Transaktion `SICF` bei `Administration→ Verwaltung→Netzwerk, default_host, sap, bc`).

3.4.2 *Lösungsvorschläge für die Übungen*

Aufgabe 3.1 (Applikationsserver – theoretisch):

Prozess	System	Applikationsserver
Dialog	≥ 2	≥ 2 [17]
Hintergrund	≥ 1	≥ 0
Kommunikation	Gibt es nicht als solchen	Gibt es nicht als solchen
Sperrverwaltung	1	0 oder 1
Verbuchung	≥ 1	≥ 0
Ausgabe (Spool)	≥ 1	≥ 0
Datenbanksicherung	Gibt es nicht als solchen	Gibt es nicht als solchen
Gateway	≥ 1	1
Message-Server	1	0 oder 1

„Kommunikation“ und „Datenbanksicherung“ werden natürlich auch in Anwendungssystemen benötigt. Jedoch gibt es keine Prozesse bzw. Workprozesse mit diesen Namen dafür.

Aufgabe 3.2 (Applikationsserver – praktisch):

a) Menüpfad `Werkzeuge→Administration→Monitor→Systemüberwachung: Server (SM51)`. Der Name setzt sich aus Rechnernamen, Datenbanknamen und Systemnummer zusammen.
b) Bei der Anzeige aus Teilaufgabe a) auf den Server doppelklicken. (Alternativ in `Systemüberwachung: Prozessübersicht (SM50)`). „UP2“ bzw. an anderer Stelle „UPD2“ steht für V2-Verbuchungen. Dies sind unwichtigere Buchungen im Gegensatz zu V1-Verbuchungen, z. B. um Statistiken fortzuschreiben.
c) `Systemüberwachung: Benutzerübersicht (SM04)`. Der Präsentationsserver ist in der Spalte „Terminal“ zu sehen. In den Details (Lupenikone) findet sich die GUI-Version, d. h. die Version des SAP GUI.

[17] Aus den Erklärungen in Abschn. 3.1.2 würde man „$\geq$ 1“ ableiten. Aus technischen Gründen, welche hier nicht erläutert sind, gilt aber tatsächlich „$\geq$ 2“ (Föse et al. 2008, S. 62 f.).

Aufgabe 3.3 (Sperren):

Transaktion `Logistik→Materialwirtschaft→Materialstamm→Material→Ändern: MM02 - sofort` (Material ändern) aufrufen, dort z. B. die Grunddaten ändern (die entsprechende Sicht auswählen). Im anderen Modus aufrufen: `Werkzeuge→Administration→Monitor: Sperreinträge (SM12)`, dann Sperreinträge auflisten lassen. Je nachdem, welche Sichten ausgewählt werden, erscheinen unterschiedliche Sperreinträge.

Aufgabe 3.4 (Lastverteilung):

a) Im Programmpuffer werden nur die entsprechenden Anwendungen geladen, sie sind wiederverwendbar.
b) Nur Texte der entsprechenden Sprache werden gespeichert, dadurch wird weniger Speicherplatz verbraucht.
c) Das Call-Center kann eine besonders gute Antwortzeit erhalten.

Aufgabe 3.5 (Performanz):

`Werkzeuge→Administration→Monitor→Performance→Systemlast: „Aggregierte Statistiksätze - lokal" (ST03N)`. Dort `Detailanalyse`, `Last der letzten Minuten` und Ihren Applikationsserver wählen, `Weiter` wählen. In der Zeile `DIALOG: Ø Zeit` und `Ø DB-Zeit`. Die Antwortzeit sollte unter einer Sekunde bleiben.

Aufgabe 3.6 (Datenbankserver):

a) `Werkzeuge→Administration→Monitor→Performance→Systemlast: Benutzerverteilung (ST07)`. Dort: `DB-Speicher`.
b) `Werkzeuge→Administration→Monitor→Performance→Database: Tables/Indexes (DB02)`.
c) `Werkzeuge→ABAP Workbench→Entwicklung: Dictionary (SE11)`. Bei „`Indizes ...`" (d. h. Datenbankindizes) nachsehen.

Aufgabe 3.7 (Tabellenpufferung):

Sinnvoll ist das Puffern bei Daten, welche sich sehr selten ändern. Entsprechend kommt es bei Customizing-Daten in Frage, nicht bei Bewegungsdaten, bei Stammdaten wird es ebenso vermieden.

Aufgabe 3.8 (Web-Applikationsserver):

`Werkzeuge→Administration→Verwaltung→Netzwerk: Pflege des HTTP-Service-Baums (SICF)`, `Ausführen` wählen. Im erscheinenden Baum zu `default_host/sap/bc` navigieren. Dort den Service `Ping` ansehen, insbesondere den Handler (Registerkarte `Handler-Liste`) bzw. die entsprechende Methode (durch mehrstufiges Navigieren, jeweils mit Doppelklick, bis zum Quellcode).

3.5 Literatur

3.5.1 Weiterführende Literatur

Die Client-Server-Architektur der SAP-Software wird in einigen Büchern mehr oder weniger detailliert behandelt. Im Folgenden eine Auswahl:

Föse F, Hagemann S, Will L (2008) SAP NetWeaver AS ABAP – Systemadministration. 3. Auflage, Galileo Press, Bonn
Das Thema des Buchs ist grundsätzlich die Systemadministration eines AS ABAP, aber es finden sich in den Kap. 1 und 2 auch viele Abschnitte über seine Technologie.

Schneider T (2010) SAP-Performanceoptimierung. 6. Auflage, Galileo Press, Bonn.
Zwar auf die Performanceoptimierung ausgerichtet, aber zudem sind einige Erläuterungen zur Technologie des AS ABAP enthalten (Teile der Kap. 1 und 5 bis 10).
Buck-Emden R (1999) Die Technologie des SAP-Systems R/3. 4. Auflage, Addison-Wesley, München
Obwohl das Buch schon etwas älter ist und daher neuere Entwicklungen, z. B. den Ausbau des Applikationsservers zum Web Application Server, nicht behandelt, hat doch der Großteil der Erläuterungen aus Kap. 6 heute noch Bestand.

Heilig L, Karch S (2008) SAP NetWeaver. 2. Auflage, Galileo Press, Bonn
Ein schneller Überblick über ganz SAP NetWeaver, daher nicht sehr in die Tiefe gehend.

Die Client-Server-Architektur, auch in ihrer geschichtlichen Entwicklung, ist gut beschrieben in den Kap. 1 und 2 sowie Abschn. 4.3 von
Alonso G, Casati F, Kuno H, Machiraju V (2004) Web Services. Springer, Berlin Heidelberg New York

Einführungen in Client-Server-Technologie und JEE, ohne SAP-Bezug, finden sich in vielen anderen Büchern, z. B. in:

Coulouris G, Dollimore J, Kindberg T (2002) Verteilte Systeme. 3. Auflage. Pearson Studium, München

Tanenbaum A, van Steen M (2007) Verteilte Systeme. 2. Auflage. Pearson Studium, München

Mandl P (2009) Master-Kurs Verteilte betriebliche Informationssysteme. Vieweg+Teubner, Wiesbaden

Illik JA (2007) Verteilte Systeme. Expert, Renningen

Die Entwicklung von Enterprise Java Beans ist umfassend beschrieben in

Burke, B, Monson-Haefel R (2006) Enterprise JavaBeans 3.0. O'Reilly Media, Sebastopol

3.5.2 Weitere zitierte Literatur und Quellen

Back T, Füchsle M, Reimitz U (2010) SAP Web Client. Galileo Press, Bonn

Bögelsack A, Wittges H, Krcmar H (2010) Virtualisierung von SAP-Systemen. Galileo Press, Bonn

Fischer O (2011) Private Kommunikation. 17.10.2011

Keller H, Krüger S (2006) ABAP Objects. 3. Auflage. Galileo Press, Bonn

Mehrwald C (2010) Datawarehousing mit SAP BW 7. 5., korrigierte Auflage, dpunkt, Heidelberg

Weinhardt C, Anandasivam A, Blau B, Borissov N, Meinl T, Michalk W, Stößer J (2009) Cloud-Computing – Eine Abgrenzung, Geschäftsmodelle und Forschungsgebiete. Wirtschaftsinformatik, Vol. 51, Nr. 5, S. 453–462

Kapitel 4
Analytische Systeme

Ich möchte, dass Sie die Zahlen waschen und shuffeln.
Deshalb habe ich Sie kommen lassen.
Nur zum Waschen hätte auch jemand anders genügt.
Hard-boiled Wonderland und das Ende der Welt
Haruki Murakami[1]

Zusammenfassung

Analytische Systeme dienen zum Auswerten von Daten. Dazu werden Daten aus verschiedenen operativen Systemen extrahiert, transformiert und in ein Data Warehouse System geladen, das heute übliche analytische System. Zur Auswertung wird ein multidimensionales Datenmodell verwendet, welches zur Speicherung meist auf ein relationales abgebildet wird (Stern- oder Schneeflockenschema). Die typischen Auswertungsoperationen des Online Analytical Processing (OLAP) sind Inhalt einer praktischen Übung. Verschiedene Methoden, z. B. die Aggregatbildung und die Partitionierung, werden zur Performanzsteigerung eingesetzt. Das neuere Architekturkonzept der Hauptspeicherdatenbanken zielt neben einer wesentlich besseren Performanz auf eine Zusammenführung von operativen und analytischen Systemen ab. Als Beispiel wird SAP Business Warehouse dargestellt.

Lernziele

- Analytische Systeme, genauer gesagt Data Warehouse Systeme, kennenlernen.
- Ein multidimensionales Datenmodell für eine Aufgabenstellung aufstellen können.
- Typische Auswertungsoperationen durchführen können.

---

[1] Murakami H (1995) Hard-boiled Wonderland und das Ende der Welt. Erste Auflage 1995, Insel, Frankfurt a. M., S. 47.

R. Weber, *Technologie von Unternehmenssoftware*, DOI 10.1007/978-3-642-24423-0_4,

4.1 Motivation

In operativen Systemen werden Geschäftsvorfälle abgewickelt: Bestellungen erzeugt, Kundenaufträge angelegt, Kosten gebucht (siehe Kap. 2). Jenseits dieses Tagesgeschäfts interessiert im Unternehmen aber fernerhin, welcher Umsatz in einer Region entstand, wie hoch insgesamt der Bestellwert eines Unternehmensbereichs in einem Zeitraum war, wie sich die Kosten in einem Bereich entwickelt haben. Sprich: *Auswertungen (Analysen)* über dem Datenbestand. Systeme, die sich auf Auswertungen spezialisieren, heißen *analytische* oder *dispositive Systeme* (Bauer und Günzel 2009, S. 9), eine Systemart neben operativen Systemen. Die Daten der analytischen Systeme werden vor allem aus den operativen Systemen eingespeist.

Auswertungen können unterschiedlicher Art sein. Einige Beispiele zeigen das Spektrum auf:

- Umsatzzahlen, gegliedert nach Vertriebsregionen und Monaten: Hier werden feinere Umsatzzahlen, welche z. B. für Produkte nach Verkaufsstellen tagesgenau erfasst sind, verdichtet, d. h. die entsprechenden Summen gebildet. Die Aufgabe des Systems ist das *Anzeigen, Aggregieren* und *Aufbereiten* der Daten, die Schlüsse daraus zieht der Betrachter selbst.
- Trendanalyse zum Verkauf eines Produkts: Dabei handelt es sich bereits um komplexere Berechnungen, die *statistische Methoden* erfordern.
- Analyse, ob sich ein Verkaufsmuster finden lässt: Dies ist der schwierigste Fall. Aus einer Menge von Daten sollen Regelmäßigkeiten und damit vorher nicht bekannte Zusammenhänge erschlossen werden, wobei – anders als im vorigen Fall – nicht einmal eine Hypothese besteht. Analysen dieser Art fallen in das Gebiet des *Data Mining* (Bauer und Günzel 2009, S. 115 ff.).

Entsprechend gibt es unterschiedliche Möglichkeiten, wie Mitarbeiter an Auswertungen kommen:

- *Standardbericht*: Ein Vertriebsmitarbeiter erhält monatliche Vertriebsdaten oder kann sie im Intranet abrufen. Der Standardbereich, eine Form der Auswertung, wird von anderer Seite für den Mitarbeiter erstellt.
- *Interaktive Analyse*: Ein in Auswertungen geschulter Mitarbeiter führt interaktiv Analysen durch, wofür typische Operationen bereitstehen (siehe Aufgabe 4.4).
- *Spezialauswertung*: Spezialisten suchen, z. B. mit Data Mining, nach neuen Erkenntnissen.

Umfangreiche Vergangenheits- und Gegenwartsdaten sollen in allen Fällen für Entscheidungen und Planungen in der Zukunft genutzt werden.

In diesem Kapitel sehen wir uns vor allem Systeme für das Sammeln und Speichern von Daten sowie die einfacheren Formen von Auswertungen an. Planungssysteme sind dann das Thema von Kap. 5, sie sind die natürliche Fortsetzung von analytischen Systemen.

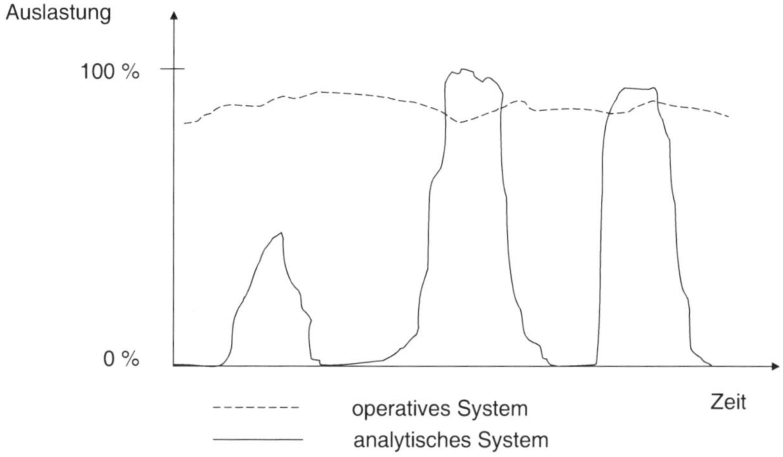

Abb. 4.1 Systemlast: operative vs. analytische Systeme

Da die Daten in den operativen Systemen anfallen, ließen sich prinzipiell Auswertungen schon dort durchführen. Vor allem drei Gründe sprechen für ein getrenntes analytisches System:

- unterschiedliches Systemlastverhalten
- Auswertung quer über mehrere Datenbestände
- Berücksichtigung historischer Datenstände (Zeitbezug)

Zunächst zum unterschiedlichen Systemlastverhalten (siehe Abb. 4.1, ähnlich wie in Egger et al. (2004, S. 26); das Bild ist nur qualitativ zu sehen, es entstand nicht durch Messungen). In operativen Systemen ist die Systemlast während der Kernarbeitszeit weitgehend gleich. Dies ergibt sich daraus, dass viele Sachbearbeiter konstant viele kleine Geschäftsvorfälle etwa gleichmäßiger Last mit Dialogprogrammen abwickeln. In analytischen Systemen herrscht dagegen über weite Strecken eine geringe Systemlast, nämlich dann, wenn keine Auswertungen durchgeführt werden und auch keine Daten eingespielt werden. Bei einer Auswertung eines umfangreichen Datenbestands ist die Systemlast dagegen groß. Das Systemlastprofil ist somit von sporadischen Lastspitzen geprägt. Betriebe man beide Typen von Anwendungen, operative und analytische, intensiv in *einem* System, so könnte dies zu Performanzproblemen führen: die Auswertungen beeinträchtigten zeitweise das Tagesgeschäft, also schlechte Systemantwortzeiten für die Sachbearbeiter, oder die Auswertungen zögen sich in die Länge. Durch die Trennung in zwei Systeme wird dies vermieden. Als Konsequenz werden die auswertungsrelevanten Daten des operativen Systems in das analytische überführt.

Nun zur Auswertung quer über mehrere Datenbestände: In größeren Unternehmen wird oftmals nicht nur ein operatives System eingesetzt, sondern mehrere, z. B.

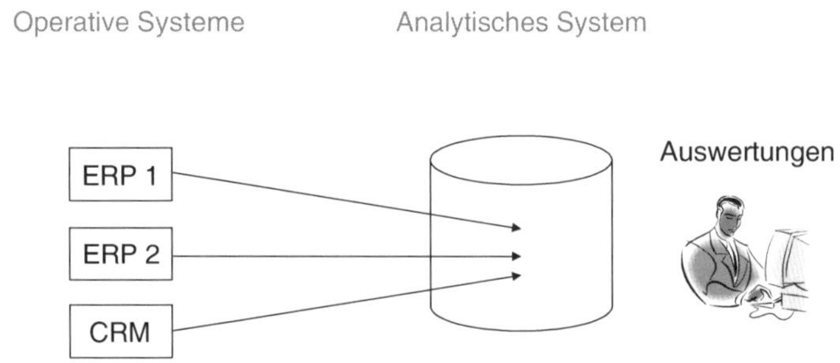

Abb. 4.2 Zusammenwirken von operativen Systemen und analytischem System

für verschiedene Regionen oder spezialisiert für verschiedene Aufgaben (Kundenbeziehungen, Lieferkette). Die Gründe hierfür werden wir uns genauer in Aufgabe 6.1 ansehen. Während sich die Geschäftsvorfälle gut getrennt in den einzelnen operativen Systemen abwickeln lassen, interessieren doch zudem Vergleiche zwischen den Daten der verschiedenen Systeme. Analytische Systeme werden eingesetzt, um solche systemübergreifenden Vergleiche in Auswertungen durchzuführen (Abb. 4.2).

Das Bild zeigt zwei ERP-Systeme (z. B. für verschiedene Regionen) und ein CRM-System (Customer Relationship Management). Das CRM-System dient zur Verwaltung der Kundenbeziehungen, z. B. von Kundenkontakten wie Kundenbesuchen oder Telefonaten. CRM-Systeme sehen wir uns genauer in Kap. 6 an, im Augenblick genügt eine grobe Vorstellung. Im analytischen System werden Daten aus den verschiedenen Systemen zusammengeführt, so dass sich nicht nur die Umsatzdaten von Kunden getrennt in den beiden ERP-Systemen auswerten lassen, sondern übergreifend im Vergleich. Dazu lässt sich noch die Anzahl der Kundenkontakte, welche für den Umsatz eingesetzt wurden, aus dem CRM-System in Beziehung setzen.

Ähnliche Beispiele für die Auswertung quer über verschiedene Datenbestände ergeben sich bei Unternehmensübernahmen und bei der Systemmigration (vgl. Kap. 13; Zitzelsberger 2011). Allgemein besteht die Anforderung, viele Datenquellen zusammenzuführen, von in Großrechnern gespeicherten Daten über typische Anwendungssysteme bis hin zu lokal gespeicherten Tabellenkalkulationsdaten (Zitzelsberger 2011). Außerdem können unternehmensexterne Datenquellen hinzukommen, z. B. Marktforschungsdaten.

Der dritte Grund, die Berücksichtigung historischer Datenstände: In operativen Systemen wird oftmals nur der aktuelle Datenstand effizient gespeichert. Bei Auswertungen möchte man dagegen gerne „Schnappschüsse" zu verschiedenen Zeiten vergleichen. Daher sind die Daten im analytischen System historisiert zu speichern (vgl. Abschn. 2.3).

4.2 Begriffe und Eigenschaften

Wir gebrauchten bisher nur den Begriff „analytisches System“. In dem Umfeld haben sich Begriffe gebildet, welche synonym oder mit ähnlicher Bedeutung verwendet werden. Eine mögliche Einordnung zeigt Abb. 4.3.

4.2.1 DWH: Data Warehouse System

Ein *Data Warehouse System* ist die heute übliche Ausprägung eines analytischen Systems. Der Begriff wurde von Bill Inmon geprägt (Inmon 1993). Die Idee ist ein „Lagerhaus von Daten“, in dem die Regale nach Themengebieten geordnet sind. Spezifische Technologien und Techniken haben sich für solche Systeme etabliert. Da wir hier analytische Systeme immer in Form von DWH betrachten, werden wir im Folgenden meist nur noch von DWH sprechen. Zu einem Data Warehouse System gehören insbesondere die Datenbeschaffung aus den operativen Systemen, die Datenspeicherung und darauf aufbauend die Analyse der Daten (Bauer und Günzel 2009, S. 8). Das *Data Warehouse* ist der Datenspeicher des Data Warehouse Systems (Bauer und Günzel 2009, S. 566).

Historische Vorläufer von DWH sind *Managementinformationssysteme (MIS)*, *Decision-Support-Systeme (DSS)* und *Executive-Information-Systeme (EIS)*. Alle hatten nicht den gewünschten Erfolg, teils aus technischen Gründen, aber mehr dadurch, dass die Funktionalität und Systemphilosophie nicht mit der Arbeitsweise und den Bedürfnissen der potentiellen Anwender zusammenpasste (für diese historische Betrachtung siehe z. B. Egger et al. 2004, S. 27 ff.).

4.2.2 OLAP: Online Analytical Processing

Das Analysekonzept im DWH, das auf einem multidimensionalen Datenmodell aufbaut (siehe Abschn. 4.4). OLAP steht im Gegensatz zu *OLTP*: *Online Transaction Processing*, das transaktionsorientierte Arbeiten in einem operativen System (siehe Kap. 2). Ein operatives System bietet nur einfachere Auswertungsmöglichkeiten auf den operativen Daten seiner Datenbank.

4.2.3 BI: Business Intelligence

Für manche ist dies synonym mit DWH, für andere ein Gebiet, welches neben DWH andere Teile wie das Wissensmanagement beinhaltet. In (Bauer und Günzel 2009,

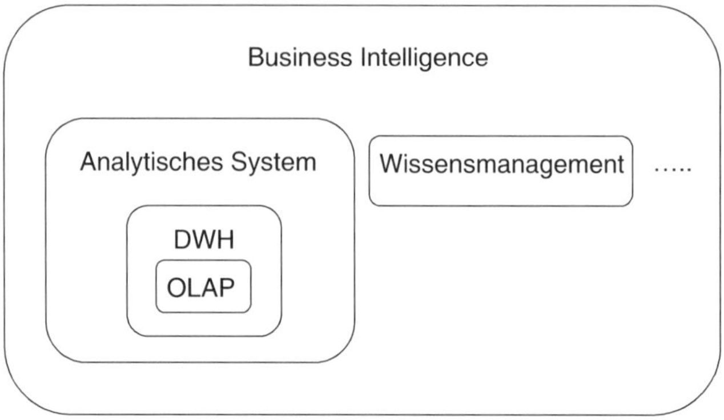

Abb. 4.3 Analytische Systeme – Begriffseinordnung

Tab. 4.1 Eigenschaften operativer und analytischer Systeme

Operatives System	Analytisches System
Tagesgeschäft	Auswertungen zur Entscheidungsunterstützung
Viel schreibender Zugriff, dafür optimiert	Nach Laden nur lesender Zugriff, dafür optimiert
Viele kleine Transaktionen	Komplexe Abfragen
Stabile Anwendungen	Dynamische Anwendungen für immer wieder andere Auswertungen
Anwendungsorientiert (Materialwirtschaft, Produktion, ...)	Gegenstandsorientiert (Lieferant, Kunde, Produkt, ...)
Aktueller Zustand der Daten	Historisierte Daten
Normalisierte Daten	Denormalisierte Daten, multidimensional

S. 5) werden zu BI auch die Anwendungen und Prozesse gezählt. Nach (Plattner und Zeier 2011, S. 171) beschäftigt sich BI mit Analysieren, Planen und Simulieren.

Nach den Hauptgründen für die Trennung der Systeme sehen wir uns nun die Unterschiede zwischen operativen und analytischen Systemen an, die für die Ausgestaltung analytischer Systeme von Bedeutung sind (siehe Tab. 4.1; sie bezieht sich auf Egger et al. 2004, S. 25).

Der Zweck eines operativen Systems ist das Tagesgeschäft, es involviert vornehmlich Sachbearbeiter, wie Buchhalter, Einkäufer und Verkäufer. Das analytische System ermöglicht hingegen Auswertungen zur *Entscheidungsunterstützung*. Auswertungen können, je nach Verdichtungsgrad, für die unterschiedlichen Hierarchieebenen der Führungskräfte hilfreich sein. Wichtige Anwendungsbereiche sind Controlling, Marketing und Supply Chain Management.

Im operativen Betrieb werden Daten häufig geschrieben (anlegen, ändern), z. B. Bestellungen oder Fertigungsaufträge. In analytischen Systemen werden die Daten dagegen, wenn sie erst einmal in das System gelangt sind, nur mehr in Auswertungen gelesen[2]. Entsprechend lässt sich ein System hinsichtlich der Performanz unterschiedlich auf ein gemischtes Schreib-/Leseverhalten gegenüber nur Lesen auslegen.

Die Transaktionen in operativen Systemen sind „klein" in dem Sinne, dass sie meist nur auf eine kleine Datenmenge zugreifen, z. B. bei einer Bestellung neben den eigentlichen Bestelldaten auf die Stammdaten Material und Lieferant. Komplexe Auswertungen in analytischen Systemen lesen dagegen große Datenmengen, z. B. alle Bestellungen in verschiedenen Unternehmensbereichen während eines bestimmten Zeitraums, sofern die Bestelldaten nicht bereits in verdichteter Form gespeichert sind.

Die Anwendungen in operativen Systemen sind „stabil" in dem Sinne, dass beispielsweise für das Anlegen einer Bestellung immer dieselbe Funktionalität verwendet wird. Der Geschäftsvorfall ist standardisiert, inklusive der mehr oder weniger häufig vorkommenden Sonderfälle. Auch einfache Formen der Auswertung sind vorgesehen, z. B. zu welchen Bestellungen bereits ein Wareneingang gebucht ist. In analytischen Systemen gibt es ebenfalls gewisse regelmäßige Standardauswertungen, z. B. eine Umsatzstatistik für einen Zeitraum in einem Unternehmensbereich. Das Ergebnis einer solchen Auswertung nennt man *Bericht* (englisch: *Report*), das Erstellen und den Umgang mit Berichten *Berichtswesen (Reporting)*. Führungskräfte wünschen aber immer wieder einmal spezielle Auswertungen zu noch nicht vorgedachten Fragestellungen, „Ad-hoc-Auswertungen" oder *Queries* genannt (Marx Gómez et al. 2006, S. 4). Analytische Systeme sollen Mechanismen bereitstellen, womit sich solche Wünsche leicht erfüllen lassen.

Die Transaktionen der operativen Systeme sind anwendungsorientiert in Bereichen und Unterbereichen wie Materialwirtschaft, Produktion, Vertrieb organisiert. In analytischen Systemen erfolgt die Gliederung dagegen nach „Gegenständen" (auf Englisch *Subject Orientation,* in Bauer und Günzel 2009, S. 7 als *Fachorientierung* übersetzt), wie Lieferanten, Kunden und Produkte.

In vielen Fällen reicht für die Anwendungsprogramme in operativen Systemen der aktuelle Wert von Daten aus, z. B. der aktuelle Lagerbestand eines Materials. Wie hoch jener zu einem früheren Zeitpunkt war, ist für das Tagesgeschäft meist nicht entscheidend und wird daher nicht unmittelbar gespeichert. Stattdessen lassen sich solche Werte oftmals nur durch Rückrechnung von Warenbewegungen ermitteln, also „rekonstruieren". Hingegen interessiert in analytischen Systemen gerade die Veränderung im Zeitablauf, um Trends aufzudecken und für Prognoseverfahren. Ein Beispiel ist die Entwicklung der Bestellwerte über die Monate eines Jahres hinweg. Die Daten müssen daher mit Zeitbezug effizient auswertbar sein. Deshalb

[2] Es gibt Ausnahmen, wie die „sich selten ändernden Dimensionen", siehe Abschn. 4.4.

speichert man die Daten in analytischen Systemen *historisiert* (siehe Abschn. 2.3), z. B. Bestand vom Material PC31 am 01.11.2012[3].

Die Daten operativer Systeme befinden sich in relationalen Datenbanksystemen üblicherweise in weitgehend normalisierter Form, d. h. redundanzfrei. Wie wir später sehen werden, liegen die Daten analytischer Systeme meist ebenfalls in relationalen Datenbanksystemen, jedoch unterscheidet sich das semantische Datenmodell: es wird ein multidimensionales Datenmodell eingesetzt (siehe Abschn. 4.4), welches auf Datenbanktabellen abgebildet wird. Bei der Speicherung sind zum Performanzgewinn auch nicht-normalisierte Darstellungen üblich.

Durch die Trennung von operativen und analytischen Systemen sind allerdings übergreifende Analysen, welche sowohl historische als auch aktuelle Daten einbeziehen, nicht mehr einfach möglich (vgl. Abschn. 4.6).

4.3 ETL

4.3.1 Überblick und Komponenten des Data Warehouse

ETL steht für *Extraktion, Transformation, Laden* und beschreibt die drei Phasen, wie Daten aus operativen Systemen in das DWH gelangen. In Abb. 4.4 sind neben den Phasen auch die verschiedenen Komponenten der Datenablage in einem DWH dargestellt.

Die *Extraktion* findet in jedem operativen System statt. Daten werden selektiert und für die weiteren Phasen verfügbar gemacht. Sie werden in einen *Arbeitsbereich* (Bauer und Günzel 2009, S. 36) des DWH geschrieben, auch *Extraktionsbereich* oder *Staging Area* genannt. Tatsächlich heißt es in Abb. 4.4 statt „operatives System" allgemeiner *Datenquelle*. Denn obwohl die Daten überwiegend aus operativen Systemen stammen, können z. B. auch Marktforschungsdaten oder Plandaten für Vergleiche eingespielt werden.

In der *Transformation* werden die Daten aus den verschiedenen Datenquellen vereinheitlicht bzw. bereinigt.

Das *Laden* ist die Übernahme der bereinigten Daten in das DWH. Tatsächlich werden die Daten dort oftmals in bis zu dreierlei Form gespeichert.

- *Basisdatenbank*: Hier sind die Daten in feingranularer, nicht für Auswertungen gedachter Form abgelegt (Bauer und Günzel 2009, S. 37). Es handelt sich dabei um einen integrierten Datenbestand, der langfristig aufbewahrt wird. Gebräuchlich ist dafür auch der Begriff *Core Data Warehouse*. Die Idee ist, mehr Daten redundanzarm (weitgehend normalisiert) zu halten als gegenwärtig in den

[3] In Plattner und Zeier (2011, S. 30) werden Zahlen aus einer Analyse genannt: ein Anwendungssystem für ein mittelgroßes Unternehmen enthält 100 GB operative Daten und 1 TB analytische Daten, eines für ein Großunternehmen 35 TB operative Daten und 40 TB analytische Daten.

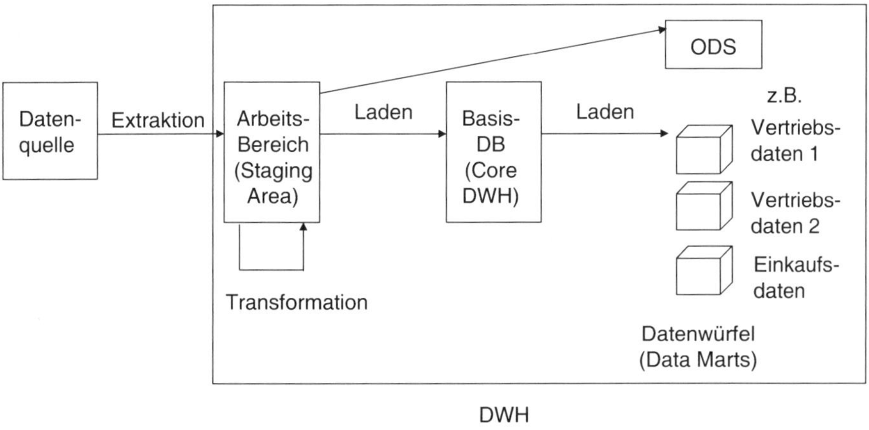

Abb. 4.4 Komponenten eines DWH und ETL

Auswertungen benötigt werden. Zu einem späteren Zeitpunkt können neue Anforderungen an die Auswertungen hinzukommen, z. B. dass Daten feingranularer ausgewertet werden sollen als sie derzeit in den Datenwürfeln (s. u.) gespeichert sind. Sind die benötigten Daten bereits in der Basisdatenbank vorhanden, müssen „nur" die Datenwürfel angepasst und von der Basisdatenbank neu befüllt werden.

- *Datenwürfel*: Teile der in der Basisdatenbank enthaltenen Daten werden in einer für effiziente Auswertungen abgestimmten Speicherungsform, im sog. Datenwürfel, gehalten. Der Begriff *Data Mart* wird teilweise synonym zu Datenwürfel gebraucht, teilweise in der Bedeutung von einem Auszug eines Datenwürfels oder eines Data Warehouse, etwa für einen Unternehmensbereich[4]. Im Beispiel gibt es zwei Data Marts für zwei Vertriebsbereiche, welche in sich abgeschlossene Vertriebsdatenbestände enthalten. Daneben gibt es einen Data Mart für Einkaufsdaten. Data Marts bieten zwei Vorteile: zum einen schnellerer Datenzugriff wegen der darauf abgestimmten Speicherung und der geringeren Datenmengen. Zum anderen könnte auch eine physische Trennung vorgesehen sein, was einen besseren Zugriffsschutz bietet. Nachteile liegen in der Redundanz und im höheren Verwaltungsaufwand.
- *Operational Data Store (ODS)*: Eine weitere, mit der Basisdatenbank verwandte Speicherungsform ist der ODS. In einer üblichen Form des ODS befinden sich dort detaillierte, nicht-verdichtete Daten, welche nur für eine kürzere Zeit zur Auswertung bereitstehen müssen und danach gelöscht werden. Ein typisches ODS-Beispiel sind Kassendaten von Supermärkten. Solche ODS-Daten werden

[4] In Bauer und Günzel (2009, S. 62) heißt das Konzept *abhängige Data Marts*. Mehrwald (2010, S. 313) nennt allgemein die Ebene der Datenwürfel *Data Mart Layer*.

nicht historisiert, in der Regel nur für mehrere Tage gespeichert und regelmäßig aktualisiert. Unterschiede zur Basisdatenbank bestehen zum einen darin, dass es sich nicht um die vollständige, integrierte und langfristig zu speichernde Sicht der Geschäftsdaten handelt, zum anderen, dass die Daten zur Auswertung vorgesehen sind[5].

Bisher gingen wir davon aus, dass die Daten der verschiedenen operativen Systeme in eine konsolidierte Basisdatenbank und von dort in Datenwürfel kopiert und transformiert werden, welche Daten verschiedener Systeme integrieren. Es kann jedoch auch eine Form von *Virtualisierung* verwendet werden: im DWH werden zunächst organisatorisch getrennte Datenwürfel aufgebaut, z. B. gemäß den regional verwendeten operativen Systemen. Dann werden die einzelnen physischen Datenwürfel über einen *virtuellen Datenwürfel* integriert (Wolf und Yamada 2010, S. 174 ff.). Dies ist eine Form von Partitionierung (siehe Abschn. 4.5), in Mehrwald (2010, S. 161) *Modell-Partitionierung* genannt. Die ETL-Logik kann so getrennt in die einzelnen Datenwürfel ablaufen. Hierdurch ist zudem eine gewisse Fehlertoleranz erreichbar: ist eines der Quellsysteme nicht verfügbar, kann der ETL-Prozess in den anderen trotzdem stattfinden. Außerdem kann eine dezentrale, nur auf eine der Organisationseinheiten bezogene Auswertung getrennt ablaufen, was zu einer besseren Performanz führt.

4.3.2 Extraktion

Wir unterscheiden bei der Extraktion zwischen:

- *Initialem Datenimport*: Dieser wird bei der Einführung des DWH oder einer neuen Datenquelle einmalig durchgeführt. Der „Urzustand" des DWH wird dadurch erzeugt. Um dies effizient zu erledigen, stellen Datenbanksysteme Programme zum Laden von Massendaten zur Verfügung, sog. *Bulk Loader* (Bauer und Günzel 2009, S. 99).
- *Inkrementellem Datenimport*: Dieser findet regelmäßig statt. So lässt sich die Fortentwicklung der Daten in den Datenquellen berücksichtigen. Es werden „Deltas", also Datenänderungen, wozu auch neue Daten zählen, übertragen.

Wie werden im operativen System Datenänderungen für den inkrementellen Datenimport erkannt? Hierfür gibt es mehrere, für Anwender des Systems unterschiedlich aufwändige Mechanismen. Am komfortabelsten ist es, wenn die Extraktionslogik *(Extraktoren,* also Extraktionsprogramme) im operativen System schon bereitgestellt ist. Dies ist meist der Fall, wenn das operative System und das DWH vom selben Softwareanbieter stammen. Der Verwender braucht dann nur noch einzustellen, welche Daten (z. B. Umsatzdaten, eventuell noch gefiltert nach

[5] Für die genaue Beziehung zwischen ODS und Basisdatenbank sowie verschiedene Klassen von ODS-Daten siehe Bauer und Günzel (2009, S. 56).

bestimmten Vertriebsorganisationen) in welchen Zeitabständen und mit welcher Granularität zu übertragen sind. Mit anderen Worten: die Extraktionslogik ist bereits Teil der Standardsoftware des operativen Systems, lediglich Customizing ist nötig.

Schwieriger ist der Fall, wenn Extraktoren im operativen System erst entwickelt werden müssen. Ein Ansatzpunkt sind die in Abschn. 2.3 erwähnten Änderungsdaten. Werden solche geschrieben, können sie für die Übertragung ausgewertet werden. Einige weitere Techniken, wie Änderungen erkannt werden können (nach Egger et al. 2004, S. 40 und Bauer und Günzel 2009, S. 50):

- *SQL-Trigger*: Dies ist ein ereignisgesteuerter Mechanismus (vgl. Abschn. 11.3.3) in einem Datenbanksystem. Man kann mit einem SQL-Trigger definieren, dass ein eigengeschriebenes Programm jedes Mal dann aufgerufen wird, wenn in einer bestimmten Datenbanktabelle eine Änderungsoperation stattfindet. Das Programm kann die Datenänderungen in einer Modifikationstabelle oder in einer Datei aufzeichnen und diese regelmäßig ins DWH übertragen.
- *Protokolldateien*: Im operativen System werden Datenänderungen in Protokolldateien aufgezeichnet. Die Protokolldateien werden ausgewertet, die Datenmanipulationsoperationen bestimmt und entsprechend die Daten ins DWH übertragen.
- *Schnappschussvergleich*: Hierbei wird der Tabelleninhalt zu zwei Zeitpunkten betrachtet und die Unterschiede werden berechnet, wofür es einige Algorithmen gibt.

Zu unterscheiden ist, ob die Änderungen mit Datenbanksystemunterstützung ermittelt werden (bei den drei genannten Verfahren ist dies möglich) oder ob die Anwendungsprogramme modifiziert bzw. ergänzt werden. Letzteres kann aufwändig sein, insbesondere wenn der Programmcode schwer zugänglich ist. Mit Datenbanksystemunterstützung lässt sich zum Beispiel ein Schnappschuss (Snapshot) wie eine Sicht (View) definieren. Änderungen werden im Schnappschusslog protokolliert, welches dann ausgewertet wird. Der direkte Vergleich von Schnappschüssen durch Anwendungsprogramme kann dagegen ineffizient sein (Bauer und Günzel 2009, S. 83 und 85).

Für den Zeitpunkt, wann extrahiert wird, gibt es verschiedene Möglichkeiten (Bauer und Günzel 2009, S. 86). Die Extraktion kann *periodisch* erfolgen, wobei unterschiedlich zeitkritische Daten in unterschiedlich langen Perioden übermittelt werden können: monatlich, täglich oder noch häufiger. Die periodische Extraktion wird sehr oft eingesetzt. Daneben können Daten *ereignisgesteuert*, z. B. wenn sich eine gewisse Menge von Änderungen ergeben hat, oder im Extremfall *sofort* bei einer Änderung übermittelt werden, was aber selten angewendet wird.

Die extrahierten Daten können z. B. in Form von Dateien eines bestimmten Aufbaus (siehe Abschn. 9.2 für mehr Details) bereitgestellt werden.

4.3.3 Transformation

Inhaltlich gleiche Daten können in den verschiedenen operativen Systemen in unterschiedlicher Form vorliegen. Einige naheliegende Beispiele (ähnlich wie in Egger et al. 2004, S. 32):

1. Datum: 01APR2012, 2012-04-01, 01042012, 12091 (der 91ste Tag des Jahres 2012) beschreiben alle dasselbe Datum, den 1. April 2012. Sie könnten z. B. auf das Zielformat 20120401 (Jahr, Monat, Tag) abgebildet werden. Hier handelt es sich also lediglich um eine Formatvereinheitlichung.
2. Geschlecht: {m, w}, {male, female}, {0, 1} sollen alle die Wertemenge mit den Elementen „männlich" und „weiblich" repräsentieren. Im analytischen System könnte das Zielformat zum Beispiel durch {m, f} vorgegeben sein. Man nennt diese Transformation von Werten auch *Umschlüsselung*.
3. Materialnummer: In verschiedenen operativen Systemen könnte diese z. B. in den unterschiedlichen Datentypen CHAR10, NUMC12, Integer gespeichert sein. Hierbei sei CHAR10[6] eine Zeichenkette der Länge 10, NUMC12 eine numerische Zeichenkette der Länge 12. Wir bilden sie im analytischen System auf „das kleinste gemeinsame Vielfache" ab, hier CHAR12, wobei wir annehmen, dass aus der Menge Integer tatsächlich nur Zahlen verwendet werden, welche in CHAR12 „passen".
4. Mengenangabe: {Doppelpack, ST}, {PC} werden abgebildet auf {PC} („PC" steht hier für „piece", „ST" für „Stück"). Diese Transformationsvorschrift enthält auch eine Umrechnung von „Doppelpack" nach „PC".

Neben Bereinigungen *syntaktischer Probleme* in Form von Formatanpassungen können weniger naheliegende Transformationsregeln in Frage kommen. Wenn z. B. für eine Periode kein Wert erfasst ist – ein *semantisches Problem* –, kann je nach Anwendungsfall die Regel „nimm den Wert der vorigen Periode" (bei Bestandsdaten) oder „Wert = 0" (bei Flussdaten) sinnvoll sein (Kemper et al. 2010, S. 30). Eine solche Anpassung muss gut durchdacht sein und der fachlichen Realität entsprechen, damit jegliche Auswertungen korrekte Ergebnisse liefern. Ansonsten erscheint es sinnvoll, die Transformation in die Datenwürfel zu verlegen (Zitzelsberger 2011).

Insgesamt ergeben sich so die folgenden wesentlichen Transformationsarten (vgl. Willinger und Gradl 2007, S. 48 ff.):

- *Transformation auf Werteebene*: Die Transformation bezieht sich nur auf einen einzelnen Wert der Quell- und Zielstruktur. Davon gibt es Unterarten:
  - Transformation von Werten (Umschlüsselung)
  - Formatanpassung
  - Belegung eines Zielstrukturfelds mit einem festen Wert

[6] Die Bezeichnungen CHAR10, NUMC12 finden sich im ABAP-Dictionary von SAP-Systemen.

- *Transformation auf Strukturebene*: Die Quellstruktur unterscheidet sich nicht nur auf Werteebene von der Zielstruktur, vielmehr könnte die Zielstruktur z. B. weniger oder mehr geschachtelt sein als die Quellstruktur.

Ein wichtiger Anwendungsfall ist das Bereinigen bzw. Vereinheitlichen von Adressen und, allgemeiner, Stammdaten (vgl. Abschn. 6.2). Ein Problem kann sich etwa für den Schlüssel eines Geschäftsdatums ergeben. Er kann in den operativen Systemen unterschiedlich sein, z. B. könnte die Kundennummer im CRM-System nicht mit jener im ERP-System übereinstimmen. In diesem Fall wird das Geschäftsdatum unter einem Schlüssel im DWH gespeichert und die anderen Schlüssel als Attribute, um den Bezug nicht zu verlieren.

Manchmal ist die *automatische Behandlung* nicht möglich oder zumindest fehleranfällig (Kemper et al. 2010, S. 29). Dann bleibt nur, die Transformation von einem menschlichen Experten durchführen zu lassen, was natürlich aufwändig ist. Beispiele für Probleme sind *Synonyme* (für einen Begriff werden unterschiedliche Wörter verwendet) und *Homonyme* (ein Wort hat, je nach Kontext, eine unterschiedliche Bedeutung). Bei einer solchen *nicht-automatischen Behandlung* können die Fälle vorliegen:

- *Automatische Erkennung*: Die Ausnahmesituation wird zumindest automatisch erkannt, z. B. wenn ein Wert außerhalb des festgelegten Wertebereichs liegt. Es kann sein, dass der Wert schon im operativen System falsch ist und dort gleichfalls bereinigt werden sollte. Oder bei den Transformationsregeln ist ein Wert nicht vorgedacht und die Transformationsregel ist anzupassen.
- *Nicht-automatische Erkennung*: Die Ausnahme wird nur von einem Fachexperten erkannt und entsprechend von ihm korrigiert.

Die Transformation, also eine Datenbereinigung *(Data Cleaning, Data Cleansing)* im Sinne einer Qualitätssicherung der Daten, findet im Arbeitsbereich des DWH statt. Hierfür gibt es eine Reihe von Techniken und Werkzeugen.

4.3.4 Laden

Das Laden und die speichernden Komponenten wurden bereits weiter oben beschrieben.

4.4 Multidimensionales Datenmodell

4.4.1 Datenwürfel mit Dimensionen und Fakten

Nach gängiger Lehre unterscheidet man zwischen semantischem, logischem und physischem Datenmodell. Bei traditionellen Datenbanksystemen werden diese Rollen vom Entity-Relationship-Modell, von Relationen und von datenbanksystemspezifischen physischen Modellen eingenommen. Das semantische Datenmodell in einem DWH ist dagegen üblicherweise ein *multidimensionales*.

Es lässt sich für den Fall von zwei und drei Dimensionen gut grafisch veranschaulichen. Sehen wir uns erst den einfacheren Fall von zwei Dimensionen an (Abb. 4.5)[7]. Im Beispiel wollen wir analysieren, wie oft ein Material in einem Zeitraum bestellt wurde. Wir erhalten eine Tabelle, wie wir sie von Tabellenkalkulationsprogrammen kennen. Die zwei *Dimensionen* sind hier das Material und die Zeit. Jede Dimension hat *Merkmale*, d. h. Attribute. Im Beispiel hat jede Dimension nur ein Merkmal: das Material hat die Materialnummer, die Zeit den Jahresmonat. Später werden wir uns auch mehrere Merkmale pro Dimension ansehen. Das feinste Merkmal nennen wir *Dimensionselement* (Bauer und Günzel 2009, S. 110). Für jede Wertekombination von Merkmalen bzw. *Dimensionselementen* (z. B. Material = „PC31", Zeit = „Januar 2012") gibt es einen Zahlenwert, *Faktum*, auch *Kennzahl*, *Kenngröße*, *Variable* oder *Measure* genannt, hier: 1112 Stück. Wir nehmen dabei an, dass die Daten nur monatsweise, nicht tagesgenau gespeichert werden. Die Merkmale sind also die Zeilen- und Spaltenbeschriftungen, die Fakten sind die Zahlenwerte der Tabelle. Feiner unterscheiden wir zwischen *Merkmal* (wie „Jahresmonat": Typebene) und *Merkmalsausprägung* (wie „Januar 2012": Instanzebene), ebenso bei Fakten.

Fakten sind *quantitative Daten*, messbare Dinge, also Zahlen. An diesen sind wir bei den Auswertungen interessiert, und wir rechnen mit ihnen, summieren z. B. auf, wenn wir Daten verdichten (s. u.: Dimensionshierarchien und Aggregation).

Die Fakten sind nach den *Dimensionen* organisiert, welche beschreibende Bedeutung haben, es sind *qualitative Daten*. Mit den Dimensionen wird in der Regel nicht gerechnet. Es sind die Kriterien, nach denen wir auswerten wollen.

Die Daten im DWH sind so gut wie immer historisiert (siehe Abschn. 2.3), d. h. die Zeit ist eine der Dimensionen; Unterschiede gibt es nur in der Granularität, d. h. wie fein die zeitliche Auflösung ist. Oftmals ist das nicht monatsweise, wie in unserem Beispiel, sondern tagesgenau.

Möchte man genauer unterscheiden, könnte man eine *Kennzahl* als Faktum oder aus Fakten abgeleitete Zahl definieren (Marx Gómez et al. 2006, S. 13). Kennzahlen lassen sich grundsätzlich bereits beim Laden der Daten in den Datenwürfel berech-

[7] Die Idee der Veranschaulichung ist Snapp (2010, S. 65) entnommen. Konsequent wählen wir auch hier ein Beispiel aus dem Einkauf. Den „Klassiker" „Umsatzdaten im Vertrieb" heben wir uns für die Aufgabe 4.2 auf.

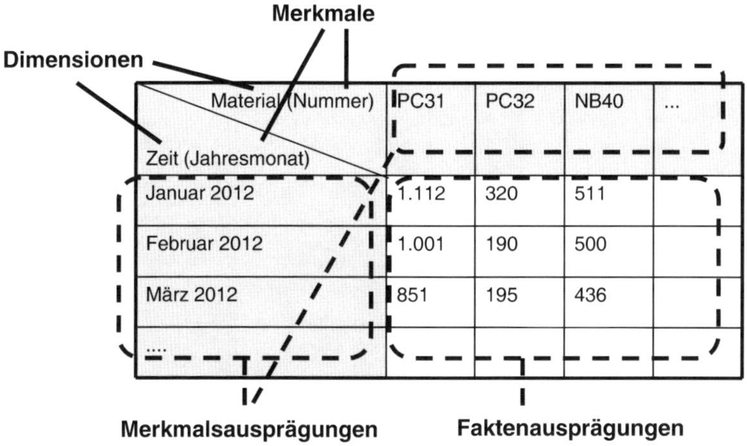

Abb. 4.5 Multidimensionales Datenmodell: Merkmale und Fakten

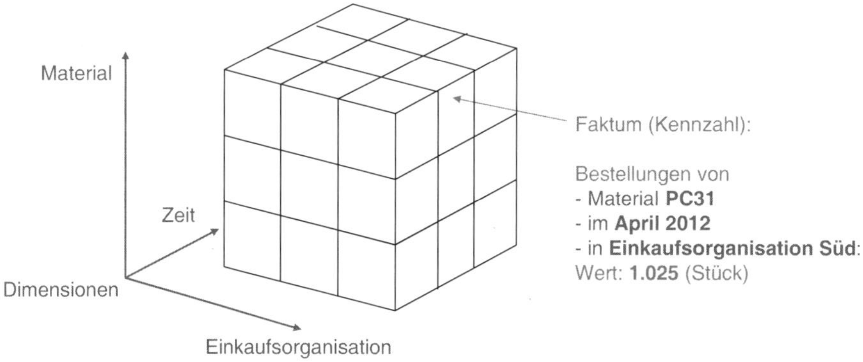

Abb. 4.6 Multidimensionales Datenmodell: Datenwürfel

nen oder erst später bei der Analyse. In (Mehrwald 2010, S. 199 ff.) sind Kriterien für die Entscheidung dafür aufgeführt.

Bei drei Dimensionen erhalten wir einen *Datenwürfel* (siehe Abb. 4.6). Streng genommen ist es ein Quader, da die Längenverhältnisse offen sind. Als weitere Dimension haben wir die Einkaufsorganisation hinzugenommen.

Tatsächlich werden in typischen Datenmodellen mehr als drei Dimensionen verwendet, meist jedoch nicht zu viele, oft fünf bis acht (Bauer und Günzel 2009, S. 107), mehr als fünfzehn wären ungewöhnlich. Vielleicht liegt diese Beschränkung daran, dass es als Gedankenmodell für den Menschen sonst zu komplex wäre, vielleicht genügt es für praktische Fragestellungen (Kemper et al. 2010, S. 101).

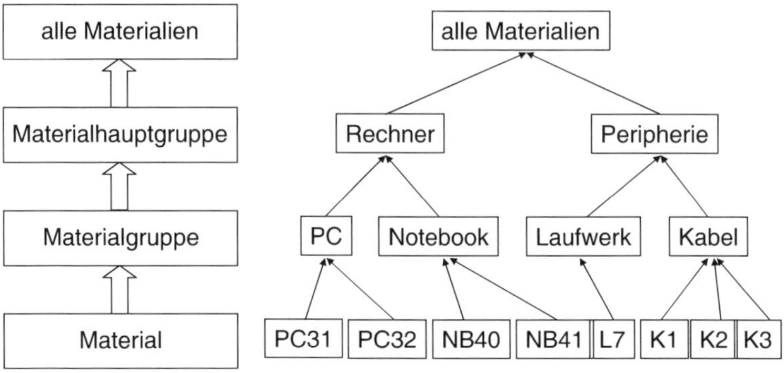

Abb. 4.7 Aggregation

Auch im Fall von mehr als drei Dimensionen wird vereinfachend von einem „Datenwürfel" gesprochen.

4.4.2 Dimensionshierarchien und Aggregation

Anders als bei den typischen x-y-Koordinaten der Schulmathematik gibt es üblicherweise eine *Hierarchiebildung* bei den Dimensionen mit entsprechender *Aggregation* der Fakten. Dies lässt sich gut an einem Beispiel erklären (Abb. 4.7).

Oft möchte man Fakten nach einer gröberen Dimensionsgranularität als der feinsten (Dimensionselemente) auswerten, z. B. nach Materialgruppen statt nach Materialien oder nach Monaten statt nach Tagen. Es handelt sich dann um verdichtete, aggregierte Daten. Mehrere Materialien lassen sich zu Materialgruppen zusammenfassen, mehrere Materialgruppen zu Materialhauptgruppen, und „alle Materialien" zusammen ergeben schließlich die gröbste Verdichtung. Wir sprechen von einer *Dimensionshierarchie*, auch *Klassifikationshierarchie* (Bauer und Günzel 2009, S. 8) oder *Aggregationshierarchie* genannt. Ein untergeordneter Eintrag befindet sich also immer unter genau einem übergeordneten, die Struktur ist ein Baum. Der Baum umfasst mehrere *(Hierarchie-, Aggregations-, Verdichtungs-) Stufen*; sie entsprechen unterschiedlichen Verdichtungsgraden. Innerhalb einer Dimension kann es mehr als eine Hierarchie geben, *parallele Dimensionshierarchien* oder auch *multiple* Hierarchien genannt (Bauer und Günzel 2009, S. 111). Im Beispiel könnte das Material einer Sparte zugeordnet sein, welche unabhängig von Materialgruppen ist.

Die Hierarchiestufen sind weitere Merkmale einer Dimension, sie lassen sich als Attribute der Dimensionselemente auffassen. Zwischen Merkmalen können funktionale Abhängigkeiten bestehen, z. B. hängt die Materialgruppe vom Material ab.

Derart zusammengehörige Merkmale werden üblicherweise in derselben Dimension zusammengefasst.

Was passiert mit den Fakten, wenn wir mehrere Punkte des Würfels aggregieren? In unserem Beispiel sollen die einzelnen Bestellwerte natürlich addiert werden: Die Addition läuft über die Bestellwerte all jener Materialien, welche zur selben Materialgruppe gehören. Gehen wir also bei den Merkmalen eine Hierarchiestufe höher, werden die entsprechenden Fakten aggregiert, hier summiert. Die Hierarchiebildung (eine Operation auf Dimensionselementen) resultiert in einer Aggregation (eine Operation auf Fakten). Doch nicht in jedem Fall ist die Addition die angemessene Aggregationsoperation. Denken wir an ein Faktum „durchschnittlicher Bestellwert". In diesem Falle wäre die Durchschnittsbildung der Bestellwerte die richtige Operation. Bei jeglicher Aggregation muss also angegeben werden, welche Rechenoperation für die Fakten verwendet wird. Die Standardaggregationsfunktionen in SQL92 sind: SUM, MIN, MAX, AVG (Durchschnitt) und COUNT. Weitere Möglichkeiten wären der Median, die Standardabweichung, „die N größten Werte", „die N kleinsten Werte", „die N häufigsten Werte". Die Funktionen haben unterschiedliche algebraische Eigenschaften (Plattner und Zeier 2011, S. 120).

In der bisherigen Darstellung ist die Zugehörigkeit von Merkmalen zu Dimensionen aus didaktischen Gründen, also der Anschaulichkeit halber, nach *fachlichen* Gesichtspunkten gewählt: die Dimensionen sind voneinander unabhängig gewählt, in einer Dimension befinden sich zusammengehörige, voneinander abhängige Merkmale. Datenwürfel werden jedoch in der Praxis allein zur effizienten Auswertung konstruiert. Daher werden Dimensionen und die Verteilung der Merkmale auf die Dimensionen tatsächlich nach *technischen* Gesichtspunkten gewählt, etwa wie viele Merkmalsausprägungen für ein Merkmal vorkommen; fachlich ist nur die Menge der Merkmale bestimmt (Mehrwald 2010, S. 55; Wolf und Yamada 2010, S. 303). Mehrwald (2010, S. 190) nennt als Grundsatz, dass die Summe der Datensätze aller Dimensionen möglichst klein sein soll, und gibt ein Beispiel für unterschiedliche Aufteilungen an (Mehrwald 2010, S. 188). Es gibt einige Regeln, wie zur besseren Performanz Merkmale auf Dimensionen verteilt werden sollten. Zum Beispiel ist bei N:M-Beziehungen zweier Merkmale die Verteilung in verschiedene Dimensionen sinnvoll, bei 1 : N-Beziehungen dagegen in dieselbe Dimension (Mehrwald 2010, S. 191). Der vollständigen Automatisierung der Modellierung stehen theoretische Gründe entgegen. Denn das Problem, einen optimalen Datenwürfel zu erstellen, ist ähnlich schwierig wie die Lösung des Travelling-Salesman-Problems: es ist bis heute nicht beweisbar, ob eine Lösung optimal ist (Mehrwald 2010, S. 192). Während für das Travelling-Salesman-Problem Algorithmen existieren, die zumindest „gute" Lösungen erzeugen, gibt es heute keine vergleichbaren für die Datenwürfelmodellierung (Mehrwald 2010, S. 193).

4.4.3 Geschäftsdaten, -objekte und -prozesse in analytischen Systemen

Sehen wir uns an, welche Rolle die in Kap. 2 eingeführten Modellierungskonzepte Geschäftsdaten, -objekte und -prozesse in analytischen Systemen spielen. Wir können dort unterscheiden zwischen analysierenden (aktiven) und analysierten (passiven) Geschäftsdaten, -objekten und -prozessen[8]:

- *Analysierende Geschäftsdaten und -objekte:* Als Geschäftsdaten bzw. -objekte sind insbesondere die Analysen und Auswertungen selbst zu nennen, die dazugehörigen Methoden wären die einzelnen Analyseverfahren. Analysierende Geschäftsobjekte machen Aussagen über eine Vielzahl analysierter Geschäftsdaten (s. u.). Doch auch jegliche anderen Funktionen analytischer Systeme, wie Transformationsschritte oder Datenübernahmen, lassen sich als Methoden von Geschäftsobjekten sehen.
- *Analysierende Geschäftsprozesse:* Bei den regelmäßig stattfindenden Geschäftsprozessen sind der ETL-Prozess und die Erstellung und Verteilung von Standardberichten zu nennen. Die unregelmäßigen, Ad-hoc-Auswertungen (meist Ein-Schritt-Geschäftsprozesse) und Data Mining, sind weniger standardisiert. Zur Definitionszeit ist der Entwurfsprozess für das Data Warehouse (Basisdatenbank, multidimensionales Datenmodell) zu nennen.
- *Analysierte Geschäftsdaten und -objekte:* Dies sind die ausgewerteten Daten, wie Bestellwerte, Umsätze, bei Stammdatenanalysen auch Material und Einkaufsorganisation. Statt Geschäftsobjekten mit Methoden werden allein Geschäftsdaten betrachtet. Zudem spiegeln die auszuwertenden Daten oftmals nicht einzelne Geschäftsvorfälle wider, sondern umfassen verdichtet mehrere. In die Dimensionen fließen Customizing- und Stammdaten ein, in die Fakten Bewegungsdaten, allerdings nur ausgewählte, zahlenmäßige Attribute. Wir können dort zwischen Bestands- und Flussdaten unterscheiden (vgl. Abschn. 2.3).
- *Analysierte Geschäftsprozesse:* Geschäftsprozesse lassen sich auf Aktivitäts- und Gesamtprozessebene analysieren, z. B. wie lange ein Prozess im Durchschnitt dauert, wie groß die Abweichungen vom Durchschnitt sowie von Planvorgaben sind, welche Aktivitäten sich besonders lange hinziehen (Liegezeiten). Nach meiner Einschätzung werden aber doch meist die Ergebnisse der Geschäftsprozesse analysiert, z. B. Bestellungen oder Aufträge als Geschäftsdaten im Unterschied zu den Bestell- oder Auftragsbearbeitungsprozessen.

[8] „Aktive“ und „passive“ haben hier eine andere Bedeutung als in Abschn. 2.3.

4.4.4 *Abbildung auf relationale Datenmodelle*

Beim multidimensionalen Datenmodell handelt es sich um ein semantisches Datenmodell. Die Frage ist nun, wie es auf ein logisches Datenmodell abgebildet wird. Eine Möglichkeit ist, ein Datenbanksystem zu verwenden, welches das multidimensionale Datenmodell direkt unterstützt. Man nennt dies *MOLAP (Multidimensional Online Analytical Processing)*. Häufig wird dagegen das multidimensionale Datenmodell auf ein relationales abgebildet: *ROLAP (Relational Online Analytical Processing)*[9] . Es gibt zwei Reinformen dafür, und in der Praxis Varianten dazwischen:

- Sternschema
- Schneeflockenschema

Bei beiden Reinformen ist die Modellierung der Fakten gleich, Unterschiede ergeben sich bei der Modellierung der Dimensionen, genauer der Dimensionshierarchien (Bauer und Günzel 2009, S. 214 ff.).

4.4.4.1 Sternschema

Beim Sternschema *(Star-Schema)* ordnet man jeder Dimension genau eine *Dimensionstabelle* zu (Abb. 4.8). Als Primärschlüssel könnte das Dimensionselement, also das feinste Merkmal, gewählt werden. Soll also in der Zeitdimension tagesgenau ausgewertet werden können, kann der Primärschlüssel das Datum sein, soll es monatsgenau sein, der Jahresmonat (z. B. 05_2012). Üblicherweise verwendet man allerdings für Dimensionstabellen einen künstlichen Schlüssel, ein *Surrogat* (neulateinisch: ein Ersatz), meist vier Byte Integer, was in einem geringeren Speicherverbrauch resultieren kann (Mehrwald 2010, S. 54). Nach Plattner und Zeier (2010, S. 180) ist der Vorteil der Surrogatschlüssel ein geringerer Platz in der Faktentabelle mit einem nur geringfügig höheren in den Dimensionstabellen. Außerdem wird der Join der Fakten- mit den Dimensionstabellen, der für die Auswertungen nötig ist, vereinfacht.

Die gröberen Merkmale zur aggregierten Auswertung erscheinen als Nichtschlüsselattribute. In der Zeitdimension sind das im Beispiel Monat, Quartal und Jahr, beim Material Materialgruppen und Sparten.

Daneben sind in den Dimensionstabellen des Beispiels noch die Bezeichnungen zu den Dimensionswerten abgelegt. Z.B. könnte die Materialgruppen-ID 47 die Bezeichnung „Kabel" haben. Diese Attribute werden in der Benutzerschnittstelle der Auswertungen gezeigt – ein Benutzer möchte in der Regel nicht die technische ID 47 sehen, sondern die sprechende Bezeichnung „Kabel". Vereinfachend nehmen wir an, dass die Bezeichnungen nur in einer Sprache gepflegt werden.

[9] Nach Bauer und Günzel (2009, S. 213) sind die Begriffe ROLAP und MOLAP irreführend, da nicht nur OLAP-Werkzeuge zur Analyse eingesetzt werden müssen.

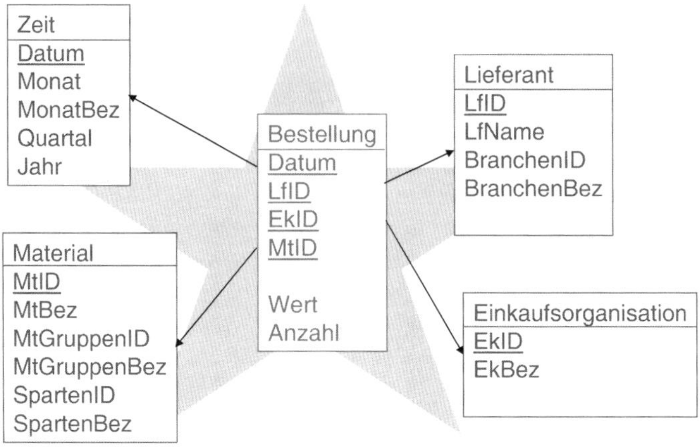

Abb. 4.8 Sternschema

Wir sehen, dass damit die Dimensionstabellen nicht-normalisiert (denormalisiert) sind, also Redundanzen enthalten. Die Datenzugriffe bei Auswertungen können damit schneller sein, der Speicherverbrauch ist dagegen höher.

Im Zentrum liegt die *Faktentabelle*. Der zusammengesetzte Primärschlüssel der Tabelle ergibt sich aus den Primärschlüsseln der Dimensionstabellen. Die Nichtschlüsselattribute sind die Fakten. Die Faktentabelle ist normalisiert (Bauer und Günzel 2009, S. 218 ff.).

Weil unterschiedliche Kennzahlen oftmals nach verschiedenen Dimensionen analysiert werden, wird es mehrere Sterne nebeneinander geben, was man *Galaxie* nennt (Bauer und Günzel 2009, S. 220). Stimmt eine Dimension bei verschiedenen Fakten überein, kann sie für diese wiederverwendet werden. Stimmen alle überein, können diese Fakten in einer gemeinsamen Faktentabelle abgelegt werden. Weiter unten sehen wir, dass verdichtete Daten zur Leistungssteigerung redundant in aggregierten Faktentabellen gespeichert werden können. Eine Galaxie, die auch dies enthält, wird *Fact-Constellation-Schema* genannt (Bauer und Günzel 2009, S. 221).

4.4.4.2 Schneeflockenschema

Beim Schneeflockenschema *(Snowflake-Schema)* in Reinform wird die Dimensionsinformation in normalisierter Darstellung gespeichert. Wir behandeln nur den einfachsten Fall; komplexe Aspekte wie Zeit- und Sprachabhängigkeiten sowie Performanzfragen berücksichtigen wir hier nicht. Neben dem Schneeflockenschema in Reinform firmieren auch viele Stufen zwischen normalisierter und denormalisierter Darstellung (wie beim Sternschema) unter diesem Begriff.

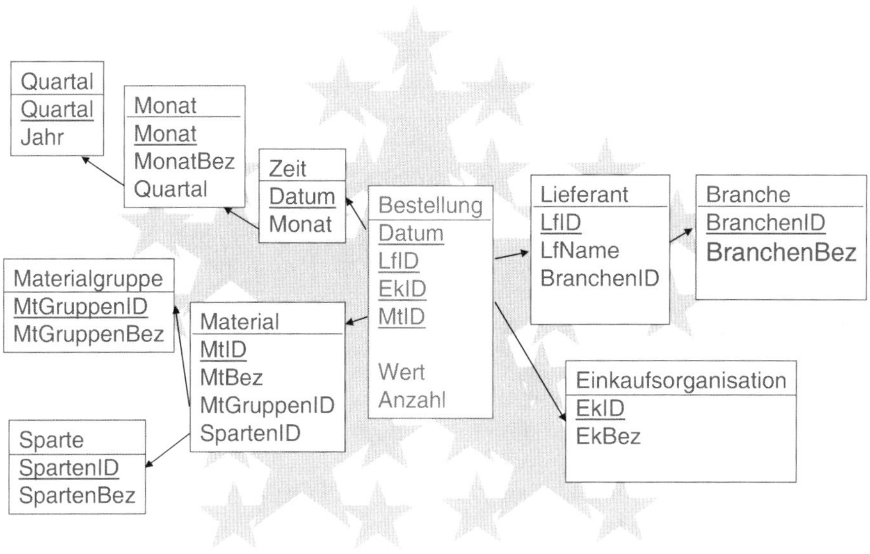

Abb. 4.9 Schneeflockenschema

Für jede Hierarchiestufe wird eine Tabelle vorgesehen. Die 1 : N-Beziehung zwischen zwei Hierarchiestufen wird durch eine Fremdschlüsselbeziehung in der feineren Hierarchiestufe wiedergegeben. In Abb. 4.9 findet sich in der Dimension „Material" zum Beispiel die Tabelle „Materialgruppe", worin die Materialgruppenbezeichnungen redundanzfrei gespeichert werden. Auch mehrsprachige Bezeichnungen lassen sich mit dem Ansatz recht leicht umsetzen. Das Schneeflockenschema benötigt mehr Join-Operationen als die denormalisierte Darstellung des Sternschemas. Dies ist performanzmäßig teuer, da mehrfach vom Plattenspeicher gelesen wird (Plattner und Zeier 2011, S. 13).

4.4.4.3 Methode zum Aufstellen eines Schneeflocke- oder Sternschemas

Mit den folgenden Schritten erhalten wir für ein einfaches Szenario ein multidimensionales Datenmodell, umgesetzt in einer Schneeflocke oder in einem Stern. Die Methode wird anhand des Bestellungsszenarios veranschaulicht. Dies entspricht dem schrittweisen Aufbau der Abb. 4.8 und 4.9. Vereinfachend gehen wir davon aus, dass die Modellierung nur durch fachliche Gesichtspunkte, nicht durch die Performanz bestimmt wird.

1. *Auswertungsmöglichkeiten klären*: Einem multidimensionalen Datenmodell liegen die gewünschten Auswertungsmöglichkeiten zugrunde. Wir setzen voraus, dass diese bekannt sind. Ändern sich mit der Zeit die Auswertungswünsche

grundsätzlich, so kann dies dazu führen, dass ein anderer Datenwürfel benötigt wird. Das Problem lässt sich dann mit wenig Aufwand lösen, wenn die Basisdatenbank bereits die benötigte Information enthält.
Im Beispiel: Wir wollen Bestellungen nach der Zeit, dem Material, der Materialgruppe, der Sparte, dem Lieferanten, der Branche und der Einkaufsorganisation auswerten. Die Auswertung nach der Zeit soll tages-, monats-, quartals- und jahresgenau möglich sein. Die Verdichtungsstufen stehen also bereits fest. Uns interessiert sowohl der Wert (Geldbetrag) als auch die Anzahl der Bestellungen.

2. *Fakten*: Welche Zahlen sollen ermittelt werden? Fakten sind quantitative Größen, also Zahlen. Sind es mehrere Zahlen, ist zu prüfen, ob sie unter denselben Bedingungen, d. h. denselben Dimensionen, ausgewertet werden sollen. Für das Faktum oder mehrere, wenn sie dieselben Dimensionen haben, wird eine Faktentabelle modelliert. Bekannt ist nun das Nicht-Primärschlüsselfeld, eben das Faktum, bzw. mehrere. Offen sind noch die Primärschüsselfelder (siehe Schritt 4).
Im Beispiel: Da uns sowohl der Wert als auch die Anzahl der Bestellungen interessieren, sind die beiden Zahlen damit die Fakten.
3. *Dimensionen*: Die Dimensionen ergeben sich aus den gewünschten Auswertungsmöglichkeiten. Die Dimensionen sollen voneinander unabhängig sein. Beispiel: Soll nach Materialien und Materialgruppen ausgewertet werden können, so benötigen wir nicht zwei getrennte Dimensionen, da die Materialgruppe vom Material abhängt. Soll neben den Materialien nach Lieferanten ausgewertet werden, sind dies dagegen unabhängige Dimensionen, denn ein Material könnte von verschiedenen Lieferanten beschafft werden. Es gibt zwar Zusammenhänge zwischen Materialien und Lieferanten, aber der Lieferant ist im Allgemeinen nicht vom Material funktional abhängig. Zu beachten ist, dass Angaben, welche zur selben Dimension gehörig klingen, es manchmal nicht sind. Beispiel: Haben wir ein Erfassungsdatum und ein Zahlungsdatum, haben beide mit „Zeit" zu tun, sind jedoch voneinander unabhängig.
Im Beispiel: Aus den gewünschten Auswertungsmöglichkeiten ergeben sich die voneinander unabhängigen Dimensionen Zeit, Material, Lieferant und Einkaufsorganisation.
4. *Dimensionselemente (feinstes Merkmal)*: Für jede Dimension ist zu prüfen, was die feinste Granularität ist, nach der ausgewertet werden soll. Diese könnte als Primärschlüssel der Dimensionstabelle beim Sternschema, beim Schneeflockenschema als Primärschlüssel der Dimensionstabelle der feinsten Hierarchiestufe gewählt werden. In Einzelfällen lassen sich mehrere Primärschlüsselfelder für eine Dimensionstabelle kombinieren. Beispiel: Es soll nach dem Jahresmonat als feinste Granularität ausgewertet werden. Eine Möglichkeit ist ein Primärschlüsselfeld „Jahresmonat" mit Werten wie 05_2012. Ein Nichtschlüsselfeld wäre dann der Monat, z. B. 05, ein weiteres das Jahr, z. B. 2012. Ein alternativer Ansatz hierfür wäre, gleich zwei Primärschlüsselfelder „Monat", mit Wert z. B. 05, und „Jahr", mit Wert z. B. 2012, zu verwenden, in der Summe ergeben sich weniger Felder. Statt des Dimensionselements wird wie er-

wähnt tatsächlich meist ein künstlicher Schlüssel bevorzugt, vor allem beim Sternschema.
Im Beispiel: Wir wählen das Datum für die Zeitdimension, die Materialnummer (MtID) für die Materialdimension, die Lieferantennummer (LfID) für die Lieferantendimension und die Einkaufsorganisationsnummer (EkID) für die Einkaufsorganisationsdimension.

5. *Dimensionshierarchien*: In den Auswertungen sind auch verdichtete, aggregierte Werte gewünscht. Dazu sind die Dimensionshierarchien mit Hierarchiestufen zu bestimmen. Eine „Hierarchie“ kann auch lediglich aus einer übergeordneten Stufe bestehen. Im Sternschema wird jede Hierarchiestufe zu einem Nicht-Primärschlüsselfeld der Dimensionstabelle. Im Schneeflockenschema wird für jede Hierarchiestufe eine eigene Tabelle verwendet. Die 1 : N-Beziehung zwischen gröberer und feinerer Stufe wird dabei über Fremdschlüssel abgebildet. Zu beachten ist, dass es parallele Dimensionshierarchien geben kann.
   Im Beispiel: Für die Zeit haben wir die Dimensionshierarchie Tag (Datum) – Monat – Quartal – Jahr. Für das Material haben wir zwei parallele Dimensionshierarchien: zum einen Material – Materialgruppe, zum anderen Material – Sparte, denn die Sparte ist weitgehend unabhängig von der Materialgruppe. Für Lieferanten haben wir nur eine einfache Hierarchie Lieferant – Branche. Die Einkaufsorganisation hat keine Hierarchie. Beim Sternschema gibt es also für jede Dimension genau eine Tabelle. Beim Schneeflockenschema könnte es für die Zeit vier Tabellen geben. Da das Jahr aber keine Attribute hat, werden es nur drei Tabellen. Beim Material sind es drei Tabellen, wobei die parallele Dimensionshierarchie ausgehend vom Material sichtbar wird. Beim Lieferanten liegen zwei Tabellen vor, die eine für die Hierarchie. Bei der Einkaufsorganisation ist es wegen fehlender Hierarchie nur eine Tabelle.
6. *Bezeichnungen*: Die Feldwerte der Dimensionsattribute sind bisher lediglich IDs. Für Auswertungen sollen jedoch sprechende Bezeichnungen vorhanden sein. Für jede ID benötigen wir eine entsprechende Bezeichnung als Nicht-Primärschlüsselfeld. Vereinfachend gehen wir davon aus, dass der Text nur in einer Sprache vorliegen muss. Für Mehrsprachigkeit siehe den später beschriebenen Ansatz im SAP Business Warehouse. Während im Sternschema alle Bezeichnungen in der entsprechenden Dimensionstabelle erscheinen, ist im Schneeflockenschema die Bezeichnung in der Tabelle der zugehörigen Hierarchiestufe zu finden.
   Im Beispiel: Wir haben für fast alle IDs Bezeichnungen, z. B. für das Material. Nur für das Quartal und das Jahr sind keine angegeben, da sie selbstbeschreibend sind.

Bei welchen Dimensionen eine stärkere Normalisierung sinnvoll ist, kann von den folgenden Kriterien abhängen (siehe Bauer und Günzel 2009, S. 220, wo zudem weitere Kriterien erscheinen):

- Je größer die Anzahl der Hierarchiestufen, desto größer ist die Redundanz beim Sternschema.

- Gibt es häufig Änderungen bei den Dimensionen (siehe unten: sich selten ändernde Dimensionen), ist das Schneeflockenschema günstiger, da der Pflegeaufwand geringer ist.

4.4.5 Sich selten ändernde Dimensionen

Die einzelnen Fakten werden mit Zeitbezug gespeichert und ändern sich nicht mehr. Ändern können sich allerdings Attribute der Dimensionen. Da dies jedoch mit geringerer Häufigkeit geschieht als schreibende Zugriffe auf Bewegungsdaten, findet sich dafür der Begriff *slowly changing Dimensions*, welchen wir hier als *sich selten ändernde Dimensionen* übersetzen. Beispiele sind Namens- oder Adressänderungen von Geschäftspartnern und Produktumbenennungen, letztlich Stammdatenänderungen. Einige Mechanismen damit umzugehen seien erwähnt, eine ausführlichere Darstellung findet sich in (Kemper et al. 2010, S. 72 ff.), woran sich die folgenden Ausführungen orientieren.

- Speicherung ausschließlich des aktuellen Wertes: Der Dimensionswert wird nicht historisiert. Dies ist z. B. anwendbar, wenn sich der Familienname eines Kunden durch Heirat ändert. Auch die „alten" Umsatzdaten werden unter dem neuen Namen wiedergegeben, was in diesem Falle passt.
- Schnappschuss-Historisierung: Dies ist das Gegenteil vom vorigen Verfahren. Hier werden die Dimensionswerte vollständig historisiert, d. h. ebenso wie die Fakten, selbst wenn sich zu einzelnen Zeitpunkten keine Änderungen ergeben haben. Schon der Speicheraufwand spricht gegen das Verfahren. Es sollte nur in Ausnahmefällen angewendet werden.
- Delta-Historisierung: Die Idee ist, verschiedene zeitbezogene Versionen von Dimensionswerten nur dann zu speichern, wenn die Werte sich tatsächlich geändert haben. Dafür gibt es mehrere Varianten. Eine sind Schlüsselerweiterungen: ändert sich ein Dimensionswert, so wird der neue Wert unter einem neuen Schlüsselwert mit hochgezählter Versionsnummer (z. B. 3.01 wird zu 3.02 hochgezählt), welche ein neuer Schlüsselteil wird, und der Zeitpunkt der Extraktion gespeichert. In der Faktentabelle wird dann ab diesem Zeitpunkt der neue Dimensionsschlüssel verwendet. Speichert man zusätzlich ein Aktualitätskennzeichen (1 = aktuell, d. h. ist der neueste Wert, 0 = nicht aktuell, gilt für alle alten Werte), lässt sich der aktuelle Dimensionswert schnell ohne Datumsvergleich ermitteln. Ist der Zeitpunkt der Extraktion für Auswertungen zu ungenau, so lässt sich stattdessen ein Gültigkeitsintervall in den Dimensionssätzen speichern.

4.5 Techniken zur Leistungssteigerung

Im DWH werden verschiedene Techniken zur Leistungssteigerung herangezogen.

4.5.1 Aggregate

Angenommen, wir haben viele Materialien, die Auswertung geschehe aber häufig nur nach den Materialgruppen. Dann lässt sich die Performanz steigern, wenn zusätzlich, redundant zur Faktentabelle „Bestellung“, eine weitere Faktentabelle „Bestellung nach Materialgruppen“ angelegt wird, welche parallel zu „Bestellung“ fortgeschrieben wird. Man nennt diese Tabelle ein *Aggregat*. Der Unterschied in der Struktur ist nur, dass statt des Materials die Materialgruppe ein Primärschlüsselfeld ist. In den Fakten werden die aggregierten, verdichteten Bestellwerte fortgeschrieben. Vorteil: Schnellere Zugriffszeit. Nachteil: Redundante Datenhaltung.

Das Aggregat kann man sich von der Definition her wie einen View vorstellen. Nur wird im Datenbanksystem nicht allein die View-Definition gespeichert, sondern die View-Instanz; man spricht von einem *materialisierten View*.

4.5.2 Partitionierung

Werden Datenbanktabellen sehr groß, kann dies zu einer schlechteren Performanz führen. Ein Lösungsansatz ist die Partitionierung des Datenbestands in verschiedene Tabellen, üblicherweise nach Wertebereichen von Dimensionswerten *(Range-Partitionierung)*. Zum einen lässt sich dadurch parallel von den Partitionen lesen. Zum anderen lässt sich, je nach Abfrage, der Zugriff auf nur wenige Partitionen jeweils geringerer Größe einschränken (Mehrwald 2010, S. 147). Die Partitionierung kann auf logischer Ebene oder auf Datenbankebene geschehen. Zu beachten sind eventuelle Beschränkungen von DWH-Produkten hinsichtlich der Partitionierungsmöglichkeit auf bestimmte Merkmale[10].

4.5.3 Clustering

Dies ist eng mit Partitionierung verwandt. Hierfür gibt es verschiedene Varianten. Beim *Index-Clustering* werden Datensätze, welche zum selben (Datenbank-)

[10] Bei SAP Business Warehouse zum Beispiel können bei der komprimierten Faktentabelle nur die Merkmale „Geschäftsjahr/Geschäftsmonat“ und „Kalendermonat“ zur Partitionierung verwendet werden (Mehrwald 2010, S. 149).

Zeile		1	2	3	4	6	7
Branche	Auto	0	0	0	0	1	1
	Flugzeug	0	0	1	1	0	0
	Maschinenbau	1	1	0	0	0	0
Einkaufs-organisation	Nord	1	1	0	1	0	1
	Süd	0	0	1	0	1	0

Abb. 4.10 Bitmap-Index

Indexwert gehören, benachbart abgespeichert. Dabei ist pro Tabelle nur ein Clustering-Index möglich (Mehrwald 2010, S. 153 ff.). Das *mehrdimensionale Clustering* basiert dagegen auf einer Kombination von mehreren Feldwerten, z. B. Monat und Vertriebswert (Mehrwald 2010, S. 154 ff.).

4.5.4 Caching

Da im DWH i. d. R. nur lesend zugegriffen wird, ist ein weiterer naheliegender Ansatz, Abfrageergebnisse in einem Cache-Speicher des DWH abzulegen.

4.5.5 Bitmap-Indizes

Neben den üblichen baumartigen Datenbankindizes, sinnvoll bei Feldern mit sehr vielen Ausprägungen, werden *Bitmap-Indizes* verwendet, sinnvoll bei Feldern mit nur wenigen Ausprägungen (Mehrwald 2010, S. 137; Abb. 4.10). Dabei zeigt der Wert 1 an, ob das Attribut in einer Tabellenzeile den entsprechenden Wert annimmt. Im Beispiel ist für die Tabellenzeile 1 das Attribut Branche = „Maschinenbau“, das Attribut Einkaufsorganisation = „(Einkaufsorganisation) Nord“. Vorteilhaft ist zudem, dass diese Indizes in Datenbanksystemen gut zu komprimieren sind (Mehrwald 2010, S. 133).

4.6 Hauptspeicherdatenbanken

Verwandt mit den Techniken zur Leistungssteigerung für analytische Systeme, aber wesentlich darüber hinausgehend, da es ein neues Architekturprinzip für Unternehmenssoftware ist, sind *Hauptspeicherdatenbanken*. Im Englischen wird das Konzept *In-Memory Data Management*, *In-Memory Database* oder *In-Memory Computing* genannt. Es ist in Plattner und Zeier (2011) beschrieben, auf das sich alle folgenden Aussagen beziehen.

In einem klassischen Client-Server-System verwaltet der Datenbankserver die Datenbank, die heute üblicherweise auf einer Magnetplatte gespeichert ist. Wie der Name sagt, wird bei einer Hauptspeicherdatenbank der Inhalt der kompletten Datenbank im Hauptspeicher gehalten. Der Plattenspeicher dient nur noch als ein Mittel zur sicheren Datenhaltung.

Wie Rechenberg (2006, S. 275) bemerkt, sind große Fortschritte in der Informatik meist von der Hardware getrieben (z. B. PC, mobile Geräte), was Informatiker, großenteils softwareorientiert, nicht immer oder gerne wahrnehmen. Bei Hauptspeicherdatenbanken sind diese Fortschritte die immer größeren und billigeren Speicherchips und Multicore-Architekturen. Das Konzept der Hauptspeicherdatenbanken geht bis in die Achtzigerjahre zurück, doch erst mit heutiger Technologie wird es sinnvoll nutzbar (Plattner und Zeier 2011, S. 14). Durch die wesentlich schnellere Zugriffszeit und Parallelverarbeitung kann allgemein eine Leistungssteigerung bei Unternehmenssoftware erreicht werden. Plattner und Zeier (2011, S. 14) geben Zahlen an, um die Größenordnung einzuschätzen: Hauptspeicherzugriffszeit: 100 ns, 1 MB sequentiell vom Hauptspeicher lesen: 250.000 ns; dagegen direkter Zugriff auf die Magnetplatte (Disk Seek): 5.000.000 ns, 1 MB sequentiell von der Magnetplatte lesen: 30.000.000 ns. Die Trennung zwischen operativen und analytischen Systemen, die zu einem wesentlichen Teil von der Performanz her motiviert ist, kann damit aufgehoben werden: nur noch ein System für operative und analytische Zwecke. Damit können zudem Auswertungen durchgeführt werden, welche sowohl historische als auch aktuelle Daten einbeziehen.

Technologisch liegen Hauptspeicherdatenbanken die folgenden Konzepte zugrunde:

- Datenhaltung im Hauptspeicher
- Nur Einfügeoperationen in der Datenbank: Änderungen werden über Gültigkeitsflags und Zeitstempel wiedergegeben (Plattner und Zeier 2011, S. 109 ff.). Gründe sind zum einen die der Historisierung, aber auch der Nebenläufigkeitskontrolle. Der Vorteil dabei ist, dass Lesetransaktionen nicht Ressourcen sperren müssen und daher nicht andere Transaktionen blockieren (Plattner und Zeier 2011, S. 112).
- Zeilen- und spaltenweise Speicherung von Datensätzen: Während spaltenorientierte Datenbanken tendenziell für analytische Systeme geeigneter sind, zeilenorientierte Datenbanken dagegen für operative Systeme, erscheint für kombinierte Systeme eine hybride Technik sinnvoll (Plattner und Zeier 2011, S. 81). Der

Grund liegt darin, dass bei analytischen Systemen auf eine Vielzahl von Datensätzen zugegriffen wird, aber üblicherweise sind bei einer Auswertung nicht alle Attribute gleichermaßen von Interesse. Bei operativen Daten wird häufig genau ein Datensatz bearbeitet, und alle oder viele Attribute werden angezeigt, vielleicht auch geändert. Angestrebt ist eine automatische Partitionierung, welche die optimale Mischform erzielt. (Plattner und Zeier 2011, S. 81) berichten eine Performanzverbesserung bis 400 % gegenüber einer reinen zeilen- bzw. spaltenorientierten Speicherung.

- Multicore-CPUs und Multiprozessoren: Eine Multicore-CPU hat viele Rechnerkerne auf einem Chip. Dem liegt die Beobachtung in der Informatik zugrunde, dass in der Zukunft Leistungssteigerung nicht mehr durch höhere Taktraten erreichbar ist, da an Grenzen gestoßen wird, sondern durch Parallelisierung.

Zur Realisierung werden verschiedene Techniken eingesetzt:

- Verarbeitungslogik nahe der Datenbank: Während in einer klassischen Client-Server-Architektur möglichst viel Verarbeitungslogik von den Applikationsservern übernommen werden soll, um den Flaschenhals Datenbank zu entlasten (vgl. Kap. 3), wird bei Hauptspeicherdatenbanken viel Anwendungslogik in die Datenbank integriert (Plattner und Zeier 2011, S. 155).
- Datenkompression: Speicherchips können heute große Datenmengen speichern, aber ohne Kompression wäre der Speicherbedarf doch zu groß (mehrere PB in größeren Unternehmen). Daher werden unterschiedliche Formen von Datenkompression eingesetzt (Plattner und Zeier 2011, S. 68).
- Verzicht auf Aggregate: Aggregate werden nicht gesondert abgespeichert (Speicherersparnis), sondern performant im Hauptspeicher „on the Fly" berechnet (Plattner und Zeier 2011, S. 164).

Abbildung 4.11 zeigt die Struktur des prototypischen Hauptspeicherdatenbanksystems SanssouciDB (Abbildung nach Plattner und Zeier 2011, S. 34 f.). Hierbei besteht der Rechner aus mehreren Teilen, *Blades* (englisch: Blatt) genannt. Ein Blade hat viele Rechnerkerne (bis zu 64), welche parallel auf demselben Hauptspeicher (mit 2 TB) arbeiten. Es ist mit einem persistenten Speicher verbunden, welches allerdings nur die Aufgaben der Protokollierung und der Wiederherstellung im Fehlerfall übernimmt. Idealerweise würde man gerne den gesamten Hauptspeicher und die Rechnerkerne auf einem Blade installieren, doch Größenbeschränkungen heute verfügbarer Blades gestatten dies nicht. Daher sind mehrere (wie 25) Blades zusammengeschaltet. Auf diese Weise ergibt sich eine – in der Terminologie von Datenbanksystemen – gemischte Shared Memory und Shared Nothing Architektur[11].

Aus meiner Sicht etwas zu kurz behandelt in Plattner und Zeier (2011) ist das weitere Argument für analytische Systeme: die Vereinheitlichung und integrierte Auswertung von Daten verschiedener Quellen. Als Lösungsansatz werden Views

[11] Da der persistente Speicher nur für die Protokollierung und die Wiederherstellung im Fehlerfall verwendet wird, handelt es sich nicht um ein Shared Disk System.

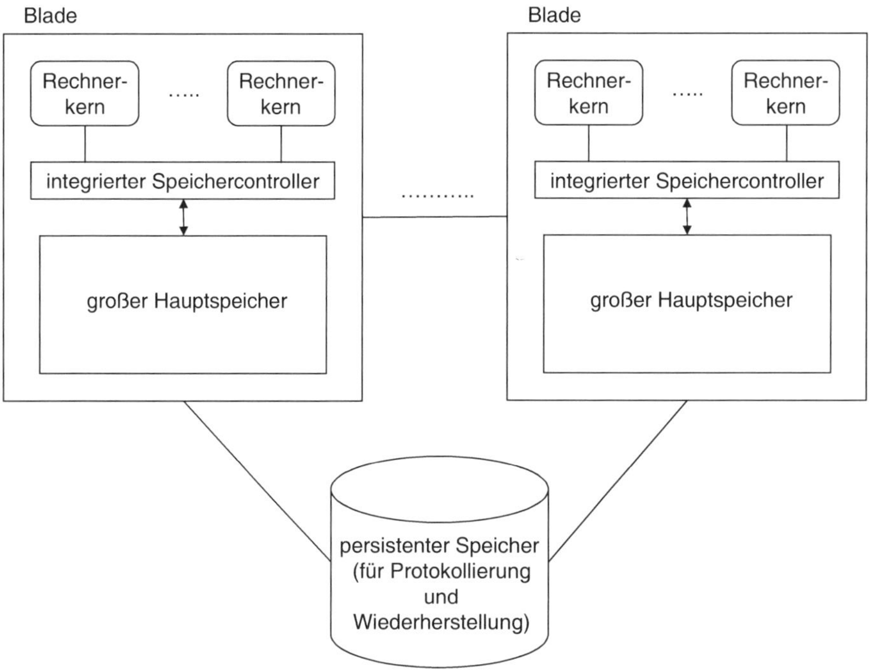

Abb. 4.11 Struktur von SanssouciDB

vorgeschlagen, welche die Daten verschiedener Hauptspeicherdatenbanksysteme zusammenführen und somit eine übergreifende Auswertung gestatten (Plattner und Zeier 2011, S. 184).

Von Hauptspeicherdatenbanken verspricht man sich die folgenden Vorteile (Plattner und Zeier 2011, S. 3 und S. 22):

- Eine geringere Komplexität des Anwendungssystems: Weniger Schichten und Komponenten, damit leichtere Administrierbarkeit. Als Folge geringere Gesamtkosten (Total Cost of Ownership, TCO).
- Gute Antwortzeiten für operative und analytische Anwendungen (unter einer Sekunde, um die Aufmerksamkeit des Benutzers zu behalten). Damit sind u. a. bessere und schnellere Entscheidungen möglich. Versuch-und-Irrtum-Analysen, wie sie mit Web-Suchmaschinen üblich sind, werden durch die schnellen Antwortzeiten möglich (Plattner und Zeier 2011, S. 9).
- Datenintensive Aufgaben können nahe an der Datenquelle erledigt werden, sie belasten somit nicht andere Systemteile.
- Rechenintensive Aufgaben mit Massendaten werden beschleunigt. Nach Plattner und Zeier (2011, S. 31) werden die meisten der Daten in einem integrierten

Anwendungssystem (ein Data Warehouse System einbezogen) durch Mengenverarbeitung prozessiert.
- Neue Anwendungsfunktionen sind möglich: In Unternehmenssoftware sind viele Aufgaben so performanzintensiv, dass sie nicht in Echtzeit, sondern in Hintergrundverarbeitung über Nacht durchgeführt werden. Ein Beispiel ist der Abgleich von Rechnungen und Zahlungen, etwa bei Mobilfunkunternehmen (Plattner und Zeier 2011, S. 162). Da Mobilfunkkunden bei (vermeintlich) nicht gezahlten Rechnungen gesperrt werden können, kann ein Abgleich in Echtzeit zu einem besseren Service für die Kunden führen.

Weil gerade bei betrieblichen Anwendungssystemen Stabilität eine wichtige Anforderung von Unternehmen ist, wird gegenüber gänzlich neuen Architekturkonzepten erst einmal Zurückhaltung gezeigt. In Plattner und Zeier (2011, S. 206 f.) wird ein Migrationskonzept vorgestellt, das diesen Schritt erleichtern soll.

4.7 Operationen auf dem Datenwürfel

Typische Operationen auf einem Datenwürfel *(Slicing, Dicing, Drill-down, Roll-up, Drill-across)* und, verbunden damit, typische Benutzeroberflächen lassen sich am besten beim praktischen Umgang mit einem DWH erfahren. Dies geschieht in Aufgabe 4.4. Darin wird im DWH von SAP, dem SAP NetWeaver Business Warehouse, eine Auswertung durchgeführt. Wenn Sie nicht Zugriff auf ein SAP NetWeaver Business Warehouse haben, können Sie zumindest die Bedeutung der Operationen in der Lösungsskizze nachlesen.

4.8 Beispiel: SAP NetWeaver Business Warehouse

Als Beispiel sehen wir uns das DWH von SAP, das *SAP NetWeaver Business Warehouse* (Mehrwald 2010; Wolf und Yamada 2010) an, im Folgenden kurz als *SAP BW* bezeichnet.

4.8.1 Datenmodellierung

Datenwürfel werden in SAP BW *InfoCubes* genannt. Wie üblich gibt es Dimensionen und Fakten, dort *Kennzahlen* genannt. Ein InfoCube und seine Bestandteile sind das Ergebnis einer Modellierung, woraus automatisch Datentypen und Datenbanktabellen generiert werden.

Die Merkmale der Dimensionen und die Kennzahlen werden durch *InfoObjects* modelliert. In erster Näherung kann man sich diese als elementare Datentypen vorstellen. Z.B. „Material“ und „Kalenderjahr“ als InfoObjects der Art „Merkmal“, „Menge“ als InfoObject der Art „Kennzahl“. Neben dem Datentyp (wie „10-stellige Zeichenkette“ oder „Währungsfeld“) können bei InfoObjects weitere Bestandteile angegeben sein. Für InfoObjects der Art „Merkmal“ sind dies:

- Texte: Man kann textuelle, auf Wunsch sprachabhängige, Beschreibungen unterschiedlicher Länge (kurz, mittellang, lang) anlegen. In Auswertungen möchten Benutzer solche lesbaren Texte in ihrer Anmeldesprache erhalten, da die Merkmale selbst technische IDs sind.
- Hierarchien[12]: Zur Aggregation lassen sich (Dimensions-)Hierarchien definieren, auch parallele. Bei der Hierarchiedefinition kann die Zuordnung von Instanzen einer feineren Hierarchiestufe zur gröberen in SAP BW definiert werden, sie kann aber auch aus dem Quellsystem übernommen werden. Standardextraktoren, etwa für Kostenstellen oder Profit-Center aus SAP ERP, füllen diese bereits.
- Attribute: Merkmale können Attribute, also abhängige Merkmale, haben. Auf diese Weise werden Stammdaten abgebildet. Für ein Attribut kann festgelegt werden, ob es nur angezeigt wird oder wie ein Merkmal einer Dimension bei Auswertungen für die Navigation verwendet werden kann.

Alle diese Bestandteile können bei Bedarf zeitabhängig definiert werden (vgl. oben: sich selten ändernde Dimensionen).

InfoObjects der Art „Kennzahl“ haben neben dem Datentyp weitere Bestandteile:

- Währung/Mengeneinheit: Wenn klar ist, dass die Kennzahl immer in derselben Währung oder Mengeneinheit gespeichert wird, kann diese fest vorgegeben werden. Sonst wird über ein Merkmal der Dimension „Einheit“ bestimmt, welche die Währung oder Mengeneinheit ist.
- Aggregation: Es wird hinterlegt, wie die Kennzahl aggregiert wird, wobei eine Standardaggregation und eine Ausnahmeaggregation angegeben werden können. Möglichkeiten sind insbesondere „Summation“ (die üblichste Aggregationsregel), „Durchschnitt“, „Zähler“ (die Anzahl der Werte), „Maximum/Minimum“.
- Fluss-/Bestandsgrößen: Verbunden mit der Aggregation ist die Angabe, ob es sich um Flussgrößen (periodenbezogene Größen) oder Bestandsgrößen (zeitpunktbezogene Größen) handelt (vgl. Abschn. 2.3).

Für einen InfoCube sind einige Dimensionen von SAP bereits vorgegeben: Datenpaket (eine technische Kennung, welche Information über den Ladevorgang beinhaltet)[13], Zeit und Einheit. Für Zeit und Einheit lassen sich verschiedene

[12] Neben sog. *externen Hierarchien*gibt es weitere Möglichkeiten, Hierarchien abzubilden, nämlich über Stammdaten- oder Dimensionsattribute. Die Vor- und Nachteile sind in Mehrwald (2010, S. 194 ff.) beschrieben.

[13] Die technische Information in der Dimension „Datenpaket“ ist vor allem für die Administration einzelner Ladevorgänge nötig, für Auswertungen ist sie nicht von Belang. Daher werden Daten-

Merkmale auswählen. Vollständige Freiheit besteht darin, weitere Dimensionen zu definieren. Insgesamt dürfen es bis zu 16 Stück werden.

Aus den modellierten Angaben des semantischen Modells werden automatisch Datenbanktabellen generiert. Im SAP BW wird eine Variante des Sternschemas verwendet, das *Erweiterte Star-Schema*[14]. Hierbei kommen verschiedene Tabellen zum Einsatz (Mehrwald 2010, S. 69; Wolf und Yamada 2010, S. 52). Wir sehen uns dies anhand unseres Beispiels an, der Bestellentwicklung, speziell der Dimension „Material" (Abb. 4.12):

- Faktentabelle: Diese entspricht dem vorher beschriebenen Aufbau. Die künstlichen Schlüssel (DIM-ID) der einzelnen Dimensionen, Vier-Byte-Integer-Werte, ergeben zusammen den Primärschlüssel. Im Beispiel: „Bestellungen".
- Dimensionstabellen: Eine DIM-ID ist Primärschüssel einer Dimensionstabelle, z. B. DIM_ID_Material für die Dimensionstabelle DIM_Material. In Abb. 4.12 sind sprechende Bezeichnungen gewählt, die tatsächlichen Bezeichnungen werden davon abweichen. Die Stammdaten werden nicht direkt in Dimensionstabellen gespeichert, sondern insbesondere für die leichtere Wiederverwendbarkeit in eigenen Tabellen (SID-Tabellen)[15]. Zu dem Zweck gibt es in der Dimensionstabelle DIM_Material das Attribut SID_Material. Jenes bezieht sich auf die SID-Tabelle Material.
- SID-Tabellen: SID steht für Stammdaten-Identifikationsnummer, die wiederum ein künstlicher Schlüssel ist. Stammdaten können auf diese Weise in vielen Dimensionen verwendet werden. Die SID-Tabelle SID_Material ordnet dem Merkmalsschlüssel MAT_ID (Primärschlüssel) die SID_Material (Attribut) zu.
- Tabellen für Texte, Attribute und Hierarchien. Diese haben jeweils MAT_ID als Schlüssel.

In der Praxis kann ein solches Modell aus bis zu hundert verbundenen Tabellen bestehen (Mehrwald 2010, S. 144). Zur Größenordnung des Inhalts: nach Plattner und Zeier (2011, S. 198) kann bei einem großen SAP-Kunden bei einer Anzahl von 360 Millionen Vertriebsdatensätzen die Faktentabelle in einer Größenordnung von 3 GB liegen.

4.8.2 ETL

Der ETL-Prozess des SAP BW ist in Abb. 4.13 dargestellt. Der Arbeitsbereich von Abb. 4.4 heißt hier *Persistent Staging Area (PSA)*, die Basisdatenbank *Data Store*

würfel neben dieser Form optional in einer komprimierten Form gespeichert, welche über die verschiedenen Ladevorgänge hinwegsehend aggregiert (Mehrwald 2010, S. 106 ff.).

[14] Man könnte es auch als eine spezielle Mischform ansehen. Nach Mehrwald (2010, S. 105) sind die InfoCubes des SAP BW grundsätzlich nach dem Schneeflockenschema aufgebaut.

[15] Es gibt besondere Fälle, wo eine SID bereits als Schlüsselfeld in der Dimensionstabelle auftritt, worauf wir hier aber nicht weiter eingehen (Yamada und Wolf 2010, S. 53).

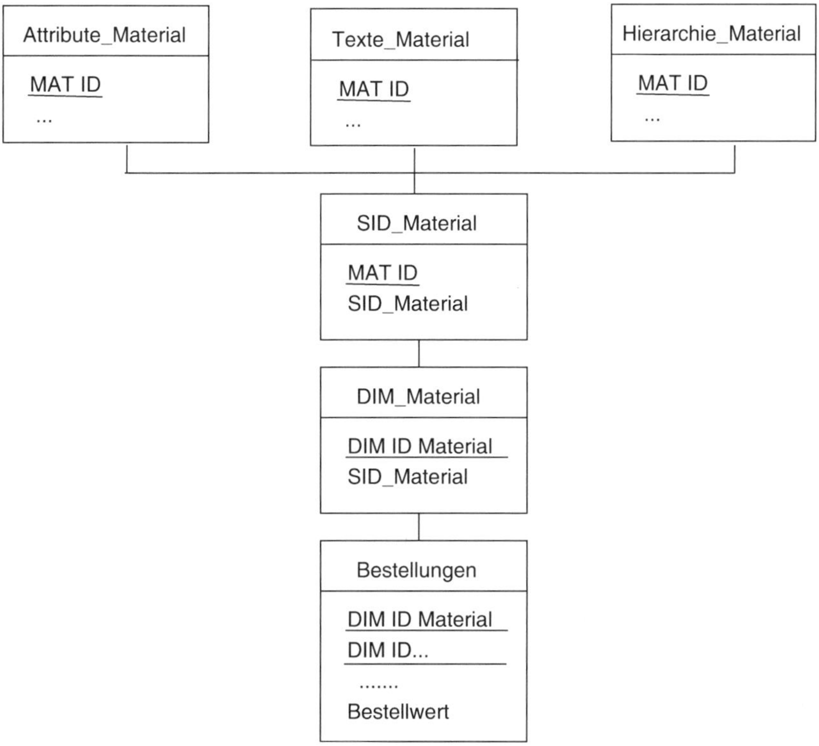

Abb. 4.12 Erweitertes Star-Schema

Object (bzw. die Basisdatenbank setzt sich aus den genutzten Data Store Objects zusammen), die Datenwürfel sind die InfoCubes. Gezeigt ist der Standardprozess[16]. Nicht alle Schritte müssen immer durchgeführt werden, z. B. werden manche Daten nur als Data Store Object gespeichert.

Die Daten kommen von *DataSources* (Datenquellen) in das SAP BW. Als Quellsysteme sind möglich: SAP-Systeme wie SAP ERP, wofür es *Extraktoren* gibt, Datenbanksysteme[17], Dateien (z. B. CSV-Dateien), XML[18] und ein Staging-BAPI (für

[16] In der Version SAP BW 7 haben sich gegenüber der Version 3.x größere Änderungen bei ETL ergeben. Waren früher *Übertragungsregeln* und *Fortschreibungsregeln* nötig, können heute dafür *Transformationen*verwendet werden (Mehrwald 2010, S. 314).

[17] Nicht alle Datenbanksysteme werden unmittelbar unterstützt; eine bestimmte Schnittstelle muss zur Verfügung stehen.

[18] Wird auch XML (siehe Kap. 9) als universelles Schnittstellenformat positioniert, ist immer zu untersuchen, wie die Ausgestaltung im Einzelfall ist. Nach Mehrwald (2010, S. 10) wird XML hier für SOAP-basierte Web-Services (siehe Kap. 10) verwendet, allerdings in einer sehr spezifischen Form, die nur sinnvoll in Zusammenarbeit mit einem SAP PI System (siehe Kap. 11) eingesetzt werden kann; zudem ist es die mit Abstand langsamste der Schnittstellen.

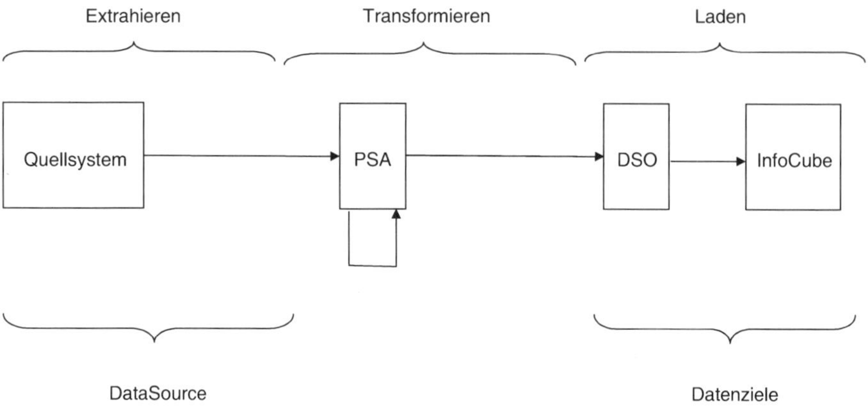

Abb. 4.13 ETL in SAP BW

die Definition des Begriffs BAPI siehe Abschn. 2.4), welches in ETL-Werkzeugen von Drittanbietern genutzt wird. Bei den DataSources wird festgelegt, welche Arten von Extraktion möglich sind (initialer Datenimport bzw. Full-Update oder inkrementeller Datenimport bzw. Delta-Update). Bei der Übertragung vom Quellsystem zur PSA werden nur technische Konvertierungen durchgeführt, z. B. das Datumsformat betreffend. Die Datenbereinigung und Konsolidierung geschieht durch Transformationen.

4.8.3 Auswertungen

Zur Auswertung können Web- und Microsoft-Excel-basierte Werkzeuge verwendet werden, die zur *Business Explorer Suite (BEx)* zusammengefasst sind. Von Business Objects, ein Unternehmen, welches von SAP aufgekauft wurde, steht eine Reihe weiterer Analysewerkzeuge zur Verfügung. Da sich die Funktionalität der BEx-Werkzeuge und jener von Business Objects überlappt, ist zu erwarten, dass sich die Benutzeroberflächen in der nächsten Zeit konsolidieren werden.

SAP empfiehlt, die Auswertungen nicht direkt auf den InfoCubes durchzuführen, sondern gemäß der Virtualisierung von Abschn. 4.3 entsprechend über sog. *MultiProvider*, welche den Zugriff auf InfoCubes kapseln (Wolf und Yamada 2010, S. 331).

4.8.4 Business Content

Neben der Definitions-, Laufzeit-, Customizing- und Administrationsumgebung bietet das SAP BW *SAP Business Content*, wie vordefinierte InfoCubes, Extraktoren in den operativen SAP-Systemen und Reports, welche in Unternehmen als Vorlage verwendet werden können. Inhalte stammen u. a. aus dem Finanzwesen, dem Controlling, dem Vertrieb und dem Personalwesen (Wolf und Yamada 2010, S. 199). In der Praxis zeigt sich, dass insbesondere die Extraktoren des Business Content eingesetzt werden, wofür in den SAP-Systemen wie SAP ERP besondere Plug-ins vorgesehen sind. Die Quellsysteme werden in SAP BW als Data Sources abgebildet. Für einige Teile werden *Business Content Data Sources* verwendet, welche 1 : 1 übernommen werden. Für andere werden *anwendungs-/kundenspezifische Data Sources* definiert, die erst mit einem Wizard auf die Unternehmensbedürfnisse hin generiert werden. Nicht direkt werden dagegen üblicherweise die Datenmodelle zur Auswertung eingesetzt, z. B. InfoCubes. Der Grund wird darin liegen, dass die Unternehmensanforderungen unterschiedlich sind und die Datenmodelle einen großen Einfluss auf die Performanz haben, etwa wenn Daten in einer feineren als der benötigten Granularität in die InfoCubes gestellt werden oder wenn es um zeitabhängige Attribute geht, die vom Unternehmen nicht gefordert werden.

4.8.5 SAP NetWeaver Business Warehouse Accelerator und SAP HANA

Neben den üblichen Techniken zur Leistungssteigerung wie Aggregate, Partitionierung und Caching gibt es für SAP BW ergänzend den *SAP NetWeaver Business Warehouse Accelerator (BWA)* (Wolf und Yamada 2010, S. 320 f.). Dies ist ein zusätzliches, kombiniertes Hardware-Software-Produkt, wo gewisse Daten, der *BWA-Index*, im Hauptspeicher von mehreren parallelen Recheneinheiten bearbeitet werden. Die Speicherung geschieht dabei nicht zeilen- sondern spaltenweise. Der Index wird komprimiert und vollständig im Hauptspeicher gehalten, wodurch sich ein 10- bis 100-mal schnellerer Zugriff als auf die Datenbank ergibt. Etwas allgemeiner spricht man hierbei von *SAP-In-Memory-Verfahren* (siehe Abschn. 4.6), was uns in Kap. 5 bei Planungssystemen auch in Form des liveCache begegnen wird.

Das neueste Produkt mit SAP-In-Memory-Verfahren ist *SAP HANA* (High-Performance Analytic Appliance), was nach dem Interview in (Kurzidim 2011) auch mit SAP BW verwendet werden soll. Gemäß Zurek (2011, Teil „HANA as BWA") wäre der Plan, HANA statt BWA zu verwenden (konservativer Ansatz) oder gar HANA als dem SAP BW zugrundeliegendes Datenbanksystem (progressiver Ansatz).

4.9 Übungen und Lösungsvorschläge

4.9.1 Übungen

Aufgabe 4.1 (Systemstruktur):

Ein Unternehmen möchte ERP- und DWH-Funktionalität nutzen. Welche zentralen und dezentralen Ansätze der Systemstruktur können Sie sich hierfür vorstellen?

Aufgabe 4.2 (Multidimensionales Datenmodell):

a) Erstellen Sie ein Sternschema für ein multidimensionales Datenmodell zum Thema „Vertriebsumsatz“[19]. Dabei sollen Umsatzdaten (Menge, Geldbetrag) zeitlich (Monat, Jahr), nach Produkten und Produktgruppen, nach Kundengruppen (eine Auswertung nach einzelnen Kunden ist nicht erforderlich), nach Filialen und (aggregiert) Verkaufsgebieten analysiert werden können.
b) Erweitern Sie das Modell so, dass beim Umsatz neben den Ist-Mengen und -Umsätzen auch die Plan-Mengen und -Umsätze berücksichtigt sind. Überlegen Sie sich hierbei verschiedene Varianten der Modellierung.
c) Nehmen Sie an, Sie haben 5 Produktgruppen, 2500 Produkte, 6 Kundengruppen, 4 Regionen und 25 Organisationseinheiten. Für welche Teile lohnte es sich, aggregierte Daten in Faktentabellen zu speichern, statt die Aggregate zur Laufzeit „on the Fly“ zu erstellen? Wie sieht Ihr erweitertes Modell aus?

Aufgabe 4.3 (Datenmodell in SAP BW ansehen):

Diese Übung können Sie durchführen, wenn Sie ein SAP BW System mit IDES-Daten zur Verfügung haben.

Sehen Sie sich den InfoCube `MUOR1000` in der Data Warehouse Workbench (Transaktion `RSA1`) an.

a) Welche Dimensionen verwendet der InfoCube, welche Kennzahlen?
b) Wodurch ist die Mengeneinheit der Kennzahl „Absatzmenge“ festgelegt? Wie die der fixen Fertigungskosten?
c) Ist eine Auswertung nach Warengruppen möglich?

[19] Die „klassische“ Fragestellung für DWH, behandelt in fast jedem DWH-Buch; unser Beispiel orientiert sich an der wesentlich umfangreicheren Fallstudie in Kemper et al. (2010, S. 77 ff.).

Aufgabe 4.4 (Analyse mit SAP BW durchführen):

Diese Übung können Sie durchführen, wenn Sie ein SAP BW System mit IDES-Daten zur Verfügung haben. In der Aufgabe wird der InfoCube `MU0R1000` *verwendet, untersucht in der vorigen Aufgabe.*

Führen Sie eine Analyse mit dem InfoCube der vorigen Aufgabe im Web-Browser durch. Als Ausgangspunkt dient die dafür bereits vordefinierte Query `MU0R1000_000_Q1_Case1`. Damit Sie schnell mit dem Werkzeug zurechtkommen, hier eine ausführliche Anleitung:

- Rufen Sie den BEx Query Designer auf. Der Zugang erfolgt hierbei nicht über den SAP GUI, sondern über das Programm auf Ihrem Rechner: `Programs` → `Business Explorer` → `Query Designer`.
- Wählen Sie Ihr SAP BW System aus. Es erscheint ein Popup mit den Anmeldedaten. Geben Sie diese ein. Da die Daten der Fallstudie nur auf Englisch gepflegt sind, melden Sie sich auf Englisch an. (Anmerkung: Das System und Ihre Anmeldedaten müssen für Sie eingerichtet worden sein und Ihnen bekannt gemacht worden sein.)
- Der Query Designer erscheint. Dort wählen Sie `Query` → `Open`. Geben Sie die Query `MU0R1000_000_Q1_Case1` ein. Die ausgewählte Query heißt im nicht-technischen Text `Bike Company Sales - Case 1`.
- Sie führen die Query aus: `Query` → `Execute`. Sie müssen sich im Web-Browser dafür anmelden. Die Query erscheint im Web-Browser.

a) Dimensionen: Welche Dimensionen sehen Sie (im Augenblick), welche Kennzahlen?
b) Kennzahl Umsatzbetrag: Wir sehen uns nur den Umsatz als Geldbetrag an und blenden die anderen Kennzahlen `Discount` und `Sales Quantity` aus: `Key Figures`, dort mit rechter Maustaste `Filter` → `Select Filter Value` wählen und im linken Bereich `All` die Kennzahl `Revenue` markieren und mit `Add` in den rechten Bereich `Selection` bringen.
c) *Slicing*: Zeigen Sie über einen Filter nur die Zahlen für die Verkaufsorganisation `GER1 (Ansbach)` an: Als Filter `Sales Organisation (Bike Company)` wählen und analog zur vorigen Teilaufgabe `GER1 (Ansbach)` auswählen.
Diese Operation nennt man anschaulich Slicing. Wie würden Sie Slicing definieren?
d) *Dicing:* Eine ebenso anschaulich genannte Operation heißt Dicing. Was stellen Sie sich darunter vor?
e) *Drill-down*: Lassen Sie sich auch die Monatswerte für 2007 anzeigen. Setzen Sie dazu erst den Filter auf das Jahr 2007 (analog den vorigen Filteraktionen).
Führen Sie dann den Drill-down aus: Wiederum mit der rechten Maustaste auf `Calendar month`: `Change Drilldown` → `Drill Down By` → `Horizontal`. Sie sollten für jeden Monat eine Spalte sehen.
Wie würden Sie Drill-down definieren?

f) *Drill-across:* Das Layout ist für die vielen Monate in den Spalten nicht optimal. Daher vertauschen wir die Achsen bei `Calendar month: Change Drilldown` → `>Swap Axes`. Man nennt dies Drill-across oder Pivotierung.
g) *Roll-up*: Die zu Drill-down inverse Operation heißt Roll-up. Was stellen Sie sich darunter vor? (Ausführen: `Change Drilldown`→`Remove Drilldown`).

4.9.2 *Lösungsvorschläge für die Übungen*

Aufgabe 4.1 (Systemstruktur):

Es lassen sich Systemstrukturen aus ERP und DWH kombinieren, wobei jedes zentral (ein Exemplar) oder dezentral (mehrere Exemplare) ausgeprägt sein kann. Wichtige Fälle sind in (Davidenkoff und Werner 2008, S. 92) aufgeführt:

- ERP und DWH beide zentral: Von jedem Systemtyp gibt es ein Exemplar, das DWH ist für die Auswertung der historischen ERP-Daten zuständig.
- ERP dezentral, DWH zentral: Das DWH wertet die Daten mehrerer dezentraler ERP-Systeme aus.
- ERP und DWH beide dezentral: Wie der erste Fall, nur stehen mehrere Kombinationen ERP-DWH parallel nebeneinander.
- ERP und DWH beide dezentral, zusätzlich ein zentrales DWH. Dies ist eine Kombination des zweiten und des dritten Falls.

Aufgabe 4.2 (Multidimensionales Datenmodell):

a) und b) Siehe Abb. 4.14.

Zur Notation: Die Tabellennamen sind fett gedruckt, die Schlüsselfelder unterstrichen. Technische Identifikatoren sind mit „-ID" gekennzeichnet, die nichttechnischen Bezeichnungen (Texte) ohne ID (z. B. „Produkt").

Ist- und Planzahlen könnten alternativ auch mit einer zusätzlichen Dimension „Ist-Plan" modelliert werden. Das Dimensionselement hätte z. B. die Werte „0" für „Ist" und „1" für Plan.

c) Aufgrund der Zahlenverhältnisse könnte es sich für die Dimension „Produkt" lohnen, ein Aggregat für die Umsätze pro Produktgruppe zu verwenden. Die zusätzliche Faktentabelle hätte bis auf das Produkt die Dimensionen wie zuvor, nur gibt es eine Dimension bzw. ein Schlüsselfeld für die Produktgruppe.

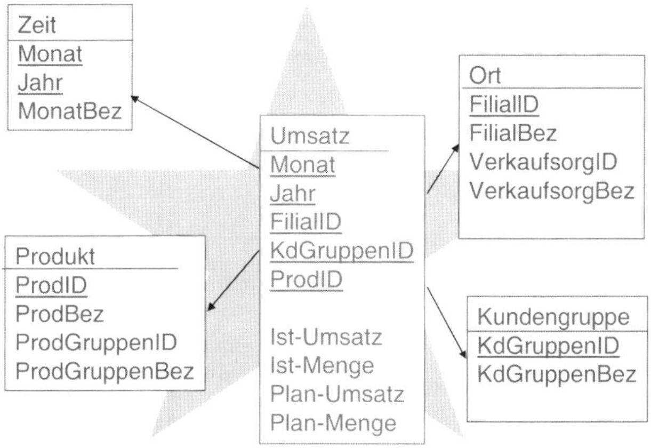

Abb. 4.14 Sternschema „Umsatz“

Aufgabe 4.3 (Datenmodell in SAP BW ansehen):

a) Dimensionen: Datenpakte (eine technische Dimension, in jedem InfoCube vorhanden), Zeit, Einheit, Produkt, Vertrieb. Kennzahlen: Absatzmenge, Erlös, Kundenrabatt, Nettoerlös, fixe Fertigungskosten
b) Die Kennzahl „Absatzmenge“ bezieht sich auf das InfoObject `0BASE_UOM` („Basismengeneinheit“). Dieses Merkmal ist in der Dimension „Einheit“ enthalten. Für die fixen Fertigungskosten ist dagegen die Einheit USD („US-Dollar“) fixiert.
c) Die Warengruppe kommt zwar nicht direkt als Merkmal in den Dimensionen vor, sie ist jedoch ein Attribut des Merkmals „Material“ der Dimension „Produkt“, daher ist die Auswertung möglich.

Aufgabe 4.4 (Analyse mit SAP BW durchführen):

Die Aufgabenbeschreibung sollte bereits hinreichend ausführlich für die erfolgreiche Durchführung der Übung sein. Erwähnt seien aber die Analyseoperationen, insbesondere, wenn Sie keinen Zugriff auf SAP BW haben:

- *Slicing*: Herausgreifen von „Scheiben“ von Datensätzen, bei denen ein Dimensionsfeld nur einen bestimmten Wert annimmt. Dadurch wird es eine Dimension weniger.
- *Dicing*: Filter für mehr als eine Dimension setzen. Es entsteht ein Unterwürfel. Die Anzahl der Dimensionen bleibt dabei gleich.

- *Drill-down*: Detaillierte Information anzeigen. Vorher wurde nur der Summenwert für das ganze Jahr, ein aggregierter Wert, angezeigt, nun die detaillierten Monatswerte.
- *Roll-up*: Umgekehrt zu Drill-down, d. h. vom Detaillierten zum Aggregierten gehen.
- *Pivotierung (Drill-accross)*: Vertauschen der Dimensionen, anschaulich ein Drehen des Würfels.

4.10 Literatur

4.10.1 Weiterführende Literatur

Der behandelte Stoff ist weitgehend „Standardinhalt" über Data Warehouse Systeme, entsprechend ist er ausführlich in verschiedenen Lehrbüchern dargestellt, z. B.:

Kemper H-G, Baars H, Mehanna W (2010) Business Intelligence. 3. Auflage, Vieweg+Teubner, Wiesbaden
Der Teil ETL findet sich in Abschn. 2.3, vor allem in 2.3.1, die Datenmodellierung in Abschn. 2.4.

Bauer A, Günzel H (Hrsg.) (2009) Data-Warehouse-Systeme. 3. Auflage, dpunkt, Heidelberg
Dieses Buch wurde von einem Autorenkollektiv bestehend aus etwa 50 Personen geschrieben. Die Behandlung ist recht umfangreich. Die in unserem Buch dargestellten Themen finden sich dort in den Kapiteln 1 bis 7.

Über das SAP NetWeaver Business Warehouse wurden einige Bücher geschrieben, häufig nur zu einem Teilaspekt wie Datenmodellierung oder Datenanalyse. Erwähnt seien:

Mehrwald C (2010) Datawarehousing mit SAP BW 7.5., korrigierte Auflage, dpunkt, Heidelberg
Detaillierte Information über SAP BW, insbesondere ETL und die Datenmodellierung, weniger über die Analyse.

Marx Gomez J, Rautenstrauch C, Cissek P, Grahlher B (2006) Einführung in SAP Business Information Warehouse. Springer, Berlin, Heidelberg

Marx Gomez J, Rautenstrauch C, Cissek P (2009) Einführung in SAP Business Intelligence mit SAP NetWeaver 7.0. Springer, Berlin, Heidelberg

Diese Bücher, weitgehend von denselben Autoren, bieten einen schnellen Einstieg in SAP BW bzw. SAP Business Intelligence. Besonders schön sind die ausgearbeiteten Fallstudien, welche leicht in einem SAP BW System nachvollzogen werden können. Das Buch von 2006 basiert nicht auf der neuesten Version von SAP BW, wo nun einige Dinge, insbesondere beim ETL-Prozess, anders angegangen werden können. Das Buch von 2009 umfasst auch die Teile Unternehmensplanung und Portal, das Spektrum ist also etwas breiter.

Speziell die Datenmodellierung in SAP BW wird aktuell und umfangreich behandelt in:
Wolf FK, Yamada S (2010) Datenmodellierung in SAP NetWeaver BW. Galileo Press, Bonn

4.10.2 Weitere zitierte Literatur und Quellen

Davidenkoff A, Werner D (2008) Globale SAP-Systeme – Konzeption und Architektur. Galileo Press, Bonn

Egger N, Fiechter J-M, Rohlf J (2004) SAP BW Datenmodellierung. Galileo Press, Bonn

Inmon WH (1993) Building the Data Warehouse. 1. Auflage, John Wiley, New York, Chichester et al.

Kurzidim M (2011) Praxis: In-Memory-Appliance SAP HANA. http://www.computerworld.ch/businesspraxis/artikel/praxis-in-memory-appliance-sap-hana-57722/5/ Abgerufen am 07.12.2011

Plattner H, Zeier A (2011) In-Memory Data Management. Springer, Berlin Heidelberg New York

Rechenberg P (2006) Was ist Informatik? 4. Auflage, Hanser, München

Snapp S (2010) Discover SAP SCM. Galileo Press, Bonn

Willinger M, Gradl J (2007) Datenmigration in SAP. 2. Auflage, Galileo Press, Bonn

Zitzelsberger A (2011) Private Kommunikation. 20.10.2011

Zurek T (2011) HANA and BW 7.30 – Part 1 http://www.sdn.sap.com/irj/scn/weblogs?blog=/pub/wlg/25122 Abgerufen am 09.12.2011

Kapitel 5
Planungssysteme

Ja, mach nur einen Plan
Sei nur ein großes Licht!
Und mach dann noch 'nen zweiten Plan
Geh'n tun sie beide nicht.
Die Dreigroschenoper
Bertolt Brecht[1]

Zusammenfassung

Planungssysteme werden gegenüber operativen und analytischen Systemen eingeordnet und am Beispiel von Supply Management Systemen dargestellt. Wir sehen, dass die Technologie- und Modellierungskonzepte, welche wir in den vorigen Kapiteln kennengelernt haben, auf sie gut anwendbar sind, was die Darstellung abkürzt. Als Beispiel dient SAP Supply Chain Management. Dessen Planungskomponente SAP Advanced Planner and Optimizer verwendet eine Hauptspeicherdatenbank neben der üblichen relationalen Datenbank, wodurch Planungsverfahren besonders performant ablaufen.

Lernziel

Planungssysteme, insbesondere ihre technologischen Merkmale, am Beispiel von Supply-Chain-Management-Systemen kennenlernen.

[1] Brecht B (1928) Die Dreigroschenoper. Der Erstdruck 1928. Suhrkamp BasisBibliothek 48, erste Auflage, 2004.

R. Weber, *Technologie von Unternehmenssoftware*, DOI 10.1007/978-3-642-24423-0_5,

5.1 Einordnung gegenüber operativen und analytischen Systemen

Während operative Systeme vor allem das Tagesgeschäft unterstützen, Geschäftsvorfälle ausführen, und analytische Systeme Gegenwarts- und insbesondere Vergangenheitsdaten auswerten, dienen *Planungssysteme* dazu, lang-, mittel- und kurzfristige Pläne, wie Absatz- oder Produktionspläne, zu erstellen. Diese Pläne werden dann von den operativen Systemen ausgeführt. Die Planung kann unterschiedlich gestaltet sein:

- *Dateneingabe*: Die Plandaten werden vom Planer nach seinem Ermessen eingegeben.
- *Hochrechnung*: Die Plandaten werden aus Vergangenheitsdaten hochgerechnet.
- *Optimierung*: Aus Vergangenheits- und Ist-Daten werden Plandaten mit mathematischen Optimierungsverfahren oder Heuristiken berechnet.
- *Kombinationen* der vorigen Verfahren

Wir erleben eine ähnliche Situation, wie wir sie bei analytischen Systemen kennengelernt haben (vgl. Kap. 4): bereits operative Systeme bieten einfache Planungsfunktionalität, ähnlich wie gewisse Analysemöglichkeiten. Gestattet man in einem analytischen System, Plandaten einzugeben, können auch diese als Planungssysteme angesehen werden („Planungs- und Kontrollsysteme" in Mertens und Meier 2008). Optimierungsverfahren bleiben zwar außer Betracht, aber Plan-Ist-Vergleiche sind möglich. Diese Funktionalität fällt in das Gebiet der Unternehmensplanung (Kießwetter et al. 2010). Planung ist also eine Ergänzung zu operativer und analytischer Funktionalität. Je nach Ausprägung der Funktionen kann die Planungsfunktionalität in operativen und analytischen Systemen integriert sein oder sich in einem eigenen Planungssystem befinden, welches mit operativen und analytischen Systemen zusammenarbeitet.

Supply Chain Management Systeme (SCM-Systeme) sind eine wichtige Form von Planungssystemen, welche alle der beschriebenen Planungsmöglichkeiten bieten. An diesem Beispiel wollen wir Planungssysteme genauer studieren. Wie gewohnt liegt unser Fokus auf den Technologie- und Modellierungskonzepten, die Funktionalität sehen wir uns nur in Abgrenzung zu operativen Systemen und in Beispielen an.

An Technologie und Modellierung wird uns interessieren:

- die unternehmensinterne SCM-Systemstruktur, d. h. das Zusammenspiel von operativen, analytischen und Planungssystemen, eine Erweiterung der Systemstruktur bei analytischen Systemen
- die Ausweitung der Systemstruktur zur Integration von Geschäftspartnern
- die Verbindung zu unseren Modellierungskonzepten Geschäftsdaten, -objekte und -prozesse
- technologische Unterstützung von Optimierungsverfahren

Tab. 5.1 Funktionsgegenüberstellung: SAP ERP – SCM

SAP ERP-System	SCM-System
Vertrieb	Absatzplanung
Materialwirtschaft	Bedarfsplanung
Produktionsplanung	Produktionsplanung
Teil von Vertrieb und Logistics Execution	Transportplanung

Wir werden sehen, dass wir die Technologie- und Modellierungskonzepte von Planungssystemen im Wesentlichen bereits bei operativen und analytischen Systemen kennengelernt haben, selbst Hauptspeicherdatenbanken, welche die Optimierung unterstützen. Entsprechend fällt dieses Kapitel kürzer als jene über operative und analytische Systeme aus.

Tatsächlich ist ein SCM-System kein reines Planungssystem. Vielmehr enthält es jegliche SCM- bzw. Logistikfunktionalität, welche über die einfacher gehaltene eines ERP-Systems hinausgeht. Wir fassen kurz zusammen, welche Funktionalität ein SCM-System über ein ERP-System hinaus bietet (Tab. 5.1).

Die Abbildung zeigt, dass es die grundsätzlichen Funktionen eines SCM-Systems schon in einem ERP-System gibt. Tatsächlich verwenden gerade kleinere und mittelgroße Unternehmen meist kein SCM-System, Teil einer Logistikkette sind sie aber allemal. Der Unterschied zwischen SCM- und ERP-System besteht vielmehr darin, in welcher Weise die Funktionen ausgeprägt sind, wie viele Varianten die Teilfunktionen haben, wie flexibel sie kombiniert und erweitert werden können und – hier kommt die Technologie zum Tragen – wie performant die Planungsfunktionen sind. Manche SCM-Funktionen, wie bestimmte Optimierungsverfahren, erfordern eine derartige Rechenleistung, dass sie in ERP-Systemen nicht praktisch einsetzbar sind und schon deswegen nicht bereitgestellt werden. Oder sie sind zumindest nicht für größere Problemstellungen (wie viele Ressourcen oder Fertigungsaufträge) geeignet. Sinnvollerweise wird Planung mit einem SCM-System erst dann betrieben, wenn bereits Planungserfahrung mit einem ERP-System besteht (Snapp 2010, S. 38). Die Tab. 5.2 zeigt einige Funktionsunterschiede[2]. Bei den ersten drei Funktionen ergibt sich ein Unterschied in der Qualität, bei der letzten in der grundsätzlichen Verfügbarkeit.

5.2 Systemstruktur der Planung

Die Vision für ein SCM-System ist, die gesamte Logistikkette, vom Rohstoffproduzenten über Hersteller von Komponenten, Baugruppen und Halbfabrikaten, den

[2] Die Unterschiede orientieren sich an den Systemen SAP ERP und SAP APO als SCM-System. Letzteres wird später nochausführlicher behandelt.

Tab. 5.2 Funktionsunterschiede ERP – SCM

ERP	SCM
Bedarfsplanung tagesgenau	Bedarfsplanung uhrzeitgenau
Erst Mengen- dann Kapazitätsplanung	Simultane Mengen- und Kapazitätsplanung möglich
Planung nur durch Customizing beeinfluss- bar	Spezielle Planungsalgorithmen können als sog. *Heuristiken* integriert werden
	Globale Verfügbarkeitsprüfung (Global ATP – available to promise)

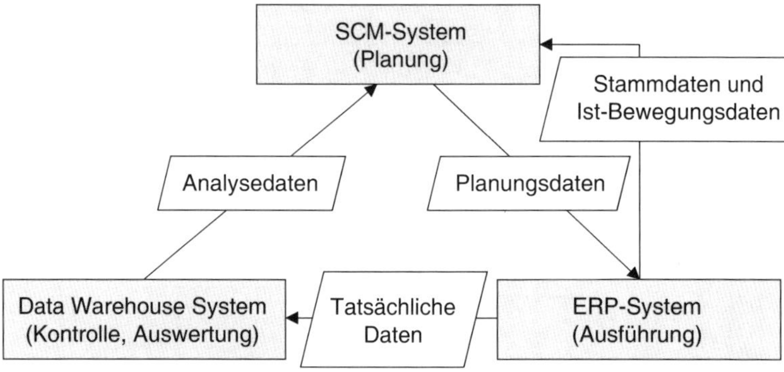

Abb. 5.1 Supply-Chain-Management-Systemstruktur

Hersteller des Fertigerzeugnisses, über Großhändler, Einzelhändler bis zum Endkunden, zu optimieren. In Aufgabe 5.1 überlegen wir uns, welche Hemmnisse sich bei dieser umfassenden Betrachtung ergeben. Argumente finden sich in Bretzke (2002). In praktischen Fällen bezieht sich die Planung daher weitgehend auf ein einzelnes Unternehmen.

SCM wird im Unternehmen üblicherweise in der in Abb. 5.1 (nach Bartsch und Teufel 2000) dargestellten Systemstruktur betrieben. Darin finden sich neben dem SCM-System ein ERP-System und ein Data Warehouse System.

Die Aufgabenteilung in einer solchen Systemstruktur ist:

- Das SCM-System ist allein für die *Planung* zuständig, insofern wäre eine bessere Bezeichnung „Logistikketten-Planungssystem" oder mit obiger Bemerkung „Logistik-Planungssystem". Im Englischen findet sich dafür die Bezeichnung *Advanced Planning System*[3]. Zur Planung benötigt es unter anderem Stammda-

[3] (Snapp 2010, S. 32), geschrieben auf Englisch, unterscheidet zwischen *Advanced Planning* und *Supply Chain Planning*, wobei Letzteres für die Ausführung der Logistikkette in einem ERP-System steht. Das Wort „Planning" ist, ebenso wie bei Enterprise Resource Planning, also kontextabhängig.

ten (wie Materialien, Lieferanten, Kunden, Produktionsstätten, Lagerstätten) und Bewegungsdaten (z. B. Bestandsdaten) des ERP-Systems. Außerdem verwendet es Analysedaten aus dem Data Warehouse System, für die Absatzplanung sind dies insbesondere Verkaufsdaten aus der Vergangenheit. Die Planung kann man sich im Sinne eines „Vorschlags" vorstellen, welcher nicht unbedingt in Gänze angenommen werden muss. Aus diesem Grund müssen Bewegungsdaten vom ERP- zum SCM-System übermittelt werden, damit jenes weiß, wie die Pläne tatsächlich umgesetzt wurden.

- Das ERP-System ist für die *Ausführung* der Logistikkette zuständig. Es bekommt vom Planungssystem die Planungsdaten, z. B. einen Absatzplan oder einen Produktionsplan, und setzt diese um. Natürlich übernimmt das ERP-System zusätzlich weiterhin Aufgaben in anderen Bereichen (Rechnungswesen, Personalwesen).
- Das Data Warehouse System erhält, wie in Kap. 4 dargestellt, die für Auswertungszwecke relevanten operativen Daten. Das Data Warehouse System erfüllt neben Logistikketten-Aufgaben auch andere, etwa im Vertrieb oder im Controlling.

5.3 Erweiterte Systemstruktur mit Geschäftspartnern

Da die Logistikkette neben dem Hersteller dessen Lieferanten und Kunden enthält, müssen diese in eine übergreifende Planung einbezogen werden, und es müssen Ist- sowie Planungsdaten zur Absatz- und Bestandsplanung kommuniziert werden. Im Englischen spricht man von *Supply Chain Collaboration*, im Deutschen könnte man dies als *kooperative Logistikkettenplanung* übersetzen. Ausprägungen sind die *kooperative Bestandsplanung* und die *kooperative Absatzplanung*, Beispiele das *Vendor Managed Inventory (VMI)* und das *Supplier Managed Inventory (SMI)*. Bei beiden disponiert und füllt ein Unternehmen das Lager des anderen, der Unterschied ist die Sichtweise: bei VMI füllt der Hersteller das Lager wichtiger Kunden (Gulyássy et al. 2009, S. 416), bei SMI der Lieferant das Lager des Herstellers, wobei der Lieferant dann die einzige Bezugsquelle ist (Gulyássy et al. 2009, S. 427 und 433).

Für diese Form zwischenbetrieblicher Integration lassen sich verschiedene Techniken einsetzen, welche wir uns in Teil II „Integrationstechniken" detailliert ansehen werden. Technisch kann der Datenaustausch zwischen den Geschäftspartnern durch das Versenden von Daten zwischen deren Anwendungssystemen (vgl. Kap. 9) oder durch einen eingeschränkten Zugriff des Geschäftspartners auf das Herstellersystem geschehen (vgl. Kap. 8). Im ersten Fall ist eine stärkere Automatisierung möglich, aber die Systeme der Geschäftspartner müssen diese Funktion bereitstellen und die Integration muss eingerichtet werden. Der zweite Fall ist auch für Geschäftspartner mit einfacherer Technikausstattung möglich. Dafür fällt manueller Eingabeaufwand an, üblicherweise mittels einer dafür vorgesehenen Web-Anwendung.

5.4 Geschäftsdaten, -objekte und -prozesse in Planungssystemen

5.4.1 Übersicht

Analog zu Abschn. 4.4.3 können wir eine Einteilung vornehmen in planende (aktive) und geplante (passive) Geschäftsdaten, -objekte und -prozesse:

- *Planende Geschäftsdaten und -objekte*: Diese umfassen die *Planungsfunktionen* (Methoden) und die daraus erzeugten *Pläne* (Daten, Objekte), die wir uns weiter unten etwas genauer ansehen werden. Größere Mengen von Geschäftsdaten sind jeweils Eingabe (Stamm- und Ist-Bewegungsdaten) und Ergebnis (geplante Bewegungsdaten). Im Unterschied zu den meisten analysierenden Geschäftsobjekten lesen planende Geschäftsobjekte also nicht nur, sondern schreiben auch.
- *Planende Geschäftsprozesse*: Planungen finden oftmals in *Planungsläufen* statt, die aus mehreren Schritten bestehen. In jedem Schritt wird eine Planungsfunktion, d. h. eine Methode eines planenden Geschäftsobjekts, ausgeführt. Das mehrschrittige Vorgehen kann man als einen Unterschied zu meist einstufigen Auswertungsprozessen in analytischen Systemen sehen, wo Planungsschritte eher ad hoc auf der Mikroebene (OLAP-Operationen wie Drill-down) erfolgen. Eine beispielhafte Planung sehen wir uns weiter unten an.
- *Geplante Geschäftsdaten und -objekte*: Dies sind die aus den Plänen resultierenden Daten, z. B. die Bestellanforderungen eines Beschaffungsplans.
- *Geplante Geschäftsprozesse*: Dies können z. B. Planaufträge für die Fertigung sein. Sie korrespondieren zu den geplanten Geschäftsdaten – wird ein bestimmtes Material zu einem Zeitpunkt benötigt, muss neben dem Material auch der zugehörige Fertigungsprozess geplant werden.

Im Folgenden sehen wir uns inhaltliche Ausprägungen von Planungsfunktionen und Planungsläufen an.

5.4.2 Planungsfunktionen

In Fortsetzung unserer naiven Vision von SCM (siehe Abschn. 5.2) könnten wir uns denken, dass ein Planungssystem „auf Knopfdruck" automatisch einen optimalen Plan (z. B. einen Produktionsplan) bei gegebenen Eingabedaten (z. B. Kundenaufträgen) erzeugt. Käme ein neuer Kundenauftrag hinzu, so könnte dieser eine

Umplanung in einen geänderten, wiederum optimalen Produktionsplan veranlassen. Und durch SCM könnte die Planung auf schon recht genau bestimmten Absatz- und Lieferdaten der Geschäftspartner basieren. Ernüchternd ist allerdings festzustellen, dass es zwar Funktionen der automatischen Planung gibt, in der Praxis man jedoch weit von einer umfassenden vollautomatischen Planung entfernt ist (siehe Aufgabe 5.1). SCM-Systeme bieten also Verbesserungen in der Planung gegenüber ERP-Systemen, aber eine Automatisierung gibt es nur in Teilen. Planungsfunktionen liegen tatsächlich in der folgenden Weise vor:

- *Interaktive Planung*: Der Planer erstellt interaktiv einen „guten" Plan, nicht notwendigerweise den optimalen. Beispiel: Im Rahmen der Kapazitätsplanung sieht er grafisch die Auslastung von Ressourcen im Zeitablauf dargestellt. Er kann nun nach Lücken suchen, wo er einen Vorgang am besten einplant. Er kann Vorgänge verschieben, woraufhin das Planungssystem die Verschiebung angrenzender Vorgänge veranlasst. Wichtige Unterstützungsfunktionen sind dabei also die Visualisierung und die automatische Berechnung von Anpassungen, welche von menschlichen Planungsaktivitäten angestoßen werden.
- *Automatische Planung:* Hier können *Optimierungsprogramme* laufen, wie wir sie aus dem Operations Research kennen, z. B. Verfahren der Linearen Programmierung. Für viele in der Praxis vorkommende Optimierungsprobleme ist die exakte optimale Lösung nicht erreichbar, entweder weil prinzipiell kein Verfahren dafür vorhanden ist oder weil die Suche nach der optimalen Lösung zu rechenintensiv wäre. Daher begnügt man sich meist mit *heuristischen Verfahren*, wie der *Constraint-Propagation-Programmierung* (ein Suchverfahren, bei dem gefundene Teillösungen zu den Suchraum einengenden Randbedingungen führen) oder *Genetischen Algorithmen* (ein stochastisches Suchverfahren) (Balla und Layer 2010, S. 267).
- Oftmals gibt es Kombinationen aus interaktiven und automatischen Funktionen.

Auf den ersten Blick mögen Optimierungsverfahren der zu bevorzugende Ansatz sein, da sie die optimale Lösung versprechen. In der Praxis zeigt sich jedoch, dass interaktive Verfahren in vielen Fällen bevorzugt werden, weil

- das Planungsergebnis nachvollziehbar ist,
- das Erfahrungswissen des Planers eingeht,
- in vielen Unternehmen die für eine Optimierung nötigen Daten (z. B. detaillierte Kostendaten) nicht vorliegen und sich in der Situation die aufwändige Einführung dieser Verfahren nicht lohnt (Snapp 2010, S. 82).

Ein weiterer Grund mag sein, dass viele „Optimierungsverfahren" eben doch lediglich Heuristiken sind, die das Finden der optimalen Lösung nicht garantieren. Als Advanced Planning Systeme auf den Markt kamen, galten die Optimierungsverfahren als ein wichtiges Verkaufsargument, mittlerweile liegt der Hauptfokus nicht mehr darauf (Snapp 2010, S. 35).

5.4.3 *Planungsläufe*

Ein Planungslauf besteht meist aus mehreren Schritten, in denen jeweils eine Planungsfunktion stattfindet. Insofern ist bereits die Festlegung der Schritte und die Auswahl der Verfahren eine planerische Aufgabe. Wir sehen uns dies an einem Beispiel aus der Produktionsplanung an, in Anlehnung an Balla und Layer (2010, S. 279 ff.)[4]. Wichtig ist uns dabei weniger der genaue fachliche Inhalt. Vielmehr ist es die Erkenntnis, dass ein Planungslauf als Geschäftsprozess gesehen werden kann, welcher Planungsfunktionen (Methoden von Geschäftsobjekten) verkettet.

- Mehrstufige infinite Bedarfsplanung der beteiligten Materialien nach dem Dispositionsstufenverfahren. „Infinit" bedeutet dabei, dass die Begrenzung der Ressourcen (wie Maschinen) noch nicht berücksichtigt wird; dies erfolgt erst in einem späteren Schritt. Zum Dispositionsstufenverfahren: Das Material besteht hierarchisch mehrstufig aus Baugruppen, auf der untersten Stufe stehen die elementaren Materialien („Rohstoffe" aus Sicht der Fertigung). Bei einem Dispositionsstufenverfahren werden die Stücklistenstufen von oben nach unten disponiert (Gulyássy et al. 2009, S. 29).
- Neuplanung der Vorgänge auf der Engpassressource mit der Feinplanungsfunktion „Umplanen". Hierbei handelt es sich um eine Kapazitätsplanung. Allerdings wird diese (zunächst) nicht für alle Ressourcen durchgeführt, sondern nur für jene, die als „kritisch" bekannt sind (Engpassressourcen).
- Optimierungslauf für die restlichen Ressourcen. Hier kommen nun tatsächlich Optimierungsprogramme zum Einsatz.

5.4.3.1 Beispiel: Business Process Flow in SAP BusinessObjects Planning and Consolidation (BPC)

Für Planungsprozesse könnten prinzipiell Werkzeuge zur Geschäftsprozessautomatisierung verwendet werden (vgl. Kap. 12). Weil viele Planungsprozesse jedoch vom Kontrollfluss her recht einfach sind, oft eine sequenzielle Abfolge von Schritten, gibt es auch schlichtere Mechanismen. Ein Beispiel kommt aus der Unternehmensplanung, es gilt also nicht speziell für SCM: Mit dem *Business Process Flow* von BPC ist eine Abfolge von Schritten und Teilschritten definierbar, für die jeweils eine Aktion einstellbar ist. Da BPC umfangreich Microsoft Excel verwendet, könnte eine Aktion eine Eingabe per Excel sein. Die Merkmale, welche der Planer sehen soll, können eingestellt werden (Kießwetter et al. 2010, S. 184 ff.). Eine noch einfachere Art, den Kontrollfluss vorzugeben, wäre ein Benutzermenü, welches die

[4] In Balla und Layer (2010) wird aufgrund der Funktionsweise von SAP APO und dessen Zusammenspiel mit SAP ERP noch eine Bestimmung der Dispositionsstufen vorgeschaltet, worauf wir hier nicht weiter eingehen.

Aktionen enthält, die der Planer in der angegebenen Reihenfolge ausführen soll (Kießwetter et al. 2010, S. 108).

5.5 Beispiel: SAP Supply Chain Management

Abbildung 5.1 gibt die Struktur des SAP SCM Systemverbunds gut wieder. Diese besteht üblicherweise aus SAP SCM als Planungssystem, SAP ERP als ERP-System und SAP Business Warehouse als Data Warehouse System. Zwar sind Nicht-SAP-Systeme als ERP-Systeme möglich, in dem Fall erfolgt die Integration über die BAPI-Schnittstelle (Hoppe 2007, S. 396; siehe Abschn. 2.4). Tatsächlich zeigt sich jedoch, dass SAP SCM fast immer mit SAP ERP betrieben wird (Snapp 2010, S. 37), und zwar meist genau ein SAP ERP System mit genau einem SAP SCM System (Snapp 2010, S. 183). In SAP SCM ist ein SAP Business Warehouse System integriert, welches allerdings aus Performanzgründen nicht für andere Auswertungen verwendet werden sollte (Hoppe 2007, S. 401).

Das SCM-System bietet überwiegend planerische Funktionen, aber auch operative sind enthalten (Snapp 2010, S. 48 und S. 107). Ein Überblick über die Funktionen findet sich in Balla und Layer (2010, S. 18 f.) und Snapp (2010, S. 33). Tatsächlich setzen viele Unternehmen nur wenige der Funktionen ein, drei bis vier sind heute bereits eine intensive Nutzung (Snapp 2010, S. 46).

Das eigentliche Planungssystem ist *SAP APO (Advanced Planning and Optimization* bzw. *Advanced Planner and Optimizer)*. Seine Planungsfunktionalität reicht von der Angebots- und Absatzplanung bis zur Produktions- und Feinplanung. Eine besonders rechenintensive Funktion ist *GATP (Global Available to Promise)*, die globale Verfügbarkeitsprüfung (Snapp 2010, S. 136).

Ereignisorientierung, wie wir sie in Abschn. 2.4 angesprochen haben, findet sich im Teil *SAP EM (Event Management)*. Ereignisse stellen häufig Ausnahmesituationen dar, z. B. wenn eine Lieferung verspätet ist oder nicht die gewünschte Anzahl der bestellten Materialien enthält.

Der aus Technologiesicht interessanteste Teil von SAP APO ist der *liveCache*, eine Hauptspeicherdatenbank (vgl. Abschn. 4.6), welche neben der in Anwendungssystemen üblichen Datenbank existiert. Um Planungsalgorithmen besonders effizient abzuarbeiten, wird die Programmiersprache C++ statt der sonst in SAP-Anwendungen üblichen Sprache ABAP eingesetzt (Hoppe 2007, S. 403).

Die Datenübermittlung zwischen SAP ERP und SAP SCM erfolgt über die *CIF-Schnittstelle (Core Interface)*. Sie ist in einem SAP ERP System als eine zusätzliche Softwarekomponente installiert, was man ein *Plug-in* nennt. Das Plug-in enthält auch Transaktionen, die zum Einrichten und zum Betrieb der Integration dienen. Dazu wird in SAP ERP ein *Integrationsmodell* angelegt, das bestimmt, welche Daten von SAP ERP an SAP SCM zu übertragen sind. Per *Remote Function Call*

(RFC) werden die Daten technisch übermittelt[5], sowohl Stamm- als auch Bewegungsdaten. Die Datenstrukturen und teilweise auch Namen der Daten sind in den beiden Systemen unterschiedlich. Zum Beispiel sind „Werke" von SAP ERP in SAP SCM „Lokationen" (wobei es zudem Lokationen anderer Typen gibt, wie Lieferanten und Kunden), „Arbeitsplätze" bzw. deren Kapazitäten sind „Ressourcen". Die Abbildung zwischen Quell- und Zieldaten erledigt ebenso die CIF-Schnittstelle.

Anders als im vereinfachten Bild der SCM-Systemstruktur (Abb. 5.1) ergeben sich die Stammdaten im SCM-System nicht ausschließlich aus jenen des ERP-Systems. Vielmehr gibt es SCM-spezifische Datenfelder, welche nicht aus dem ERP-System kopiert werden. In manchen Fällen kann man diese mit etwas Einstellungs- und Entwicklungsaufwand jedoch aus Feldern im ERP-System berechnen.

Bei der Datenübertragung sehen wir ein Prinzip, welches oftmals beim Datenabgleich zwischen Systemen verwendet wird (vgl. Kap. 4). Es wird unterschieden zwischen (Hoppe 2007, S. 298):

- *Initialübertragung*: erstmalige Übertragung der relevanten Daten
- *Änderungsübertragung*: Die Änderungen seit der Initialübertragung oder der letzten Änderungsübertragung werden zur Erhaltung der Datenkonsistenz berücksichtigt. Dies können neu entstandene Daten sein oder Änderungen an bereits vorhandenen Daten. Während die Änderungsübertragungen bei Stammdaten eher periodisch erfolgen, werden sie bei Bewegungsdaten für eine zeitgenaue Planung üblicherweise sofort veranlasst.

SAP APO enthält eine Vielzahl von Optimierungsverfahren, dort *Heuristiken* genannt. Diese Menge ist erweiterbar, d. h. Verwender von SAP APO können eigene Optimierungsverfahren einbringen.

Die Integration der Geschäftspartner für eine kooperative Logistikkettenplanung ist in APO in Form des *Collaborative Planning* möglich. Wie in Abschn. 5.3 beschrieben, kann dies über einen Web-Browser-Zugriff, sowohl lesend wie schreibend, erfolgen oder über Datenaustausch. In letzterem Fall ist sowohl die *Bring-Strategie (Push-Strategie)* als auch die *Hol-Strategie (Pull-Strategie)* vorgesehen. Die ausgetauschten Daten sind Zeitreihen als periodenbezogene Planungskennzahlen für die Absatzplanung und Materialbedarfsdaten für die Beschaffungsplanung. Der Datenaustausch ist dabei zwischen zwei APO-Systemen möglich (SAP 2011), technisch über EDI, BAPIs und XML (Hoppe 2007, S. 186). Während SAP gerade in den letzten Versionen einen Fokus auf die Einbeziehung der Geschäftspartner legt, motiviert wohl auch durch die starke Verbreitung von Outsourcing, ist man in der Praxis diesem Ziel noch nicht so nahe (Snapp 2010, S. 239 f., S. 290).

---

[5] Tatsächlich handelt es sich um einen *queued Remote Function Call (qRFC)*, er läuft asynchron, transaktional und queued. *Asynchron* bedeutet, dass der Aufrufer nicht auf ein Ergebnis wartet, sondern nach dem Aufruf seine Arbeit fortsetzt. *Transaktional* bedeutet, dass der Aufruf als Transaktion (ACID-Prinzip) durchgeführt wird *(tRFC)*. *Queued* bedeutet, dass die Bearbeitungsreihenfolge aller qRFCs einer Warteschlange im Ziel- wie im Quellsystem ist (Schneider 2010, S. 319).

5.6 Übungen und Lösungsvorschläge

5.6.1 Übungen

Aufgabe 5.1 (Optimierung der Logistikkette):

In der Literatur über Supply Chain Management liest man oftmals eine Charakterisierung der Art „Optimierung der gesamten Logistikkette, vom Rohstoffproduzenten zum Endverbraucher“. Überlegen Sie, warum diese etwas plakative Vision bei heutigen SCM-Systemen übertrieben erscheint.

Aufgabe 5.2 (Zentrales System mit Hauptspeicherdatenbank):

In Abschn. 4.6 wird angemerkt, mit Hauptspeicherdatenbanken könnte die Grenze zwischen operativen und analytischen Systemen aufgegeben werden. Halten Sie es für denkbar, dass zudem noch die Planungsfunktionalität in einem solchen integrierten System aufgehen könnte? Was spricht dafür, welche Probleme könnte es geben?

5.6.2 Lösungsvorschläge für die Übungen

Aufgabe 5.1 (Optimierung der Logistikkette):

- Ein Unternehmen, z. B. ein Automobilzulieferer, ist typischerweise gleichzeitig in mehreren Logistikketten tätig. Die Optimierung der einen Logistikkette wird oftmals der Optimierung einer anderen entgegenstehen (konkurrierende Ziele).
- Die Optimierung basiert darauf, dass die Unternehmen der Logistikkette, z. B. wiederum der Automobilzulieferer, Zahlen über die eigene Auslastung bekanntgeben. Da neben der Kooperation in der Logistikkette aber auch ein marktwirtschaftlicher Wettbewerb besteht, wird ein Unternehmen solche Zahlen zurückhalten.

Eine Diskussion solcher Aspekte, welche bereits aus theoretischer Sicht (im Gegensatz zu Umsetzungsproblemen) für die Optimierung der Logistikkette problematisch sind, findet sich z. B. in Bretzke (2002).

Aufgabe 5.2 (Zentrales System mit Hauptspeicherdatenbank):

Gründe dafür:

- Kein Datenaustausch zwischen den Systemen nötig.
- Daten stets aktuell.

Zu lösende Probleme:

- Komplexitätsmäßig machbar?
- Unterschiedliche Performanzanforderungen (Datenzugriff, Berechnungen, schreibende Zugriffe auf Geschäftsdaten) einfach „unter einen Hut zu bringen"?

5.7 Literatur

5.7.1 Weiterführende Literatur

Über Supply Chain Management allgemein gibt es viele Bücher, und einige über SAP SCM im Speziellen, insbesondere SAP APO. Der Fokus liegt jedoch auf der betriebswirtschaftlichen Funktionalität, die Technologie von Planungssystemen wird dagegen nur am Rande erwähnt. In diesem Sinne sind die folgenden Bücher betriebswirtschaftlich ausgerichtet; erwähnt seien dabei die für ein Grundverständnis wichtigen Teile:

Snapp S (2010) Discover SAP SCM. Galileo Press, Bonn
Ein Überblick über ganz SAP SCM.

Balla J, Layer F (2010) Produktionsplanung mit SAP APO. 2. Auflage, Galileo Press, Bonn
Kapitel 1 und 2.

Hoppe M (2007) Absatz- und Bestandsplanung mit SAP APO. Galileo Press, Bonn
Kapitel 2 für die Funktionen und Kap. 7 für die Architektur

Dickersbach JT, Keller G, Weihrauch K (2006) Produktionsplanung und -steuerung mit SAP. 2. Auflage, Galileo Press, Bonn
Kapitel 13, insbesondere Abschn. 13.3.

Bothe M, Nissen V (Hrsg.) (2003) SAP APO in der Praxis. Vieweg, Wiesbaden
Die Architektur ist in Abschn. 2.4 skizziert, allerdings ist das Buch schon etwas älter.

5.7.2 Weitere zitierte Literatur

Bartsch H, Teufel T (2000) Supply Chain Management mit SAP APO. Galileo Press, Bonn

Bretzke W-R (2002) „SCM Collaboration“ und „4PL's“: Bemerkungen über die Grenzen eines Paradigmas. Logistikmanagement, 4. Jg., 2002, Ausgabe 1, S. 41–44

Buck-Emden R (1999) Die Technologie des SAP-Systems R/3. 4. Auflage, Addison-Wesley, München

Gulyássy F, Hoppe M, Isermann M, Köhler O (2009) Disposition mit SAP. Galileo Press, Bonn

Kießwetter M, Gulis G, Vahlkamp D, Arrenbrecht A (2010) Praxishandbuch Unternehmensplanung mit SAP. Galileo Press, Bonn

Mertens P, Meier M (2008) Integrierte Informationsverarbeitung 2: Planungs- und Kontrollsysteme in der Industrie. 10. Auflage. Gabler, Wiesbaden

Schneider T (2010) SAP-Performanceoptimierung. 6. Auflage, Galileo Press, Bonn

SAP (2011) http://help.sap.com/saphelp_scm70/helpdata/de/2e/2c8e39b7b3972ce10000000a114084/frameset.htm. (SAP-Online-Hilfe zu Supply-Chain-Collaboration) Abgerufen am 30.04.2011

Kapitel 6
Systemlandschaft

Es ist zuviel für einen alleine.
Warten auf Godot
Samuel Beckett[1]
Jedem seine Spezialität.
Endspiel
Samuel Beckett[2]

Zusammenfassung

Eine Systemlandschaft umfasst die in einem Unternehmen verwendeten Anwendungssysteme und ihre Verbindungen. Üblicherweise sind dies in Großunternehmen sehr viele, wenn kleinere Anwendungsprogramme dazugezählt werden. Die Systeme sollen zusammenwirken und müssen daher miteinander integriert werden. Wir sehen uns die Schwierigkeiten an, die sich dabei ergeben, sowie Lösungsansätze dafür. Zur Dokumentation, aber auch zur Systemadministration und zum Datenaustausch zwischen den Systemen werden Systemlandschaften in einem Modell abgebildet. Neben üblichen Kastendiagrammen gibt es elektronische Fassungen. Nach dem etablierten Ansatz für die Architektur und Organisation von Anwendungssystemen in einer Systemlandschaft werden neuere Ansätze angesprochen: die serviceorientierte Architektur (SOA) und Cloud-Computing. Als Beispiele zur Illustration von Systemlandschaften betrachten wir SAP Customer Relationship Management und SAP NetWeaver Master Data Management, zur Modellierung von Systemlandschaften das SAP System Landscape Directory, als Beispiel für Cloud-Computing SAP Business ByDesign.

[1] Beckett S (1971) Warten auf Godot. Suhrkamp Taschenbuch 1, erste Auflage 1971, Frankfurt a. M., S. 29.
[2] Beckett S (1974) Endspiel. Suhrkamp Taschenbuch 171, erste Auflage 1974, Frankfurt a. M., S. 21.

R. Weber, *Technologie von Unternehmenssoftware*, DOI 10.1007/978-3-642-24423-0_6,

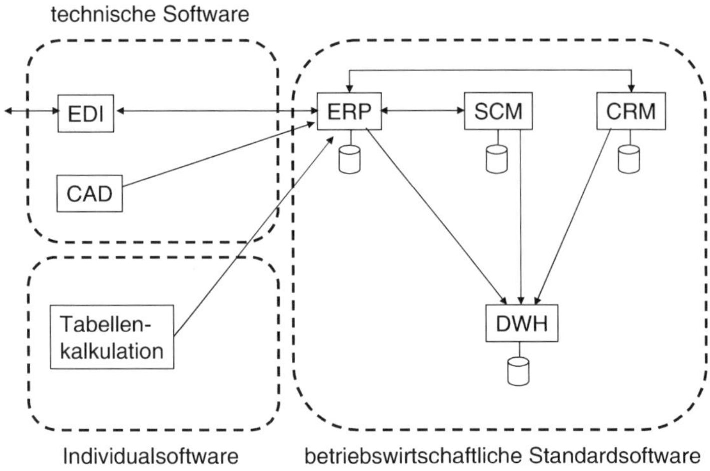

Abb. 6.1 Eine Systemlandschaft

Lernziele

- Die heute übliche Situation einer Systemlandschaft mit einer Vielzahl verschiedener Systeme einschätzen können, Typen von Systemen und ihre Aufgabenteilung überblicken, Probleme und Lösungsmöglichkeiten für die Vielfalt kennen.
- Einen Einblick in die neueren Ansätze SOA und Cloud-Computing gewinnen.

6.1 Begriff

In Aufgabe 6.1 erörtern wir, weswegen ein Unternehmen neben einem ERP-System oftmals weitere betriebliche Anwendungssysteme einsetzen wird. Der Grund ist im Wesentlichen, dass solche Systeme spezialisiertere Funktionalität bereitstellen. Das Argument haben wir bereits in den Kapiteln über analytische Systeme und Planungssysteme kennengelernt. Tatsächlich gibt es in Unternehmen oftmals Hunderte von größeren und kleineren Softwaresystemen und Programmen, welche zusammenwirken.

Sehen wir uns zunächst ein kleineres Beispiel an.

Die Menge der Systeme eines Unternehmens und ihr Zusammenwirken wird *Systemlandschaft* genannt. Systemlandschaften werden üblicherweise durch Übersichtsbilder wie Abb. 6.1 veranschaulicht. Wir erkennen darin verschiedene Systeme: Im Zentrum steht ein ERP-System. Es verwendet zum Austausch von Electronic Data Interchange (EDI) Nachrichten ein EDI-System. Entsprechend gibt es eine Schnittstelle zwischen den beiden Systemen. Ingenieure erstellen Konstruktionszeichnungen mit einem CAD-System, das ebenfalls über eine Schnittstelle angebunden ist. Schnittstellen dieser Art haben wir bereits im Kapitel über operative Systeme angesprochen. Ebenso bekannt ist die Interaktion mit einem Planungssystem, dem SCM-System, und einem Data Warehouse System – behandelt in den Kap. 4 und 5. Neu ist ein Customer Relationship Management System (CRM), was wir uns im Detail etwas später ansehen werden. Und schließlich gibt es noch ein im Unternehmen selbst geschriebenes Auswertungsprogramm, also eine Individualsoftware, in Form eines Tabellenkalkulationsprogramms für Controller. Viele Controller haben eine Vorliebe für derartige Auswertungen.

Wir können verschiedene Systemkategorien unterscheiden:

- *betriebliche*: ERP, SCM, CRM haben wir schon kennengelernt. Daneben gibt es *PLM (Product Lifecycle Management*, entstanden aus Produktdatenverwaltungssystemen) und *SRM (Supplier Relationship Management*, das Pendant zu CRM auf der Lieferantenseite)[3].
- *technische*: CAD, Betriebsdatenerfassung, EDI
- *dokumentenorientierte*: Content Management, Archiv, Dokumentenmanagement
- *Büro*: Tabellenkalkulation, Textverarbeitung, Projektsystem, E-Mail
- *Internet*: Web-Server, Firewall, Proxy-Server. Solche Systeme werden in Grafiken über die Systemlandschaft oftmals weggelassen und als technische Teilsysteme anderer Systeme aufgefasst.

Auch in Aufgabe 6.1 wird behandelt, warum es in einem Unternehmen sogar mehrere Systeme derselben Art, meist ERP, geben kann.

Auf der Übersichtsebene wird jedes System vergröbernd als ein „Kasten“ dargestellt. Tatsächlich kann ein einzelnes System bereits eine reichere Struktur aufweisen. Sehen wir uns dazu einen Teilaspekt der oben geschilderten Systemlandschaft genauer an, nämlich die Zugangspunkte eines CRM-Systems (Abb. 6.1). Es ist eine Darstellung eines Ausschnitts der Systemlandschaft auf einer Verfeinerungsstufe unterhalb des Übersichtsbildes.

6.1.1 Beispiel: Zugangspunkte eines SAP CRM Systems

Daten können auf unterschiedlichen Wegen in ein CRM-System gelangen:

- Der von operativen Systemen bekannte Weg über Benutzeroberflächen, z. B. ein Fat Client (vgl. Abschn. 3.1.2.2) *(operatives CRM)*
- Mitarbeiter des *Customer Interaction Centers*, eine Art erweitertes Call Center und Teil des CRM-Systems, haben spezialisierte, einfach zu bedienende Benutzeroberflächen (meist Web-Oberflächen), mit denen sie eine einheitliche Sicht

[3] Die SAP Business Suite beinhaltet gerade jene Systeme.

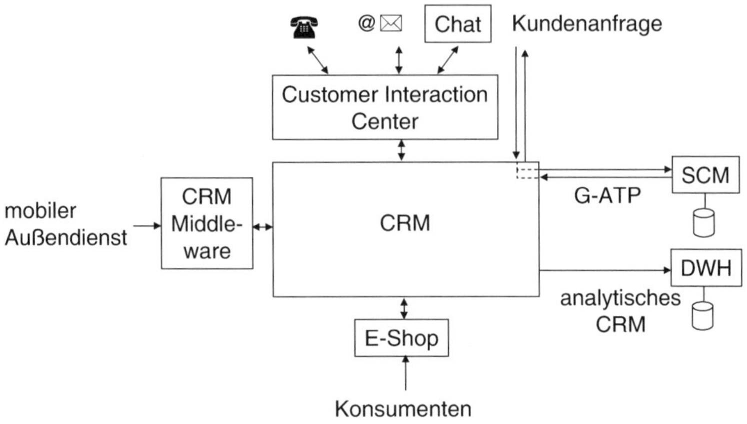

Abb. 6.2 Zugangspunkte eines CRM-Systems

auf die Kundendaten erhalten, auch auf Bewegungsdaten wie Aufträge *(kommunikatives CRM)*

- Mitarbeiter des Außendienstes verwenden mobile Endgeräte (z. B. Notebooks) bei Kundenbesuchen, wobei sie keine Online-Verbindung zum CRM-System benötigen. Die Daten werden vielmehr offline erfasst und zu einem späteren Zeitpunkt mit dem CRM-Server synchronisiert. Für diese Synchronisation gibt es eine *Middleware*, eine Softwaretechnologie zur Vermittlung und Kommunikation.
- Kunden können auch direkten Zugriff auf gewisse vom CRM-System bereitgestellte Daten erhalten. Etwa in einem E-Shop, wo sie über das Internet selbst Artikel aus einem Online-Katalog auswählen und kaufen. Der E-Shop ist also eine webbasierte Schnittstelle zur Verkaufsfunktionalität des CRM-Systems.
- Hat ein Kunde eine Anfrage, ob ein bestimmtes Produkt zu einem bestimmten Zeitpunkt lieferbar ist, kann in diffizilen Fällen neben einer einfachen Verfügbarkeitsprüfung auf dem Lagerbestand im ERP-System die Funktion *Global Available to Promise* (siehe Abschn. 5.5) verwendet werden. Dafür ist eine Verbindung zum SCM-System nötig.
- Die vielen im CRM-System entstehenden Kundendaten lassen sich auswerten, um Vorteile im Verkaufsgeschäft zu erzielen. Dieser Teil der CRM-Funktionalität wird *analytisches CRM* genannt. Zur Auswertung dient ein verbundenes Data Warehouse System.

6.2 Probleme und Lösungsansätze

6.2.1 *Ein System gegenüber einer Systemlandschaft*

Vergleichen wir die (wenig realistische) Situation, wo ein Unternehmen nur ein System einsetzt (z. B. ein ERP-System), mit der Situation einer viele Systeme umfassenden Systemlandschaft. Die folgenden Unterschiede fallen auf:

- Es gibt mehrere Systeme, die getrennt installiert werden müssen.
- Die Systeme können von unterschiedlichen Herstellern stammen. Insbesondere dann haben sie eine unterschiedliche „Philosophie", was sich in vielerlei Gestalt ausdrückt, von unterschiedlichen Benutzeroberflächen (Bedienung des Systems) bis zu Unterschieden in der Behebung von Softwarefehlern (Systemadministration).
- Jedes System hat üblicherweise eine eigene Datenhaltung. Bei Anwendungssystemen wie ERP, SCM, CRM, ist das jeweils eine Datenbank.
- Eventuell erfordern die Systeme unterschiedliche Betriebssysteme, so dass ebenso die IT-Infrastruktur unterschiedlich ausfallen kann. Dieser Unterschied tritt in Einzelfällen auf, etwa wenn eine bestimmte Systemkomponente derzeit nur für Microsoft Windows Betriebssysteme verfügbar ist.
- Die Versionswechsel der Systeme werden getrennt zu unterschiedlichen Zeiten durchgeführt.
- Die Systeme sind miteinander über Verbindungen bzw. Schnittstellen gekoppelt. Diese Schnittstellen können unterschiedlicher Natur und Güte sein: vom Hersteller bereitgestellte und zumindest für Kopplungen zu anderen Systemen des Herstellers getestete bis hin zu eigenentwickelten. Allerdings wird nicht jedes System mit jedem anderen direkt gekoppelt sein.
- Die Verwaltung der Systeme ist oftmals dezentral.
- Ein Systemtyp, z. B. ERP, kann mehrfach vorkommen, etwa bei landesspezifischen Systemen.

6.2.2 *Probleme*

Aufgrund der Unterschiede ergeben sich einige Probleme, welche bei Verwendung nur eines einzigen Systems in der Form nicht auftreten:

- Es sind mehr Installationen durchzuführen.
- In der Regel werden mehr Rechner benötigt, außer man setzt in großem Umfang Virtualisierung ein.
- Unterschiedliches und damit ein Mehr an Know-how wird benötigt, da die Mitarbeiter in der Systemadministration und bei der Systemeinführung das Wissen über alle eingesetzten Systeme haben müssen. Beispielsweise sowohl Wissen,

wie man unternehmensspezifische Ergänzungen in SAP-Systemen (Entwicklung mit der Programmiersprache ABAP) und in Oracle-Systemen (Entwicklung vorrangig mit Java) durchführt, wenn Software beider Hersteller verwendet wird.
- Integrationsaufwand zur Einführungszeit
- Integrationsprobleme zur Laufzeit, z. B. wenn ein System temporär nicht erreichbar ist.
- Für jedes System ist eine eigene Anmeldung (Login) erforderlich, was sich aber durch Ansätze wie Single Sign-on (siehe Kap. 8) beheben oder mildern lässt.
- Dateninkonsistenz wegen Datenredundanz ist möglich.
- Nach einem Versionswechsel eines Systems muss geprüft werden, ob das Zusammenspiel mit den anderen Systemen noch funktioniert.
- Bei starker Dezentralisierung kann ein Wildwuchs von Systemen, Systemeinstellungen und unterschiedlichen Geschäftsprozessen entstehen. Eine starke Zentralisierung kann unflexibel und bürokratisch sein – das System ist „zu weit weg vom Verwender".
- Es kann sein, dass der Nutzungsgrad einzelner Systeme gering ist: man benötigt nur einen speziellen Teil des Systems, muss aber das gesamte System installieren und betreiben.

6.2.3 Lösungsansätze

Für die oben genannten Probleme gibt es einige Lösungsansätze, welche sie zumindest lindern:

- Statt einer sehr heterogenen Systemlandschaft, wo man für jede Aufgabe das „beste" System auswählt *(Best of Breed)*, bevorzugen manche Unternehmen zur Senkung des Integrationsaufwands einen *Best of Suite* Ansatz: Der Softwareanbieter wird ausgewählt, welcher mit seiner Produktpalette (Suite) die Probleme des Unternehmens am besten löst. Der Integrationsaufwand zwischen Systemen eines Herstellers wird zu Recht als geringer eingeschätzt als zwischen Systemen verschiedener Hersteller.
- Verwandt mit diesem Punkt: Produkte möglichst weniger Softwarehersteller („Hoflieferanten") wählen. „Alles aus einer Hand" ist schon aus technischen Gründen nicht möglich, da kein Softwarehersteller alle in einem Unternehmen benötigten Softwaretypen anbietet.
- Einsatz von Integrationstechniken (siehe Teil II).
- Zentralisierung, weniger Systeme, z. B. nicht für jeden Bereich/Region ein eigenes System einsetzen. Falls dies derzeit doch der Fall ist, versuchen, die Systeme zusammenzuführen.
- Verwendung leistungsfähiger Rechner und Einsatz von Virtualisierung, damit zumindest insgesamt weniger Rechner zu administrieren sind; z. B. ein leistungs-

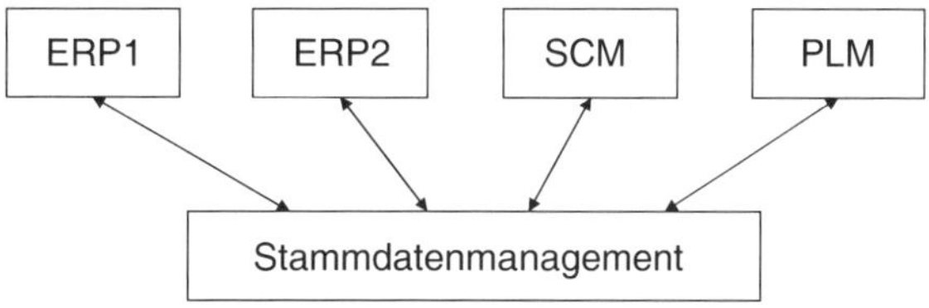

Abb. 6.3 Stammdatenmanagement

fähiger Applikationsserver statt mehrerer weniger leistungsfähiger, natürlich immer unter Wirtschaftlichkeitserwägungen (siehe Kap. 3).

- Prüfung, welche Softwarekomponenten tatsächlich genutzt werden (Protokollierung), nicht verwendete Teile „abschalten". Dies werden nicht ganze Anwendungssysteme sein, sondern Teile innerhalb eines Anwendungssystems. Oftmals werden diese Teile von einer Version zur nächsten unnötig gepflegt (vgl. Kap. 14).
- Migration von Altsystemen auf eine einheitliche Software (eines Herstellers).

Ein spezieller Lösungsansatz gegen die Dateninkonsistenz findet sich im Stammdatenmanagement. Stammdaten entstehen in einigen Systemen, müssen teilweise in andere kopiert werden oder – schlimmer – werden doppelt manuell gepflegt. Ein Lösungsweg ist ein eigenes System, welches alle Stammdaten zentral verwaltet und diese daher konsistenten Stammdaten den anderen Systemen zur Verfügung stellt (Abb. 6.3).

In unserem Bild werden alle Stammdaten zweier ERP-Systeme sowie eines SCM- und eines PLM-Systems im Stammdatenmanagementsystem gepflegt und dann in die entsprechenden Systeme verteilt. Auch dies wird reibungsloser verlaufen, wenn die Systeme vom selben Hersteller stammen. Sinnvollerweise ist in einem solchen System eine Prüflogik für die Stammdatenpflege bereitzustellen, welche kompatibel mit derjenigen der Anwendungssysteme ist. Dies wird nicht ganz einfach sein, denn die Prüflogik in den Anwendungssystemen kann insbesondere von Systemeinstellungen (Customizing) abhängen, und die Frage stellt sich, wie genau sich dies im Stammdatenmanagementsystem nachstellen lässt.

6.2.3.1 Beispiel: SAP NetWeaver Master Data Management

In SAP-Systemlandschaften könnte das oben angesprochene System zur Stammdatenverwaltung ein SAP ERP System sein, von dem aus die Stammdaten in andere Systeme verteilt werden. Hierfür wurde schon vor längerer Zeit die Technologie *Application Link Enabling (ALE)* eingeführt. Die Idee einer solchen Datenverteilung haben wir bereits in Kap. 4 und, spezifischer für Stammdaten, in Kap. 5 kennengelernt.

In den letzten Jahren wurde jedoch für die Stammdatenpflege ein spezialisiertes System eingeführt, *SAP NetWeaver Master Data Management (SAP MDM)* (Heilig et al. 2006). Das Umfeld eines solchen Systems sind mehrere andere, in der Regel SAP-Systeme, die Stammdaten verwenden. SAP MDM bietet drei Szenarien:

- *Stammdatenkonsolidierung*: Stammdaten werden aus den Systemen nach SAP MDM übertragen und dort analysiert. Der „klassische" Anwendungsfall ist die Erkennung von Dubletten, d. h. von doppelten Datensätzen.
- *Stammdatenharmonisierung*: Das Ziel ist ein dauerhafter Abgleich der Stammdaten, indem sie bei Änderungen neu verteilt werden.
- *Zentrale Stammdatenpflege*: Die Stammdaten werden in SAP MDM erfasst und an die anderen Systeme verteilt.

Ideen der Stammdatenpflege sind verwandt mit jenen von Data Warehouse Systemen. Im einen Fall werden Stammdaten zentral gesammelt, um sie konsistent in verschiedenen Systemen verfügbar zu haben. Im anderen Fall sind es Analysedaten, welche aus verschiedenen Systemen zentral gesammelt und vereinheitlicht werden. In diesem Sinne ähneln die MDM-Komponenten jenen von Data Warehouse Systemen:

- *MDM Server:* Vergleichbar mit einem Applikationsserver, welcher auch zur Datenspeicherung dient.
- *MDM Console:* Eine Entwicklungsumgebung, insbesondere zur Datenmodellierung.
- *MDM Data Manager:* Pflegeoberfläche für Stammdaten. Daneben gibt es eine Pflegeoberfläche im SAP NetWeaver Portal (vgl. Abschn. 8.5).
- *MDM Import Manager:* Zum Import von Daten in das MDM System
- *MDM Syndicator:* Das Gegenstück zum MDM Import Manager zum Export von Daten, in diesem Umfeld Syndication genannt.

Außerdem gibt es Programmierschnittstellen zum Lesen und Schreiben von Daten, Workflow-Unterstützung, eine Komponente zur Verwaltung von Bildern von Stammdaten, den *MDM Image Manager*, hilfreich insbesondere für die Erstellung von Produktkatalogen.

Wie bei den meisten SAP-Produkten liefert SAP nicht nur Technologie, sondern auch Inhalt. Neben dem SAP Business Content, welcher ähnlich wie bei SAP Business Warehouse z. B. zur Extraktion, aber auch zur Retraktion (Rückübermittlung) zu SAP ERP verwendbar ist, gibt es mehrere vordefinierte MDM-Anwendungen, z. B. das *Rich Product Content Management* zur Verwaltung von Online-Katalogen.

6.3 Strukturelle Merkmale

In einer Systemlandschaft sind verschiedene strukturelle Merkmale zu entdecken, d. h. Regelmäßigkeiten, die abstrakt und unabhängig von den konkreten Anwendungen sind. Teilweise sieht man diese bereits in der grafischen Modellierung, teilweise zeigen sie sich erst, wenn man die Systeme und ihre Verbindungen detaillierter betrachtet.

6.3.1 *Dateneigentümer*

Gewisse Daten, meist Stammdaten, werden von mehreren Systemen verwendet. In der Regel wird ein Stammdatum nur von einem System kontrolliert. Dieses ist dann *Eigentümer (Data Owner)* dieses Stammdatums, die anderen Systeme erhalten nur Kopien, meist ohne Änderungsmöglichkeit.

Beispiel 1: Denken wir an unser Beispiel Supply Chain Management (siehe Kap. 5): Die Stammdaten des ERP-Systems werden an das Planungssystem übermittelt. Dateneigentümer dieser Stammdaten bleibt jedoch das ERP-System, das Planungssystem erhält nur eine (eventuell umbenannte oder umstrukturierte) Kopie der Stammdaten. In manchen Fällen lassen sich diese um SCM-spezifische Attribute ergänzen.

Beispiel 2: Zwei regionale Bereiche eines Unternehmens verwenden getrennte ERP-Systeme. Viele Stammdaten betreffen nur einen der Bereiche und werden das jeweilige System daher nicht verlassen, das System ist damit Eigentümer dieser Stammdaten.

6.3.2 *Datenfluss*

Verwandt mit dem Merkmal „Dateneigentümer" fließen gewisse Daten von einem System zu gewissen anderen. Besser gesagt werden sie nicht dorthin bewegt sondern kopiert.

Beispiel 1: Wiederum das Beispiel Supply Chain Management: Stammdaten fließen vom ERP- zum Planungssystem.

Beispiel 2: In einem SRM-Systemverbund fließen Bedarfsanforderungen von einem ERP- zum SRM-System und werden dort z. B. in Bestellanforderungen oder Reservierungen umgewandelt. In diesem Fall fließen also Bewegungsdaten. Möglicherweise werden diese gar nicht physisch kopiert, sondern beim Übermitteln sofort in andere Bewegungsdaten umgewandelt.

6.3.3 *Cluster*

Meist lassen sich besonders enge Beziehungen zwischen Teilen einer Systemlandschaft identifizieren, die man als *Cluster* bezeichnen kann.

Beispiel 1: Wiederum das Beispiel Supply Chain Management, nun in einer Systemlandschaft mit weiteren Systemen: Die Supply Chain Management Systemstruktur, bestehend aus einem Planungssystem, einem ERP-System und einem Data Warehouse System, wäre ein solches Cluster. Das ERP-System und das Data Warehouse System können Rollen in verschiedenen Clustern innehaben. Das Data Warehouse System könnte zum Beispiel sowohl Auswertungen für SCM als auch für das analytische CRM liefern.

Beispiel 2: Softwarehersteller wie SAP unterscheiden entsprechend zwischen *Systemen* und *Lösungen,* ein marketingorientierter Begriff, welcher aber auch eine technische Bedeutung hat. Eine CRM-Lösung beinhaltet neben dem CRM-System ein ERP-System und für das analytische CRM ein Data Warehouse System, eventuell weitere Systeme.

6.3.4 Führendes System

Dieses Strukturmerkmal sagt etwas über die Wichtigkeit eines der Systeme aus. Im obigen einführenden Beispiel zur Systemlandschaft (Abb. 6.1) wäre das ERP-System das *führende System*, das Tabellenkalkulationsprogramm zur Datenauswertung, das EDI- und das CAD-System wären nachgelagerte Systeme.

6.4 Modellierung

Ebenso wie es sich beim Geschäftsprozessmanagement bewährt hat, Geschäftsprozesse eines Unternehmens zu modellieren, um einen Überblick und ein gemeinsames Verständnis der Mitarbeiter über die Prozesse zu gewinnen, werden auch Systemlandschaften modelliert. Und auch hier gibt es mehr oder weniger formale Ansätze. Die einfachsten sind intuitiv verständliche, aber nicht genormte „Kastendiagramme“. Die oben gezeigten Abbildungen gehören dazu. Ausgefeiltere Formen sind maschinell unterstützt und verwenden Standards zur Niederlegung der Systemeigenschaften.

Solche Modelle beschreiben die IT-Architektur der betrieblichen Datenverarbeitung. Während eine *IT-Architektur* nur eine Systemlandschaft und die darin enthaltenen Anwendungssysteme abbildet, wird bei einer *Unternehmensarchitektur* der Mensch und die Organisation einbezogen, statt technischen Anwendungssystemen sind also umfassender „soziotechnische“ *Informationssysteme* der Modellierungsgegenstand. Methoden und Modelle für Unternehmensarchitekturen beschreiben Informationssysteme üblicherweise aus verschiedenen Sichten. Eine kurze Darstellung ausgewählter Ansätze findet sich in Esswein und Weller (2008).

Im Sinne der Änderungsfreundlichkeit eines Modells erscheint es sinnvoll, bei einem System zwischen verschiedenen Konkretisierungsstufen zu unterscheiden:

- *Rolle* des Systems, z. B. CRM-System, unabhängig davon, welches Produkt verwendet wird,
- das *System* selbst, z. B. das System C07, was ein SAP CRM System *(Produkt)* einer bestimmten *Produktversion* sein könnte.

Dies lässt sich durch ein hierarchisches Modell abbilden, wo auf der obersten Ebene nur die Rollen der Systeme zu sehen sind, und erst bei den Details System, Produkt und Produktversion erscheinen. Der Grund für die Unterscheidung ist, dass sich Produktversionen im Rahmen eines Versionswechsels (siehe Kap. 13) ändern, diese Änderungen jedoch die Systemlandschaft nicht prinzipiell antasten. Eine Ausnahme bestünde, wenn eine Version eine deutlich erweiterte Funktionalität böte mit der Auswirkung, dass sich Verbindungen zu den anderen Systemen ändern. In selteneren Fällen kann ein Produkt sogar durch ein anderes ersetzt werden. Beispiel: SAP CRM könnte in einer Systemlandschaft durch ein leichtgewichtiges, eigenentwickeltes Mini-CRM-System abgelöst werden, wenn nur ein geringer Teil der SAP CRM Funktionalität verwendet wird. In dem Fall bleibt die Rolle „CRM-System" bestehen, gewechselt wird das darunterliegende Produkt und folglich auch die Produktversion.

Ein Modell einer Systemlandschaft kann für verschiedene Zwecke eingesetzt werden:

- *Dokumentation*: Die Dokumentation der bestehenden Systemlandschaft ist sicherlich für deren Verständnis hilfreich. Daraus ergibt sich die Möglichkeit zur Analyse und Weiterentwicklung der Systemlandschaft.
- *Administration*: Hierbei soll die Übersicht gewonnen werden, welche Produktversionen an welcher Stelle eingesetzt werden, etwa für Versionswechsel-Überlegungen und die Fehlerbehebung.
- *Modelle systemübergreifender Geschäftsprozesse:* Der Datenaustausch zwischen Systemen kann vereinfacht beschrieben werden, zum Beispiel wenn in einem SCM-Szenario festgelegt wird, dass Daten vom ERP- zum Planungssystem gesendet werden, und nur auf die Rollen Bezug genommen wird. Wird das Planungssystem durch ein anderes mit neuem Namen und anderem Rechner ersetzt, so kann durch die Adressierung per Rolle automatisch das aktuelle System angesprochen werden. Wichtig ist hierfür natürlich ein formales, maschinenlesbares Modell der Systemlandschaft. Ein Beispiel hierfür sehen wir uns nun an.

Beispiel: SAP System Landscape Directory

Das *SAP System Landscape Directory (SLD)* (Hengevoss und Linke 2009) ist Software zum Modellieren von Systemlandschaften. *Systemlandschaften* setzen sich aus

Business-Systemen zusammen; jene entsprächen den oben erwähnten Rollen. Ein Business-System wird auf ein *technisches System* abgebildet, z. B. ein bestimmtes ERP-System. Für technische Systeme sind die Eigenschaften Rechner, Ports, Systemtyp (z. B. Applikationsserver ABAP oder Java), Datenbanktyp, Mandanten, installierte Softwarekomponenten, Message-Server und URL hinterlegt.

Durch die zentrale Speicherung wird die Konsistenz gewahrt. Die Daten für die Systeme werden teils manuell, teils automatisch erfasst. Die automatische Erfassung ist für technische Systeme von SAP möglich. Beim Konfigurieren eines solchen Systems wird ihm die Adresse des SLDs genannt, es sendet dann per Selbstregistrierung Daten dorthin. Der Vorteil dieses Ansatzes liegt darin, dass das SLD nicht zentral die „Umzüge" von Systemen verwalten muss. Die umgezogenen Systeme stellen sich dezentral darauf ein, trotzdem laufen die Systemdaten an der zentralen Stelle SLD zusammen. Der Komfort der automatischen Erfassung ist natürlich für Nicht-SAP-Software nicht ohne weiteres möglich. Hier und an einigen anderen Stellen, wie bei der Zuordnung von Business-Systemen zu technischen Systemen oder bei der Zusammenfassung von Systemen zu Landschaften, ist die manuelle Erfassung nötig.

Für das SLD gibt es verschiedene Einsatzbereiche. Einer sind Datenaustausch-Szenarien: Der Sender braucht nur an das Business-System zu senden, durch Nachschlagen im SLD wird daraus das zugehörige technische System ermittelt; dieser Mechanismus wird bei der SAP Process Integration (siehe Abschn. 11.6) verwendet. Zur Leistungssteigerung dient Caching der SLD-Information. Ein anderer Einsatzbereich für das SLD ist die Systemadministration (Softwareaktualisierung, Systemüberwachung).

Die Informationen über die Systemlandschaft, die Business-Systeme und die technischen Systeme werden gemäß dem Standard *Common Information Model (CIM)* der Distributed Management Task Force gespeichert. CIM ist ein Informationsmodell für die Konfiguration einer Systemlandschaft. Es ist objektorientiert und nutzt stark Vererbungsbeziehungen. Für das SLD reichen im Wesentlichen die CIM-Teilbereiche „Applications" und „Systems" aus. Zudem spielen für das SLD Methoden keine Rolle, verwendet werden allein Klassen, deren Attribute und Assoziationen zwischen Klassen, welche technisch selbst wieder als Klassen abgebildet sind.

Eine CIM-Implementierung, in unserem Falle für das SLD, erweitert das vorgegebene Modell um abgeleitete Klassen.

Beispiel: Im vorgegebenen CIM-Modell gibt es die Klasse `CIM_ComputerSystem`, die Rechner mit ihren Attributen wiedergibt. `CIM_ComputerSystem` erbt über mehrere Stufen von der Klasse `CIM_ManagedElement`. Im SLD wird von `CIM_ComputerSystem` nun `SAP_ComputerSystem` abgeleitet – nur die abgeleiteten Klassen werden verwendet und instanziiert. Weitere wichtige Klassen im SLD sind `SAP_BCSystem` für ein ABAP-basiertes SAP-System, `SAP_BCApplicationServer` für einen ABAP-Applikationsserver, `SAP_BCClient` für Mandanten in einem `SAP_BCSystem`.

Für die Klassen werden Attribute, inklusive Schüsselattribute, da es sich um persistente Objekte (vgl. Abschn. 2.4) handelt, und Assoziationen zwischen den Klassen festgelegt.

Beispiel – Fortsetzung: Ein `SAP_ComputerSystem` hat zum Beispiel die Attribute „Hauptspeicher", „Anzahl der Prozessoren", „Performanz". Zwischen `SAP_BCSystem` und `SAP_BCApplicationServer` gibt die Assoziation `SAP_BCSystemApplicationServer` wieder, dass

- eine Instanz von `SAP_BCSystem` mit 1 bis beliebig vielen Instanzen von `SAP_BCApplicationServer` verknüpft ist, denn ein SAP-System kann mehrere Applikationsserver haben, und dass umgekehrt
- eine Instanz von `SAP_BCApplicationServer` mit genau einer Instanz von `SAP_BCSystem` verknüpft ist, denn ein Applikationsserver gehört zu genau einem SAP-System.

Assoziationen werden für Aggregation, Gruppenbildung und Abhängigkeiten verwendet.

Eine wichtige Information im SLD ist, welche Software auf den Systemen läuft. Sie wird hierarchisch beschrieben:

- *Produkt* einer *Produktversionen* einer *Produktlinie*, z. B. Produktversion SAP NetWeaver AS ABAP 7.1 der Produktlinie SAP NetWeaver AS ABAP
- *Software-Features*, aus welchen das Produkt besteht.
- *Software-Komponenten*, die kleinste ausgelieferte Einheit. Mehrere können zu einem Software-Feature zusammengefasst werden. Ein Software-Feature besteht aus Software-Komponenten, die nur zusammen installiert werden können.

Um eine Größenvorstellung zu bekommen: Das CIM-Modell umfasst etwa 1200 Klassen, das SLD-Modell verwendet nur einige davon als Grundlage zur Vererbung und hat knapp 1000 Klassen (Hengevoss und Linke 2009, S. 205 und 214).

6.5 Neuere Architekturansätze

In unserer bisherigen Betrachtung wird die Anwendungsfunktionalität in einem Unternehmen durch mehrere vernetzte, funktional spezialisierte Anwendungssysteme erbracht. Die Anwendungssysteme sind beim einsetzenden Unternehmen installiert und werden dort betrieben. Sie stellen Dienste in Form von Geschäftsobjekten und Geschäftsprozessen bereit. Dies ist der heute übliche Fall. Wir bemerken zwei Eigenschaften:

- Die erbrachten Dienste ergeben sich aus den Anwendungssystemen, sind oftmals nicht explizit als solche gekennzeichnet und nicht in jedem Fall „von außen" aufrufbar.

- Die Anwendungssysteme befinden sich beim Unternehmen, welches sie einsetzt.

Sehen wir uns nun zwei neuere Entwicklungen an, die bei den beiden Eigenschaften Veränderungen bringen:

- Serviceorientierte Architektur: Hier wird die Denkweise „System zuerst, dann die Dienste“ umgekehrt. Es handelt sich um einen Architekturstil, welcher Anwendungssoftware als eine lose Kopplung von Diensten sieht. Die treibenden Gedanken sind Flexibilität und Dienst-Wiederverwendbarkeit.
- Cloud-Computing: Unternehmenssoftware oder zumindest darunterliegende Schichten werden nicht mehr gekauft, installiert und im Unternehmen betrieben, sondern als Dienst gemietet und andernorts betrieben. Hier spielt die Wirtschaftlichkeit durch Outsourcing eine Rolle, gerade für kleinere und mittelgroße Unternehmen.

Bereits Standardsoftware hat im Vergleich zur früheren betrieblichen Datenverarbeitung, wo Individualsoftware und entsprechend größere Softwareentwicklungsabteilungen in Unternehmen üblich waren, Veränderungen mit sich gebracht, auch hinsichtlich des Anforderungsprofils an Wirtschaftsinformatiker. Softwareentwicklung spielt weiterhin eine Rolle, aber nicht mehr in dem Umfang wie zur Zeit der Individualentwicklung. Ausnahmen sind natürlich die größeren und kleineren Anbieter von Unternehmenssoftware. Das Wissen über Anwendungssysteme, ihre Client-Server-Architektur und Systemlandschaften ist aber weiterhin beim Einsatz von Standardsoftware wichtig. Je nachdem, wie sich Ansätze wie die beiden genannten etablieren, könnte sich für viele Wirtschaftsinformatiker ein weiterer Schritt weg von der technischen Umsetzung ergeben.

6.5.1 Serviceorientierte Architektur

Die Motivation für die *serviceorientierte Architektur (SOA)* ist Flexibilität und Wiederverwendbarkeit. Bezüglich Flexibilität wird argumentiert, dass Geschäftsprozesse heute sehr schnell änderbar sein müssen, damit ein Unternehmen schnell am Markt agieren und reagieren kann. Ist die Anwendungsfunktionalität in Form einzelner Dienste (Services) verfügbar, so lässt sich daraus zügig ein Geschäftsprozess gestalten, so die Idee. Zur Wiederverwendbarkeit ist zu bemerken, dass in großen Unternehmen weitgehend ähnliche oder sogar die gleiche Funktionalität oftmals an mehreren Stellen, in mehreren Systemen realisiert ist. Das Ziel ist nun, wiederverwendbare Dienste zu definieren, welche an allen Stellen eingesetzt werden.

Entsprechend ist ein Grundgedanke einer serviceorientierten Architektur, zuerst Dienste zu identifizieren und ihre Schnittstellen so festzulegen, dass sie wiederverwendbar sind. Erst in einem zweiten Schritt erfolgt die Überlegung, wie und insbesondere in welchen Systemen die Dienste zu realisieren sind.

SOA ist ein Architekturprinzip, welches die Art der Umsetzung offenlässt. In diesem Abschnitt konzentrieren wir uns auf die architektonischen, organisatorischen Aspekte. Die heute übliche Technologie zur Umsetzung, Web-Services, werden wir in den Kap. 10 und 11 kennenlernen, andere wären RPCs oder CORBA-Aufrufe.

Sehen wir uns die Grundbegriffe von SOA an (siehe Abb. 6.4; die Notation und Darstellung lehnt sich an Krafzig et al. 2007 an). Sog. *Anwendungs-Frontends* benutzen Dienste über einen Service-Bus (s. u.). Anwendungs-Frontends können Anwendungsprogramme mit Benutzerdialog sein, wie der Name suggeriert. Der Begriff wird aber auch in einem allgemeineren Sinne verwendet: es sind die „Endkunden" der Dienste, es könnten ebenso Hintergrundprozesse sein. Wir sprechen von Endkunden, weil Dienste geschachtelt sein können und wir damit verschiedene Grade von Diensten abbilden können, bildlich gesprochen von Rohstoffen bis zu Fertigerzeugnissen.

Dienste haben eine Schnittstelle und einen Vertrag. Bei der *Schnittstelle* eines Dienstes wird oftmals nur an die syntaktische Schnittstelle gedacht, die Signatur. Im Falle der Umsetzung durch Web-Services könnte sie z. B. per WSDL (siehe Abschn. 10.3) beschrieben sein, aber wiederum ist das Konzept offen für andere Möglichkeiten, z. B. CORBA- oder Java-Schnittstellen. Die Semantik des Dienstes ließe sich als Teil der Schnittstelle sehen. Da sie aber heute lediglich informell, per Dokumentation beschrieben wird, findet sie sich im *Vertrag* wieder. Dieser beschreibende Teil des Dienstes enthält alle Angaben, welche für die Verwendung wichtig sind und sich nicht in der Schnittstelle ausdrücken lassen. Dies können insbesondere auch Angaben zur Performanz, Sicherheit oder zu den Kosten des Dienstes sein. Neben Schnittstelle und Vertrag hat ein Dienst eine *Implementierung*, den Programmcode. Ein Dienst besteht aus mehreren *Dienstoperationen* . Sie sind es, welche letztlich verwendet werden. Die Beziehung einer Dienstoperation zu einem Dienst ähnelt der einer Methode zu einer Klasse in der objektorientierten Programmierung.

Damit sich potentielle Verwender über den Dienst informieren können, werden Schnittstelle und Vertrag in einer *Ablage* gespeichert. Die Implementierung des Dienstes liegt dagegen im implementierenden System. Eine einfache Form der Ablage ist ein Web-Server, der aber nur eingeschränkte Möglichkeiten zum Suchen von Diensten bereitstellt. Eine bessere Organisation und Suche nach Diensten bieten *Verzeichnisse (Directories)* (siehe Abschn. 10.4).

Die Anwendungs-Frontends richten sich nicht direkt an die Dienste, sondern rufen sie über einen *Service-Bus* auf, welcher vermittelnd und als Kommunikationskanal wirkt. SOA legt auch nicht genau fest, was ein Service-Bus ist. Ein spartanischer „Service-Bus" wäre ein TCP/IP-Netz, worin HTTP als Kommunikationskanal verwendet wird. Oftmals sind die Kommunikationsanforderungen jedoch größer, und wir können uns unter dem Service-Bus eine nachrichtenorientierte Infrastruktur vorstellen, wie wir sie in Kap. 11 kennenlernen werden.

Dienste haben in Idealform die Merkmale (Baun et al. 2011, S. 20):

- Sie sind voneinander unabhängig.
- Sie sind wiederverwendbar.

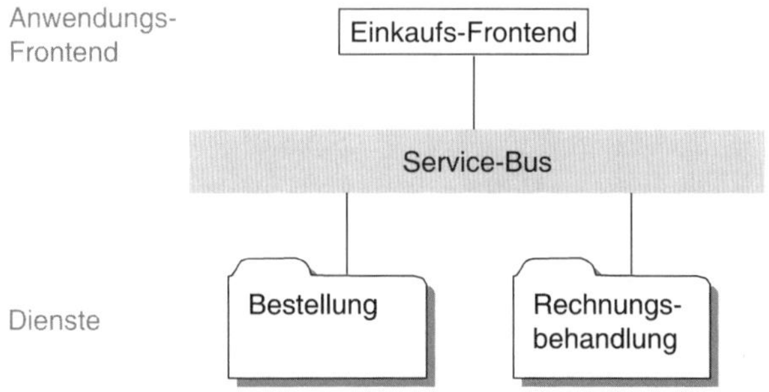

Abb. 6.4 SOA: Beispiel

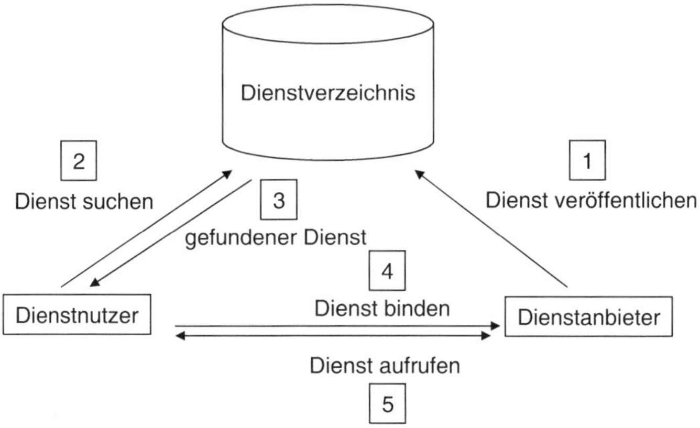

Abb. 6.5 Zusammenspiel zwischen Dienstanbieter und Dienstnutzern

- Sie lassen sich leicht miteinander kombinieren, insbesondere in Geschäftsprozessen (siehe Kap. 12). Das soll die gewünschte Flexibilität bringen.
- Sie können flexibel gebunden und orchestriert werden (siehe Kap. 12).
- Sie kommunizieren über Nachrichten miteinander und sind lose gekoppelt.
- Sie können in unterschiedlichen Programmiersprachen und auf unterschiedlichen Plattformen implementiert sein. Auf diese Weise lassen sich auch Dienste verschiedener Systeme gut miteinander verbinden. Wie solch ein plattformunabhängiger Dienstaufruf funktioniert, wird in Kap. 10 behandelt.

Das Zusammenspiel zwischen Dienstanbieter und Dienstnutzern zeigt Abb. 6.5, man findet sie in ähnlicher Form in jedem Text über SOA.

Ist ein Dienst spezifiziert, d. h. seine Schnittstelle festgelegt, kann er von einem oder mehreren Dienstanbietern realisiert werden. Zwar wird er in einer bestimmten Programmiersprache entwickelt, für den Aufruf bietet SOA bzw. dessen technische Umsetzung (z. B. Web-Services) jedoch programmiersprachenunabhängige Mittel.

Damit Dienste aufgerufen werden können, müssen allerdings – wie in Kommunikationssystemen üblich – alle Beteiligten denselben Protokollstapel verwenden oder ein Gateway muss eine Protokollkonversion durchführen. Die Dienstinformation, insbesondere die Tatsache, dass der Dienstanbieter den Dienst bereitstellt, wird in einem Dienstverzeichnis abgelegt (1). Möchte ein Dienstnutzer einen bestimmten Dienst aufrufen, sucht er ihn im Dienstverzeichnis (2), findet ihn (3), bindet ihn (4) und ruft ihn auf (5). Das Binden kann nach dem SOA-Konzept statisch (d. h. zur Entwicklungszeit) oder dynamisch (d. h. zur Laufzeit) geschehen.

Die Modellierung von Diensten muss nicht objektorientiert erfolgen, Web-Services als gängige Technologie zur Realisierung sind nicht einmal objektorientiert. Allerdings erscheint mir die Sichtweise von Geschäftsobjekten (siehe Abschn. 2.4) auch hier naheliegend und sinnvoll. Entsprechend der Objektorientierung ließe sich ein Dienst als Schnittstellenspezifikation auffassen, ein Dienstanbieter würde eine realisierende Klasse bereitstellen, und der Aufruf geschähe konzeptuell über Schnittstellenreferenzen (im Gegensatz zu Objektreferenzen).

Dienste können auf zweierlei Weise entstehen:

- *SOA by Evolution:* Bei diesem pragmatischen Ansatz wird von vielen Stellen benötigte Funktionalität existierender Systeme („Altsysteme", „Legacy-Systeme") als SOA-Dienste über Schnittstellen bereitgestellt.
- *SOA by Design:* Neu erstellte Software kann schon serviceorientiert konzipiert werden. Das Softwaresystem enthält damit nicht nur implizit Dienste, sie werden vielmehr explizit gemacht und veröffentlicht.

Nach meiner Beobachtung gibt es auch viele kritische Stimmen gegenüber SOA, welche vielerlei Aspekte betreffen: es fehle ein gemeinsames Verständnis, was SOA genau ist und für welche Produkte der Begriff SOA verwendbar ist. Unrealistische Versprechungen stünden im Raum („Hype"). Wie originell ist der Ansatz („alter Wein in neuen Schläuchen")? Auf nicht-erfolgreiche SOA-Projekte wird hingewiesen. Befürworter suchen dagegen nach einer nutzbringenden Art, SOA umzusetzen. Daher sei auf einige kritische und offene Punkte hingewiesen:

- Vieles ist beim Ansatz offen. Es handelt sich um ein Architekturprinzip, nicht um eine detaillierte Methodik.
- Soll jegliche Funktionalität als Dienst bereitgestellt werden oder nur ein ausgewählter Teil? Einleuchtend ist, dass aus pragmatischen Erwägungen bei einer SOA-Kapselung existierender Funktionalität nur eine Auswahl in Frage kommen kann.
- Das Kosten-/Nutzenverhältnis ist unklar, was natürlich auch von der Ausgestaltung der Methodik im Einzelfall abhängt.
- Dürfen Dienste eine grafische Benutzeroberfläche enthalten oder sind sie dialogfrei? Nach heutiger Interpretation der Literatur, gängiger Meinung und Realisierungen (z. B. durch Web-Services) erscheinen Dienste dialogfrei. Dies bedeutet, dass Benutzerschnittstellen, oben „Anwendungs-Frontends" genannt, zu erstel-

len sind. Die Entwicklung interaktiver Programme kann allerdings aufwändig sein, selbst wenn die zugrundeliegenden Dienste schon bereitstehen. Dies widerspräche dem Wunsch nach Flexibilität im Sinne schneller Änderbarkeit. Mir erscheinen ebenso wiederverwendbare Dialogdienste sinnvoll.

- Dienste sollen voneinander unabhängig sein. Allerdings ist heute in Unternehmenssoftware ein implizites Zusammenwirken von Diensten üblich. Ist dann noch eine beliebige Komposition von Diensten zu Geschäftsprozessen möglich? Und ein einfaches Austauschen der Dienstimplementierung?
- Dynamisches Binden: In Literatur über SOA wird oftmals suggeriert, dass das Binden äußerst flexibel dynamisch erfolgen kann. Wie Alonso et al. (2004, S. 188f.) jedoch bemerkt, scheint dies nur für sehr spezielle Dienste realisierbar.
- Wie sieht es mit der Flexibilität bei den Diensten selbst aus? Zwar lassen sich Geschäftsprozesse leicht umgestalten, was aber, wenn nicht auf der Makroebene sondern auf der Mikroebene Änderungen (z. B. neue Dienstparameter aufgrund gesetzlicher Änderungen) nötig werden und zumindest einige Dienstnutzer eine andere Schnittstelle benötigen? Sollen wiederverwendbare Dienste nicht gerade eine stabile Schnittstelle haben?

6.5.2 Cloud-Computing

Cloud-Computing liegt die Idee zugrunde, Dienste der Informationsverarbeitung nicht selbst bereitzustellen, sondern zu mieten. Genauer gesagt hat Cloud-Computing die folgenden Eigenschaften (Baun et al. 2011, S. 2 ff.):

- Der Zugang zum Dienst (Software) wird gemietet *(„on Demand“*; Baun et al. 2011, S. 123) statt Systeme zu kaufen und installieren *(„on Premise“)*.
- Der Zugang zum Dienst geschieht über das Internet oder ein Intranet.
- Die Abrechnung der Dienste erfolgt nutzungsabhängig, d. h. abhängig von der Nutzeranzahl, zeitraumbezogen oder mengenbezogen, wie nach Rechenleistung oder Speichermenge.
- Die potentiell nutzbare Ressourcenmenge ist per dynamischer Skalierung so groß, dass der Nutzer den Eindruck unendlicher, nicht beschränkter Ressourcen bekommt. Man spricht von Elastizität, wobei sich bedarfsweise feingranular und kurzfristig Ressourcen hinzufügen oder wegnehmen lassen (Plattner und Zeier 2011, S. 194).
- Von Betreiberseite werden meist Pools von Ressourcen (Rechner, Datenspeicher, Netze, Software) für eine Vielzahl von Unternehmen und Nutzern, z. B. über Mandanten, zur Verfügung gestellt. Im Englischen wird dies *Multi-Tenancy* („für viele Mieter“) genannt (Plattner und Zeier 2011, S. 198). Wie bei großen Mietshäusern können manche gemeinschaftlichen Inhalte „preisgünstig“ sein: so können öffentliche Daten wie Postleitzahlen oder Währungsumrechnungskurse

von allen Mietern gleichzeitig verwendet werden und müssen nur ein Mal geladen werden (Plattner und Zeier 2011, S. 198).

Ein gängiger Vergleich ist der Bezug von IT-Leistung ähnlich elektrischem Strom: „IT aus der Steckdose", wofür auch der Begriff „*Utility Computing*" gebraucht wird (Repschläger et al. 2010, S. 6; Baun et al. 2011, S. 2). Dem Nutzer von Cloud-Computing kann es prinzipiell gleichgültig sein, welche Realisierung für die Diensterbringung gewählt wird. Üblicherweise ist es ein zentral verwaltetes verteiltes System. Im Detail können Unterschiede natürlich wichtig werden, z. B. hinsichtlich der Ausfallsicherheit des Systems oder rechtlicher Datenschutzbestimmungen.

Ein verwandter Ansatz zu Cloud-Computing ist *Grid-Computing*. Der Unterschied ist vor allem darin zu sehen, dass bei Cloud-Computing ein zentraler Anbieter viele Kunden bedient, während bei Grid-Computing wenige Einzelkunden viele kleine im Netz zusammengeschaltete Rechner nutzen (Repschläger et al. 2010, S. 7).

Für den Anbieter von Cloud-Diensten ergeben sich Skaleneffekte dadurch, dass er die Dienste für viele Unternehmen anbietet. Vorteile zeigen sich schon auf Hardware-Seite, durch eine große Abnahmemenge werden die Einkaufspreise sinken. Durch viele Kunden erzielt er eine effiziente Ressourcenauslastung (Repschläger et al. 2010, S. 13). Weiterhin kann er durch das Angebot neue Kunden gewinnen, z. B. kleinere Unternehmen und den Mittelstand, welche die Investitions- und Betriebskosten großer Anwendungssysteme scheuen. Technisch können die Anbieter umfangreich Virtualisierung einsetzen, womit unter anderem Energiekosten gespart werden können (Baun et al. 2011, S. 119). Ziele von Virtualisierung sind, den Nutzen eines schwach ausgelasteten Systems zu erhöhen und die Administration zu vereinfachen (Plattner und Zeier 2011, S. 81).

Dem Cloud-Computing liegen die Konzepte SOA und Virtualisierung zugrunde (Baun et al. 2011, S. 9 ff.). Ersteres m.E. in einer recht eingeschränkten Form, da ein „Dienst" des Cloud-Computing wesentlich grobgranularer als übliche SOA-Dienste sein wird und sogar ein gesamtes Anwendungssystem umfassen kann.

Cloud-Computing kann auf verschiedenen Ebenen eingesetzt werden (vgl. unser Schichtenmodell in Kap. 1; Baun et al. 2011, S. 30):

- Systeminfrastruktur:
- Anwendungsbasissystem[4]
- Anwendungen
- Systemlandschaft

Die Ebenen werden auch jeweils als „... as a Service" bezeichnet, z. B. „Infrastructure as a Service". In Baun et al. (2011, S. 39) werden zudem menschliche Dienstleistungen als Fortsetzung des „... as Service"-Konzepts angeführt („Crowd Sourcing"). Bei der Infrastruktur werden generische Ressourcen bereitgestellt, z. B.

[4] In Baun et al. (2011, S. 30) wird dies „Plattform" genannt: Sie umfasst eine Entwicklungs- und eine Laufzeitumgebung.

Speicher oder Rechenleistung. Unternehmen wie Amazon verwenden eine leistungsfähige Hardwareinfrastruktur, um selbst in Spitzenzeiten, wie vor Weihnachten, ihr Online-Geschäft abwickeln zu können. Die Idee ist, solche Ressourcen zu Zeiten schwächerer Auslastung gewinnbringend für andere Zwecke einzusetzen. So entstanden verschiedene Systeminfrastrukturdienste von Amazon. Anbieter offerieren heute teilweise Dienste auf verschiedenen Ebenen (Repschläger et al. 2010, S. 8). Große Anbieter neben Amazon sind Google und Microsoft, es gibt aber auch Open Source Entwicklungen.

Am interessantesten für uns ist die Anwendungsebene, *„Software as a Service" (SaaS)* genannt. Dem liegt die Idee zugrunde, das Hosting von Anwendungen zu übernehmen. Ein früherer Begriff mit leicht anderer Ausrichtung (individuelle Betreuung jedes Kundensystems) dafür war *„Application Service Providing (ASP)"*, was sich jedoch nicht in der Form durchgesetzt hat. In Repschläger et al. (2010, S. 7) wird als Unterschied zwischen ASP und SaaS vor allem die bessere Individualisierungsmöglichkeit von SaaS genannt. Bekannte Angebote für Unternehmenssoftware sind vor allem der CRM-Dienst Salesforce.com (Baun et al. 2011, S. 68 ff.) und das Mittelstandsprodukt SAP Business ByDesign (s. u.).

Für die Implementierung von Multi-Tenancy werden in Plattner und Zeier (2011, S. 199) drei Ansätze genannt. Sie betreffen im Wesentlichen die Datenbank (vgl. Abschn. 3.1):

- Gemeinsamer Rechner: Im gemeinsamen Rechner hat jeder Mieter seine eigene Datenbank.
- Gemeinsame Datenbankinstanz: In der gemeinsamen Datenbank haben die Mieter jeweils eigene Tabellen.
- Gemeinsame Datenbanktabelle: Alle Mieter verwenden eine gemeinsame Datenbanktabelle. Die Unterscheidung der Datensätze erfolgt nach dem Mandantenprinzip.

Sehen wir uns die Vor- und Nachteile bzw. Risiken für Nutzer von Cloud-Diensten an:

Vorteile:

- Es sind keine großen Anfangsinvestitionen wie bei der Einführung eines Anwendungssystems oder gar einer Systemlandschaft nötig. Dies betrifft sowohl Hard- und Software als auch Personal. Gerade für kleinere und mittelgroße Unternehmen, insbesondere Start-up-Unternehmen, kann dies ein wichtiges Argument sein. Die Idee ist also, fixe Kosten durch variable zu ersetzen.
- Nur die benötigte Leistung wird gekauft. Dagegen wird ein Anwendungssystem typischerweise auf die Spitzenlast ausgelegt, im Durchschnitt wird eine wesentlich geringere Leistung genutzt.
- Eine langfristige Kapitelbindung und IT-Kompetenz sind nicht nötig. Die Vertragslaufzeiten sind kurz (Repschläger et al. 2010, S. 9).

Nachteile bzw. Risiken:

- Die Idee ist noch recht neu. Mangels umfangreicher Erfahrung ist unsicher, wie gut sie funktioniert.
- Da die betriebliche Datenverarbeitung in andere Hände gegeben wird, ist großes Vertrauen nötig. Dies betrifft neben der Frage der Verfügbarkeit die der Datensicherheit und Vertraulichkeit.
- Die heutigen Cloud-Dienste sind weitgehend proprietär, es gibt keine Standards. Daher ist ein schneller Wechsel zu einem anderen Anbieter schwierig. Man bezeichnet dies als *„Vendor Lock-in"*.

Neben den beschriebenen „öffentlichen" Cloud-Diensten sind auch private, interne möglich, d. h. dass ein Unternehmen seine Dienste (alle Rechenzentren zusammen) intern in einer „Cloud" organisiert, mit der Option, später auf eine öffentliche Cloud umzusteigen. Bei einer Mischform, der „hybriden Cloud", können geschäftskritische Anwendungen in der internen Cloud laufen, geschäftsunkritische in der öffentlichen (Repschläger et al. 2010, S. 8).

6.5.2.1 Beispiel: SAP Business ByDesign

Das Mittelstandsprodukt SAP Business ByDesign ist ein Beispiel für „Software as a Service". Wie wir sehen werden enthält es aber auch Aspekte von „Platform as a Service". Das Produkt ist noch recht neu. Das Folgende basiert auf Information aus Hufgard und Krüger (2011) und darin enthaltener Beiträge weiterer Autoren.

Betrachten wir die bisherigen Kapitel, so sehen wir, dass ausgehend von operativen Systemen wie ERP-Systemen immer weitere und spezialisiertere Funktionalität bereitgestellt wird, was aber nicht mehr in einem System, sondern in einer Systemlandschaft geschieht. Untersuchungen zeigen, dass der Mittelstand als Ganzes diese Funktionalität ebenso benötigt, wenngleich jedes einzelne Unternehmen nur einen Teil nutzt, aber es sind eben oftmals unterschiedliche Teile. 30 % Nutzung der Gesamtfunktionalität ist bereits ein hoher Wert (Zencke 2011, S. 26).

Der eigene Betrieb einer komplexen Systemlandschaft geht meist über die Möglichkeiten eines mittelgroßen Unternehmens hinaus, daher wird Cloud-Computing als Alternative gesehen. SAP Business ByDesign wird in mehreren Hochsicherheitsrechenzentren auf der Welt betrieben. Datensicherungen an verschiedenen Orten („Onsite" und „Offsite") sollen Risiken weiter minimieren (Lorenz und Eichin 2011, S. 55). Wesentlicher Inhalt der Anwendung ist ERP, aber auch CRM-Funktionalität und eine Planungskomponente sind enthalten.

Ein Entwurfsziel der Software ist die schnelle, kostengünstige und kontinuierliche Anpassbarkeit, in (Zencke 2011, S. 27) „adaptive Geschäftsplattform" genannt. Als Analogie wird Mass Customization in der Industrie angeführt. Die Entwurfstechnik ist „SOA by Design", wobei Zencke (2011, S. 24) betont, dass serviceorientierte Integration nur mit einem ganzheitlichen Entwurf möglich wird.

Technologisch kommen neue Hardware, z. B. Blade Computer, und In-Memory-Verfahren (siehe Abschn. 4.6) zum Einsatz. In-Memory-Verfahren werden insbesondere für Suchfunktionen und analytische Anwendungen verwendet, genutzt von Teilen der Planungsfunktionen (Lorenz und Eichin 2011, S. 62).

Es gibt Benutzerschnittstellen für mobile Endgeräte: der Zugang über Apple iOS, Windows Mobile und BlackBerry ist möglich. Erwartet wird, dass jener über Android Teil der kommenden Auslieferung sein wird. Zusatzanwendungen für Tablet-PCs stehen zur Verfügung, insbesondere für analytische Anwendungen (Lorenz und Eichin 2011, S. 59).

Die Anpassung der Software geschieht auf betriebswirtschaftlicher Ebene in Form eines Fragenkatalogs mit einem Konfigurator („Business-Konfigurator"; Zencke 2011, S. 28). Die Ergänzung der Software ist insbesondere durch Entwicklungspartner möglich, deren Anwendungen im „SAP Store", ähnlich dem bekannten Mechanismus von Apple, angeboten werden (Hufgard und Krüger 2011, S. 202) – daher handelt es sich auch um eine „Platform as a Service". Weitere Aspekte des Anpassungskonzepts von SAP Business ByDesign werden wir uns in Abschn. 14.9 ansehen.

6.6 Übungen und Lösungsvorschläge

6.6.1 Übungen

Aufgabe 6.1 (Gründe und Gestaltungsmöglichkeiten für mehrere Systeme):

a) Aus welchen Gründen könnte ein Unternehmen mehrere ERP-Systeme einsetzen (Tipps: Sicherheit, Sprachen, Branchen)? Was sind Alternativen?
b) Aus welchen Gründen könnte ein Unternehmen über ein ERP-System hinaus weitere betriebliche Anwendungssysteme einsetzen?

Aufgabe 6.2 (ERP und komponentenorientierte Architektur):

Früher hatten Anbieter betriebswirtschaftlicher Anwendungssoftware oftmals nur ein ERP-System als Produktangebot, welches die Belange eines Unternehmens abdecken sollte. Später kamen andere Produkte wie CRM- oder SCM-Systeme hinzu. Nicht nur ein CRM-System bietet Funktionalität zum Thema „Kunde" an, bereits im ERP-System sind hierzu Funktionen im Teil „Vertrieb" vorhanden.

- Welche Gründe sprechen für die Entwicklung und Verwendung eines CRM-Systems als zusätzliches System?
- Welche sprechen eher für eine Erweiterung eines ERP-Systems um CRM-Funktionalität?

Berücksichtigen Sie hierbei die Interessen des Softwareanbieters und der Unternehmen, welche die Anwendungssoftware einsetzen.

6.6.2 *Lösungsvorschläge für die Übungen*

Aufgabe 6.1 (Gründe und Gestaltungsmöglichkeiten für mehrere Systeme):

a) Gründe für mehrere ERP-Systeme:

- „Gewachsene Strukturen", Politik
- Unterschiedliche Geschäftsprozesse an verschiedenen Standorten, so dass die Systeme unterschiedlich ausgelegt sein müssen. Zu prüfen wäre allerdings, ob sich diese Unterschiedlichkeit nicht in ein System einbringen lässt, z. B. durch organisationsspezifisches Customizing.
- Eigene Systeme in den einzelnen Ländern, z. B. weil die Zeichensätze verschieden sind und ein System früher nicht gleichzeitig alle Zeichensätze verwenden konnte; erst mit Unicode ist dies prinzipiell gelöst.
- Datenschutz: vom Rest getrenntes Personalwirtschaftssystem, damit kein „versehentlicher" Zugriff auf sensible Personaldaten möglich ist; dies ist sicherer als ein Berechtigungsschutz.
- Branchenlösungen (spezialisierte ERP-Systeme) oder Best of Breed pro Bereich
- Leistungssteigerung, gerade in früherer Zeit, als leistungsstarke Server wesentlich teurer waren

Gestaltungsmöglichkeiten für ERP-Systeme (vgl. Davidenkoff und Werner 2008, S. 29):

- „Single Box", also ein zentrales System mit globaler Datenbank und mehreren Applikationsservern, d. h. alles in einem
- Dezentrale Systeme ohne gemeinsame Datenbank, d. h. alles getrennt
- Dezentrale Systeme mit zentraler Entwicklung. Dabei Bereitstellung eines Musters, welches für die gemeinsamen Prozesse verwendet wird; dezentrale Ergänzungen. D.h. eine Mischung aus dezentral und zentral.

b) Gründe für weitere Systeme:

- Spezielle Funktionen werden im ERP-System nicht angeboten, jedoch in einem spezialisierten System (Beispiele: CRM, SCM).
- Zusammenschalten heterogener Systeme, d. h. nicht alle vom selben Hersteller: Best of Breed Ansatz. Oder es werden mit dem ERP-System spezialisierte, aber preisgünstige Systeme zusammengeschaltet. Beispiel: SAP ERP zusammen mit einem „leichtgewichtigen" CRM-System; der Aufwand zur Nutzung von SAP CRM könnte z. B. im speziellen Firmenkontext zu hoch sein.

- Nutzung unterschiedlicher Versionszyklen für die verwendeten Systeme. Das Argument gilt sowohl für den Softwareanbieter als auch dessen Kunden.
- Neben operativen Systemen können analytische Systeme (Data Warehouse System) eingesetzt werden; diese haben eine unterschiedliche Struktur und Performanzeigenschaften (Genaueres in Kap. 4).

Aufgabe 6.2 (ERP und komponentenorientierte Architektur):

Getrenntes System:

- Spezialisiertes System
- Best of Breed Ansatz
- Getrennte Versionswechsel möglich

Erweiterung des ERP-Systems:

- Bessere Integration
- Einfachere Administration
- Geringere Kosten (?)

6.7 Literatur

6.7.1 Weiterführende Literatur

Einen Überblick über weitgehend die gesamte Softwarepalette von SAP, welche in SAP-Systemlandschaften zum Einsatz kommt, darunter auch die erwähnten SAP CRM und SAP NetWeaver MDM, findet sich in
Muir N, Kimbell I (2009) Discover SAP. 2. Auflage, Galileo Press, Bonn

SAP NetWeaver Master Data Management, welches wir als Beispiel verwenden, ist beschrieben in
Heilig L, Karch S, Böttcher O, Hofmann C (2006) SAP NetWeaver Master Data Management. Galileo Press, Bonn

Das SAP System Landscape Directory ist ausführlich dargestellt in
Hengevoss W, Linke A (2009) SAP NetWeaver System Landscape Directory. Galileo Press, Bonn

Serviceorientierte Architekturen werden behandelt in
Krafzig D, Banke K, Slama D (2007) Enterprise SOA. Mitp, Heidelberg

Einen guten Überblick über Cloud-Computing, auch mit Bezug zu SOA, gibt
Baun C, Kunze M, Nimis J, Tai (2011) Cloud Computing. 2. Auflage. Springer, Berlin Heidelberg New York
Darin werden auch viele Beispiele für Cloud-Dienste, auf allen Ebenen, dargestellt.

6.7.2 *Weitere zitierte Literatur*

Alonso G, Casati F, Kuno H, Machiraju V (2004) Web Services. Springer, Berlin Heidelberg New York

Coulouris G, Dollimore J, Kindberg T (2002) Verteilte Systeme. 3. Auflage. Pearson Studium, München

Davidenkoff A, Werner D (2008) Globale SAP-Systeme – Konzeption und Architektur. Galileo Press, Bonn

Esswein W, Weller J (2008) Unternehmensarchitekturen – Grundlagen, Verwendung und Frameworks. HMD – Praxis der Wirtschaftsinformatik, Heft 262, S. 6–18

Hufgard A, Krüger S (2011) SAP Business ByDesign. Galileo Press, Bonn

Illik JA (2007) Verteilte Systeme. Expert, Renningen

Lorenz P, Eichin R (2011) Technologische Innovationen. In: Hufgard A, Krüger S (2011)

Plattner H, Zeier A (2011) In-Memory Data Management. Springer, Berlin Heidelberg New York

Repschläger J, Pannicke D, Zarnekow R (2010) Cloud Computing: Definitionen, Geschäftsmodelle und Entwicklungspotentiale. HMD – Praxis der Wirtschaftsinformatik, Heft 275, S. 6–15

Tanenbaum A, van Steen M (2007) Verteilte Systeme. 2. Auflage. Pearson Studium, München

Zencke P (2011) Eine neue Geschäftsplattform für mittelgroße Firmen. In: Hufgard A, Krüger S (2011)

Teil II
Integrationstechniken

Kapitel 7
Überblick über Teil II

Alte Wand! *Pause*. Jenseits ist … die andere Hölle.
Endspiel
Samuel Beckett[1]

Zusammenfassung

Dieses Kapitel dient als Rahmen für die Folgekapitel, welche sich mit Integrationstechniken für Anwendungssysteme einer Systemlandschaft auf allen Ebenen unserer Modellierungssicht beschäftigen: die Integration über Datenaustausch auf der Ebene der Geschäftsdaten, die Integration über die Benutzeroberfläche und die Integration über die Anwendungslogik, beide auf der Ebene der Geschäftsobjekte, und schließlich die geschäftsprozessorientierte Integration in Form von Orchestrierung und Choreographie.

Lernziel

Einen Überblick über die Integrationstechniken gewinnen, welche in den Folgekapiteln detailliert beschrieben werden.

In Kap. 2 wurden die Modellierungsebenen Geschäftsdaten, Geschäftsobjekte und Geschäftsprozesse eingeführt. Ferner wurden Geschäftsschnittstellen zur Integration der Anwendungssysteme einer Systemlandschaft angesprochen. Tatsächlich lässt sich die Integration auf allen drei Ebenen durchführen (Abb. 7.1).

[1] Beckett S (1974) Endspiel. Suhrkamp Taschenbuch 171, erste Auflage 1974, Frankfurt a. M., S. 41.

R. Weber, *Technologie von Unternehmenssoftware*, DOI 10.1007/978-3-642-24423-0_7,

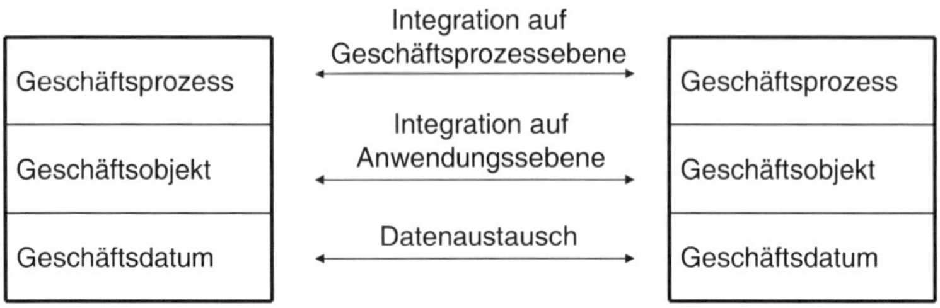

Abb. 7.1 Integrationsmöglichkeiten

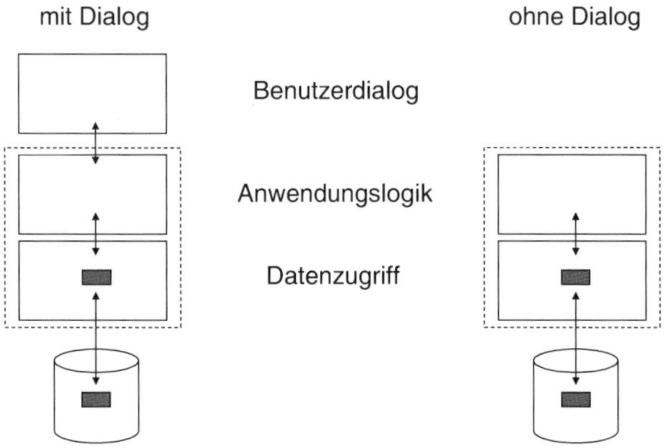

Abb. 7.2 Aufbau eines Anwendungsprogramms

Sehen wir uns den typischen schematischen Aufbau von Anwendungsprogrammen an (Abb. 7.2). Wir unterscheiden darin die Ebenen des Benutzerdialogs, der Anwendungslogik und des Datenzugriffs. Bei Anwendungen ohne Dialog entfällt natürlich die oberste Ebene. Für die folgende Einteilung ist diese Sicht ausreichend (vgl. aber die Bemerkungen zur Präsentationsschicht in Abschn. 3.2). Die verschiedenen Integrationsformen lassen sich gemäß diesem Schema durch Bilder veranschaulichen.

7.1 Integration über Datenaustausch

Bei diesem Ansatz auf der Ebene der Geschäftsdaten werden letztlich zwischen den Datenbanken der Anwendungsprogramme bzw. -systeme Daten ausgetauscht (Abb. 7.3). Tatsächlich involviert diese Integration im empfangenden System Prüflogik, die die Datenkonsistenz wahrt. Zudem wird im sendenden System üb-

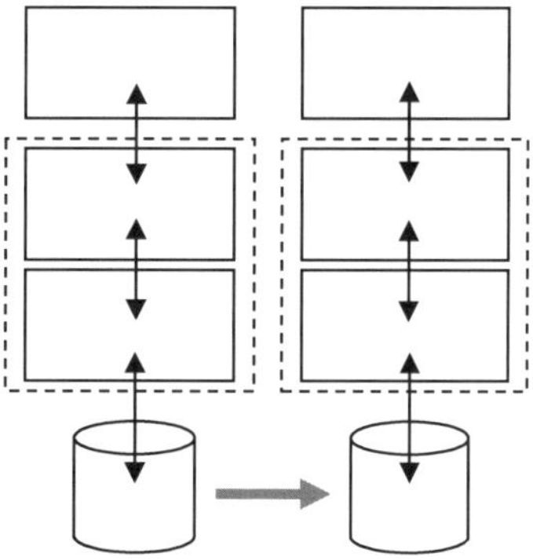

Abb. 7.3 Integration auf Ebene der Geschäftsdaten

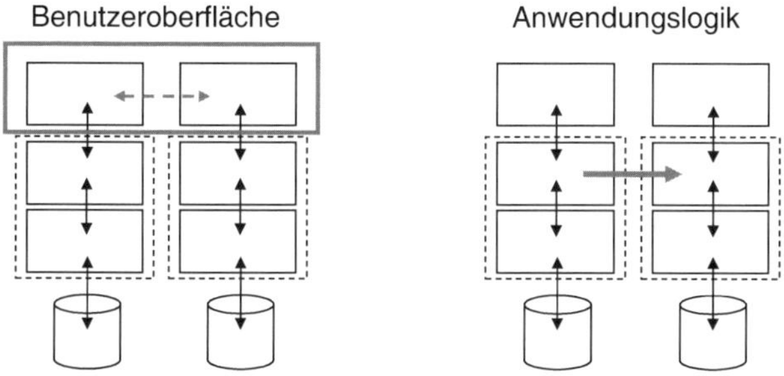

Abb. 7.4 Integration auf Ebene der Geschäftsobjekte

licherweise nicht einfach ein Abzug eines Geschäftsobjekts aus der Datenbank gemacht oder ein neu zu erstellendes Geschäftsobjekt gemäß dem Datenmodell des Sendersystems geschickt. Vielmehr wird meist ein neutrales Datenaustauschformat verwendet, in welches das Sendersystem die zu übermittelnden Daten bringt, weswegen der Auslöser auf Senderseite ebenso die Anwendungsschicht ist. Der Unterschied zur Integration über Anwendungslogik besteht darin, dass bei der Integration über Datenaustausch der Verwendungszweck (d. h. die Methode, wie „anlegen", „ändern") der zu übermittelnden Daten nur implizit ist, gesendet werden allein Daten.

In der Regel ist eines der Systeme „Eigentümer" von gewissen Daten (vgl. Abschn. 6.3), und die Daten werden dem anderen System nur als Kopie zur Verfügung gestellt, oft nur mit lesendem Zugriff. Verwendet wurde dieser Ansatz in den Kap. 4 und 5. Das Übertragungsformat muss zumindest zwischen Sender- und Empfängersystem vereinbart sein. Besser ist jedoch ein Standard, welcher von vielen Systemen verstanden wird. Als Basistechnologie dient häufig XML. Die technische Ausgestaltung wird in Kap. 9 behandelt.

Auf der Ebene der Geschäftsobjekte gibt es zwei Integrationsansätze: über die Benutzeroberfläche und über die Anwendungslogik (Abb. 7.4).

7.2 Integration über die Benutzeroberfläche

Zum einen kann man eine Anwendung erstellen, von deren Benutzeroberfläche aus sich direkt Dialogmethoden verschiedener Systeme, also inklusive der enthaltenen Benutzeroberfläche, aufrufen lassen. Man spricht dabei von *Frontend-Integration*. Dies steht im Gegensatz zur *Backend-Integration*, auch *Enterprise Application Integration* (*EAI*) genannt, welche durch Datenaustausch oder über die Anwendungslogik zustande kommt. Die typische Realisierungsform der Integration über die Benutzeroberfläche ist ein Web-Portal, wo eine Vielzahl von Anwendungsprogrammen aber auch andere Informationsquellen integriert sind. Neben dem reinen Nebeneinanderstellen von Anwendungen sind gewisse Formen der Datenübergabe über die Benutzeroberfläche möglich. Der Ansatz wird in Kap. 8 behandelt. Für den Benutzer sieht das Ergebnis wie ein komplexeres Anwendungsprogramm aus, er sieht nicht, dass die Teilfunktionen in verschiedenen Systemen laufen.

7.3 Integration über die Anwendungslogik

Hier wird eine Methode eines Geschäftsobjekts in einem anderen System aufgerufen, meist ohne Dialog. In der Informatik entspricht dies dem Unterprogrammaufruf bzw. Funktionsaufruf, weswegen wir die Bezeichnung *funktionsorientierte Integration* wählen. Eine Besonderheit ist dabei, dass die Anwendungsprogramme in verschiedenen Programmiersprachen entwickelt sein können, was einen programmiersprachenübergreifenden Funktionsaufruf erfordert. Vom klassischen RPC bis zu Web-Services gibt es dafür verschiedene Techniken. Den organisatorischen Extremfall haben wir bereits in Kap. 6 angesprochen, die serviceorientierte Architektur (SOA), wo ein systemexterner Funktionsaufruf nicht die Ausnahme ist, sondern jegliche Funktionalität als Funktion bzw. Dienst angeboten wird. Der Ansatz der funktionsorientierten Integration, der damit auch die technische Grundlage von SOA ist, wird in Kap. 10 behandelt.

Auf der Ebene der Geschäftsprozesse gibt es ebenfalls zwei Möglichkeiten (Abb. 7.5):

7.4 Orchestrierung

Hier führt ein zentraler Geschäftsprozess Methodenaufrufe in den verschiedenen Systemen der Systemlandschaft durch.

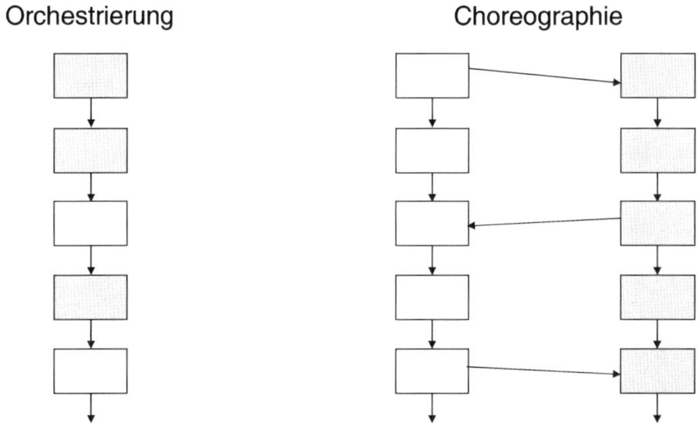

Abb. 7.5 Integration auf Ebene der Geschäftsprozesse

7.5 Choreographie

In diesem Fall kommunizieren dezentrale Geschäftsprozesse in den Systemen der Systemlandschaft miteinander. Virtuell ergibt sich auch so ein systemübergreifender Geschäftsprozess.

Die beiden Arten der geschäftsprozessorientierten Integration werden in Kap. 12 behandelt.

Während sich unsere Betrachtung vorrangig auf die Integration zwischen Systemen einer Systemlandschaft bezieht, sind die Integrationstechniken grundsätzlich ebenso auf die Integration innerhalb eines Systems und zwischen Systemen von Geschäftspartnern anwendbar:

Innerhalb eines Systems:

- Ebene Geschäftsdaten: In einem integrierten Anwendungssystem wird dies kaum auftreten, da die Kommunikation über die gemeinsame Datenbank geschieht (in verteilten Systemen „Kommunikation per *Shared Memory*" genannt).
- Ebene Geschäftsobjekte: Lokaler Funktions- oder Methodenaufruf
- Ebene Geschäftsprozesse: Beide der erwähnten Formen sind auch in nur einem System möglich, nämlich Orchestrierung mittels eines Workflow-Systems, Choreographie mittels Ereignissteuerung (siehe Kap. 12).

Zwischen Geschäftspartnern:

- Ebene Geschäftsdaten: Zwischenbetriebliche Integration durch Austausch von Geschäftsdokumenten wie EDI-Nachrichten oder XML-Dokumenten
- Ebene Geschäftsobjekte: Beide der erwähnten Formen sind möglich: ein Unternehmensportal für Lieferanten als Beispiel für eine Integration über die Benut-

zeroberfläche (vgl. Abschn. 5.3), die Nutzung von Web-Services im System des Geschäftspartners als Integrationsform über die Anwendungslogik.

- Ebene Geschäftsprozesse: Hier ist vor allem die Choreographie einschlägig, wenngleich nicht so weit verbreitet wie z. B. EDI, was man als eher implizite Choreographie ansehen könnte.

Kapitel 8
Integration über die Benutzeroberfläche

As you all know
you can't just believe everything you are seeing here, can you?
Now if you'll excuse me, I must be on my way
EXP
Jimi Hendrix[1]

Zusammenfassung

Wir lernen Unternehmensportale als den heute üblichen Vertreter für die Anwendungsintegration über die Benutzeroberfläche kennen. Ein Portal integriert nicht nur betriebswirtschaftliche Anwendungen im engeren Sinne, vielmehr soll es als zentraler Arbeitsplatz zudem Wissensmanagement, Zusammenarbeit (Collaboration) und Bürofunktionen abdecken. Mit einem Rollenkonzept wird dieser Arbeitsplatz benutzerspezifisch gestaltet, so dass Benutzer je nach Rolle im Unternehmen auf sie abgestimmte Portalinhalte sehen. Als Beispiel dient das SAP NetWeaver Portal.

Lernziel

Am Beispiel von Unternehmensportalen ein Verständnis dafür gewinnen, welcher Integrationsgrad über die Benutzeroberfläche möglich ist. Daneben weitere Aspekte von Portalsystemen (Rollenmodell, Single Sign-on, Zugriff auf Informationen, Zusammenarbeit, Portlets) kennenlernen.

[1] Hendrix J (1967) Axis: Bold as Love. LP, Track/Polydor.

R. Weber, *Technologie von Unternehmenssoftware*, DOI 10.1007/978-3-642-24423-0_8,

8.1 Begriff

Ein Portal für einen Mitarbeiter ist eine Web-Anwendung, welche ihm einen einheitlichen Zugang *(Single Point of Access)* zu – im optimalen Fall – allen Informationen und Anwendungen bietet, die er für seine tägliche Arbeit benötigt. Die Informationen können zwar in unterschiedlichen Speichern wie Dateiservern und Web-Servern abgelegt sein, die Anwendungen in verschiedenen Systemen laufen. Durch den einheitlichen Zugang bleibt diese Verteilung dem Benutzer jedoch weitgehend verborgen. Wenn wir auch das Portal vorrangig hinsichtlich der Integration über die Benutzeroberfläche betrachten, ist es vor allem ein Mittel zur Integration von Menschen in systemübergreifende Geschäftsprozesse: ein Bearbeiter soll alle Dialogaufgaben, welche in Geschäftsprozessen für ihn anfallen, vom Portal aus ausführen können.

Portale lassen sich in verschiedene Kategorien einteilen (Großmann und Koschek 2005, S. 29 ff.), z. B. danach, ob sie allen Personen offen stehen oder nur einer bestimmten Personengruppe (offene und geschlossene Portale), und welcher Personengruppe, wie Mitarbeiter, Lieferanten oder Kunden.

Uns interessieren *Unternehmensportale*, also geschlossene Portale, welche für die Mitarbeiter eines Unternehmens oder für Geschäftspartner vorgesehen sind. Geschäftspartner, etwa Lieferanten, können z. B. per Extranet (ein Zugang auf ein Intranet über das Internet) auf das Portal zugreifen. Im Gegensatz dazu bietet ein Intranet, welches ja ebenfalls Web-basiert ist, meist keinen personalisierten Zugang, keinen Zugriff zu Anwendungen und entsprechend auch keine Verknüpfung der Anwendungen untereinander (Nicolescu et al. 2007, S. 36). Im Folgenden nennen wir ein Unternehmensportal kurz *Portal*.

In Abb. 8.1 findet sich die Motivation für die Anwendungsintegration über die Benutzeroberfläche. Die Sachbearbeiterin bedient ausgewählte Anwendungen in einem ERP- und in einem Supplier Relationship Management (SRM) System. Ohne ein Portal müsste sie sich in zwei Systemen anmelden. Die Benutzerkennungen und Passwörter könnten verschieden sein. Ebenso kann der Zugang (z. B. über verschiedene Fat Clients) zu den beiden Systemen voneinander abweichen, insbesondere wenn sie nicht vom selben Hersteller stammen. In einem Portal erscheinen die bei-

Abb. 8.1 Portal: Motivation

den Anwendungen für die Sachbearbeiterin als „Links“ auf dessen Web-basierter Benutzeroberfläche, und sie kann beide darin bearbeiten. Es entsteht die Illusion, beide Anwendungen wären Teil des Portals. Die Anwendungen stehen im Portal zunächst getrennt nebeneinander; eine unmittelbare Interaktion zwischen ihnen muss nicht vorgesehen sein, kann aber in einer einfachen Form möglich sein (s. u.: Portlet).

8.2 Portalinhalte

Unter den im Portal integrierten betriebswirtschaftlichen Anwendungen finden sich auch *Self-Service-Funktionen*, wie Urlaubs- oder Reiseanträge. Sie stehen allen Mitarbeitern zur Verfügung und sollen helfen, die Verwaltungskosten zu senken. Portale bieten darüber hinaus den Zugang zu weiterer Funktionalität, die hier kurz genannt sei:

8.2.1 Information

Außer in strukturierten Daten, zugreifbar durch Anwendungsprogramme, findet sich in einem Portal viel Information in unstrukturierten Daten, meist gespeichert in Dateien. Man spricht von *Dokumenten* oder *Content*, und *Dokumentenmanagementsysteme* und *Content Management Systeme (CMS-Systeme)* verwalten sie, bieten z. B. verschiedene Versionen eines Dokuments oder das geordnete Bearbeiten eines Dokuments durch nur einen Benutzer zu einem Zeitpunkt. Neben Administratoren können auch Benutzer die Möglichkeit erhalten, Dokumente in einem Portal zu ändern. Sprachlich orientiert fragt man sich beim Word „Content“ (Inhalt): „Inhalt von was?“. Häufig werden CMS-Systeme für Web-Auftritte verwendet, so dass man hier den „Inhalt des Web-Auftritts“ oder „Web-Content“ nennen kann. Unter Content werden jegliche multimedialen Inhalte (Text, Bild, Audio, Video) verstanden, nicht nur „traditionelle“ Dokumente. Eine Abgrenzung der verschiedenen Begriffe findet sich in Schroeder et al. (2009, S. 29 ff.).

Manche der Dokumente lassen sich als *Wissen* des Unternehmens ansehen, also Information, die zum Erfüllen einer Aufgabe nötig ist oder hilft, sie besser auszuführen. Entsprechend wird von *Wissensmanagement (Knowledge Management)* gesprochen. Zur technischen Unterstützung von Wissensspeicherung und -zugriff spielen neben Content-Management-Funktionen effektive und effiziente Suchmechanismen eine Rolle. Etwa könnte es eine Suche über alle im Portal zugreifbaren Dokumente geben. Neben dem Zugriff auf Information kann das Portal für das Wissensmanagement Umfragen, Diskussionsforen, Anwenderprofile oder Benachrichtigungsdienste, z. B. über Änderungen an einem Dokument, bereitstellen (Nicolescu et al. 2007, S. 29 f.).

8.2.2 Büroumgebung

Zur täglichen Arbeit zählt natürlich ebenso die Büroumgebung, weswegen Funktionen wie E-Mail, Kalender und Listen von zu bearbeitenden Aufgaben über ein Portal erreichbar sein sollten.

8.2.3 Zusammenarbeit (Collaboration)

Neben den Funktionen einer Büroumgebung, die auch zur Zusammenarbeit zwischen Benutzern verwendet werden können, kann ein Portal spezifischere Funktionen bereitstellen: Unterstützung von Groupware-Systemen, Instant Messaging, Chat, Application Sharing, virtuelle Meetings, Collaboration-Aufgaben.

8.3 Systemstruktur

Die Portalarchitektur entspricht im Wesentlichen der dreistufigen Client-Server-Architektur, die wir in Kap. 3 kennengelernt haben. Statt von Datenhaltung spricht man hier lieber von *Backend-Systemen*. Dies sind die per *Konnektoren* angeschlossenen Anwendungssysteme und andere Datenquellen.

In der Präsentationsschicht finden sich üblicherweise Web-Browser. Die Anwendungen sind zumeist mit einer Web-Oberfläche ausgestattet, so dass sie problemlos ins Portal integriert werden können. Prinzipiell lassen sie sich ebenso unabhängig von einem Portal in einem Web-Browser aufrufen.

Der interessante Teil ist die Anwendungsschicht. Der Applikationsserver, wird hier *Portalserver* genannt. Er umfasst zum einen Funktionen zur Anwendungsvisualisierung, zum anderen Basisdienste. Jene bieten das Strukturmanagement für den strukturellen Aufbau und die Navigation im Portal, das Layoutmanagement zur Aufbereitung der Portalseiten, bis hin zu den Funktionen des Single Sign-on, der Benutzerverwaltung und der Personalisierung, auf die wir noch eingehen werden (Nicolescu et al. 2007, S. 33 f.). Der Portalserver enthält üblicherweise auch Anwendungsmodule für die o. g. Funktionen Information, Büroumgebung und Zusammenarbeit, wenngleich sie prinzipiell ebenso durch Backend-Systeme bereitgestellt werden könnten.

Eine Anwendung läuft im Portal in einem virtuellen Fenster, informell „Kachel“ genannt, eine technische Bezeichnung ist *Portlet* (Nicolescu et al. 2007, S. 33). Portlets sind eine Erweiterung von Servlets (vgl. Abschn. 3.3). Anders als bei einem Servlet ist das Ergebnis nicht eine ganze Web-Seite, vielmehr ergeben mehrere Portlets zusammen eine Web-Seite, hier eine Portalseite. Programmierschnittstellen für Java-basierte Portlets sind in einem Java-Standard festgelegt (Java Community

Process 2003; Java Community Process 2008) definiert die Version 2.0 von Portlets, welche eine ereignisbasierte Kommunikation untereinander unterstützt. Während die Anwendungen üblicherweise getrennt voneinander laufen, ist so im Portal eine eingeschränkte Form von Interaktion möglich. Komplexere Interaktionsformen sind anderen Integrationsansätzen vorbehalten.

Wir erinnern uns: In einem JEE-Applikationsserver wird die Laufzeitumgebung *Container* genannt (siehe Abschn. 3.3). In einem Java-basierten Portalserver, einer Erweiterung eines JEE-Applikationsservers, gibt es zwei solcher Container: zum einen den *Portlet-Container*, worin die einzelnen Portlets laufen, zum anderen den Servlet-Container, wo die Inhalte, welche die einzelnen Portlets liefern *(Fragmente)*, zu einer Portalseite montiert werden (Großmann und Koscheck 2005, S. 212). Das Ziel des Portlet-Standards ist, dass Portlets auf jedem Java-basierten Portalserver laufen können. Der Ansatz *Web Services for Remote Portlets* geht einen Schritt weiter: über eine Web-Services-Schnittstelle (siehe Kap. 10) sollen Portlets sprachunabhängig aufrufbar sein (Großmann und Koscheck 2005, S. 213 ff.; OASIS 2008).

Damit der Portalbenutzer den Eindruck eines nahtlosen Systems erhält, sollten die einzelnen im Portal ablaufenden Anwendungen eine ähnlich strukturierte Benutzeroberfläche haben. Bei verschiedenen Anwendungen desselben Softwareanbieters ist dies aufgrund von Stilvorgaben realistischerweise eher zu erwarten als bei Anwendungen verschiedener Anbieter.

Damit ein Benutzer mit nur einer Anmeldung am Portal alle Anwendungen ohne weitere explizite Anmeldung an den Backend-Systemen ausführen kann, wird in Portalen üblicherweise der Mechanismus *Single Sign-on (SSO)* verwendet. Dieser stützt sich auf die *Benutzerverwaltung* des Portals, um den Portalbenutzer den Zugangsdaten der Backend-Systeme zuzuordnen und ihn dort zu authentifizieren (Nicolescu et al. 2007, S. 28). Den detaillierten Ablauf von SSO werden wir beim Beispiel SAP NetWeaver Portal kennenlernen.

8.4 Personalisierung

Die Anwendungen und Informationen sollen auf den Portalbenutzer zugeschnitten sein. Man spricht von *Personalisierung*, einer Form von Anpassung (siehe Abschn. 14.4). Hierfür gibt es zwei kombinierbare Formen (Großmann und Koscheck 2005, S. 94 ff.):

- *Rollenbasierte* Personalisierung durch den Administrator: Der Administrator sieht für jeden Portalbenutzer eine oder mehrere *Rollen* vor. In den Rollen wird festgelegt, welche Portalinhalte der Benutzer sehen soll. Auch die portalspezifischen Berechtigungen können damit festgelegt werden. Anders als in den Backend-Systemen (siehe Abschn. 15.1) sind Rollen im Portal für die Bereitstellung von Anwendungen und Informationen sowie für die Navigation wichtig.

Die Berechtigungen in den Backend-Systemen sind davon unabhängig, d. h. der Benutzer benötigt zur Ausführung der Anwendung im Backend-System zusätzlich die passenden Berechtigungen. Beispiele für Rollen sind „Einkäufer“, worin einkaufsspezifische Anwendungen zusammengefasst sind, und „Self-Service“ mit den Self-Service-Funktionen, die für jeden Mitarbeiter verfügbar sein sollen.
- Personalisierung *nach persönlichen Einstellungen*: Hier kann jeder Benutzer selbst in eingeschränktem Umfang die Benutzeroberfläche für sich anpassen, z. B. die Anordnung der Anwendungen[2].

8.5 Beispiel: SAP NetWeaver Portal

8.5.1 Aufbau

Ein typisches Beispiel für Portalsoftware ist das *SAP NetWeaver Portal*. Ein Unternehmen kann diese Software einsetzen, um ein Unternehmensportal für Mitarbeiter oder Geschäftspartner aufzubauen. Prinzipiell lassen sich damit beliebige Portale realisieren, auch offene. Denn für Anwendungen können anonyme Benutzer festgelegt werden, so dass in diesem Fall keine explizite Anmeldung erforderlich ist. Technisch gesehen ist das Laufzeitsystem, die *Portal Runtime*, eine Erweiterung des SAP NetWeaver Applikationsservers Java, eines JEE-Applikationsservers (siehe Abschn. 3.3). SAP-Systeme wie SAP ERP oder SAP CRM, aber auch Nicht-SAP-Systeme, können mittels Konnektoren angeschlossen werden (Abb. 8.2).

Das Portal unterstützt die üblichen Funktionen des Wissensmanagements, man kann es als Content Management erweitert um eine Such- und Klassifizierungsmaschine sehen (Nicolescu et al. 2007, S. 229). Der Zugriff zu Dokumentablagen („Content Repositories“) geschieht über *Repository Manager*, welche es für verschiedene Speicherarten (Dateisystem, Web-Server, ...) gibt. Der *Web Page Composer*, das CMS-System von SAP, ist Teil des Portals (Banner et al. 2008, S. 17).

In der Büroumgebung gibt es eine *Universal Work List*, welche neben Workitems (vgl. Kap. 12) auch Alarme (Alerts) und Benachrichtigungen aus dem Wissensmanagement (z. B. über genehmigte Objekte) enthalten kann (Nicolescu et al. 2007, S. 77).

---

[2] Daneben gibt es die *implizite Personalisierung*, wo je nach Nutzungsverhalten des Benutzers Informationen ein- oder ausgeblendet werden (Großmann und Koscheck 2005, S. 95).

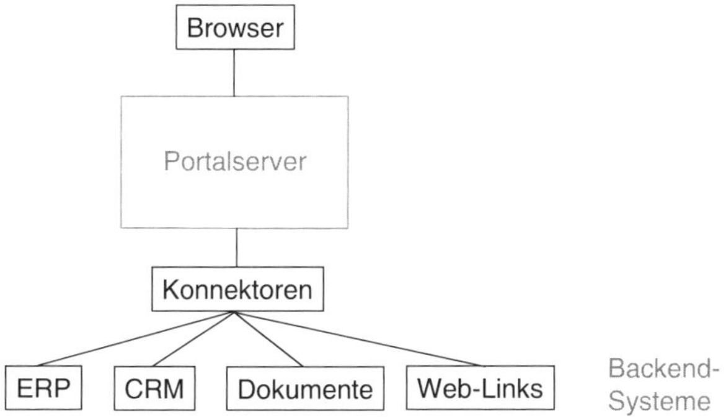

Abb. 8.2 SAP NetWeaver Portal: Architektur (vereinfacht)

8.5.2 Portalelemente

Die folgenden Portalelemente bestimmen die Gestaltung der Benutzeroberfläche (Nicolescu et al. 2007, S. 179):

- iView
- Seite
- Workset
- Rolle

Die Seiten, welche ein Portalbenutzer sieht, sind aus sog. *iViews (Integrated Views)* zusammengesetzt. Technisch gesehen sind es Portlets (Nicolescu et al. 2007, S. 191), inhaltlich kann man sich darunter eine Minianwendung vorstellen. Für die Erstellung von Portalinhalten stehen unterschiedlich komplexe Methoden bereit, vom Hineintransportieren vorhandener Inhalte bis zur Programmierung, z. B. von Web-Dynpro-Anwendungen (Nicolescu et al. 2007, S. 182 ff.). Es gibt iView-Vorlagen für verschiedenartige Anwendungen, wie Web-Dynpro-Anwendungen, BSP-Anwendungen, SAP-Transaktionen[3] oder generisch URLs, mit denen man aus einer Anwendung durch Konfiguration schnell einen iView erhält. Die generische URL-iView-Vorlage – es wird der Inhalt eines URL angezeigt – ist zwar prinzipiell für alle Web-Anwendungen anwendbar, doch bieten die spezialisierten iView-Vorlagen Zusatzfunktionalität, z. B. wird bei einem BSP-iView die Farbgestaltung des Portals an den BSP-iView übergeben (Banner et al. 2008, S. 78). Die Kommunikation zwischen verschiedenen iViews kann über einen ereignisorientierten Mechanismus („Eventing") erfolgen (Nicolescu et al. 2007, S. 68). Zur Laufzeit

[3] Für SAP-Transaktionen lässt sich einstellen, mit welcher grafischen Benutzeroberfläche (SAP GUI) sie ausgeführt werden sollen: Windows, Java oder HTML (vgl. Abschn. 3.1.2.2). In den ersten beiden Fällen geschieht ein Absprung aus der Web-Umgebung. Als Voraussetzung muss natürlich der Windows- oder Java-SAP-GUI auf dem Rechner des Benutzers installiert sein (Banner et al. 2008, S. 98).

erlaubt der Portalserver ein Caching, wobei für die iViews Caching-Parameter angegeben werden können (Banner et al. 2008, S. 87).

Eine *Seite* kann man als die geometrische Anordnung verschiedener iViews, eventuell auch nur eines, sehen. Für die Anordnung gibt es vordefinierte Layouts, z. B. „1 Spalte“, „2 Spalten“, welche aber durch neue Layouts ergänzt werden können. Seiten werden im Rahmen der Content-Administration definiert, iViews können per Drag and Drop auf einer Seite platziert werden. Alle Portalelemente werden im *Portal Content Directory* in einer Ordnerstruktur abgelegt, welche die Organisation der Portalelemente, aber nicht den visuellen Aufbau der Portaloberfläche widerspiegelt (Banner et al. 2008, S. 64).

Eine *Rolle* umfasst mehrere Seiten und wird Benutzern zugeordnet, die dadurch Zugriff auf die Seiten erhalten und damit auf die darin enthaltenen iViews bzw. Anwendungen. Allerdings werden die Seiten üblicherweise nicht direkt in die Rollen aufgenommen, sondern über die Zwischenebene *Workset*, das zur Strukturierung von Rollen dient und für eine baumartige Navigation geschachtelt werden kann. Die Navigation im Portal ergibt sich aus den Rollen und Worksets, die Benutzern zugeordnet sind.

Das iView enthält als kleinstes Portalelement keine Unterelemente. Bei den anderen Elementen sind Unterelemente desselben Typs und der Typen darüber möglich, z. B. kann eine Rolle als Unterelemente andere Rollen, Worksets, Seiten und iViews enthalten (Nicolescu et al. 2007, S. 179).

8.5.3 Navigation

In Abb. 8.3 ist der Aufbau der Portal-Benutzeroberfläche schematisch dargestellt. Im *Kopfbereich* befindet sich insbesondere die Portalsuchfunktion. Darunter ist die *Grobnavigation* in einem zweireihigen Karteireiter dargestellt. Die Einträge auf der obersten Ebene, wie „Einkauf“, geben oftmals eine Rolle wieder. Auf der darunterliegenden Ebene können es Worksets sein, wie „Lieferanten“ und „Bestellungen“, zwei Worksets, aus denen die Rolle „Einkauf“ aufgebaut ist. Weitere Navigationsebenen befinden sich in der *Feinnavigation*, z. B. „Bestellung“ und „Bestellhistorie“, was wiederum Worksets sind. Auf der untersten Ebene der Feinnavigation stehen Seiten, wobei eine davon im *Content-Bereich* bearbeitet wird. In unserem Fall enthält die Seite nur einen iView.

Mit der Technik der *Object-based Navigation* kann je nach Rolle die Information bzw. Anwendung leicht unterschiedlich angezeigt werden, z. B. könnten Kundendetails ein- oder ausgeblendet sein (Nicolescu et al. 2007, S. 176).

Da Rollen unabhängig voneinander zugeordnet werden, kann es zum Zwecke der Softwareergonomie in manchen Fällen sinnvoll sein, mehrere Rollen oder untergeordnete Elemente zu „verschmelzen“, was mit dem Merge-Mechanismus möglich ist. Die Navigationseinträge z. B. mehrerer Worksets erscheinen dann in nur einem gemeinsamen Workset (Banner et al. 2008, S. 111 ff.).

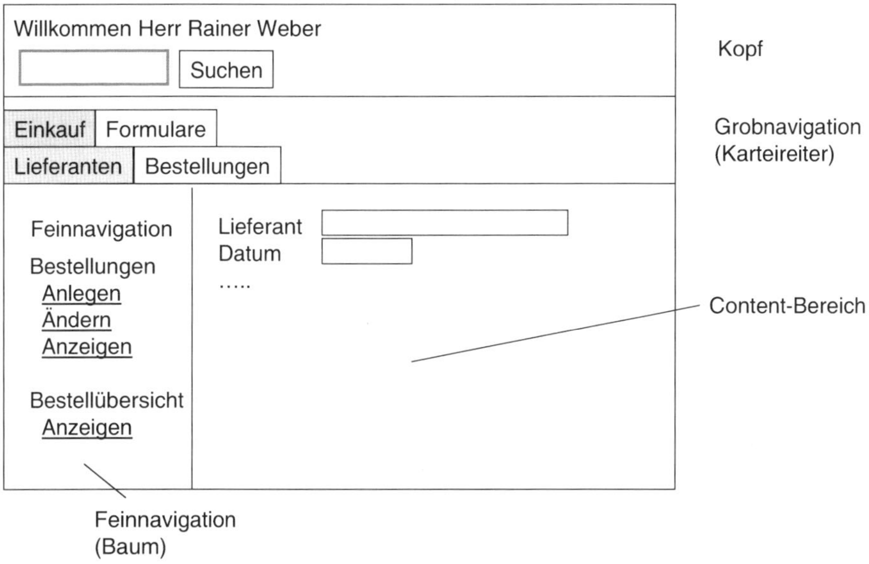

Abb. 8.3 SAP NetWeaver Portal: Struktur der Portaloberfläche

8.5.4 Single Sign-on

Für den Zugriff auf die Backend-Systeme wird wie üblich SSO verwendet. Dazu müssen die Backend-Systeme SSO unterstützen, insbesondere muss die Anmeldung eines Benutzers allein über seine Benutzer-ID ohne Kennwort möglich sein (Trusted-Modus, vgl. Banner et al. 2008, S. 144 und S. 163 f.). Der Ablauf ist dabei wie folgt (Banner et al. 2008, S. 147):

1. Das Portal erzeugt ein SAP Logon Ticket für einen Benutzer. Das *SAP Logon Ticket* ist ein verschlüsseltes MYSAPSSO2-Cookie im Browser; das Portal verschlüsselt darin mit seinem (geheimen Teil vom) Portalzertifikat die System-ID des Portals und die Benutzer-ID im Zielsystem (Backend-System). Wir nehmen an, dass Portal und Backend-System im selben Namensraum liegen, sonst ist die Behandlung schwieriger und kann ein *Cross-Domain-Cookie* erfordern (Banner et al. 2008, S. 148).
2. Das SAP Logon Ticket wird an die aufgerufene Anwendung bzw. das Zielsystem übergeben[4].

[4] Mit SAP-Systemen funktioniert das beschriebene Verfahren unmittelbar. Beim SSO-Zugriff zu Nicht-SAP-Systemen kann es aufwändiger werden, nämlich muss die Entschlüsselung für das SAP Logon Ticket implementiert werden. Dafür steht die SapSecuLib-Bibliothek zur Verfügung, eine C-Bibliothek mit einer Java-Bibliothek zur Einbindung von Java-Anwendungen.

3. Das Zielsystem entschlüsselt mit dem öffentlichen Teil des Portalzertifikats die darin enthaltene Information. Der öffentliche Teil des Portalzertifikats muss vorher ins Zielsystem eingespielt worden sein.
4. Das Zielsystem verwendet die Benutzer-ID zur Anmeldung. Die empfangene System-ID muss als vertrauenswürdiges System im Zielsystem eingetragen sein.

8.6 Übungen und Lösungsvorschläge

8.6.1 Übungen

Aufgabe 8.1 (Eignung von Anwendungen für Portale):

Das Portal soll für einen Benutzer der einheitliche Zugang zu allen Anwendungen sein. Können Sie sich Anwendungen vorstellen, welche für eine Portalintegration eher weniger geeignet sind?

Aufgabe 8.2 (Pflege von Berechtigungen im Portal):

In Abschn. 8.4 wurde erwähnt, dass die Benutzerberechtigungen in den Backend-Systemen gepflegt werden müssen. Wäre es aus Ihrer Sicht möglich, diese Berechtigungspflege auch im Portal durchzuführen?

8.6.2 Lösungsvorschläge für die Übungen

Aufgabe 8.1 (Eignung von Anwendungen für Portale):

Ein absolutes, theoretisches Hindernis ist es nicht, aber z. B. grafikintensive Software mit entsprechenden besonderen Benutzerschnittstellen kann problematisch für eine Portalintegration sein. Allgemeiner betrifft dies Altsoftware, welche nicht einfach mit einer Web-Benutzeroberfläche versehen werden kann. Ein Ausweg kann der Absprung aus dem Portal zur speziellen Anwendung sein, wie im Beispiel SAP NetWeaver Portal für den SAP GUI für Windows geschehen.

Aufgabe 8.2 (Pflege von Berechtigungen im Portal):

Die Benutzerberechtigungen nehmen Bezug auf Customizing-Daten des Anwendungssystems. Entsprechend muss die Pflege mit dem Anwendungssystem gekoppelt sein.

8.7 Literatur

8.7.1 Weiterführende Literatur

Einen Überblick über SAP NetWeaver Portal geben

Banner M, Latka B, Schroth R, Spee M (2008) Praxishandbuch SAP NetWeaver Portal. Galileo Press, Bonn

Nicolescu V, Klappert K, Krcmar H (2007) SAP NetWeaver Portal. Galileo Press, Bonn

Im zweiten Buch ist auch eine herstellerunabhängige Einführung in Portale enthalten.

8.7.2 Weitere zitierte Literatur

Großmann M, Koschek H (2005) Unternehmensportale – Grundlagen, Architekturen, Technologien. Springer, Berlin Heidelberg New York

Java Community Process (2003) JSR-000168 Portlet Specification. http://www.jcp.org/ja/jsr/detail?id=168 Abgerufen am 24.05.2011

Java Community Process (2008) JSR-000286 Portlet Specification 2.0 http://www.jcp.org/en/jsr/detail?id=286 Abgerufen am 31.05.2011

OASIS (2008) Web Services for Remote Portlets. Specification v2.0 http://docs.oasis-open.org/wsrp/v2/wsrp-2.0-spec-os-01.html Abgerufen am 31.05.2011

Schroeder N, Spinola U, Becker J (2009) SAP Records Management. 2. Auflage, Galileo Press, Bonn

Kapitel 9
Integration über Datenaustausch

Ich habe das Einpacken immer gehasst
aber auch das Auspacken
wir müssen ja alles das wir einpacken
wieder auspacken
Am Ziel
Thomas Bernhard[1]

Zusammenfassung

Szenarien des Datenaustauschs in einer Systemlandschaft werden geschildert und XML wird ausführlich als Beispieltechnologie für Datenaustauschformate dargestellt. Nach einer Einführung in die elementaren Konzepte von XML, nämlich Elemente und Attribute, werden Namensräume und die Datentypdefinition mittels XML Schema behandelt. Es wird reflektiert, welche Erkenntnisse sich aus der „Fallstudie XML" für die Integration über Datenaustausch ziehen lassen. Verschiedene Datenaustauschmechanismen in SAP-Software werden genannt.

Lernziele

- Die Integration über Datenaustausch anhand von XML kennenlernen.
- Ein XML-Dokument und ein XML-Schemadokument für eine Aufgabenstellung definieren können.

[1] Bernhard T (1983) Die Stücke. 1969–1981. Erste Auflage, Suhrkamp, S. 1006.

R. Weber, *Technologie von Unternehmenssoftware*, DOI 10.1007/978-3-642-24423-0_9,

9.1 Geschäftsobjekte in verteilten Systemen

In einem operativen System sind Anwendungsprogramme dadurch miteinander integriert, dass sie auf die gemeinsame Datenbank zugreifen (vgl. Kap. 2). Laufen die Anwendungsprogramme in verschiedenen Systemen, also mit getrennten Datenbanken, könnten theoretisch die gemeinsam benötigten Daten von einer Datenbank in die andere kopiert werden, wobei in der Regel eine Datentransformation nötig wäre. Damit der gleiche Integrationsgrad wie in einem einzigen System erreicht wird, müssten umfangreiche Vorkehrungen getroffen werden: es müsste sichergestellt werden, dass die Programme lesend wie schreibend auf die Daten zugreifen können und die Zugriffe müssten synchronisiert werden. Meist sind jedoch ein gleichberechtigter Zugriff und der damit verbundene Aufwand nicht erforderlich. Wir erinnern uns an das Supply Chain Management (SCM, siehe Kap. 5), wo Stammdaten nur für den lesenden Zugriff kopiert werden, oder an analytische Systeme, wo generell nach dem Schreiben der Daten nur noch lesend auf sie zugegriffen wird (siehe Kap. 4).

Betrachten wir übliche Szenarien, wo Daten eines Sendersystems (Quellsystems) in einem Empfängersystem (Zielsystem) benötigt werden (Abb. 9.1). Links findet sich jeweils ein Geschäftsobjekt im Sendersystem S, rechts ein Geschäftsobjekt im Empfängersystem E, welches aus dem Sendevorgang entsteht. Im Augenblick gehen wir von nur einem Geschäftsobjekt aus, später werden wir auch Mengen von Geschäftsobjekten betrachten. Abgebildet sind stilisierte Klassendiagramme, um Attribute und Methoden der Geschäftsobjekte anzudeuten. Zu beachten ist allerdings, dass es sich um Geschäftsobjekte, d. h. Instanzen, handelt, nicht um Klassen, welche versendet werden. Gesendet wird jeweils ein Abzug des Geschäftsobjekts im Sendersystem (siehe Abschn. 2.4). Vereinfachend können wir uns darunter die Attribute des Geschäftsobjekts vorstellen, in Abschn. 2.3 Geschäftsdaten genannt.

1. *Neues, unabhängiges Objekt*: In diesem Fall wird ein Abzug des Geschäftsobjekts GO_1 in S gemacht und an E gesendet. Aus der Vorlage GO_1 wird in E ein neues Geschäftsobjekt GO_2 erzeugt. GO_2 könnte inhaltlich (d. h. unabhängig von technischen Implementierungsdetails, welche ebenfalls bestehen können) einer anderen Klasse als GO_1 angehören. Zum Beispiel könnte GO_1 eine Bestellung sein, GO_2 ein Kundenauftrag – eine Bestellung ist aus Lieferantensicht ein Kundenauftrag. Das Szenario gibt insbesondere den zwischenbetrieblichen Datenaustausch wieder.
2. *Kopiertes, vollständig abhängiges Objekt*: In E wird eine Kopie des Geschäftsobjekts GO angelegt. Üblicherweise bleibt S der Dateneigentümer (vgl. Abschn. 6.3) von GO, Änderungen werden nur dort vorgenommen. Daher werden die Methoden im Bild als gestrichen dargestellt. Das Szenario wird zum Beispiel für den Austausch von Stammdaten verwendet, etwa im Fall von SCM (siehe Kap. 5). Allerdings erscheint es oftmals nicht in Reinform, sondern in einer gemäß Szenario 3 erweiterten Form.

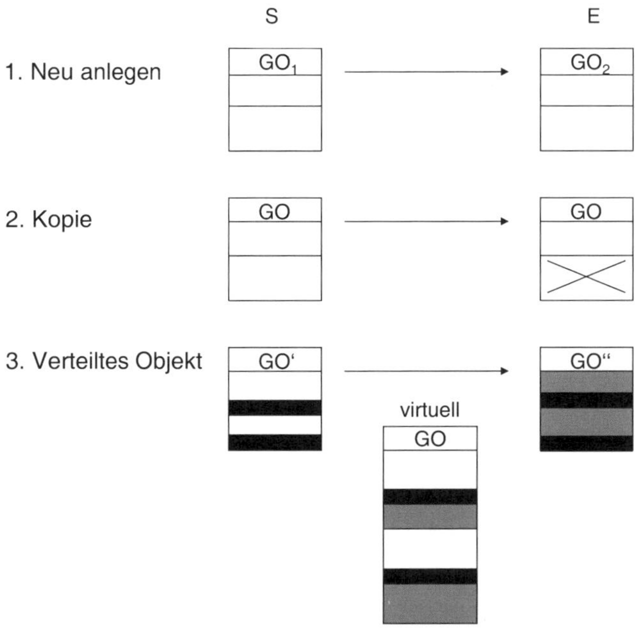

Abb. 9.1 Datenaustauschszenarien

3. *Verteiltes, teilweise abhängiges Objekt*: In S wird GO′ an E gesendet, welches daraus ein neues Objekt GO″ anlegt, üblicherweise von derselben inhaltlichen Klasse. Der Unterschied ist, dass in beiden Systemen zwar einige Attribute und Methoden gleich sein werden (in der Abbildung schwarz gezeichnet), es aber Ergänzungen um systemspezifische Attribute und Methoden geben kann. Beim Stammdatenaustausch im Fall von SCM könnte z. B. der Materialstamm im ERP-System weitere ERP-spezifische Attribute haben, z. B. das Finanzwesen betreffend. Im SCM-System könnten dagegen SCM-spezifische Attribute ergänzt werden, z. B. für das sog. Pegging: es wird im SCM verwendet, um Materialzugänge Bedarfen zuzuordnen. Virtuell, also in unserer Vorstellung, kann man dies als ein neues Geschäftsobjekt GO sehen, welches die gesamten Attribute und Methoden der beiden Systeme umfasst. Kritisch ist der Fall, wenn ein gemeinsames Attribut in den beiden Systemen unterschiedliche Werte hat (Dateninkonsistenz).

Allen Szenarien ist gemein, dass wir für die Datenübermittlung ein Austauschformat benötigen, das beide Systeme verstehen, wenngleich die Objektrepräsentation in den Systemen unterschiedlich sein könnte.

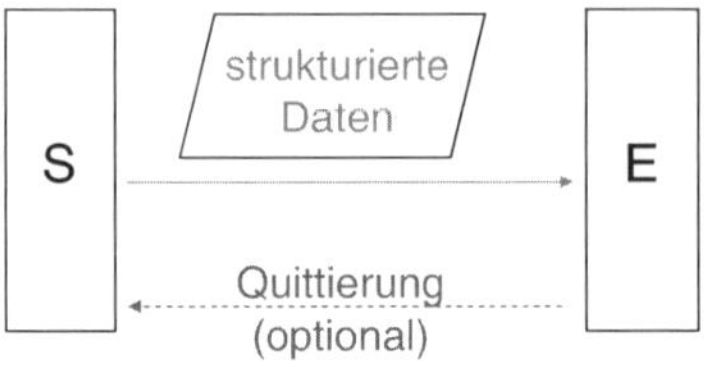

Abb. 9.2 Integration über Datenaustausch

9.2 Datenaustauschformat und Kommunikationskanal

Abbildung 9.2 zeigt den Datenaustausch von einem Sendersystem S zu einem Empfängersystem E. Wir betrachten den Fall, dass nur ein Datum gesendet wird; der Fall mehrerer Daten läuft ähnlich ab. In S wird aus einem Geschäftsdatum wie einer Bestellung ein strukturiertes Datum in einem Datenaustauschformat zum Senden erzeugt und an E übermittelt. E empfängt es und führt eine Eingangsverarbeitung durch: es prüft das Datum, transformiert es in ein Geschäftsdatum, wie einen Auftrag, und speichert es in seiner Datenbank. Meist wird, zur Nachvollziehbarkeit, Fehlerbehebung und asynchronen Bearbeitung (vgl. Kap. 11), sowohl die Originalnachricht (z. B. als Nachricht verpackte Auftragsdaten) als auch das daraus abgeleitete Geschäftsdatum (z. B. ein Auftrag in den entsprechenden Tabellen) gespeichert, die Originalnachricht meist sowohl in S als auch in E. Je nachdem, ob die Übertragung gesichert ist, kann eine Empfangsquittierung sinnvoll sein oder entfallen (vgl. Abschn. 11.2). Die weitere Bearbeitung des empfangenen Datums, z. B. die Auftragsbearbeitung, findet erst nach der Speicherung des Geschäftsobjekts statt, etwa in einem Geschäftsprozess, welcher durch das Anlegeereignis in Gang gebracht wird (siehe Abschn. 12.2).

Für die Kommunikation sind zwei Dinge erforderlich:

- *Datenaustauschformat*: Das Datum muss bei der Übertragung in einem Format vorliegen, welches S und E verstehen. Das heißt: S muss es erzeugen (kodieren) können. E muss es dekodieren können und wissen, was mit dem Datum zu tun ist.
- *Kommunikationskanal*: Das Datum wird über einen Kommunikationskanal versendet, welcher S und E verbindet.

S muss also das Geschäftsdatum vor dem Senden in das Austauschformat einpacken, E muss es auspacken und vor allem die Eingangsverarbeitung durchführen. Betrachten wir das Austauschformat und den Kommunikationskanal genauer:

9.2.1 Datenaustauschformat

In unserem Szenario müssten nur S und E das Datum verstehen können, das Datenformat könnte folglich prinzipiell individuell zwischen ihnen vereinbart sein. S wird aber vielleicht mit vielen ähnlichen Empfängern kommunizieren, ebenso E mit vielen Sendern. Außerdem handelt es sich meist um Standardsoftware, welche nur eine kleine Menge üblicher Formate unterstützen möchte. Daher ist es sinnvoll, dass das strukturierte Datum in einem *Standardformat* kodiert ist. Beim Datenformat müssen wir zwischen dem technischen und dem inhaltlichen unterscheiden. Das *inhaltliche Datenformat* legt fest, wie die Datenstruktur aufgebaut ist, das *technische Datenformat*, in welcher Kodierung die Datenstruktur übertragen wird.

Beispiel: Bei einer sehr vereinfachten Bestellung hat das inhaltliche Datenformat zwei Felder `Material` und `Quantity`, deren Dimension hier fest „Stück" sei. Als technische Datenformate könnten wir für die Übertragung einer Bestellung von drei Stück des Materials `1400` zum Beispiel

```
0000001400;3
```

oder auch

```
Material: 0000001400;Quantity:3
```

wählen.

Übliche technische Datenformate sind:

- *Einfaches Bit-, Byte- oder Zeichenformat*: Darin wird festgelegt, welche Bits, Bytes oder Zeichen in der Reihenfolge des Auftretens welche Bedeutung haben. Z.B. „die ersten zehn Zeichen sind die Bestellnummer, danach erscheint das Bestelldatum im Format Jahr-Monat-Tag, ...". Der Vorteil eines solchen Formats ist eine sehr kompakte Datenübertragung, der Nachteil, dass die Datenreihenfolge peinlich genau eingehalten werden muss. Und es müssen Regeln festgelegt sein, was mit optionalen Daten passiert, d. h. was passiert, wenn ein Teil der prinzipiell möglichen Daten nicht übertragen wird.
- *Kommaseparierte Werte (Comma separated Values, CSV)*: Hier wird ein Trennzeichen zwischen den Teildaten festgelegt. Das Trennzeichen kann, wie der Name sagt, das Komma sein. Häufig verwendet man ein anderes Zeichen, was in den Nutzdaten nicht vorkommen darf oder in besonderer Form übertragen wird, weswegen CSV ebenso als *Character separated Values* gelesen werden kann. Ein guter Kandidat für das Trennzeichen ist das Tabulatorzeichen (Willinger und Gradl 2007, S. 232). Wird ein Teil der optionalen Daten nicht übertragen, erscheinen an der Stelle zwei Trennzeichen direkt nacheinander. Führende, nicht signifikante Nullen könnten z. B. weggelassen werden, da sie sich durch die Trennzeichen rekonstruieren lassen. Dieses Format wird in der Praxis häufig verwendet.
- *XML*: XML ist eine Auszeichnungssprache, auf welche wir im folgenden Abschnitt ausführlich eingehen.
- *EDI-Formate*: *EDI (Electronic Data Interchange)* ist ein bereits älteres, etabliertes Verfahren zur Übertragung von Geschäftsdaten bei der zwischenbetrieblichen Integration. Tatsächlich gibt es mehrere EDI-Standards, die bekanntesten sind

EDIFACT, mehr in Europa gebräuchlich, und ANSI X.12, mehr in den USA gebräuchlich. EDI-Standards legen nicht nur das technische, sondern zugleich das inhaltliche Datenformat fest.

- *Datenbanktabelleneinträge*: Ein naheliegender Ansatz wäre, Daten direkt in Tabellenform von S an E zu senden. Das Umwandeln der strukturierten Transferdaten in einbuchbare Geschäftsdaten könnte dadurch entfallen. Die Idee ist also ein mehr oder weniger direkter Schreibzugriff auf die Datenbanktabellen des Zielsystems. Hierbei gibt es mehrere Tücken. Zum einen wäre das Austauschformat das Datenbankschema des Zielsystems, was zwar eine eindeutige Beschreibung der übermittelten Daten ist, aber als plattformübergreifender Standard nicht geeignet ist. Und selbst wenn Quell- und Zielsystem die gleiche Software verwenden, sogar in derselben Version, müssen die Daten vor dem Speichern im Zielsystem geprüft werden, ebenso wie bei den anderen Ansätzen übrigens. Die Systemzustände (insbesondere Customizing- und Stammdaten) werden nämlich verschieden sein. In Datenbanksystemen kann zwar eine gewisse Prüflogik formuliert werden, die viele Fehler wie Formatfehler oder nicht plausible Werte verhindert. Jedoch findet in Unternehmenssoftware eine weit umfangreichere inhaltliche Prüfung statt. Die zu durchlaufenden Prüfungen müssten dieselben sein wie jene, die beim Anlegen „per Hand“ über die Benutzeroberflächen des Anwendungssystems erfolgen. Daher wird dieser Ansatz bei Unternehmenssoftware vermieden. Bei der Altdatenübernahme (siehe Kap. 13) werden oft Datenbanktabelleneinträge des Sendersystems bereitgestellt und dann transformiert, z. B. mit dem folgenden Ansatz.
- *Simulation von Benutzereingaben:* In Fortsetzung der Argumentation bei „Datenbanktabelleneinträge“ könnten die strukturierten Daten in einem Format gesendet werden, womit sie per Simulation von Benutzereingaben in E eingespielt werden können. Damit ist gewährleistet, dass die empfangenen Daten dieselbe Prüflogik wie über Benutzeroberflächen eingegebene Daten durchlaufen. Nachteile dieses Ansatzes sind, dass es sich dabei um kein Standardformat handelt und dass die Datenstrukturen vom aktuellen Stand der Benutzeroberflächen abhängen. Ändern sich diese in einer neuen Version, können die vorher verwendeten Datenstrukturen nicht mehr verwendet werden, sie müssen an die neuen Benutzeroberflächen angepasst werden.
- *Kodierte Funktionsaufrufe zum Anlegen von Daten:* An dieser Stelle treffen sich die Integrationsarten „Integration über Datenaustausch“ und „Funktionsorientierte Integration“. Wir behandeln diesen Ansatz daher in Kap. 10.

9.2.2 Kommunikationskanal

Je nach Anwendungsszenario kommen unterschiedliche Kommunikationskanäle in Frage. Sie haben nur einen technischen, keinen inhaltlichen Charakter. Einige Beispiele:

- *Dateiverzeichnis*: Die Vereinbarung zwischen S und E kann sein, dass S eine Datei periodisch, z. B. nachts, in ein Dateiverzeichnis stellt, wo E sie abholt.
- *E-Mail*: Vor allem in frühen EDI-Systemen hat S Daten in ein gesichertes Postfach übertragen, wo sie für E bereitstehen.
- *HTTP*: S kann die Daten per Methode HTTP-POST an E übermitteln. E muss auf seinem Web-Server ein Programm bereitstellen, welches die Daten entgegennimmt und verarbeitet.
- Nachrichtenübertragungssystem (Message-oriented Middleware): Diesen Ansatz werden wir in Kap. 11 genauer behandeln.
- *Datenträgeraustausch:* Daten können per Datenträgeraustausch (CD, DVD, USB-Stick, früher häufig Magnetband) übertragen werden.

Für unterschiedliche Szenarien gibt es unterschiedlich hohe Anforderungen an die Qualität der Übertragung. Neben der naheliegenden Performanz sind es Anforderungen hinsichtlich Übertragungsproblemen: Übertragungsfehler, Verbindungsabbrüche, unberechtigter Zugriff. Die Anforderungen betreffen die Sicherheit der Übertragung, sowohl im Sinne von Fehlerbehandlung als auch von Zugriffsschutz. Gerade bei der zwischenbetrieblichen Integration ist es wichtig zu gewährleisten, dass der Kommunikationskanal sicher ist. Das beinhaltet, dass die übertragenen Daten nicht von anderen unberechtigt gelesen werden, dass sie nicht verfälscht werden, und dass E davon ausgehen kann, dass wirklich S und nicht ein anderer sie gesendet hat. In Kap. 11 werden wir auf Qualitätsfragen eingehen.

9.2.3 Anwendungsfälle

Wichtige Anwendungsfälle für die Integration über Datenaustausch sind in Tab. 9.1 dargestellt. Einige haben wir bereits in früheren Kapiteln kennengelernt:

- Die Stamm- und Bewegungsdatenübernahme bei SCM (siehe Kap. 5)
- Synchronisation mit mobilen Endgeräten, z. B. die Übernahme von Aufträgen und Kundenkontaktdaten über CRM-Middleware (siehe Kap. 6)

In der Zeile „Datenaufkommen" ist vermerkt, wie viele Daten bei einem einzelnen Datenaustausch übertragen werden. So wird bei der zwischenbetrieblichen Integration – man kann sich darunter zum Beispiel das Übertragen eines Auftrags per EDI vorstellen – bei einer einzelnen Übertragung nur ein Geschäftsobjekt, also eine geringe Datenmenge, ausgetauscht. Bei der Altdatenübernahme wird dagegen auf einen Ruck eine sehr große Menge von Stamm- und Bewegungsdaten übermittelt, nämlich zumindest all jene, welche für Geschäftsvorfälle im neuen System benötigt werden. Eine Altdatenübernahme findet statt, wenn ein altes Anwendungssystem durch ein neues ersetzt wird und die Altdaten zumindest teilweise im neuen System verfügbar gemacht werden müssen (siehe Kap. 13). Im Falle eines hohen Datenaufkommens werden zur Verifikation der Daten meist nur Stichproben und Plausibilitätsprüfungen vorgenommen.

Tab. 9.1 Datenaustauschszenarien

	Zwischenbetriebliche Integration	Datenaustausch zwischen Systemen (EAI)	Offline-Synchronisation	Altdatenübernahme	ETL
Datenaufkommen	Meist niedrig	Niedrig bis mittel	Niedrig	Sehr hoch	Hoch
Datenformat	EDI, XML	XML, Datei (CSV, Spezialformat)	Spezialformat	CSV	CSV, Spezialformat
Kommunikationskanal	Internet, VPN, Mailbox, Datei	Datei, Funktionsaufruf zur Datenübermittlung, nachrichtenorientierte Middleware	Middleware, Datei	Datei	Datei, Funktionsaufruf zur Datenübermittlung
Beispiele	EDI: meist Bewegungsdaten wie Auftrag oder Rechnung	SCM: Stamm und Bewegungsdaten wie Material, Stückliste oder Auftrag	CRM: Mobiler Vertrieb: Bewegungsdaten wie Aufträge	Großteil der Stamm- und (teilweise) Bewegungsdaten	DWH: Umsatzdaten

Bei „Datenformat" sind einige typische Datenformate angegeben, es ist keine vollständige Aufzählung. So sind bei der Altdatenübernahme Dateien als Ausgangspunkt üblich. Zu unterscheiden sind dabei *tabellenartige* Dateien, wo alle Zeilen denselben Aufbau haben, von *sequenziellen* Dateien, wo dies nicht der Fall ist (Willinger und Gradl 2007, S. 46).

9.3 XML

Wir verwenden die Sprache XML, um Konzepte von Datenaustauschformaten beispielhaft, gleichsam im Rahmen einer Fallstudie, zu studieren. Von den oben erwähnten Anwendungsfällen sind besonders die zwischenbetriebliche Integration und der Datenaustausch zwischen Systemen einschlägig. Wir werden später sehen, dass Austauschformate ebenso für die funktionsorientierte Integration eine Rolle spielen (siehe Kap. 10). Entsprechend werden wir dort die Fallstudie weiterspinnen, wenn es um Web-Services geht. XML hat vielfältige Anwendungsmöglichkeiten,

Abb. 9.3 Ein kleines XML-Dokument

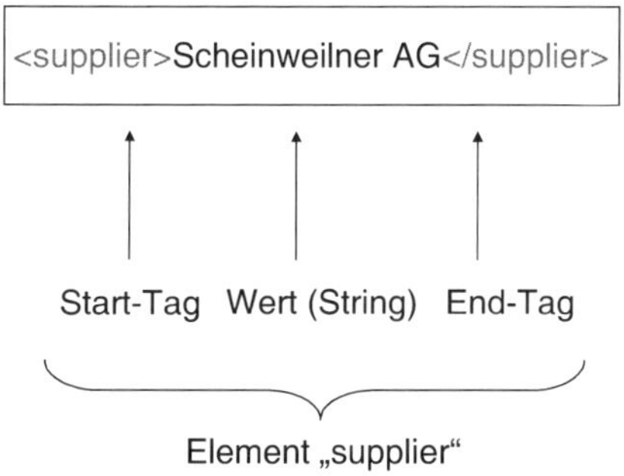

nicht nur für betriebliche Anwendungen[2]. Sie lassen sich in textorientierte und datenorientierte einteilen; mit letzteren beschäftigen wir uns im Folgenden, da sie für den Datenaustausch relevant sind.

9.3.1 XML-Dokumente

XML steht für *eXtensible Markup Language*, „erweiterbare Auszeichnungssprache“. Sie ist ein Standard des *World Wide Web Consortium* (kurz: *W3 C*). Der Ursprung von XML geht auf die Auszeichnungssprache *SGML (Standard Generalized Markup Language)* von IBM zurück, eine sehr umfangreiche und so komplexe Sprache, dass sie keine breite Anwendung fand[3]. XML ist gegenüber SGML stark reduziert.

Was eine Auszeichnungssprache im Allgemeinen ist und XML im Speziellen, erklärt sich am schnellsten an einem Beispiel (Abb. 9.3). Das „strukturierte Datum“ ist hier allein der Name eines Lieferanten. Unser XML-Dokument besteht aus einem *Element* , nämlich `supplier`, welches den Wert `Scheinweilner AG` hat. Der Wert bzw., in XML-Sprechweise, der *Inhalt* des Elements beginnt nach dem *Start-Tag* des Elements, `<supplier>`, und endet vor dem *End-Tag* `</supplier>` des Elements. *Tag* , englisch, bedeutet ursprünglich Etikett, wird in der Informatik als „Kennzeichnung“ oder „Auszeichnung“ verwendet. Die Tags beschreiben die Daten. Insgesamt ist XML eine textorientierte Sprache, denn sowohl die Elemente als auch die Werte sind Text. Verwendet wird der Unicode-Zeichensatz. Wollte man binäre Daten integrieren, müssten sie als Text kodiert werden.

Sehen wir uns ein größeres, realistischeres Beispiel an (Abb. 9.4). Für den Lieferanten wird neben der Lieferantennummer und dem Namen die Adresse angegeben. Es handelt sich um eine komplexe Datenstruktur, da es Unterelemente gibt. Die

---

[2] XML findet breite Anwendung, bis hin zur Definition von (sinngemäß) Programmiersprachen („Wer nur einen Hammer hat, für den sieht jedes Problem wie ein Nagel aus.“ – Sprichwort).

[3] Die Geschichte von XML und Vorläufern findet sich in Sebestyen (2010, S. 18 ff.).

Abb. 9.4 Ein fast realistisches XML-Dokument

```
<supplier>
    <number>4711</number>
    <name>Scheinweilner AG</name>
    <address>
        <street>Randelkoferweg 3</street>
        <postalCode>12345</postalCode>
        <town>Utzbach</town>
    </address>
</supplier>
```

Adresse ist wiederum eine Datenstruktur, bestehend aus den Feldern Straße, Postleitzahl und Stadt.

Wesentlich an diesem Dokument, und an XML-Dokumenten überhaupt, ist:

- Es gibt genau ein *Wurzelelement*, hier `supplier`.
- Der Wert von `supplier` ist wieder, wie im ersten Beispiel, alles zwischen Start- und End-Tag. Nur ist der Typ des Werts diesmal keine Zeichenkette, sondern hat einen strukturierten, „komplexen" Inhalt. Der Wert eines Elements kann also einfach (Zeichenkette) oder komplex (strukturierter Datentyp, Schachtelung) sein[4].
- Ein Element kann Unterelemente haben. `supplier` hat `number`, `name` und `address` als Unterelemente. `address` hat `street`, `postalCode` und `town` als Unterelemente. Man nennt ein übergeordnetes Element *Elternelement*, die direkt untergeordneten *Kindelemente*, sie sind untereinander *Geschwister*.

Welche Elemente es gibt, legt XML nicht fest. Sie können, ähnlich wie Bezeichner in Programmiersprachen, weitgehend frei gewählt werden. Daher wird XML auch *Meta-Auszeichnungssprache* genannt: eine Sprache, mit der sich XML-Sprachen für vielerlei Gebiete, eben auch den Einkauf, formulieren lassen. Man spricht dabei von *XML-Anwendungen*. Dies ist die Bedeutung des „X" bei „eXtensible Markup Language". Damit unterscheidet sich XML von HTML, wo nur feste Elemente mit einer vordefinierten Bedeutung, z. B. `html`, `body`, `h1`, verwendet werden. Im Unterschied zu HTML sind es bei XML semantische (bedeutungstragende) Auszeichnungen, nicht physische (drucktechnische, z. B. `font`, `b`) oder logische (die Struktur betreffend, z. B. `h1`, `strong`) (Sebestyen 2010, S. 26). Die Bedeutung ist allerdings nicht in XML selbst definiert, sondern muss separat dokumentiert werden.

Schön wäre es, wenn es für Bestellungen und ähnliche übliche Geschäftsdaten einen einheitlichen Standard gäbe. Allerdings ist dies zumindest heute nicht der Fall. Die langjährige Erfahrung mit EDI-Standards zeigt, dass dieses Ziel realisti-

[4] Hier vereinfachen wir in wenig, da es auch die Mischung aus beiden gibt, was wir aber nicht betrachten.

scherweise wohl mittelfristig nicht erreicht werden wird, denn auch dort bestehen regionale und industriespezifische Standards wie EDIFACT, ANSI X.12 und Odette nebeneinander.

Im Beispieldokument nicht verwendet, aber möglich:

- Ein Element kann *Attribute* haben. Möchte man z. B. Lieferanten klassifizieren, könnte das Element das Attribut `category` haben: `<supplier category="regular">`. Wie für Elemente lässt XML auch für die Attributnamen Wahlfreiheit. Der Wert eines Attributs ist immer eine Zeichenkette. Möchte man umfangreichere Attributinformation hinzufügen, muss man mehrere Attribute verwenden. Bei Attributen herrscht eine gewisse Freiheit: ein Element kann mehrere haben, die Reihenfolge ist unerheblich. Ein Attribut kann in einfachen oder doppelten Anführungszeichen geschrieben werden. Vor und nach dem Gleichheitszeichen können Leerzeichen stehen. Wann Daten als Attribut und wann als Unterelement angegeben werden, ist nicht geregelt. Zwar lassen sich stilistische Empfehlungen geben, letztlich erscheint es aber doch als Geschmacksache. In Sebestyen (2010, S. 48) wird auf die Web-Seite http://xml.coverpages.org/attrSperberg92.html (abgerufen am 21.06.2011) verwiesen, wo Argumente zur Diskussion „Elemente vs. Attribute“ zusammengefasst sind. Sie finden sowohl attributlastige als auch elementlastige XML-Dokumente.
- Elemente können leer sein, d. h. keinen Inhalt haben: `<remark></remark>`. Zur Schreibvereinfachung wird in dem Fall synonym `<remark/>` verwendet.
- Ein Element kann optional sein, d. h. weggelassen werden. Wenn beispielsweise das Element `remark` leer sein kann, mag es sinnvoll sein, es optional zu halten und bei Leere wegzulassen.
- Ein Element (bis auf das Wurzelelement) kann mehrfach auftreten. Beispiel:

```
<suppliers>
    <supplier>
    ...
    </supplier>
    <supplier>
    ...
    </supplier>
    ...
</suppliers>
```

Es handelt sich um eine Liste von mehreren Lieferanten (`suppliers`). Für jeden einzelnen Lieferanten gibt es das Element `supplier`.

- Ein XML-Dokument kann eine XML-Deklaration als erste Zeile haben. Darin wird insbesondere festgelegt, welche zeichenmäßige Codierung das Dokument hat:
  `<?xml version="1.0" encoding="UTF-8"?>`

In diesem Fall wäre es eine Codierung von Unicode mit variabler Länge. Andere Möglichkeiten wären zum Beispiel US-ASCII oder ISO-8859-1, eine ASCII-Erweiterung, welche unter anderem auch Umlaute enthält.
- Kommentare werden mit <!- und -> eingerahmt: <!- Dies ist ein Kommentar.->

XML enthält noch einige weitere Möglichkeiten wie Verarbeitungsanweisungen, die für unsere Betrachtung weniger wichtig sind und daher hier weggelassen werden.

9.3.2 *Regeln*

Für XML-Dokumente gelten verschiedene Regeln. Sie betreffen:

- *Wohlgeformtheit*: Diese Regeln sind einzuhalten, damit der Dokumentinhalt überhaupt „korrektes XML“ ist.
- *Stilistik*: Stilistische Regeln haben sich in der Praxis etabliert, und Gründe der leichteren Verarbeitung und Lesbarkeit sprechen dafür.
- *Gültigkeit*: Soll das Dokument nicht nur „irgendein“ korrektes XML-Dokument sein, sondern z. B. eine korrekte Bestellung, sind zusätzliche Regeln einzuhalten.

9.3.2.1 Wohlgeformtheit

Diese Regeln sind von allen XML-Dokumenten einzuhalten. Verletzt ein Dokument eine solche Regel, ist es kein wohlgeformtes XML-Dokument („Syntaxfehler“). Sie können die syntaktische Korrektheit leicht testen, indem Sie den Inhalt in eine Datei mit der Endung.xml geben und sie mit einem Web-Browser öffnen. Denn diese haben üblicherweise einen XML-Parser integriert und geben Fehlermeldungen aus – mehr oder weniger verständlich.

- Es gibt genau ein Wurzelelement (bereits bekannt).
- Die Elemente weisen eine „Klammerstruktur“ auf, wie wir sie z. B. von arithmetischen Ausdrücken in Programmiersprachen kennen. Jedes Begin-Tag muss also ein End-Tag haben. Und Elemente dürfen sich nicht überlappen. Verboten ist daher etwa <x><y>123</x></y>, da sich die Elemente x und y überlappen.
- Attribute sind Zeichenketten, haben somit einfachen Inhalt (bereits bekannt).
- Elemente, ebenso wie Attribute, orientieren sich an der Syntax für Bezeichner in Programmiersprachen („XML-Namen“, s. u.), enthalten insbesondere keine Leerzeichen.

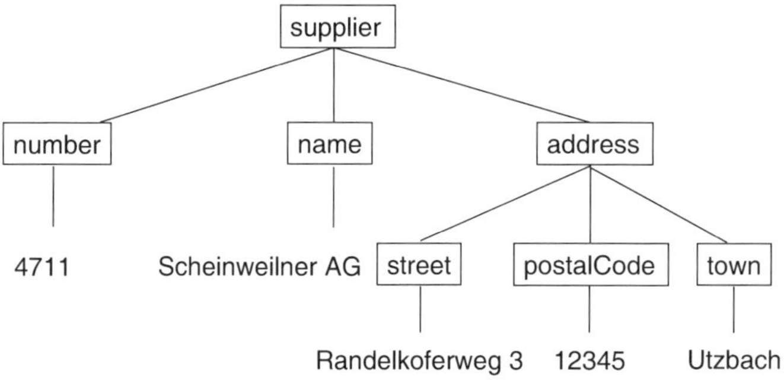

Abb. 9.5 XML-Baumstruktur

- Das Zeichen „<“ darf nur an den dafür vorgesehenen Stellen vorkommen, wie als Beginn eines Tags. Sonst ist es durch `<` zu ersetzen[5].

XML-Namen im Detail: Alphanumerische Zeichen sind erlaubt, von beliebigen Sprachen, auch Ideogramme und Umlaute; außerdem Unterstrich, Bindestrich und Punkt, der Doppelpunkt nur bei Namensräumen (siehe später). Der Name muss mit einem Buchstaben, einem Ideogramm oder einem Unterstrich beginnen. Leerzeichen sind in Namen nicht erlaubt. Zwischen Groß- und Kleinschreibung wird unterschieden. Das Wort „XML“ darf, in jeder Kombination von Groß- und Kleinschreibung, nicht enthalten sein.

Aus den Regeln der Wohlgeformtheit ergibt sich, dass XML-Dokumente eine Baumstruktur aufweisen. Den Baum für unser Beispieldokument zeigt Abb. 9.5.

9.3.2.2 Stilistik

XML-Dokumente sind vorrangig für die maschinelle Verarbeitung gedacht. Trotzdem ist es sinnvoll, die Definition so zu wählen, dass sie auch für Menschen einfach lesbar ist, was z. B. für das Verstehen von XML-Schemadokumenten (siehe später) oder bei der Fehlersuche im Entwicklungsprozess hilfreich ist. Die Lesbarkeit für Menschen ist eines der Entwurfsziele von XML, auf Knappheit wird dagegen kein großer Wert gelegt (Sebestyen 2010, S. 25). Andere stilistische Regeln betreffen eher die leichte maschinelle Verarbeitung und Komposition von Dokumenten.

- *Sprechende Bezeichner*: Elemente und Attribute sollten sprechende Bezeichner haben – das Argument ist ähnlich wie in der Programmierung. Also nicht `p` oder `pc`, sondern `postalCode`.

---

[5] Eine solche Zeichensequenz wird *Character Entity Reference* genannt. Es gibt neben diesen noch ein paar: `&` für das Zeichen &, außerdem `>` `&quot&;` `'` Auch sogenannte *CDATA*-Abschnitte dienen zur einfachen Integration von beliebigem Text.

- *Strukturierung durch Schachtelung*: Prinzipiell könnte eine Datenstruktur als eine flache Liste von Elementen, jeweils mit einer Zeichenkette als Wert, dargestellt sein („Modell Wäscheleine“). Allein schon für die Lesbarkeit ist jedoch eine Schachtelung sinnvoll. Im Beispiel wurde `address` in `supplier` geschachtelt, da `address` zusammengehörige Informationen kapselt. Wir werden später noch sehen, dass XML-Dokumente aus solchen größeren Bestandteilen „montiert“ sind, welche getrennt definiert werden – ähnlich wie ein komplexeres Material aus einzelnen Standardbaugruppen aufgebaut ist, welche wiederum Standardbauteile enthalten. Zudem ist eine solche Strukturierung für die programmatische Verarbeitung vorteilhaft. In diesem Sinne sollten `street`, `postalCode` und `town` nicht direkt als Unterelemente von `supplier` erscheinen, sondern unterhalb von `address`. Haben Geschäftsdaten also z. B. eine Kopf-Positionsstruktur, sollte sich diese im XML-Dokument wiederfinden.
- *Elternelement für Wiederholelemente*: Weiter oben haben wir das Wiederholelement `supplier` gesehen, das unterhalb des Elternelements `suppliers` erschien. Ein solches übergeordnetes Element sollte für die einfachere programmatische Verarbeitung immer definiert sein.
- *Keine Nummerierung bei Wiederholelementen*: Beim selben Beispiel ist zu erwähnen, dass die Wiederholelemente keinen Index bekommen, also nicht `supplier1, supplier2, ...` oder `supplier[1], supplier[2], ...` geschrieben werden sollte. Der Index ergibt sich allein implizit durch die Reihenfolge der Elemente. Elemente mit verschiedenem Namen wie `supplier1` und `supplier2` sind verschieden und müssten getrennt definiert werden. Alle Vorkommen von `supplier` beziehen sich dagegen auf dieselbe Elementdefinition.
- *Englische Bezeichner*: Definieren Sie ein XML-Dokument, vorgesehen im deutschsprachigen Raum, so kann es doch sein, dass früher oder später auch Nichtdeutschsprachige damit zu tun haben (Globalisierung), ähnlich wie bei Programmen. In dem Sinne ist es ratsam, gleich von Anfang an „international“ zu denken und englische Bezeichner zu verwenden.
- *Mixed-case statt Unterstriche*: Heute wird üblicherweise `postalCode` geschrieben (Mixed Case), nicht `Postal_Code`, `postal_code`, `POSTAL_CODE` oder gar `POSTALCODE`.

9.3.2.3 Gültigkeit

Man kann für eine Aufgabenstellung festlegen, dass ein XML-Dokument einen bestimmten Aufbau hat, z. B. dass zur Beschreibung eines Lieferanten das Wurzelelement `supplier` sei, darunter die Elemente `number`, `name` und `address` in dieser Reihenfolge folgen müssen, usw. Diese Festlegung kann informell per Dokumentation (natürliche Sprache) erfolgen oder, besser, formal mit einer Schemabeschreibungssprache (s. u.). Ein XML-Dokument wird als gültig bezüglich der Definition bezeichnet, wenn es den Festlegungen der Definition entspricht. Regeln,

```
<purchaseOrder>
        <number>000034859</number>
        <supplier>
                <number>4711</number>
                .............
        </supplier>

     ................

</purchaseOrder>
```

Abb. 9.6 Namensraum: Motivation

welche die Gültigkeit von XML-Dokumenten betreffen, werden wir erst im Rahmen von XML Schema betrachten.

9.3.3 Namensräume

Um Namensräume zu motivieren, sehen wir uns ein Beispiel an (Abb. 9.6).

Das Element `number` kommt zweimal vor, jedoch mit unterschiedlicher Bedeutung und unterschiedlichem Format (Datentyp). Im ersten Fall ist es die Bestellnummer, im zweiten die Lieferantennummer. Für den Leser wird der Kontext durch das umgebende Element klar. Allerdings möchte man für eine einfache programmatische Behandlung und für eine leichtere Definition (s. u.) die Unterscheidung auf Elementebene treffen, nicht nur durch den Kontext. Das Problem gleichnamiger Elemente tritt insbesondere dann auf, wenn Dokumente getrennt definierte „Baugruppen" verwenden. Beispielsweise finden sich in vielen Geschäftsdaten Adressen, Bankverbindungen und Personenangaben, welche einmal definiert und dann wiederverwendet werden. Bei erstmaliger „Montage" könnte man noch Inkonsistenzen aufdecken. Werden sie aber getrennt weiterentwickelt, fällt dies schwer. Gerade bei häufig verwendeten Begriffen wie `name`, `number`, `type` ist eine Namenskollision leicht möglich. Der Versuch, es durch längere Bezeichnungen wie `purchaseOrderNumber` eindeutig zu machen, führt zu umständlich langen Bezeichnungen und bietet trotzdem keine völlige Sicherheit, dass bei späterer „Montage" nicht doch Kollisionen auftreten.

Die Lösung sind *Namensräume* (*Name Spaces*, Abb. 9.7). Die Idee ist auch in Programmiersprachen verbreitet. In Microsoft.NET Sprachen wie C# heißen sie ebenfalls *Namespaces*, in Java *Packages*.

- Jedes Element bekommt einen Namensraum zugeordnet: `number` im Namensraum „purchase order" wird unterschieden von `number` im Namensraum „supplier".
- Ein Namensraum wird wiedergegeben durch einen *URI (Unique Resource Identifier*, die bekannteste Untergattung sind *URLs*, *Unique Resource Locators)*. Der Namensraum „purchase order" z. B. könnte durch den URL http://www.

Abb. 9.7 Namensraum: Beispiel

mycompRW721.de/ns/po wiedergegeben werden. Der URI (oder URL in unserem Fall) muss auf kein Dokument zeigen, d. h. nicht in einem Web-Browser aufrufbar sein. Er wird nur als ein eindeutiger Name gesehen, nicht notwendigerweise mit Inhalt.

- Als Zuordnung eines Namensraums zu einem Element könnte man diesen vor jedes Element schreiben. Da die URIs lang sind, wird als Schreibweise eine kürzere Form verwendet[6]. Man weist einem Namensraum ein Präfix zu, gleichsam als Spitzname, welcher im vorliegenden Dokument gelten soll. Dies geschieht in unserem XML-Dokument durch `xmlns:po=` http://www.mycompRW721.de/ns/po. `xmlns` steht für „XML Namespace". Das Präfix `po` steht für den URL http://www.mycompRW721.de/ns/po. Als Präfixbezeichnungen sind ein- bis dreistellige Zeichenketten üblich[7]. Wichtig ist, dass das Präfix nur für dieses XML-Dokument gilt, in einem anderen XML-Dokument könnte für den Namensraum ein anderes Präfix verwendet werden. `po:number` wird *qualifizierter Name* genannt, mit Präfix `po` und lokalem Teil `number`.
- Sicherheitshalber wendet man die Regel nicht nur auf „kritische" Bezeichner (wie „number") an, sondern auf alle.

Ein weiteres Argument für Namensräume ist, dass Elemente und Attribute, welche zu einer XML-Anwendung gehören, zusammengefasst werden, was für die programmatische Behandlung vorteilhaft ist. Zum Beispiel könnte ein XML-

[6] Ein weiteres Argument ist, dass URIs üblicherweise Zeichen (/, %, ~) enthalten, die in XML-Namen nicht erlaubt sind.

[7] Für die Identifikation zählt nur der Namensraum: verweisen `p1` und `p2` auf denselben Namensraum, so beziehen sich `<p1:number>` und `<p2:number>` auf dieselbe Deklaration von `number`. Für Präfixe gelten die Syntaxregeln von XML-Namen, nur dass der Doppelpunkt natürlich nicht als Präfixbestandteil erlaubt ist.

Dokument in einer Verarbeitungskette in mehreren Schritten transformiert werden (siehe Abschn. 9.3.5). In jedem Schritt könnten Elemente und Attribute eines bestimmten Namensraums bearbeitet werden. (Sebestyen 2010, S. 65). Zwischen Namensräumen und XML-Anwendungen herrscht oft eine Ein-zu-Eins-Beziehung.

9.3.4 XML Schema

9.3.4.1 Typ und Instanz

Empfängt ein System ein XML-Dokument, welches eine Bestellung wiedergeben soll, muss es prüfen, ob der Inhalt tatsächlich einer Bestellung entspricht. Wäre der Empfänger ein Mensch, könnte er das XML-Dokument interpretieren, etwa über sprechende Bezeichner. Jedoch ist ein XML-Dokument zur Bearbeitung durch ein Programm bestimmt, zumindest im Standardfall. Das Programm benötigt eine präzise Beschreibung des Aufbaus eines XML-Dokuments für eine Bestellung. Prinzipiell könnte die Beschreibung informell, in natürlicher Sprache geschehen, ein Entwickler könnte daraus ein Prüfprogramm erstellen. Komfortabler ist es jedoch, wenn sich die Prüflogik automatisch aus einer formalen Beschreibung gewinnen lässt. Dazu dient *XML Schema*, eine Sprache, um Typen von XML-Dokumenten zu definieren[8]. XML Schema ist wie XML ein W3 C-Standard. Ein validierender *XML-Parser* prüft bei Eingabe eines XML-Dokuments X und eines XML-Schemadokuments D, ob X der in D festgelegten Definition entspricht. Falls nicht, werden die Regelverstöße angegeben. Es korrespondiert zur Syntaxprüfung eines Programms durch einen Compiler bzw. einen Parser. Zu den bekanntesten XML-Parsern zählen Microsoft XML Core Services (MSXML) und Xerces. Eine Liste von XML-Parsern findet sich in Sebestyen (2010, S. 58 ff.).

Genaugenommen kann mittels XML Schema zwar eine weitgehende, aber praktisch keine vollständige Prüfung durchgeführt werden, ob ein XML-Dokument eine gültige Bestellung wiedergibt. Zum Beispiel könnte sich in einer vermeintlichen Bestellung ein Material befinden, welches es nicht gibt. XML Schema prüft auf Typebene, also die *möglichen*, vom Datentyp her erlaubten Materialnummern. Es prüft nicht die *tatsächlichen* Materialnummern, welche sich aus dem Inhalt des Anwendungssystems ergeben. Das Problem stellt sich insbesondere bei Stamm- und Bewegungsdaten. Das empfangende System muss diese Prüfungen nach der Schemaprüfung durchführen. Die Prüfung bei manchen Customizing-Daten, z. B. Währungseinheiten, ist theoretisch ein Grenzfall: man könnte mit XML Schema

[8] Eine bereits mit der Einführung von XML (und damit vor XML Schema) vorhandene Sprache zur Typbeschreibung von XML-Dokumenten sind *Document Type Definitions (DTDs)*. Ihre Syntax ist nicht XML und sie sind weniger ausdruckstark als XML Schema. Bevorzugt wird heute XML Schema.

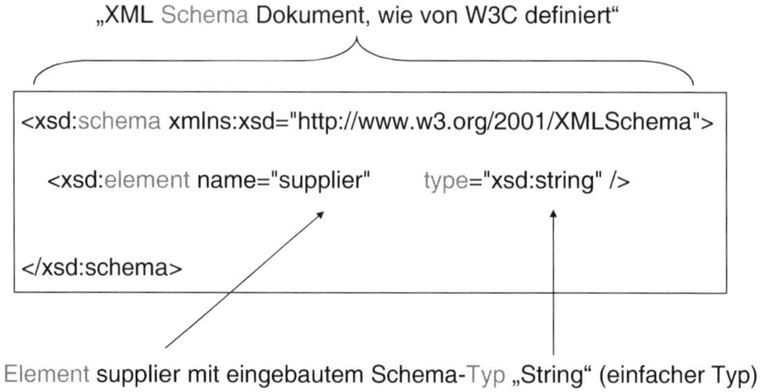

Abb. 9.8 XML Schema für das einfache XML-Dokument

einen Aufzählungstyp dafür anlegen, pragmatischerweise wird man aber die Prüfung an das Anwendungssystem delegieren.

Ein XML-Schemadokument beschreibt also einen *Typ* bzw. eine Menge oder Klasse von *Instanzen*, hier XML-Dokumente, *XML-Instanzdokumente* oder *XML-Instanzen* genannt, ähnlich wie ein Datentyp (z. B. Integer) eine Menge von Zahlen (ganze Zahlen innerhalb eines Wertebereichs) beschreibt und eine objektorientierte Klasse eine Menge von möglichen Objektinstanzen.

9.3.4.2 Syntax

Ein XML-Schemadokument ist selbst ein XML-Dokument. D.h. als Sprache für die Meta-Ebene (die beschreibende Ebene) wird dieselbe Sprache wie für das Beschriebene verwendet.

Zum Verständnis sehen wir uns zwei Beispiele zu den oben angegebenen XML-Dokumentinstanzen an. Zunächst jenes zu dem einfachen XML-Dokument, welches lediglich einen Lieferantennamen wiedergibt (Abb. 9.8).

In XML-Schemadokumenten wird intensiv von Namensräumen Gebrauch gemacht. Die erste Zeile besagt, dass es sich bei dem vorliegenden XML-Dokument um ein XML-Schemadokument handelt. Dadurch werden XML-Schemadokumente von anderen, „normalen“ XML-Dokumenten unterschieden. In der zweiten Zeile wird der Typ des Lieferantendokuments festgelegt. Es wird nur ein Element mit Namen `supplier` und Typ `string` deklariert[9]. `string` ist ein eingebauter Typ

[9] Es fällt auf, dass Elemente (des Schema-Dokuments, nicht des Instanzdokuments!) mit Namensraum, die Attribute dagegen ohne Namensraum geschrieben werden. Der Grund ist, dass die Attribute des XML-Schema-Namensraums nicht global (d. h. direkt unter dem `schema`-Element), sondern lokal deklariert sind. Wären sie global definiert, müssten sie mit Namensraumangabe erscheinen. Lokale Attribute können dagegen, je nach Angabe des `form`-Attributes bei der De-

```
<xsd:schema xmlns:xsd="http://www.w3.org/2001/XMLSchema">

 <xsd:element name="supplier">                                        komplexe
  <xsd:complexType>                                                   Elemente
   <xsd:sequence>                                                     (Sequenz)
    <xsd:element name="number" type="xsd:string" />                   einfache
    <xsd:element name="name"   type="xsd:string" />                   Elemente
    <xsd:element name="address" >
       ......
   </xsd:sequence>
   <xsd:attribute name= "category"  type ="xsd:string" />             Attribut
  </xsd:complexType>
</xsd:element>
</xsd:schema>
```

Abb. 9.9 XML Schema für das etwas komplexere XML-Dokument

von XML Schema, wie die Namensraumkennzeichnung mit Präfix `xsd` besagt. Neben `string` sind viele einfache Datentypen bereits in XML Schema eingebaut, z. B. `boolean, byte, integer, float, double, duration, dateTime`.

Unser zweites Beispiel, Lieferantendaten inklusive Name, Adresse (Abb. 9.9), zeigt, wie komplexe Datentypen definiert werden. Zur Sprechweise: deklariert werden Elemente und Attribute, definiert werden Typen (Sebestyen 2010, S. 116).

Eine Möglichkeit, den komplexen Typ von `supplier` auszudrücken, ist, beim Element kein Attribut für den Typ anzugeben, sondern direkt danach geschachtelt die Typdefinition. Dies ist zunächst die Angabe, dass es sich um einen komplexen Typ handelt (`complexType`), und danach, um welche Art von komplexen Typ, hier `sequence`. Denn es gibt verschiedene Arten, wie:

- `sequence`: Mehrere Elemente nacheinander. Die Reihenfolge muss eingehalten werden. Ein Element kann natürlich wiederum geschachtelt sein. Diese Art wird häufig verwendet.
- `all`: Mehrere Elemente nacheinander, jedoch ist die Reihenfolge egal.
- `choice`: Eines von mehreren Elementen.

Die unterhalb der `sequence` geschachtelten Elemente haben im Beispiel größtenteils einfache Typen, der eingebaute Typ wird daher als Attribut angegeben. Nur

---

klaration oder auch des `attributeFormDefault`-Attributes des `schema`-Elements, ohne Namensraumangabe angegeben werden (Walmsley 2002, S. 51 und S. 152).

`address` hat einen komplexen Typ. Hier wiederholt sich die Schachtelung mit `complexType` und `sequence`[10].

Gemäß XML Schema gilt ein Element nicht nur dann als komplex, wenn es einen geschachtelten statt eines einfachen Typs hat, sondern auch, wenn es ein Attribut hat. Ein Element mit (scheinbar) einfachem Typ und Attribut ist in XML Schema aufwändig zu beschreiben. Daher gebrauchen wir in dieser Einführung Attribute höchstens bei Elementen mit komplexem Typ. Unser Beispiel eines Lieferanten mit Kategorisierung sähe so aus:

```
<xsd:element name ="supplier">
 <xsd:complexType>
  <xsd:simpleContent>
   <xsd:extension base="xsd:string">
    <xsd:attribute name ="category" type ="xsd:string"/>
   </xsd:extension>
  </xsd:simpleContent>
 </xsd:complexType>
</xsd:element>
```

XML Schema ist eine reichhaltige Sprache mit vielfältigen Typbeschreibungsmöglichkeiten, z. B. Aufzählungstypen, wo die einzelnen Elemente einer Menge aufgezählt werden. Wir haben uns nur einen kleinen Ausschnitt angesehen.

9.3.4.3 Verwendung von Namensräumen

Wie die Definition von XML-Dokumenten geschieht, welche einen Namensraum verwenden, zeigt Abb. 9.10. Ein Zielnamensraum (`targetNamespace`) wird angegeben, welcher in der XML-Instanz für die Elemente zu verwenden ist. Um auszudrücken, dass wirklich alle Elemente und Attribute den Namensraum zu verwenden haben (sie werden dann als *„qualifizierte Elemente“* bezeichnet), sind noch die Angaben `elementFormDefault="qualified"` und `attributeFormDefault="qualified"` sinnvoll. Sonst könnten manche Elemente mit, manche ohne Namensraum verwendet werden, was in der Regel nicht gewünscht ist.

Das Gegenstück zum XML-Schemadokument (Typ) ist ein XML-Dokument (Instanz), welches sich auf jenes XML-Schemadokument bezieht (Abb. 9.11). Hierbei wird die Namensraumdeklaration intensiv verwendet, weshalb es auf den ersten Blick etwas kryptisch erscheinen mag. Sehen wir es uns Zeile für Zeile an:

- An `po:purchaseOrder` erkennt man, dass für `purchaseOrder` ein Namensraum deklariert ist, für welchen das Präfix `po` verwendet wird.

[10] Eine alternative Formulierung arbeitet mit *benannten (komplexen) Typen*. Die Deklaration ist `<xsd:complexType name ="supplierType">`. Tritt `complexType` nicht auf der höchsten Stufe auf, sondern geschachtelt unter `element`, wird kein expliziter Name vergeben und ein anonymer Typ angelegt.

```
<xsd:schema
  xmlns:xsd="http://www.w3.org/2001/XMLSchema"
  targetNamespace="http://www.mycompRW721.de/ns/po"
  elementFormDefault="qualified"
  attributeFormDefault="qualified">
   .....
</xsd:schema>
```

Abb. 9.10 XML Schema mit Namensraum (1): Schema

```
<po:purchaseOrder
   xmlns:xsi="http://www.w3.org/2001/XMLSchema-instance"
   xsi:schemaLocation="http://www.mycompRW721.de/po  po_ns.xsd"
   xmlns:po="http://www.mycompRW721.de/ns/po"          Namensraum
   po:category= "n">
.................
</po:purchaseOrder>
```

Abb. 9.11 XML Schema mit Namensraum (2): XML-Dokument mit Präfixen

- `xmlns:xsi=...` führt einen Namensraum für XML-Instanzen ein. Diese Namensraumdeklaration ist ein Hilfskonstrukt, welches nur für die folgende Zeile benötigt wird.
- Dort wird nämlich das Attribut Schemalokation (`schemaLocation`) angegeben, was für XML-Instanzen möglich aber nicht verpflichtend ist. Beachtenswert ist dessen Wert, welcher auf den ersten Blick wie ein URL aussieht[11]. Tatsächlich befindet sich aber vor `po_ns.xsd` ein Leerzeichen, so dass die Zeichenkette aus zwei Teilen besteht. Im vorderen Teil steht der Namensraum (http://www.mycompRW721.de/po), im hinteren ein Verweis auf die Datei mit dem XML-Schemadokument, in unserem Fall nur der Dateiname als relativer Pfad (`po_ns.xsd`). Damit wird ausgedrückt, dass sich die Deklarationen zum Namensraum http://www.mycompRW721.de/po in der Datei `po_ns.xsd` befinden, welche hier im selben Verzeichnis wie die Datei des gerade betrachteten XML-Instanzdokuments liegt. Das Attribut `schemaLocation` ist ein Hinweis für den Schemaprozessor, wo das Schemadokument zu finden ist. Alternativ könnte der Schemaprozessor Parameter für die Angabe von XML-Instanzdokument und XML-Schemadokument bieten[12].

[11] Analog gibt es das Attribut `noNamespaceSchemaLocation`, welches für XML-Dokumente ohne Namensräume verwendet wird und nur auf den Ort des Schemas verweist.

[12] Sollen mehrere Namensräume verwendet werden, so müssen diese in verschiedenen Schemadokumenten beschrieben sein, denn ein Schemadokument beschreibt (höchstens) einen Namensraum (Walmsley 2002, S. 59). Die verschiedenen Schemadokumente können dann mit dem Element `import` in ein übergeordnetes Schemadokument importiert werden.

```
<purchaseOrder
   xmlns:xsi="http://www.w3.org/2001/XMLSchema-instance"
   xsi:schemaLocation="http://www.mycompRW721.de/po  po_ns.xsd"
   xmlns="http://www.mycompRW721.de/ns/po"      Default-Namensraum
   xmlns:tns="http://www.mycompRW721.de/ns/po"  Namensraum für
   tns:category= "n">                           Attribute
.................
</purchaseOrder>
```

Abb. 9.12 XML Schema mit Namensraum (3): XML-Dokument mit Default-Namensraum

- In der Zeile `xmlns:po=...` wird – wie in einem früheren Beispiel – der Namensraum für Bestellungen samt Präfix festgelegt. Davor wurde er bereits für die Elementdeklaration `purchaseOrder` verwendet. Wenn auch die Namensraumdeklaration hier textmäßig erst nach der Verwendung erscheint, so gilt sie doch als „zeitgleich“: sie wurde beim Element `purchaseOrder` vorgenommen und kann bei diesem Element und bei allen Unterelementen benutzt werden.
- In der Zeile `po:category="n"` wird der Namensraum mit Präfix `po` für eine Attributdeklaration verwendet.

Abbildung 9.12 zeigt eine Alternative für das XML-Dokument, mit derselben Bedeutung. Will man sich den Schreibaufwand für die Präfixe in einem XML-Instanzdokument sparen, welche für viele Elemente gleich sind, kann man einen *Default-Namensraum* festlegen. Für diesen Default-Namensraum gilt das „leere“ (bzw. kein) Präfix. Eine Besonderheit von XML Schema findet sich hier: Der Default-Namensraum gilt nur für Elemente, nicht für Attribute. Da das Attribut `poType` einen Namensraum hat, muss dafür doch ein Präfix verwendet werden.

9.3.4.4 Wiederholstrukturen und optionale Elemente

Ein Element kann mehrfach auftreten (das Beispiel `supplier` innerhalb `suppliers`) und auch optional sein, insgesamt also 0 bis beliebig oft mal auftreten. Mit dem Attribut `minOccurs` legt man fest, wie häufig ein Element mindestens vorkommt, mit `maxOccurs` wie oft höchstens. Beide Attribute haben den Default-Wert 1. Sie brauchen also nur bei abweichenden Zahlen angegeben werden. Ein optionales Element wird mit `minOccurs="0"` angegeben. Für `maxOccurs` gibt es den Spezialwert `unbounded`, was „beliebig oft“ heißt.

9.3.5 Erstellung und Verarbeitung von XML-Dokumenten

Für Übungszwecke können Sie ein kleines XML-Dokument mit einem Texteditor „per Hand“ erstellen. Es gibt auch spezialisierte XML-Editoren, eine Liste findet sich in Sebestyen (2010, S. 60 ff.). Beim Austausch von Geschäftsdaten sind dagegen andere Methoden sinnvoll, nämlich sollen dort XML-Dokumente durch ein Programm erzeugt, verändert und gelesen werden können. Wir unterscheiden die Übersetzung zwischen Geschäftsdaten und XML von der Transformation von XML nach XML, d. h. wie ein XML-Dokument in ein anderes transformiert wird.

9.3.5.1 Umsetzung zwischen Geschäftsdaten und XML

Zeichenverarbeitung: Da ein XML-Dokument zeichenorientiert ist, könnte man es durch Zeichenoperationen erzeugen und verarbeiten. In einfachen Fällen ist dies praktikabel, insbesondere für die Erzeugung, im Allgemeinen ist es aber aufwändig.

Programmierschnittstellen: Es gibt Standards für XML-Programmierschnittstellen, für die Implementierungen in gängigen Programmiersprachen vorliegen. Die bekanntesten sind das *Document Object Model (DOM)* und das *Simple API for XML (SAX)*. Für DOM wird das gesamte XML-Dokument als Baumstruktur im Hauptspeicher aufgebaut, so kann es geschrieben und gelesen werden. DOM enthält z. B. Funktionen der Art „erzeuge ein Element unterhalb eines anderen Elements". Der Speicherverbrauch ist bei großen Dokumenten hoch, weshalb für den lesenden Zugriff SAX bevorzugt wird. Hier erzeugt der Parser beim Lesen eines XML-Dokuments vordefinierte Ereignisse, für die Ereignisbehandlerroutinen geschrieben werden können.

Übersetzung von XML in Objekte oder Datenstrukturen: Einen höheren Komfort bietet die automatische Übersetzung von XML in Objekte oder Datenstrukturen einer Programmiersprache. Aus einem XML-Schemadokument lässt sich zur Definitionszeit eine Klasse (oder mehrere per Attribute miteinander verbundene) generieren. Zur Laufzeit wird ein Objekt der Klasse instanziiert, die Attribute enthalten die Daten, welche aus dem XML-Dokument stammen. Methoden spielen bei der Klasse keine größere Rolle, das Objekt (bzw. ein Geflecht von Objekten) wird im Sinne einer komplexen Datenstruktur verwendet. Ähnlich ist die Transformation in Datenstrukturen. In beiden Fällen ist ebenso die umgekehrte Richtung möglich: aus einem Objekt oder einer Datenstruktur ein XML-Dokument erzeugen. Der Programmierer kann dadurch mit seinen gewohnten Konzepten operieren, er denkt in Klassen, Objekten und Datenstrukturen. Intern verwenden diese Generiermechanismen die anderen, tieferen Programmierschnittstellen.

9.3.5.2 Transformation von XML nach XML

Kann der Sender unmittelbar lediglich ein anderes XML-Format erzeugen als es der Empfänger erwartet, so kann die Übersetzung bzw. Anpassung des Sendeformats ins Zielformat über eine Transformation erfolgen. Selbstverständlich lassen sich ebenfalls die o. g. Techniken für eine solche Transformation von einem XML-Dokument in ein anderes verwenden, eventuell auch in ein anderes Format als

XML, z. B. PDF, RTF oder HTML. Es haben sich allerdings verschiedene weitere, miteinander kombinierbare Techniken etabliert.

Grafische Abbildung (Mapping): Für den Entwickler mag dies die angenehmste Methode sein. In einer grafischen Benutzeroberfläche, welche z. B. grafische Repräsentationen der XML-Schemadokumente für Quelle und Ziel zeigt, werden Pfeile zwischen Quell- und Zielelementen gezogen. Daraus werden dann meist Mapping-Programme oder XSLT-Programme (s. u.) automatisch generiert, welche zur Laufzeit ausgeführt werden.

XSLT-Programm: *XSLT (eXtensible Stylesheet Language Transformations)* ist ein XML-Standard, eine kleine Programmiersprache, mit welchem ein XML-Dokument in ein anderes transformiert werden kann. Ein XSLT-Programm ist regelbasiert und selbst in XML codiert. Erfahrungsgemäß erfordert es einige Übung, Programme zu schreiben, die in komplexeren Situationen das Richtige machen.

Mapping-Programm: Dies sind eigenentwickelte Programme, welche meist die Techniken verwenden, die bei „Umsetzung zwischen Geschäftsdaten und XML" aufgelistet wurden. Auf diese Weise lassen sich zwar beliebige Transformationen programmieren, jedoch ist der Aufwand höher. Daher setzt man diese Technik insbesondere dann ein, wenn sich die Transformation nicht pragmatisch mit den anderen Techniken bewerkstelligen lässt[13].

9.3.6 Erkenntnisse der Fallstudie XML

Wir haben XML als eine heute übliche Technologie zum Austausch von Geschäftsdaten kennengelernt. Technologien ändern sich, seit langem gibt es verwandte Mittel zum Datenaustausch (EDI, CSV-Dateien). In diesem Abschnitt wollen wir überdenken, welche langfristig verwertbaren Erkenntnisse, jenseits der konkreten technischen Ausgestaltung mit XML, wir aus dieser Fallstudie ziehen können.

9.3.6.1 Austausch von Geschäftsdaten

Geschäftsdatum als baumartige Datenstruktur: Geschäftsdaten sind komplexe, geschachtelte, daher baumartige Datenstrukturen. XML eignet sich für diese Struktur besonders gut. Ein gesamtes Geschäftsdatum kann in einem Dokument erscheinen, anders als in relationalen Datenbanken, wo sich ein Geschäftsdatum meist in verschiedenen Tabellen wiederfindet, etwa für Kopf- und Positionsdaten.

[13] XSLT ist zwar Turing-vollständig, doch wenn sich auch alle Transformationen theoretisch damit durchführen lassen, mag es für einen Entwickler teilweise leichter sein, ein Mapping-Programm in seiner gewohnten Programmiersprache zu schreiben.

Nur Attribute von Geschäftsobjekten: Beim Datenaustausch werden nur Attribute von Geschäftsobjekten betrachtet, keine Methoden bzw. Funktionen. Der Empfänger muss wissen, welche Funktion mit den gesendeten Daten auszuführen ist. Klar ist dies bei Geschäftsdaten wie „Rechnung" – die Rechnung ist im empfangenden System anzulegen und Folgeaktionen, Prüfung und Buchung, sind einzuleiten. Eine Zwischenstellung nehmen Daten wie „Angebotsänderung" ein, wodurch der Empfänger die Angebotsdaten aktualisiert. Hier wird nicht nur das Geschäftsdatum „Angebot", sondern auch die Methode mitgeteilt, was bereits in Richtung eines Funktionsaufrufs geht (siehe Kap. 10).

Medienunabhängig: Austauschformate können medienunabhängig sein. XML legt nicht das physische Medium fest: die Daten können als Datei ausgetauscht werden oder – häufiger – als Laufzeitdatenstruktur vorhanden sein. Schließlich wäre es auch möglich, Geschäftsdaten direkt im XML-Format abzulegen. Entweder in einer relationalen Datenbank, serialisiert als lange Zeichenkette, oder in speziellen XML-Datenbanken (z. B. webMethods Tamino der Software AG, Software AG 2011), was aber derzeit nicht die verbreitete Art ist.

Kommunikationsunabhängig: Verwandt mit dem vorigen Punkt, wurde bisher ausgeklammert, wie XML-Dokumente übertragen werden. Die XML-Standards sind unabhängig davon. In den folgenden Kapiteln werden wir sehen, welche Mechanismen es gibt.

9.3.6.2 Standardisierung

Gemeinsames Verständnis zwischen Sender und Empfänger: Für den Datenaustausch müssen Sender und Empfänger ein gemeinsames Verständnis von den ausgetauschten Daten haben. Dies könnte bilateral vereinbart sein. Für eine Adhoc-Integration zwischen zwei Anwendungen kann dies angemessen sein. Da aber viele Sender und Empfänger dasselbe Kommunikationsbedürfnis haben, etwa die Kommunikation zwischen Geschäftspartnern in einer zwischenbetrieblichen Integration, ist Standardisierung sinnvoll. XML selbst ist kein Standard, welcher den Geschäftsdatenaustausch festlegt, sondern ein Infrastrukturstandard („Meta-Auszeichnungssprache"). Standardisierungsorganisationen müssten also aufbauend auf XML Datenaustauschstandards definieren. Tatsächlich gibt es solche, schon in der Zeit vor XML haben sich für EDI Standards gebildet. Das Problem ist dabei meist nicht, dass es zu wenige Standards gibt, sondern zu viele und manchmal nicht umfassend geeignete. Kommen wir also im Folgenden auf einige Standardisierungsprobleme zu sprechen, die auf Erfahrungswerten basieren:

- *Zeitliche Verfügbarkeit*: Standards werden üblicherweise in Gremien erstellt, Abstimmung ist erforderlich, entsprechend dauert es einige Zeit, bis ein Standard verfügbar ist. Sucht ein Unternehmen eine Lösung für ein Problem, mag es sein, dass es zu dem Zeitpunkt keinen Standard oder zumindest kein Produkt gibt, welches den Standard unterstützt und damit einsetzbar wäre.

- *Mehrere Standards*: Gibt es für ein Problem mehrere Standards, ist die Frage, ob alle langfristig Bestand haben. Ein Unternehmen, das vor der Auswahl steht, ist verunsichert. Mehrere Standards gleichzeitig zu verwenden ist meist keine sinnvolle Lösung, da es aufwändig ist und die Komplexität erhöht.
- *Mangelhafte Qualität*: Verbunden mit der Entstehungsgeschichte in Gremien, wo die standardisierenden Unternehmen eigene Interessen verfolgen, ist das Ergebnis der Standardisierung nicht immer zufriedenstellend. Typische Schwachpunkte sind, dass Standards mehrere Varianten erlauben, welche sich aus Herstellerinteressen oder einfach aus Mangel an Einigung ergeben. Der Standard ist als Ergebnis ein Kompromiss, der oft das Attribut „faul" trägt und die Gesamtarchitektur beeinträchtigt. Dadurch werden Standards komplex und schwer zu implementieren. Den Überfluss versucht man teilweise derart einzuschränken, dass eine Implementierung nicht den vollen Umfang, sondern nur eine Untermenge *(Profil)* unterstützt. Problematisch ist dies dann, wenn verschiedene Produkte nicht zusammenpassende Profile realisieren, so dass die Interoperabilität scheitert. Daher gibt es neben gut durchdachten Standards, wie dem IEEE Standard 754 zur Darstellung von Gleitkommazahlen, wegen ihrer Komplexität faktisch nicht verwendete Standards, wie die ISO-OSI-Standards zur Datenkommunikation. XML erfüllt als Standard seinen Zweck, es gibt aber auch Kritikpunkte: die durch die Darstellung angelegte geringe Performanz oder die Komplexität des XML-Schemastandards (siehe auch Sebestyen 2010, S. 35). Aus diesem Grunde wurden weitere, alternative Schemasprachen wie Relax, Relax NG und Schematron entwickelt.
- *Unterschiedliche Interpretation*: Syntaktische Eigenschaften lassen sich in der Informatik eindeutig beschreiben und automatisieren. Problematisch sind semantische Eigenschaften, für welche meist keine sinnvoll einsetzbaren Beschreibungsformalismen bereitstehen, in vielen Fällen nur eine informelle Beschreibung in natürlicher Sprache. Gerade dann kann es vorkommen, dass unterschiedliche Leute ein unterschiedliches Verständnis von Teilen habe, z. B. welche Bedeutung ein bestimmtes Element in einem XML-Standard hat. Verschiedene Standardimplementierungen können also Teile unterschiedlich interpretieren, was zu Interoperabilitätsproblemen führt.

9.3.6.3 Ausgestaltung

Wir sehen uns nun noch einige Aspekte an, welche in XML auf eine bestimmte Weise angelegt wurden, zum Zwecke des Datenaustauschs jedoch auch anders lösbar wären.

Von Menschen lesbar: XML-Dokumente sollten von Menschen prinzipiell lesbar sein, zum Beispiel dadurch, dass für die Elemente, besser als in vielen EDI-Standards, sprechende Bezeichnungen gewählt sind. Folglich haben Elementnamen eine gewisse Länge. Nicht in jedem Fall erscheint dies nötig, denn in der Praxis kommen Softwareentwickler meist indirekt mit XML in Berührung (siehe

Abschn. 9.3.5): es gibt Schemaeditoren, und XML wird selten „von Hand" geschrieben oder mit den Augen gelesen, sondern maschinell verarbeitet. Speziell für Debuggingzwecke kann die menschliche Lesbarkeit allerdings angenehm sein.

Performanz: Performanzfragen sind in XML nicht vorrangig. Zum Beispiel handelt es sich um eine zeichenorientierte Sprache. Viele Datenwerte lassen sich effizienter als in Zeichen kodieren, für die booleschen Werte „true", „false" wäre nur ein Bit nötig. Möchte man Elementnamen in einem Datendokument haben oder verzichtet man lieber darauf und beschränkt sich auf die Rohdaten, d. h. die Werte der Elemente?

9.4 Beispiel: Datenaustauschkonzepte in SAP-Software

Die Konzepte des Datenaustauschs, welche in Abschn. 9.2 aufgelistet sind, finden sich größtenteils auch in SAP-Software. Dies trifft insbesondere auf XML zu, das ebenso Softwaresysteme vieler anderer Hersteller durchdrungen hat:

- *Einfaches Bit-, Byte- oder Zeichenformat*: Der Datenaustausch zwischen verschiedenen SAP-Systemen existiert seit langem, insbesondere schon vor dem Aufkommen von XML. Ein Mechanismus ist *Application Link Enabling (ALE)*, bei dem strukturierte Daten als *Intermediate Documents (IDocs)* übertragen werden. Man kann es als ein proprietäres Format sehen.
- *Kommaseparierte Werte (Comma separated Values, CSV)*: Diese werden insbesondere häufig bei der Altdatenübernahme verwendet (Willinger und Gradl 2007).
- *XML*: Die Unterstützung ist vielfältig. Erwähnt sei die Implementierung des XML-APIs DOM, die Verwendung von XSLT als ABAP-Sprachkonstrukt, die automatische Hin- und Rücktransformation von ABAP-Datenstrukturen in XML *(asXML: ABAP Serialization XML*, die kanonische Repräsentation von ABAP-Daten in XML), die Verwendung von XML in SAP Enterprise SOA und SAP Process Integration. SAP Enterprise SOA und SAP Process Integration werden wir uns in den Folgekapiteln ansehen. Mehrere Aspekte der XML-Verwendung finden sich in Trapp (2010).
- *EDI-Dokumente*: IDocs (s. o.) kommen ebenfalls bei EDI zustande. Da SAP selbst keine EDI-Systeme anbietet und es verschiedene EDI-Standards gibt, stellt SAP IDocs für die üblichen Geschäftsdokumente (z. B. Bestellungen, Rechnungen) bereit, welche von über Schnittstellen angeschlossenen EDI-Systemen in EDI-Nachrichten transformiert werden. Daher wohl auch die Bezeichnung *Intermediate Document*, weil es hier nicht die endgültigen, zu kommunizierenden Dokumente sind.

Mechanismen sind bereitgestellt, wie diese Datenaustauschformate erzeugt werden, wenn das SAP-System die Rolle des sendenden Systems einnimmt. Umgekehrt, für die Rolle als empfangendes System, gibt es ebenso Mechanismen; neben der IDoc-Eingangsverarbeitung sind zu nennen:

- *Simulation von Benutzereingaben*: Dafür dient die Technik *Batch-Input*. Abbildung 9.13 skizziert einen Anwendungsfall. In einer Dialogsitzung, hier zum Anlegen eines Lieferanten (Kreditor), nimmt ein Benutzer mit dem Batch-Input-Recorder die Eingaben in die Masken (Dynpros) auf. Dies erzeugt eine *Batch-Input-Mappe*, eine tabellenartige Struktur, welche festhält, in welchen Masken in welchen Feldern welche Werte eingegeben wurden und welche Aktionen (z. B. Druckkopf „Speichern" drücken) ausgelöst wurden. Daraus kann automatisch ein Programm, z. B. ein Funktionsbaustein, erzeugt werden, welches diesen Ablauf durchführt. Die konkreten Werte, die der Benutzer in der Sitzung eingibt, werden hierbei durch Parameter des Funktionsbausteins ersetzt, so dass sich mit dem Mechanismus beliebige Werte übergeben lassen[14]. Batch-Input ist das am häufigsten verwendete Verfahren bei der Altdatenübernahme (Willinger und Gradl 2007, S. 55; siehe auch Kap. 13).
- *Kodierte Funktionsaufrufe zum Anlegen von Daten:* Als Grundlage stehen freigegebene Programmierschnittstellen zur Verfügung, das *Business Application Programming Interface (BAPI)*, sowie in jüngster Zeit die *Enterprise Services*. BAPIs kann man sich als Funktionsbausteine, entworfen nach einer durchgängigen Konvention und organisiert nach Geschäftsobjekten, vorstellen, Enterprise Services als nach einer durchgängigen Konvention entworfene Web-Services (siehe Abschn. 10.6).

9.5 Übungen und Lösungsvorschläge

9.5.1 Übungen

Aufgabe 9.1 (XML-Dokumente):

Das Unternehmen „Lieferfix AG" möchte einen Produktkatalog erstellen, welcher von anderen (Kunden-) Unternehmen verwendet wird, z. B. in einem webbasierten Beschaffungssystem (E-Procurement). Dazu sollen Daten eines Teils seiner eigengefertigten oder fremdbeschafften Materialien eingebracht werden.

[14] Hier ist nur eine der Möglichkeiten von Batch-Input beschrieben. Es gibt auch *Standard-Batch-Input-Programme*, welche nicht nur einen bestimmten Pfad durch eine Transaktion abdecken, sondern viele (im Idealfall alle), und von SAP bereitgestellt werden (Willinger und Gradl 2007, S. 64). Außerdem gibt es verschiedene Varianten, wie Programme erzeugt werden und wie Batch-Input-Mappen abgespielt werden. Insbesondere gibt es den Mechanismus der *Fehlermappen*, womit das fehlerhafte Abspielen von Batch-Input-Mappen nachbehandelt werden kann (Willinger und Gradl 2007, S. 88 ff.).

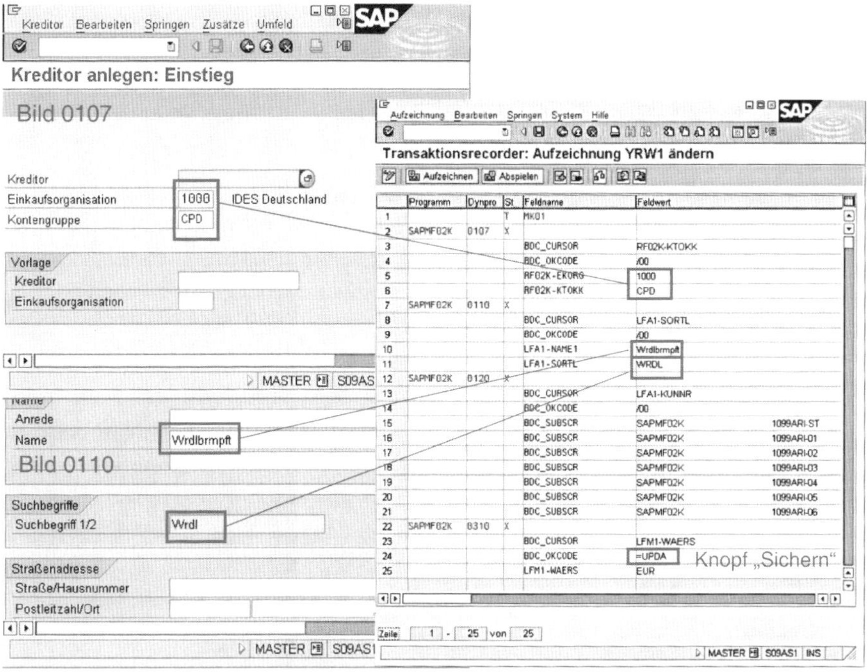

© SAP AG

Abb. 9.13 Batch-Input in SAP-Software

Lieferfix speichert heute in seinem Materialwirtschaftssystem für die Materialien unter anderem die folgenden Daten ab: Materialnummer, Bezeichnung des Materials, Kostenstelle der Fertigung oder Beschaffung, Einheit (Dimension) des Materials (z. B. „Stück“, „Kilogramm“, „Meter“), Fertigungskosten pro Einheit, Verkaufspreis pro Einheit, Höhe des aktuellen Lagerbestands, Lagerkosten pro Einheit und Geschäftsjahr, Bezugsquelle (für fremdbeschaffte Materialien), Mengenrabattkondition, verkaufte Stückzahl im aktuellen Geschäftsjahr.

a) Geben Sie den Produktkatalog, der an die Kundenunternehmen übermittelt werden soll, im XML-Format an. Überlegen Sie dabei auch, welche der vorhandenen Informationen in den Produktkatalog aufgenommen werden sollen.
   Typischerweise enthält ein solcher Produktkatalog viele Produkte. Zur Schreiberleichterung reicht es aus, wenn Ihr Beispielproduktkatalog nur zwei Produkte enthält, die Sie frei wählen können.
b) Geben Sie ein XML Schema für den Produktkatalog an. Prüfen Sie die Konsistenz zwischen Dokument und Schema (z. B. mit dem Microsoft Visual Studio oder mit dem unter dem URL http://tools.decisionsoft.com/schemaValidate/, abgerufen am 21.12.2011, erreichbaren Werkzeug).

Aufgabe 9.2 (Datenformat für Altdatenübernahme):

Ein Unternehmen löst sein altes Anwendungssystem ab und muss die Altdaten zumindest teilweise in das neue System übernehmen. In welchen Fällen würden Sie XML als Datenformat wählen?

9.5.2 *Lösungsvorschläge für die Übungen*

Aufgabe 9.1 (XML-Dokumente):

a) Zunächst ist zu überlegen, welche Informationen im Produktkatalog nach außen erscheinen sollen. Z.B. haben die Fertigungskosten im Allgemeinen nichts darin zu suchen (wirtschaftlicher Teil der Aufgabenstellung). Dann erfolgt die Umsetzung in XML (technischer Teil).

```
<?xml version="1.0"?>
<productCatalog>
 <company>Lieferfix AG</company>
 <version>2.1</version>
 <currencyUnit>EUR</currencyUnit>
 <products>
  <product>
   <ID>1938293232</ID>
   <name>E-Gitarre HyperTap</name>
   <unit>p</unit>
   <price>345.00</price>
   <onStock>A</onStock>
  </product>
  <product>
   <ID>322394837</ID>
   <name>E-Gitarrenkabel KT-39</name>
   <unit>p</unit>
   <price>12.00</price>
   <discount>Ab 3: 7 Prozent Rabatt</discount>
   <onStock>B</onStock>
  </product>
 </products>
</productCatalog>
```

Das Dokument hat eine Kopf-Positionsstruktur. Insbesondere im Kopf wurden in der Lösungsskizze nur exemplarisch einige Daten aufgenommen, z. B. die Währungseinheit, welche hier für alle Positionen gilt. Weitere wären das Gültigkeitsintervall und die Sprache des Produktkatalogs.

Der Rabatt ist in der Lösungsskizze nur informell wiedergeben. Eine stärkere Formalisierung, z. B. Staffelpreise, ist möglich. Jedoch erscheint es schwierig und aufwändig, alle möglichen Rabatte abzubilden.

b)

```
<?xml version="1.0"?>
<xsd:schema xmlns:xsd="http://www.w3.org/2001/XMLSchema">
 <xsd:element name="productCatalog">
  <xsd:complexType>
   <xsd:sequence>
         <xsd:element name="company" type="xsd:string"/>
         <xsd:element name="version" type="xsd:string"/>
    <xsd:element name="currencyUnit" type="xsd:string"/>
    <xsd:element name="products">
     <xsd:complexType>
      <xsd:sequence>
       <xsd:element name="product" maxOccurs=ünbounded">
        <xsd:complexType>
         <xsd:sequence>
              <xsd:element name="ID"       type="xsd:string"/>
              <xsd:element name="name"     type="xsd:string"/>
              <xsd:element name="unit"     type="xsd:string"/>
              <xsd:element name="price"    type="xsd:string"/>
              <xsd:element name="discount" type="xsd:string"
                     minOccurs="0"/>
              <xsd:element name="onStock"  type="xsd:string"/>
         </xsd:sequence>
        </xsd:complexType>
       </xsd:element>
      </xsd:sequence>
     </xsd:complexType>
    </xsd:element>
   </xsd:sequence>
  </xsd:complexType>
 </xsd:element>
</xsd:schema>
```

Wichtig ist, dass der Rabatt optional ist (`minOccurs="0"`), das Produkt eine Wiederholstruktur (`maxOccurs="unbounded"`) ist. Vereinfachend wird `string` für alle elementaren Datentypen verwendet.

Aufgabe 9.2 (Datenformat für Altdatenübernahme):

XML hat gegenüber reinen Rohdaten einen gewissen Mehraufwand, denn die beschreibende Information ist Teil der Daten. Da die Datenstrukturen von Quell- und Zielsystem bei der Altdatenübernahme gut bekannt sind, keinem Standard entsprechen, die Übertragung einmalig erfolgt und die zu übertragenden Datenmengen groß sind, erscheint es sinnvoll, wenn die Programme zur Datenübernahme auf die Auszeichnungen verzichten. XML könnte zum Einsatz kommen, wenn Quell- oder Zielsystem für diesen Zweck eine XML-Schnittstelle vorsehen, weil diese dann einfach verwendet werden kann.

9.6 Literatur

9.6.1 Weiterführende Literatur

XML wird mehr oder weniger vertieft in vielen Büchern behandelt. Eine tiefergehende Behandlung findet sich zum Beispiel in
Harold ER, Means WS (2005) XML in a Nutshell. 3. Auflage. O'Reilly, Sebastopol
XML: Kap. 2, Namensräume in XML: Kap. 4, XML Schema: Kap. 16 und als Referenz Kap. 21

Für XML Schema gibt es von der W3 C neben dem Standard eine leichter lesbare Einführung:
W3 C (2004) XML Schema Part 0: Primer, second edition. http://www.w3.org/TR/2004/REC-xmlschema-0-20041028/primer.html Abgerufen am 10.10.2011

9.6.2 Weitere zitierte Literatur

Sebestyen TJ (2010) XML. Pearson, München

Software AG (2011) webMethods Tamino http://www.softwareag.com/Corporate/products/wm/tamino/default.asp Abgerufen am 04.06.2011

Trapp T (2010) XML für ABAP-Entwickler. 2. Auflage, Galileo Press, Bonn

Walmsley P (2002) Definitive XML Schema. Prentice Hall PTR, Upper Saddle River, NJ

Willinger M, Gradl J (2007) Datenmigration in SAP. 2. Auflage, Galileo Press, Bonn

Kapitel 10
Funktionsorientierte Integration

Computer age – in harms way
We will prevail and perform our function.
We R in Control
Neil Young[1]

Zusammenfassung

Die funktionsorientierte Integration wird am Beispiel von Web-Services dargestellt. Das Konzept, der Ablauf zur Laufzeit, die methodische Vorgehensweise zur Definitionszeit und die dabei verwendeten Standards SOAP, WSDL und UDDI werden behandelt. Neben den technischen Aspekten werden auch organisatorische angesprochen. Web-Services werden kurz mit anderen Ansätzen der funktionsorientierten Integration verglichen. Beispiele sind das SAP Business Programming Interface (BAPI) und SAP Enterprise SOA.

Lernziele

- Die funktionsorientierte Integration am Beispiel von Web-Services kennenlernen.
- Einen einfachen Web-Service mit Microsoft Visual Studio entwickeln können.

[1] Young N (1982) Computer Age. LP, Geffen Records.

R. Weber, *Technologie von Unternehmenssoftware*, DOI 10.1007/978-3-642-24423-0_10,

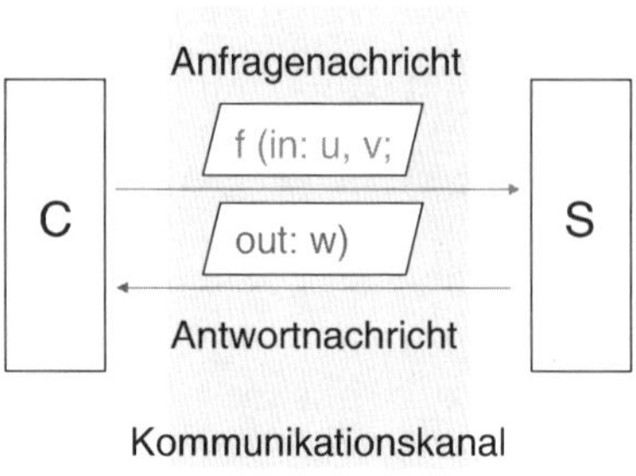

Abb. 10.1 Funktionsaufruf über einen Kommunikationskanal

10.1 Modell

Unter funktionsorientierter Integration verstehen wir schlichtweg, dass ein Programm `C` *(Client)* in einem System eine Funktion `f` in einem zweiten System `S` *(Server)* aufruft – die Idee des klassischen *Remote Procedure Call (RPC*, siehe Abschn. 10.7 für eine Einordnung der Techniken). Etwas allgemeiner könnte man formulieren, dass Funktionsaufrufe über Systemgrenzen hinweg gehen können aber nicht müssen. Lokale Funktionsaufrufe sind also nicht ausgeschlossen. Die Systemunabhängigkeit wurde in Abschn. 6.5.1 als Merkmal serviceorientierter Architekturen genannt. Statt als Serversystem kann `S` auch als Serverfunktion gesehen werden. Abbildung 10.1 verdeutlicht das Modell. `C` sendet über einen Kommunikationskanal eine Anfragenachricht, worin der Funktionsaufruf verpackt ist: im Beispiel der Funktionsname `f` und zwei Eingabeparameter `u` und `v`. Im Serversystem `S` wird die Nachricht ausgepackt, die Funktion `f` mit den Eingabeparametern `u` und `v` aufgerufen und das Ergebnis, in unserem Fall ein Ausgabeparameter `w`, ermittelt. Jener wird in eine Antwortnachricht verpackt und über den Kommunikationskanal zurückgesendet.

Wir sehen uns die funktionsorientierte Integration am Beispiel von Web-Services an. Teilweise wird der Begriff „Web-Service“ weiter ausgelegt: jede Form von Dienst, der im Inter- oder Intranet aufrufbar ist. Insbesondere wären Web-Seiten dann Web-Services. In diesem Kapitel wird dagegen der Begriff wie in der Informatik üblich enger gefasst, nur als Programm-zu-Programm-Kommunikation. Und vornehmlich mit den Standards SOAP als Nachrichtenformat zur Laufzeit, Web Service Description Language (WSDL) zur Definitionszeit und Universal Description, Discovery and Integration (UDDI) für Funktions- bzw. Dienstverzeichnisse[2]. In Kap. 11 werden weitere Techniken behandelt, welche die Funktionalität und Qualität der funktionsorientierten Integration ausbauen.

---

[2] Mit REST (REpresentational State Transfer) gibt es auch eine leichtgewichtigere Möglichkeit für Web-Services, basierend auf Fielding (2000).

Wir verwenden Web-Services aus den folgenden Gründen zur Erläuterung:

- Die Prinzipien des entfernten Funktionsaufrufs sind bei anderen Techniken (RPC, RMI, CORBA) ähnlich. Ein Beispiel reicht aus, um das Konzept zu verstehen
- Web-Services sind weit verbreitet und in vielen Programmierumgebungen verfügbar. Sie gelten heute als erster Kandidat für den plattformübergreifenden Funktionsaufruf.
- Da Web-Services auf XML aufbauen, lässt sich unsere XML-basierte Darstellung, begonnen mit dem Datenaustausch in Kap. 9, fortsetzen.
- In Abschn. 6.5.1 hatten wir die serviceorientierte Architektur (SOA) kennengelernt. Web-Services werden heute als die wichtigste Implementierungsmöglichkeit für SOA angesehen, und viele in SOA etwas vage gehaltene Dinge lassen sich damit präzisieren. Jedoch sind Web-Services nicht notwendigerweise mit der Architekturvision von SOA verbunden. Sie sind bereits für sich ein solider Integrationsansatz.

Schon in Kap. 7 hatten wir gesehen, dass sich Integrationstechniken sowohl an die unternehmensinterne Integration *(Enterprise Application Integration – EAI –* oder *Application to Application Integration – A2A)* als auch an die unternehmensübergreifende bzw. zwischenbetriebliche Integration *(Business to Business Integration – B2B)* richten. Die Konzepte sind in beiden Fällen ähnlich, bei der unternehmensübergreifenden Integration ergeben sich jedoch zusätzliche Anforderungen, z. B. bezüglich Sicherheit. Tatsächlich werden Web-Services heute meist unternehmensintern oder zwischen eng kooperierenden Geschäftspartnern genutzt (vgl. Alonso et al. (2004, S. 184), was nach meiner Einschätzung heute weiterhin so ist). In diesem Kapitel haben wir mehr die unternehmensinterne Integration im Fokus. In Kap. 11 sprechen wir auch (aber nicht nur) Aspekte unternehmensübergreifender Integration an.

Sehen wir uns das Modell von Web-Services im Vergleich zu Geschäftsobjekten an (vgl. Abschn. 2.4, Abb. 2.7). Eine Web-Service-Schnittstellenbeschreibung umfasst zunächst allein Operationen, Abb. 10.2, welche den Methoden von Geschäftsobjekten vergleichbar sind, aber keine Attribute und Ereignisse – das Konzept ist nicht objektorientiert. Implementierungen von Web-Services verwenden dagegen oftmals Objektorientierung (vgl. Aufgabe 10.1), in dem Sinne, dass technische Server-Objekte die Operationen anbieten. Die Operationen sind wie Methoden von Geschäftsobjekten grobgranular, was sich insbesondere positiv auf die Performanz (weniger Netzverkehr) auswirkt. Das Lesen von „Attributen" wird durch Leseoperationen realisiert. Eine Möglichkeit zur Abbildung von Ereignissen werden wir in Kap. 11 kennenlernen. Die Operationen sind verpflichtend in Schnittstellen zusammengefasst: selbst wenn der Web-Service nur eine Operation anbietet, ist dafür also eine Schnittstelle mit dieser Operation nötig. Schnittstellen passen ebenfalls ins objektorientierte Konzept von Geschäftsobjekten, wenngleich in Abschn. 2.4 nicht explizit erwähnt.

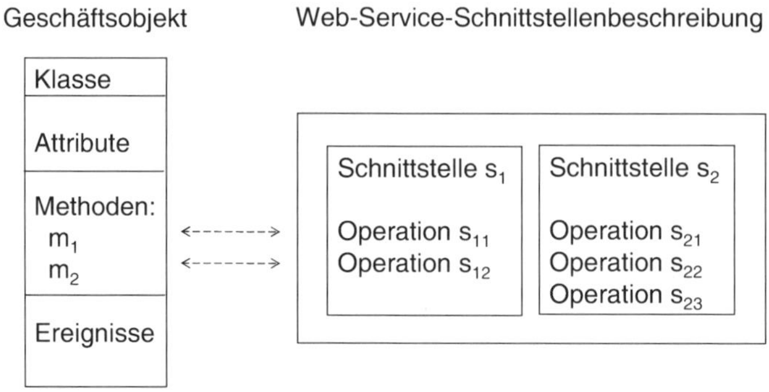

Abb. 10.2 Web-Service-Definition

Tatsächlich gebrauchen wir in diesem Kapitel lieber und synonym den Begriff „*Funktion*" als Operation oder Methode, und dies in einem weiten Sinne. Es kann sich um eine *Funktion* im engeren, programmiersprachlichen Sinne handeln, also ein *Unterprogramm* oder eine *Prozedur* der prozeduralen Programmierung. Aber wir verwenden ihn ebenso für eine *Methode* der objektorientierten Programmierung oder eines Geschäftsobjekts.

Bei einem Web-Service wird für jede Operation formal festgelegt, welche Anfrage- und Antwortnachricht vorgesehen sind und wie deren Aufbau ist. Die Bedeutung (Semantik) wird dagegen nur informell beschrieben.

Zur Sprechweise: Aufgerufen werden bei einem Web-Service die Operationen, wenngleich manchmal verkürzend von einem „Aufruf des Web-Service" gesprochen wird, z. B. dann, wenn dieser nur eine Service-Operation enthält. Der Client wird auch Aufrufer, Sender oder Konsument eines Dienstes genannt, der Server Aufgerufener, Empfänger oder Anbieter des Dienstes.

Im Folgenden konzentrieren wir uns auf das gebräuchliche Interaktionsmuster Anfrage-Antwort. Andere Interaktionsmuster werden in Kap. 11 angesprochen.

10.2 Ablauf zur Laufzeit

Verfeinern wir nun den im vorigen Abschnitt dargestellten Ablauf am Beispiel von Web-Services (Abb. 10.3). Der Client ruft eine sehr stark vereinfachte Bestellfunktion auf: Übergeben wird die Nummer eines Materials, wovon ein Stück bestellt werden soll, als Ergebnis wird eine Auftragsnummer zurückgegeben. Die starke Vereinfachung bezieht sich auf die Anzahl und Struktur der Parameter. Damit soll das Beispiel klein gehalten werden, wodurch die XML-Dokumente übersichtlich sind.

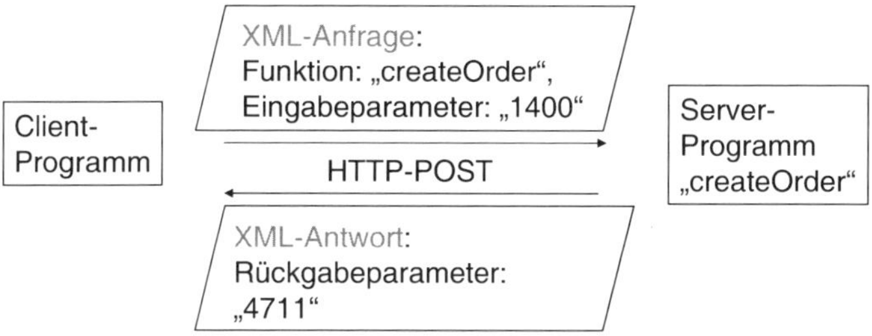

Abb. 10.3 Web-Service-Aufruf

Die Funktion ist technisch die statische Methode `createOrder` der Klasse `purchaseOrder`. Dass es sich um eine statische Methode handelt, ist typisch für Web-Services. Zwar werden heute Programme für Web-Services üblicherweise objektorientiert entwickelt, Web-Service sind aber konzeptuell funktionsorientiert.

Der übliche Ablauf ist wie folgt (Abb. 10.4, ähnlich wie in Alonso et al. 2004, S. 163f.). Wir wählen zur Kommunikation die HTTP-Methode POST, eine synchrone Kommunikation. Andere Möglichkeiten sehen wir uns in Kap. 11 an. Die Abbildung ist so gestaltet, dass sie das Prinzip jeglichen entfernten Funktionsaufrufs wiedergibt, also ebenso z. B. für RPC gilt. Web-Service-spezifische Erklärungstexte, XML, SOAP (s. u.) und HTTP betreffend, sind in den Schritten 2, 3 und 5 zu finden.

Auf der Client-Seite:

- 1: Das Client-Programm löst den Funktionsaufruf aus. Tatsächlich wird ein *Client-Stub*, ein Stellvertreter (auch *Proxy*, *Proxyprozedur* oder *Proxyobjekt* genannt) für die entfernte Funktion, aufgerufen. Der Aufruf ist im Programm also üblicherweise wie ein lokaler Funktionsaufruf gestaltet, wobei konfiguriert oder im Programm angegeben ist, dass die Funktion im Serversystem durchzuführen ist.
- 2: Der Client-Stub verpackt den Funktionsaufruf aufgrund der Konfigurationsinformation in ein XML-Anfragedokument und übergibt es an den Kommunikationskanal. Zudem wird ein weiteres Einpacken für den Kommunikationskanal durchgeführt („HTTP Wrap“, vgl. Alonso et al. 2004, S. 163), analog beim Empfang des Antwortdokuments und beim Dispatcher auf der Serverseite. Das XML-Anfragedokument enthält den Namen der Funktion und die Eingabeparameter.

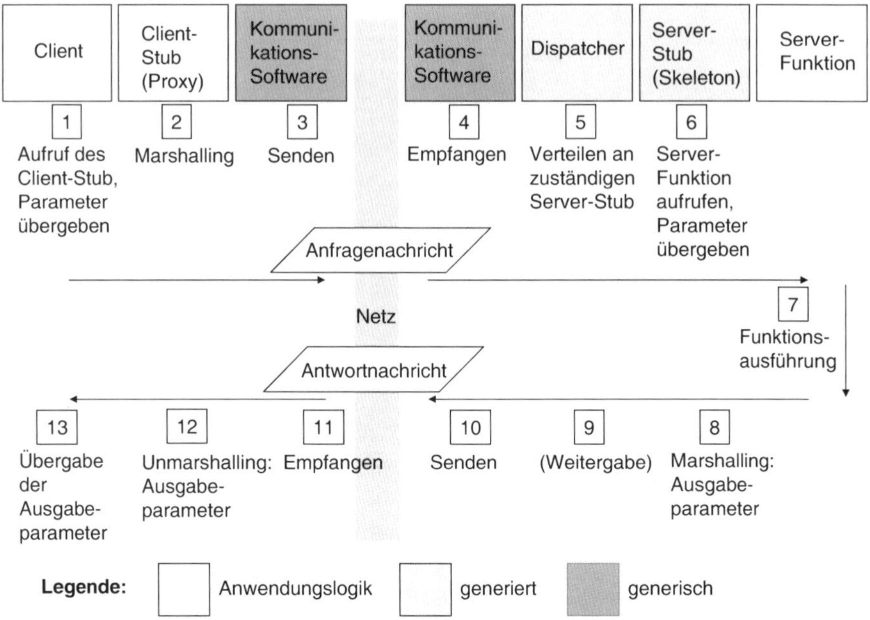

Abb. 10.4 Detailablauf des Funktionsaufrufs

Dieses Verpacken nennt man *Serialisierung* oder *Marshalling*[3]. Die Parameter werden dabei mit dem Parameterübergabemechanismus Call-by-Value (für Eingaben) oder Call-by-Copy/Restore (für Ausgaben), übergeben, was als Ersatz für Call-by-Reference verwendet wird. Call-by-Reference ist problematisch, da die beiden Systeme nicht im selben Adressraum laufen. Bei Call-by-Copy/Restore wird der übergebene Parameterwert kopiert, das Ergebnis berechnet und der Parameter des Aufrufers mit dem Ergebniswert überschrieben (Tanenbaum und van Steen 2007, S. 152). Der Client-Stub kann dabei meist auf generische Funktionen zugreifen, *SOAP-Engine* oder *SOAP-Prozessor* genannt (Alonso et al. 2004, S. 163).

- 3: Das Anfragedokument wird (üblicherweise) mittels HTTP an das Empfängersystem gesendet, genauer gesagt mit der HTTP-Methode POST. HTTP bietet, z. B. im Gegensatz zur direkten Verwendung von TCP/IP, den Vorteil, dass es durch Firewalls getunnelt werden kann (Alonso et al. 2004, S. 152). Der URL des Empfängersystems ist als Konfigurationsinformation bereitgestellt oder wird dynamisch im Client-Programm gesetzt.

[3] Teilweise werden die Begriffe synonym verwendet. Es gibt einen feinen Unterschied: Marshalling bedeutet, Daten in eine Nachricht eines bestimmten Formats einzupacken. Serialisierung transformiert eine solche Nachricht in einen Bytestrom (Alonso et al. 2004, S. 37).

Das Client-Programm wartet dann auf das Antwortdokument. HTTP-POST blockiert während des Aufrufs. Anfrage- und Antwortdokument werden somit in derselben HTTP-Methode übermittelt, es handelt sich nicht um zwei getrennte Sendevorgänge. Andere Kommunikationsmöglichkeiten sehen wir in Kap. 11.

Fortsetzung auf der Serverseite:

- 4: Das Serversystem erhält das Anfragedokument.
- 5: Der Dispatcher (auch *SOAP-Router* genannt) verteilt es an den zuständigen *Server-Stub* (auch *Skeleton* genannt), das Analogon zum Client-Stub auf der Serverseite. Die Verteilung kann auf dem URL, an den die Nachricht gerichtet ist, bzw. Teilen davon basieren.
- 6: Der Server packt die Daten aus *(Deserialisierung* bzw. *Unmarshalling)*: Funktionsname und Eingabeparameter. Danach ruft er die Funktion mit den Eingabeparametern auf.
- 7: Sie berechnet Ausgabeparameter, hier die Auftragsnummer.
- 8: Diese packt das Serversystem in ein Antwortdokument (wiederum Serialisierung/Marshalling),
- 9: es wird weitergegeben und
- 10: an das Clientsystem gesendet.

Fortsetzung auf der Client-Seite:

- 11: Der Client erhält das Antwortdokument und
- 12: packt die Daten aus *(Deserialisierung* bzw. *Unmarshalling)*, die Ausgabeparameter.
- 13: Die Ausgabeparameter werden an den „lokalen Funktionsaufruf" übergeben. Der Funktionsaufruf ist damit beendet.

Bei den eingesetzten Programmen gibt es funktionsabhängige zu entwickelnde Teile – diese müssen von Entwicklern auf der Client- und Server-Seite bereitgestellt werden (Anwendungslogik). Es gibt funktionsabhängige generierte Teile, welche von der Entwicklungsumgebung automatisch erzeugt werden (siehe Abschn. 10.3). Und es gibt funktionsunabhängige Teile der Infrastruktur, die bereits vorhanden sind und bei allen Funktionen verwendet werden können.

Der entfernte Funktionsaufruf soll möglichst wie ein lokaler erscheinen. An einer Stelle wird jedoch der Unterschied deutlich: Kommunikationsfehler sind möglich, und unterschiedlich aufwändige Maßnahmen, abhängig auch von der Art der Funktion, können getroffen werden, um diese zu verbergen (siehe Abschn. 11.2).

Bei Serialisierung/Marshalling und Deserialisierung/Unmarshalling ist zu beachten, dass die Datenformate im Client- und Serversystem nicht übereinstimmen müssen. Zum Beispiel können Zeichenketten in unterschiedlichen Systemen unterschiedlich kodiert sein oder die Byteanordnung kann anders sein (Little Endian, Big Endian). Die Problematik wird ausführlich in (Tanenbaum und van Steen 2007, S. 154 ff.) behandelt, wenngleich im Kontext von RPC. Die Lösung ist die Übersetzung in ein eindeutiges Übertragungsformat. Der Client kodiert sein Format in dieses Übertragungsformat, der Server dekodiert das Übertragungsformat in sein Format. Auf diese Weise wird ein programmiersprachenübergreifender Funktionsaufruf ermöglicht.

Anfrage- wie Antwortdokument werden in Web-Services auf die gleiche Art kodiert:

- Makroebene[4]: Diese Ebene betrifft die äußere Hülle, wie die beiden Dokumente gestaltet sind. Es wird das sog. *SOAP-Format* verwendet (Abb. 10.5), welches XML-basiert ist. SOAP ist ein W3 C-Standard. Danach besteht eine SOAP-Nachricht aus einem Umschlag (Element `Envelope`, das Wurzelelement einer SOAP-Nachricht), einem optionalen Kopf (Element `Header`, in unserem Beispiel nicht nötig, daher weggelassen) und einem Rumpf (Element `Body`). Neben dieser Strukturierung einer Nachricht bietet SOAP auch ein Format für Ausnahmen in Fehlersituationen.
- Mikroebene: Es gibt eine Reihe von vordefinierten Möglichkeiten, wie die Kodierung des Funktionsnamens, der Parameternamen und -werte vorgenommen werden kann. Welche dieser Möglichkeiten verwendet werden soll, wird bei der Definition des Web-Service festgelegt.

Details zur Mikroebene: Dies ist eine der verzwickteren Ecken von Web-Services, und das Verständnis bringt uns keinen größeren Nutzen. Für Neugierige trotzdem einige Worte: Bei der Definition eines Web-Service wird festgelegt, welcher *Interaktionsstil* (Interaction Style) und welche *Kodierungsregeln* (Encoding Rules) angewendet werden. Entsprechend sieht der Inhalt einer SOAP-Nachricht unterschiedlich aus. Beim Interaktionsstil gibt es die Möglichkeiten *document* und *rpc*. Bei „document“ ist jede Nachricht ein Dokument, vereinbart zwischen Sender und Empfänger, bei RPC wird die Funktionssignatur von der SOAP-Middleware umgesetzt. An Kodierungsregeln gibt es die sog. *SOAP-Kodierung* (SOAP-Nachrichten sind es aber in jedem Fall), die bestimmt, wie Basistypen (z. B. Integer, String) und komplexe Typen kodiert werden. Die alternative Kodierungsregel ist *literal*, wo eine XML-Schema-Repräsentation der Datenstrukturen verwendet wird (Alonso et al. 2004, S. 158 f.).

Zur Verwendung des Kopfes: Im Modell von SOAP wird davon ausgegangen, dass eine SOAP-Nachricht mehrere Knoten durchlaufen kann. SOAP ist unabhängig vom Transportprotokoll und auch für eine solche schrittweise Übertragung offen. Wir gingen implizit davon aus, dass die Nachricht direkt vom Sender zum Empfänger übermittelt wird. Der Kopf ist insbesondere für diese schrittweise Über-

[4] Die Bezeichnung „Mikro-“ und „Makroebene“ sind eigene, nicht von Web-Services vorgegebene Begriffe.

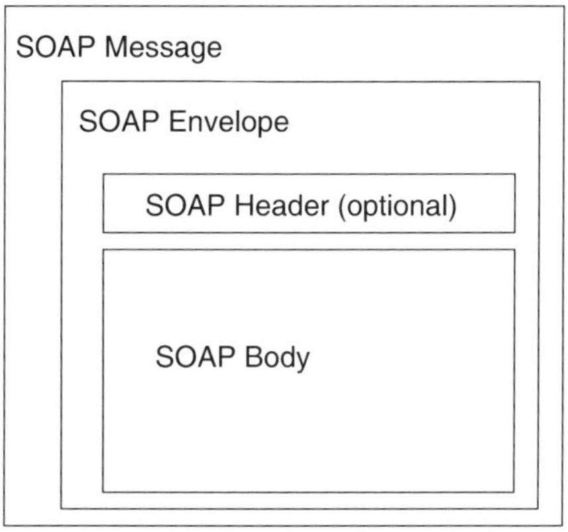

Abb. 10.5 SOAP-Nachricht

```
<soap:Envelope
 xmlns:soap="http://www.w3.org/2003/05/soap-envelope">
  <soap:Body>
    <po:createOrder
     xmlns:po="http://www.mycompRW721.de/ns/po/">
       <po:number>1400</po:number>
    </po:createOrder>
  </soap:Body>
</soap:Envelope>
```

Abb. 10.6 Anfrage im Web-Service-Operationsaufruf

mittlung durch mehrere Knoten wichtig, aber auch für Transaktionen sowie zur Authentifizierung und Autorisierung. Für Knoten können verschiedene Rollen definiert sein, die festlegen, wie sie mit den Kopfattributen umgehen (Alonso et al. 2004, S. 157).

Ein Beispiel für ein Anfrage- und ein Antwortdokument zeigen Abb. 10.6 und 10.7[5].

Neben der Kapselung als SOAP-Nachricht (`Envelope` und `Body`) fallen der Funktionsname `createOrder` und der Eingabeparametername `number` auf. Beide verwenden den anwendungsspezifischen Namensraum einer Bestellung, hier http://www.mycompRW721.de/ns/po/, welcher unter dem Präfix `po` verwendet wird. Die Nummer `1400` sei die Materialnummer des zu bestellenden Materials.

Im Antwortdokument finden sich zwei funktionsspezifische Elemente, `createOrderResponse` und `createOrderResult`. Hierbei wird nach den Kodierungsregeln der Mikroebene an den Funktionsnamen `createOrder` ein `Response` angehängt, um zu signalisieren, dass es das Antwortdokument ist. Der Ästhet wird bemängeln, dass es ist nicht symmetrisch gehalten ist, da im

[5] In der Mikroebene wird hier die Kodierung `document/literal`verwendet.

```
<soap:Envelope
 xmlns:soap="http://www.w3.org/2003/05/soap-envelope">
  <soap:Body>
    <po:createOrderResponse
     xmlns:po="http://www.mycompRW721.de/ns/po/">
       <po:createOrderResult>4711</po:createOrderResult>
    </po:createOrderResponse>
  </soap:Body>
</soap:Envelope>
```

Abb. 10.7 Antwort im Web-Service-Operationsaufruf

Anfragedokument kein `Request` an den Funktionsnamen angehängt wird. Der Funktionswert wird durch das Anhängen von `Result` an den Funktionsnamen wiedergegeben.

Die Zuordnung eines Antwort- zu einem Anfragedokument ist hier implizit, da HTTP-POST beim Senden des Anfragedokuments blockiert bis das dazugehörige Antwortdokument empfangen wird. Die Adresse des Dienstes ist nicht in der SOAP-Nachricht enthalten, es ist durch den URL gegeben, an den HTTP-POST gerichtet wird[6].

10.3 Entwicklung zur Definitionszeit

10.3.1 Definition mit WSDL

Wie ein Funktionsaufruf zur Laufzeit ist auch die Schnittstelle eines Funktionsaufrufs zur Definitionszeit programmiersprachenunabhängig beschrieben. Dazu dient die *Web Service Description Language (WSDL)*, ebenfalls ein W3 C-Standard. Es gibt ihn in der heute noch viel verwendeten Version 1.1 von 2001 und in der neuen Version 2.0 von 2007, mit einer leicht unterschiedlichen Terminologie.

Eine Funktion wird dort *(Service-)Operation* genannt. In WSDL wird nicht jede Operation in einem eigenen Dokument beschrieben, vielmehr werden mehrere Operationen zu einer *Servicedefinition* zusammengefasst. Zur Strukturierung wird eine Web-Service-Definition in mehrere *Schnittstellen* unterteilt (in WSDL 1.1 etwas

[6] Ebenso wenig ist Routing-Information, also eine Sequenz von Knoten, die zu durchlaufen ist, im SOAP-Standard enthalten. In weiteren Web-Service-Standards werden diese Aspekte angesprochen: *WS-Addressing*, womit eine Adresse innerhalb einer SOAP-Nachricht angegeben werden kann; neben dem URI können auch weitere referenzierende Angaben zum Identifizieren des Dienstinstanzobjekts herangezogen werden. Mit *WS-Routing* können SOAP-Pfade von Knoten im Kopf angegeben werden (Alonso et al. 2004, S. 191 f.).

missverständlich *„Port Types"* genannt, in WSDL 2.0 dann *„Interfaces"*), welche jeweils Operationen umfassen.

Jede Operation wird durch (abhängig vom Interaktionsmuster bis zu) zwei XML-Dokumente verkörpert, ein Anfrage- und ein Antwortdokument. Jedes der Dokumente enthält neben dem Operationsnamen Parameter, wiedergegeben durch *Parts*. Für jeden Part wird ein XML-Schema-Datentyp angegeben. Prinzipiell sind auch andere Typsysteme als XML Schema in WSDL möglich (Alonso et al. 2004, S. 167). Operationen können *Ausnahmen* für Fehlersituationen haben, die ebenfalls in der WSDL-Definition beschrieben sind.

Der *abstrakte Teil* eines Web-Service (Alonso et al. 2004, S. 167), auch *Definitionsteil* genannt, legt seine Signatur formal fest. Was offensichtlich zumindest noch fehlt, ist die Adresse, wo der Web-Service aufgerufen werden kann, z. B. ein URL. Dies findet sich im *konkreten Teil*. Er wird etwas missverständlich auch *Implementierungsteil* genannt, denn er enthält nicht, wie der Implementierungsteil einer Klasse, Programmcode, welches den Web-Service implementiert.

Tatsächlich hat man hier beim Konzept noch eine Schleife mehr gedreht, und es mag daher etwas schwerer zu verstehen sein. Abbildung 10.8 gibt das Konzept und die Verbindung zum Definitionsteil wieder.

Das erste Teilkonzept des Implementierungsteils ist das *Transport-Binding*: Ein Web-Service wird heute in der Praxis meist über den Kommunikationskanal HTTP abgewickelt. Tatsächlich könnte er auch über andere Kommunikationskanäle laufen, theoretisch z. B. über SMTP (E-Mail), der Web-Service-Standard hält dies zumindest offen. Die Festlegung geschieht im Transport-Binding[7]. Ein Transport-Binding wird jeweils für eine Schnittstelle eines Web-Service definiert. In der Abbildung sehen wir einen Web-Service mit zwei Schnittstellen 1 und 2. Für jede Schnittstelle gibt es ein Transport-Binding[8].

Transport-Bindings können nun Adressen zugeordnet werden. Hierfür gibt es ebenfalls ein Teilkonzept, das der *Ports* (auch *Endpoints* genannt). Ein Port hat einen Namen und zwei Bestandteile: ein Transport-Binding und eine Adresse (z. B. ein URL). Die Operationen der Schnittstelle, für die das Transport-Binding definiert wurde, sind dann unter jener Adresse erreichbar. Für dasselbe Transport-Binding können mehrere Ports mit unterschiedlichen Adressen hinterlegt sein, z. B. ein URL in Amerika, einer in Europa. Im Beispiel gibt es für das Transport-Binding 1 (und damit für die Schnittstelle 1) zwei Ports mit unterschiedlichen Adressen, für das Transport-Binding 2 gibt es dagegen nur einen Port und entsprechend nur eine Adresse.

---

[7] Ein Kommunikationspurist mag sich am Wort „Transport" stören. Es ist hier in einem weiteren Sinne gebraucht.

[8] Es könnte noch etwas komplizierter werden: Für ein und denselben Web-Service sind verschiedene *Transport-Bindings* möglich, etwa damit auf den Web-Service sowohl über HTTP als auch über SMTP zugegriffen werden kann. Daher könnte es für eine Schnittstelle mehrere Transport-Bindings geben.

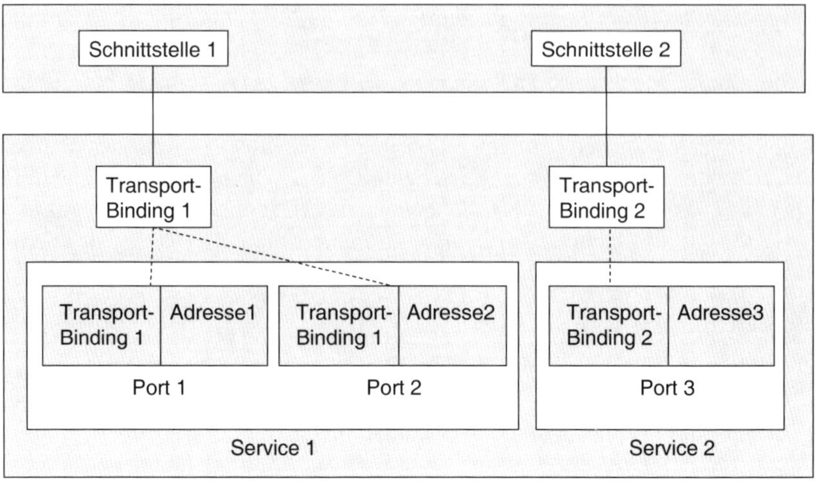

Abb. 10.8 Konkreter Teil eines Web-Service

Und schließlich existiert noch das Teilkonzept des *Service*, m.E. ein etwas unglücklicher Name, wenn das Ganze Web-Service genannt wird. Ein Service ist eine Zusammenfassung von mehreren Ports. Im Beispiel geschieht die Zusammenfassung gemäß den Schnittstellen.

Der konkrete Teil ist neu gegenüber anderen Schnittstellenbeschreibungssprachen, welche sich auf die Signaturen der Funktionen bzw. Methoden beschränken (Alonso et al. 2004, S. 166).

10.3.2 Methodisches Vorgehen

Bei der Entwicklung und Nutzung eines Web-Service stellen sich zwei Fragen:

1. Server-Programm: Wie entwickle ich einen Web-Service und wie stelle ich ihn zur Verfügung?
2. Client-Programm: Wie rufe ich eine Web-Serviceoperation auf?

Es gibt zwei methodische Vorgehensweisen (Abb. 10.9). Sie nutzen Funktionalität, welche heutige Entwicklungsumgebungen für Web-Services bereitstellen.

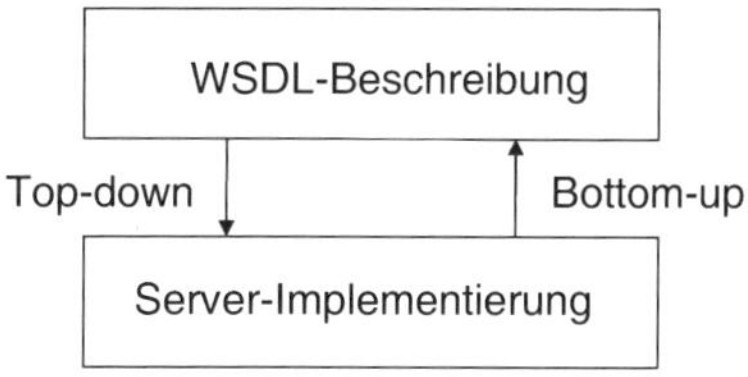

Abb. 10.9 Top-down und Bottom-up

10.3.2.1 Bottom-up (Inside-out, Implementation first)

Hierbei entwickelt man einen Web-Service in der Regel in Form einer Klasse mit (konzeptuell) statischen Methoden (Abb. 10.10), welche allerdings technisch mit einer Objektinstanz einer Serverklasse realisiert sein können (vgl. Aufgabe 10.1). Annotationen in der Entwicklungsumgebung zeigen, dass die Methoden als Serviceoperationen verwendbar sind[9]. Aus dem Quellcode wird zum einen eine WSDL-Datei generiert. Zum anderen kann der Web-Service auf einen geeigneten Web-Server publiziert und damit für Aufrufer zur Verfügung gestellt werden. Dabei wird sowohl der ablauffähige Programmcode als auch die WSDL-Datei bereitgestellt. Mit „geeignet“ ist gemeint, dass der Web-Server eine Laufzeitumgebung zur Ausführung des Web-Service bietet. Hier sieht man, dass für den Aufrufer die Entwicklungs- und Laufzeitplattform unerheblich ist, jedoch nicht für den Server-Entwickler: seine Entwicklungsplattform muss zum Web-Server passen. Die Server-Entwicklung ist damit beendet.

Die WSDL-Datei ist die Grundlage für die Client-Entwicklung. Sie kann auf einer anderen Plattform durchgeführt werden, z. B. könnte der Web-Service in einer Java-Umgebung entwickelt werden, die Client-Implementierung erfolgt jedoch mit Microsoft .NET. Die WSDL-Datei kann wie oben beschrieben auf dem Web-Server abrufbar sein, auf dem der Web-Service publiziert wurde, oder in anderer Weise als Datei bereitgestellt sein. Aus der WSDL-Datei wird ein *Client-Stub* generiert. Der Client-Stub wird vom Aufrufer wie ein lokaler Funktions- bzw. Methodenaufruf verwendet. Tatsächlich verbirgt sich dahinter jedoch Funktionalität, welche die in Abschn. 10.1 beschriebene Kommunikation mit XML-Anfrage- und -Antwort-Dokument abwickelt.

Der Vorteil bei diesem Ansatz ist, dass theoretisch die Entwickler weder bei der Server- noch bei der Client-Entwicklung WSDL verstehen müssen, da die Umsetzung von den Entwicklungsumgebungen durchgeführt wird. In praktischen Fällen kann es jedoch zu Fehlern kommen, wo WSDL-Verständnis weiterhelfen kann, wie auch der folgende Absatz zeigt. Der Ansatz heißt „Inside-out“, weil vom „Inneren“, der Server-Implementierung nach außen, zur Schnittstelle, gearbeitet wird. „Imple-

[9] Für Microsoft .NET werden wir diese in Aufgabe 10.1 sehen. In JAX-WS (Java API for XML based RPC) werden Annotationen `@WebService` für eine zustandsbasierte Session-Bean und `@WebMethod` für einzelne Methoden verwendet, um die Verwendung als Web-Service (-Operation) anzugeben. Daneben gibt es weitere Annotationen für verschiedene andere Aspekte, z. B. den Kodierungsstil (Mandl 2009, S. 219).

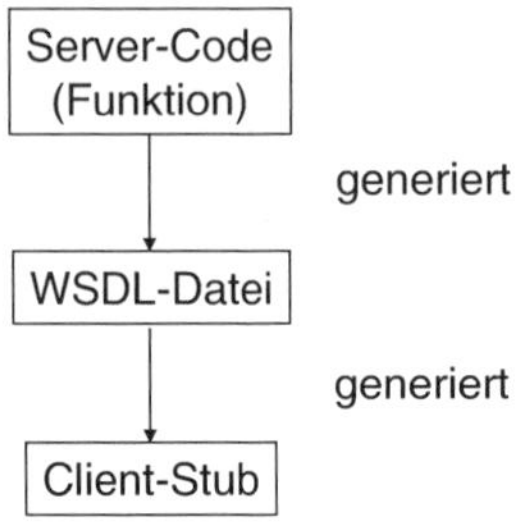

Abb. 10.10 Bottom-up

mentation first" wird der Ansatz genannt, weil mit der Implementierung gestartet wird, und erst daraus die Schnittstelle anfällt.

Wir haben implizit angenommen, dass die WSDL-Datei, welche von der Entwicklungsumgebung des Servers erzeugt wurde, von der des Clients verstanden wird. In praktischen Fällen ist dies teilweise nicht so. Der Grund ist, neben Softwarefehlern, welche immer möglich sind, dass WSDL ein umfangreicher Standard ist und nicht alle Entwicklungsumgebungen alle Facetten nutzen und verstehen. Um das Problem zu lindern, hat die Web Service Interoperability Organization (WS-I) Profile wie das WS-I Basic Profile unterschiedlicher Versionen geschaffen, d. h. Untermengen von WSDL, welche von allen Entwicklungsumgebungen verstanden werden sollten (Web Service Interoperability Organization 2011). Dies betrifft Einschränkungen, z. B. auf den Transport über HTTP und auf bestimmte Interaktionsmuster (van Lessen et al. 2011, S. 52).

10.3.2.2 Top-down (Outside-in, Contract first)

Hier startet man mit einer gegebenen WSDL-Beschreibung (Abb. 10.11). Diese könnte theoretisch „von Hand" geschrieben worden sein, z. B. von einem Standardisierungsgremium erstellt worden sein. Oder sie könnte durch eine Referenzimplementierung des Web-Service entstanden sein und damit technisch wie bei Top-down. Das Ziel ist nun, diesen Web-Service zu implementieren (bzw. weitere Implementierungen neben der Referenzimplementierung bereitzustellen). Während bei Bottom-up der Anbieter des Web-Service die Schnittstelle diktiert, wird Top-down für Standards verwendet, welche von einer Vielzahl von Dienstanbietern implementiert werden könnten.

Ausgangspunkt ist also eine WSDL-Beschreibung. Daraus kann ein *Server-Stub* generiert werden. So könnte eine Klasse mit einer leeren Methode pro Operation mit passenden Parametern bereitgestellt werden, deren Inhalt nun auszuprogrammieren ist. Hinsichtlich der Anwendungslogik ist dies natürlich der entscheidende Schritt. Der Programmierer wird jedoch von lästigen und schematischen Aufgaben der Kapselung als Web-Service befreit, nämlich der XML- und Kommunikationsbehandlung. Per Annotationen wird in der Entwicklungsumgebung wie bei Bottom-up

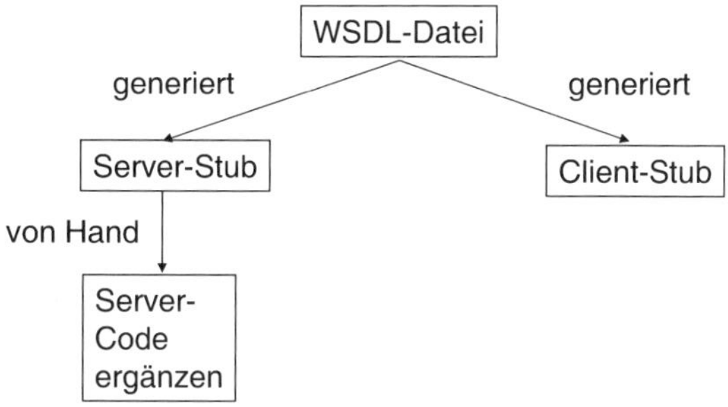

Abb. 10.11 Top-down

beschrieben dafür gesorgt, dass für den Web-Service auf einem Web-Server ablauffähiger Programmcode erzeugt wird.

Der Ansatz heißt „Outside-in", da von außen, d. h. von der Schnittstelle her, begonnen wird. Anders formuliert: der Kontrakt im Sinne der Schnittstelle, welche einzuhalten ist, ist der Ausgangspunkt (Contract first).

Wir haben, um die Erklärung einfach zu gestalten, nur den synchronen Aufruf eines Web-Service betrachtet, welcher aber sehr verbreitet ist. In Kap. 11 werden wir weitere Formen kennenlernen.

10.4 Verzeichnis

Bisher gingen wir davon aus, dass der Aufrufer den zu verwendenden Web-Service bereits kennt. Bei der grundlegenden Web-Service-Technologie gibt es, wie bei anderen Ansätzen der funktionsorientierten Integration, noch eine vermittelnde Komponente: ein *Verzeichnis (Directory, Registratur)*. Dienstanbieter publizieren Dienste in ein solches Verzeichnis, Dienstkonsumenten suchen im Verzeichnis nach einem passenden Dienst.

Hierfür gibt es den OASIS-Standard *Universal Description, Discovery and Integration (UDDI)*. UDDI enthält insbesondere ein API für das Publizieren und Suchen von Diensten sowie für die Kommunikation mit anderen UDDI-Verzeichnissen (Alonso et al. 2004, S. 153 und S. 179). Das API ist selbst als Web-Service realisiert. UDDI legt nicht die genaue Form fest, wie Web-Services im Verzeichnis beschrieben werden. So wird die Verwendung von WSDL nicht vorgeschrieben, wenngleich sie üblich ist. Die Standards sind also komplementär. Auch Suchbegriffe müssen individuell vergeben werden, es gibt keine vorgegebene Kategorisierung, Stichwortverzeichnis oder Ähnliches, wie wir es von gelben Seiten eines Telefonbuchs kennen. Web-Service-Standards sprechen nur über technische, nicht über inhaltliche Aspekte.

Die Suche nach Diensten und Einrichtung der Kommunikation zwischen Client und Server *(Bindung* oder *Binden*, Tanenbaum und van Steen 2007, S. 161) kann zur Definitionszeit geschehen, d. h. durch den Software-Entwickler (*statisches*

Binden[10]). Aus meiner Sicht etwas zu plakativ wird das *dynamische Binden* oftmals in der Literatur dargestellt: hier soll ein aufrufendes Programm dynamisch zur Laufzeit den geeigneten Dienst in einem Verzeichnis ermitteln. Wie Alonso et al. (2004, S. 188 f.) darlegen, wird dies nur in Einzelfällen möglich sein. Denn dem automatischen Finden stehen zwei Probleme entgegen: zum einen muss verstanden werden, was der Dienst leistet und welche Parameter zu belegen sind. Bei beliebigen Diensten ist dies unrealistisch. Für einen eingeschränkten Fall bietet UDDI allerdings eine Möglichkeit: beim Dienst wird in einem UDDI-Verzeichnis eine Referenz zu seiner Beschreibung (WSDL-Spezifikation) angegeben. Diese Referenz hat eine eindeutige Nummer[11]. Kennt man die Nummer, kann man alle Dienste suchen, welche zur Beschreibung passen, d. h. unterschiedliche Implementierungen desselben Dienstes. Aber selbst dann kann der zweite Grund bremsen: bei der unternehmensübergreifenden Nutzung werden Unternehmen nicht spontan funktional passende Dienste aufrufen, dem Aufruf muss vielmehr eine vertragliche Vereinbarung vorausgehen. Weitere Hindernisse sind möglich, etwa dass Dienste dieselbe Schnittstelle haben, aber auf unterschiedliche Mengen von Daten zugreifen (z. B. unterschiedliche Lieferantengruppen). Verschiedene Probleme werden in Alonso et al. (2004, S. 300 ff.) angesprochen.

UDDI wurde anfangs stark für *öffentliche* Verzeichnisse propagiert. Jedoch hat sich dies nicht durchgesetzt, es entstanden keine öffentlichen Verzeichnisse mit hinreichend interessantem Inhalt. Heute wird es eher für *private*, unternehmensinterne Verzeichnisse eingesetzt.

10.5 Organisation

Die bisherigen Ausführungen betrafen die technische Möglichkeit, Funktionen aufzurufen. Vorteilhaft an Web-Services ist die Plattformunabhängigkeit – sieht man von Interoperabilitätsproblemen bei WSDL ab. Allerdings sind typische Schwierigkeiten bei der funktionsorientierten Integration weniger technischer Natur als inhaltlicher: es müssen geeignete Funktionen bereitstehen, welche aufrufbar sind. Zunächst klingt dies trivial. Aber die Frage der Wiederverwendbarkeit von Software hat in der Informatik eine lange Geschichte, und die Ergebnisse sind nicht immer zufriedenstellend. Gewandelt haben sich nur die technischen Mechanismen, wie Funktionen bereitgestellt werden. Sie reichen von Programmbibliotheken, über Vererbungsmechanismen bei der objektorientierten Programmierung bis zu Komponentenmodellen. Typische Aspekte sind:

---

[10] Binden ist hier in einem anderen Sinne als das Transport-Binding eines Web-Service verstanden.

[11] Formal ist die Beschreibung in einem sog. *tModel* (Technical Model) mit dieser Nummer abgelegt (Alonso et al. 2004, S. 177). Verschiedene Realisierungen eines Web-Service können dasselbe tModel referenzieren.

- *Funktionsmenge*: Die Funktionsmenge muss gerade die geeigneten Funktionen enthalten, keine für eine Aufgabenstellung (Geschäftsprozess) benötigte darf fehlen. Im Sinne einer Aufwandsreduktion (Entwicklung, Wartung) sollte die Funktionsmenge jedoch auch nicht zu groß sein, d. h. nicht benötigte Funktionen „auf Halde" beinhalten.
- *Zusammenpassen*: Die Funktionen müssen gut zueinander passen. Zum Beispiel sollte es die üblichen CRUD-Funktionen (create-read-update-delete) geben, daneben spezialisiertere Funktionen (z. B. die Freigabe von Geschäftsbelegen), um den Lebenszyklus eines Geschäftsobjekts komplett abzudecken. Zudem sollte es Weiterverarbeitungsmöglichkeiten geben, z. B. Banfen in Bestellungen umzusetzen, d. h. Bezüge zwischen verschiedenen Klassen.
- *Granularität*: Die Funktionen sollen eine geeignete Grandularität haben: nicht zu feingranular, wie es in der objektorientierten Programmierung üblich ist, da dann viele Aufrufe nötig sind, der Programmier- und Laufzeitaufwand (Netzlaufzeit) kann dadurch ansteigen; nicht zu grobgranular, weil dann eventuell die detaillierte Steuerbarkeit verlorengeht.
- *Funktionsschnittstelle*: Die Funktionen müssen die passenden Parameter haben. Fehlt ein wichtiger Parameter, ist die Einsetzbarkeit vielleicht verwirkt.
- *Einheitlichkeit*: Die Funktionen sollen nach einer einheitlichen Richtlinie entworfen sein, so dass sich das Verständnis eines Teilbereichs auf den Rest übertragen lässt. Dies gilt insbesondere für die Funktionen unterschiedlicher Systeme einer Systemlandschaft, was für eine SOA wichtig ist.
- *Verständlichkeit*: Die Funktionen müssen verständlich sein. Hierbei ist auch die Verständlichkeit für verschiedene Personengruppen (Mitarbeiter aus IT- und Fachabteilung) zu bedenken, die oftmals eine unterschiedliche Sprache verwenden. Außerdem können sich durch schlecht verständliche Funktionen Fehler einschleichen. Zur Verständlichkeit zählt eine vernünftige Organisation der Parameter, ebenso eine gute Dokumentation.
- *Zugang*: Die Funktionen müssen gut auffindbar sein. Dafür hilft ein Verzeichnis, in dem die Funktionen sinnvoll in Teilbereiche und Klassen organisiert und dokumentiert sind.
- *Stabilität*: Die Funktionen sollten für eine längere Zeit freigegeben sein. Programmänderungen sollen die Schnittstelle unverändert lassen.
- *Transaktionalität*: Dies ist insbesondere bei Unternehmenssoftware wichtig. Bei einer transaktionalen Steuerung werden mehrere Funktionsaufrufe zusammen als eine Transaktion gekapselt – entweder alle oder keiner haben Wirkung.

10.6 Beispiele

Wir sehen uns nun einige Beispiele für die funktionsorientierte Integration an. Zunächst eine SAP-Schnittstellentechnologie aus der Zeit vor Web-Services, dann SAP Enterprise SOA.

10.6.1 SAP Business Application Programming Interface

Das SAP Business Application Programming Interface (BAPI) ist eine Programmierschnittstelle von SAP-Software. Zwei Verwendungszwecke sind möglich:

- Ein Unternehmen möchte in seinem SAP-System ein unternehmensspezifisches Programm entwickeln und darin eine SAP-Standardfunktion aufrufen, z. B. eine Banf anlegen (vgl. Abschn. 14.6). Das unternehmensspezifische Programm und die Standardfunktion laufen also im selben System, lokale Funktions- oder Methodenaufrufe reichen aus.
- Ein Nicht-SAP-System möchte in ähnlicher Weise eine SAP-Standardfunktion aufrufen. In diesem Fall ist ein entfernter Aufruf notwendig.

Technisch ist dies über einen Aufruf eines *Funktionsbausteins* möglich, im ersten Fall ein lokaler Aufruf, im zweiten ein entfernter *(Remote Function Call, RFC)*[12]. „Funktionsbaustein" ist die SAP-Bezeichnung für eine Funktion, wobei es in der Programmiersprache ABAP noch weitere Formen gibt. Zu klären bleibt:

- Ist der benötigte Funktionsbaustein vorhanden?
- Ist er freigegeben?

Da der Quellcode in einem SAP-System i. d. R. offen ist, könnte man prinzipiell nach einem Funktionsbaustein suchen. Dabei gibt es zwei Tücken:

- Es wird aufwändig sein, den Funktionsbaustein zu finden, selbst wenn er vorhanden ist. Denn die Suche wird nach vermuteten Namen, Beschreibungen oder nach entwicklungsorganisatorischen Merkmalen (in SAP-Terminologie: Funktionsgruppe, Paket) erfolgen. Hat man einen vom Namen her passenden Funktionsbaustein gefunden, muss man seine Bedeutung herausfinden. Auch das kann schwierig sein, denn Funktionsbausteine sind oftmals öffentlich nicht oder nur wenig dokumentiert – schließlich sind sie überwiegend nicht für diesen Einsatz gedacht.
- Wurde ein passender Funktionsbaustein gefunden, kann es sein, dass er in einer späteren Version nicht mehr oder nur in einer geänderten Form bereitsteht.

Mit BAPIs (vgl. Abschn. 2.4) werden diese Probleme vermieden. BAPIs sind freigegebene Programmierschnittstellen in einem SAP-System[13]. Sie sind gut dokumentiert, in einer eigenen Transaktion `BAPI` organisiert und auffindbar. Technisch handelt es sich bei BAPIs um Funktionsbausteine, welche nach einer Programmier- und Bezeichnungskonvention geschrieben sind. So führen BAPIs kein `COMMIT WORK` oder `ROLLBACK WORK` aus, damit sie zu einer Transaktion kombiniert werden können. Für das Beenden der Transaktion stehen die BAPIs `BAPI_TRANSACTION_COMMIT` und `BAPI_TRANSACTION_ROLLBACK`

[12] Nicht jeder Funktionsbaustein ist RFC-fähig. Er muss einige Voraussetzungen erfüllen und explizit als RFC-fähig gekennzeichnet werden.
[13] Neben BAPIs gibt es auch andere freigegebene Funktionsbausteine.

zur Verfügung. Sie sind nach Geschäftsobjekten organisiert, welche in eine Anwendungshierarchie eingeordnet sind. Zum Beispiel findet sich der Objekttyp Bestellung (`PurchaseOrder`) im Unterbereich „Einkauf" des Bereichs „Materialwirtschaft". BAPIs sind als Funktionsbausteine lokal und per Remote Function Call aufrufbar. Über eine generische Aufrufmöglichkeit kann jedes BAPI auch als Web-Service aufgerufen werden, wenngleich diese Schnittstellentechnologie anfangs noch gar nicht vorhanden war.

10.6.2 SAP Enterprise SOA

SOA haben wir von der architektonischen und organisatorischen Seite bereits in Abschn. 6.5.1 kennengelernt. Die gängige technische Umsetzung von SOA-Diensten sind Web-Services. Die Idee ist, Software als eine Kombination wiederverwendbarer Dienste aufzubauen. In unserer bisherigen Behandlung hatten wir Dienste bzw. Funktionen lediglich als ein Integrationsmittel gesehen, nicht als „Atome" für Software. Selbstverständlich ist Software nach gängigen Entwurfsprinzipien, objektorientiert oder prozedural, als Kombination von Funktions- oder Methodenaufrufen zu sehen. Jedoch ist der Entwurf hinsichtlich Wiederverwendbarkeit und für lange Zeit stabile Schnittstellen nicht dermaßen zentral.

SAP bietet zur Entwicklung und Nutzung von SOA eine Infrastruktur für Web-Services (Abb. 10.12, nach Huvar et al. (2008, S. 48), etwas vereinfacht). Links sehen wir die UDDI-basierte Ablage für Dienste, welche in zwei Komponenten aufgeteilt ist: Das Enterprise Service Repository und die Services Registry.

Im *Enterprise Service Repository* finden sich alle Dienstschnittstellen, unabhängig davon, ob sie (schon) implementiert sind und wo sie aufrufbar sind. Es beinhaltet also die Information, welche zur Entwicklungszeit für Dienste nötig ist. In Abschn. 10.3 wurde dies abstrakter Teil des Web-Service genannt.

Implementiert wird der Dienst dann in einem Anwendungssystem, meist in einem SAP-System. Bei der Entwicklung spielen Generierungsmöglichkeiten (siehe Abschn. 10.3) eine Rolle. Die *Services Registry* beinhaltet Information über implementierte, nutzbare Dienste. In ihr werden Dienste konfiguriert, d. h. insbesondere festgelegt, wo (unter welchem URL) sie aufrufbar sind. Um den Dienst nach der Implementierung bereitzustellen, wird er publiziert. Dies bezieht den konkreten Teil des Web-Service ein.

Es wird unterschieden zwischen *Service-Anbietern* (vorher kurz „Dienst" genannt) und *Service-Verbrauchern* (vorher „Clients", bei SOA auch „Anwendungs-Frontends" genannt, wobei ebenso ein Service einen anderen nutzen kann; siehe Abschn. 6.5.1).

Verbraucher können Dienste als Web-Services direkt über HTTP aufrufen oder vermittelt über eine nachrichtenorientierte Middleware, die SAP Process Integration (SAP PI), worauf wir in Kap. 11 eingehen werden. Als Service-Bus dient also wahlweise und je nach Anspruch „spartanisch" HTTP oder SAP PI. Verbunden da-

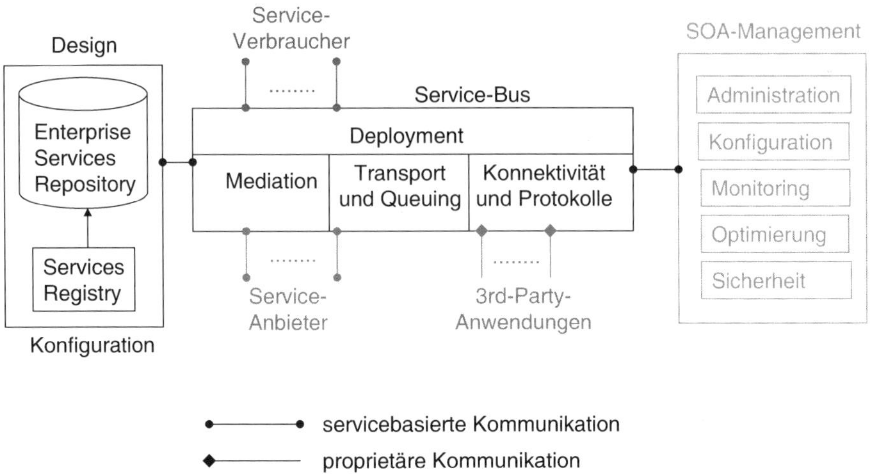

Abb. 10.12 Beispiel SAP: SOA-Architektur

mit lassen sich Diensteigenschaften festlegen, welche durch die SOA-Infrastruktur unterstützt werden, z. B. die zuverlässige Übertragung. Die Funktionen des SOA-Managements werden zur Konfigurations- und Laufzeit verwendet.

In der Ablage sind Dienste systematisch zum leichteren Einordnen und Auffinden nach sog. Prozesskomponenten und Business-Objekten, eine Gliederungsebene darunter, angeordnet. Zur einheitlichen Definition und Entwicklung von Diensten dienen zur Wiederverwendbarkeit definierte Datentypen.

Während BAPIs nur in einem Anwendungssystem organisiert sind, ist die Services Registry systemübergreifend. Organisatorisch unterscheiden sich BAPIs von Enterprise Services dadurch, dass letztere auch von Partner- oder Kundenunternehmen bereitgestellt werden können.

10.7 Weitere Techniken für die funktionsorientierte Integration

Im Laufe der Zeit haben sich verschiedene Techniken für entfernte Funktionsaufrufe gebildet, mit mehr oder weniger Verbreitung in der Praxis.

- *Remote Procedure Call (RPC):* Dieser „Klassiker" führte das Prinzip Anfang der Achtzigerjahre ein. Davor mussten das Einpacken und Versenden eines Funktionsaufrufs und das Auspacken der Ergebnisse „von Hand" über niedrigere Kommunikationsschnittstellen erledigt werden. Der Mechanismus ist programmiersprachenübergreifend.

- *Remote Function Call (RFC):* Dies ist der „RPC von SAP", damit eine proprietäre Technologie, aber durch die Verbreitung von SAP-Software in der betrieblichen Datenverarbeitung vielfach verwendet. Das Ziel ist, entweder Funktionsbausteine in einem SAP-System aufzurufen, oder ein Nicht-SAP-Programm analog einem Funktionsbaustein aufzurufen. Es gibt mehrere Varianten wie transaktionale RFCs und queued RFCs. Der Mechanismus ist sinnvoll einsetzbar, wenn mindestens einer der beiden Kommunikationspartner ein SAP-System ist.
- *Remote Method Invocation (RMI):* Während bei den ersten Techniken tatsächlich Funktionen in prozeduraler Weise aufgerufen werden, ist dies ein objektorientierter Mechanismus in Java, daher sinnvoll zwischen Java-Systemen einsetzbar.
- *CORBA-Methodenaufruf:* CORBA steht für *Common Object Request Broker Architecture*, ein Standard der *Object Management Group (OMG)* für den plattformübergreifenden Methodenaufruf. Mit „plattformübergreifend" hat er daher dasselbe Ziel wie Web-Services. Allerdings sind die Aufrufe objektorientiert, während sie bei Web-Services prozedural angelegt sind. Aus verschiedenen Gründen hat sich die Technologie nicht durchgesetzt (van Lessen et al. 2011, S. 5).

Eine umfassendere Darstellung findet sich zum Beispiel in Tanenbaum und van Steen (2007, Kap. und Abschn. 4.2, 10 und 12). RFC wird in Schneider (2010, S. 317 ff.) beschrieben.

Tabelle 10.1 zeigt die Ähnlichkeiten und Unterschiede zwischen diesen Mechanismen des Funktionsaufrufs auf (Aufrufsemantik nach Coulouris et al. (2002, S. 215), zur Erklärung siehe Abschn. 11.2):

10.8 Übung und Lösungsvorschlag

10.8.1 Übung

Aufgabe 10.1 (Web-Service entwickeln und aufrufen):

Diese Aufgabe erfordert den Zugriff auf Microsoft Visual Studio und einen Microsoft Web-Server. Die Beschreibung gilt für Microsoft Visual Studio 2010 (kurz: VS 2010) und Microsoft Visual Studio 2008 (kurz: VS 2008), wobei auf die Unterschiede im Detail hingewiesen wird.

Inhalt der Aufgabe:

a) Bottom-up-Entwicklung eines Web-Service in Microsoft .NET, Testen des Web-Service und Entwicklung eines Client zum Aufruf des Web-Service.
b) Aufruf des SAP-Web-Service

Da Sie vielleicht mit dem Microsoft Visual Studio nicht sehr vertraut sind, erfolgt eine detailliertere Anleitung.

Tab. 10.1 Vergleich zwischen Techniken des Funktionsaufrufs

	Web-Service	RPC	RFC	Java RMI	CORBA
Schnittstelle	WSDL	Interface Definition Language (IDL)[1]	ABAP-Funktionsbaustein-schnittstelle	Java-Schnitt-stelle	CORBA-IDL
Laufzeit-format (Daten)	SOAP und für Web-Services festgelegte Kodierungs-regeln	IDL	Proprietär	Java-Objekt-serialisierung	Common Data Representation (CDR)
Kommuni-kationskanal	HTTP, Message-Broker	TCP/IP	TCP/IP und server-seitige Infrastruktur[2]	TCP/IP, Java-Laufzeit-umgebung	CORBA Object Request Broker
Entwicklungs-sprache	Viele (unabhängig)	Viele (unabhängig)	Eine Seite (Client oder Server) ABAP, für die andere mehrere Möglichkeiten (z. B. C, ABAP)	Java	Viele (unabhängig)
Aufruf-semantik	Je nach Implemen-tierung	„Mindestens einmal"[3]	Je nach Typ	„Höchstens einmal"	„Höchstens einmal" und „vielleicht" („Best Effort")

[1] Beim DCE RPC (*DCE* steht für *Distributed Computing Environment*, ein Standard der Open Software Foundation, heute Open Group) wird die Interface Definition Language (IDL) verwendet, welche auf der Programmiersprache ANSI C basiert (Illik 2007, S. 105). Bei einer anderen gängigen Implementierung des RPC, dem Sun RPC, ist die Schnittstellensprache XDR (eXternal Data Representation) (Mandl 2009, S. 53). Bei RPC wird die IDL nicht nur zur Schnittstellenbeschreibung, sondern auch für die Abbildung von einer Programmiersprache auf das Laufzeitformat verwendet (Alonso et al. 2004, S. 41).

[2] Etwa für den transaktionalen und queued RFC.

[3] Bei Sun RPC.

a) Web-Service entwickeln:
Hierzu führen Sie die folgenden Schritte durch:

- Rufen Sie das Visual Studio auf.
- Legen Sie in VS 2010 ein neues Projekt vom Typ `WCF Service Application` (bei VS 2008: `ASP .NET Web Service Application` (ASMX-Datei)) an, wobei Sie als Programmiersprache C# wählen (es könnte z. B. auch VB .NET verwendet werden; die Anleitung bezieht sich allerdings auf C#). Das Visual Studio erstellt für Sie gleich eine Vorlageklasse, welche Sie für Ihre Zwecke anpassen. Den vom System vorgeschlagenen Klassennamen `Service1` können Sie übernehmen.
- Erstellen Sie in der Klasse eine Methode `GetDescription` (analog der generierten Methode) zum Abruf der Materialbezeichnung. Die Eingabe der Methode sei eine Materialnummer (z. B. „123“, Typ: String), die Ausgabe die Materialbezeichnung (Typ: String). Da die Realisierung nur prototypisch sein soll, simulieren Sie lediglich die Ermittlung der Materialbezeichnung, z. B. in einer IF-Anweisung. Ein Datenbankzugriff ist also nicht nötig. Bei VS 2010 muss die Methode auch in die Datei `IService1.cs` entsprechend eingetragen werden.
- Testen Sie die Methode: Menü `Debug` → `StartWithoutDebugging` (dabei ist in VS 2010 die Datei `Service1.svc.cs` zu markieren)

b) Web-Service pubizieren:
Publizieren Sie den Web-Service auf den Web-Server (Server und Verzeichnis müssen Ihnen mitgeteilt werden). Das Publizieren befindet sich im Menü `Build`.
Testen Sie auch dort unter dem URL http://<... Rechner und Verzeichnis ...>/Service1.svc bei VS 2010 (bzw. http://<... Rechner und Verzeichnis ...>/Service1.asmx bei VS 2008)

c) Sehen Sie sich die WSDL-Beschreibung an.

d) In der Aufgabe wurde ein Bottom-up-Ansatz gewählt. Wie sähe alternativ ein Top-down-Ansatz aus?

e) Client-Anwendung entwickeln:
Erstellen Sie in einem anderen Projekt eine Formularanwendung in den folgenden Schritten:

- Rufen Sie das Visual Studio auf (wenn noch nicht geschehen).
- Legen Sie ein neues (!) Projekt vom Typ „Windows Forms Application“ an. Diese Windows Forms Application soll den in b) publizierten Web-Service auf dem genannten Web-Server aufrufen.
- Lassen Sie sich einen Proxy-Client generieren. Das geht in VS 2010 dadurch, dass Sie eine Service-Referenz ins Projekt aufnehmen: `Add Service Reference ...` Dort geben Sie den URL des in b) publizierten Service ein: http://<... Rechner und Verzeichnis ...>/Service1.svc?wsdl

In VS 2008 wird statt der Service-Referenz eine Web-Referenz aufgenommen. Dies ist dort etwas versteckt bei `Service Reference`: Knopf `Advanced` (!) und dann Knopf `Add Web Reference`.

- Die Formularanwendung habe ein Eingabefeld (Text Field, dazu ein Label) für die Materialnummer, ein Ausgabefeld (Text Field, dazu ein Label; read-only setzen) zur Anzeige der Materialdaten und einen Knopf „Bezeichnung lesen“. Die Bedienung ist selbsterklärend: Drag and Drop der Design-Elemente.
- Beim Event-Handler des Knopfes (Doppelklick auf den Knopf in der Design-Umgebung) programmieren Sie den Aufruf der Proxy-Methode, wobei der Eingabeparameter mit dem Text des Eingabefeldes belegt wird und der Ausgabeparameter an das Ausgabefeld übergeben wird.
  Das Proxy-Objekt `srv` für den Web-Service muss dabei erzeugt werden in der Art:
  Bei VS 2010: `ServiceReference1.Service1Client srv = new ServiceReference1.Service1Client();`
  Bei VS 2008: `Service1 srv = new Service1();`

Danach können Sie die Methode des Proxy-Objekts wie eine lokale Methode aufrufen.

10.8.2 Lösungsvorschlag für die Übung

Aufgabe 10.1 (Web-Service entwickeln und aufrufen):

a) Microsoft Visual Studio 2010 bzw. 2008 in `Programs` aufrufen. Dann `File` → `New` → `Project`.
Es wird ein Klasse generiert. Man legt analog zur ersten Methode eine zweite an:

```
public String GetDescription (String MatNumber)
{
if (String.Compare(MatNumber, "123") == 0)
            return "Material123";
   else
            return "Material456";
}
```

b) einfach ausführen
c) einfach ausführen

e) Eine Windows Forms Anwendung definieren, Sprache (z. B.) C#. Im Layout zwei Text-Fields verwenden, eines davon read-only (Property setzen!) und einen Knopf.
Den o. g. Web-Service als „Service Reference“ bzw. „Web Reference“ in das Projekt aufnehmen.
Der Service-Aufruf ist dann (Annahme: Der Service heißt `Service1`, in `TextBox1` steht die Nummer, in `TextBox2` sollen die Kundendaten erscheinen):

```
ServiceReference1.Service1Client srv =
new ServiceReference1.Service1Client();
(bzw. in VS 2008:  Service1 srv = new Service1();)
TextBox2.Text = srv.GetDescription(TextBox1.Text);
```

10.9 Literatur

10.9.1 Weiterführende Literatur

Die Konzepte von Web-Services sind gut beschrieben in
Alonso G, Casati F, Kuno H, Machiraju V (2004) Web Services. Springer, Berlin Heidelberg New York

Ein Pluspunkt des folgenden Buchs ist die detaillierte Darstellung eines Web-Service-Beispiels:
Papazoglou, MP (2007) Web Services: Principles and Technology. Prentice-Hall, Upper Saddle River, S. 154 ff.

Konzepte entfernter Prozedur- und Methodenaufrufe sind umfassend in einigen Büchern erläutert, z. B. in
Coulouris G, Dollimore J, Kindberg T (2002) Verteilte Systeme. 3. Auflage. Pearson Studium, München
Tanenbaum A, van Steen M (2007) Verteilte Systeme. 2. Auflage. Pearson Studium, München
Mandl P (2009) Master-Kurs Verteilte betriebliche Informationssysteme. Vieweg+Teubner, Wiesbaden
Illik JA (2007) Verteilte Systeme. Expert, Renningen
Ein Vorteil des letzten Buchs liegt insbesondere in den vielen Programmierbeispielen zu Pipes und Sockets, RPC, Java RMI, CORBA.

Die Entwicklung mit SAP Enterprise SOA ist beschrieben in
Huvar M, Falter T, Fiedler T, Zubev A (2008) Anwendungsentwicklung mit Enterprise SOA. Galileo Press, Bonn
Pohl T, Peter M (2009) Entwicklung von Enterprise Services für SAP. Galileo Press, Bonn

10.9.2 Weitere zitierte Literatur

Fielding RT (2000) Architectural Styles and the Design of Network-based Software Architectures. Dissertation, University of California, Irvine

van Lessen T, Lübke D, Nitzsche J (2011) Geschäftsprozesse automatisieren mit BPEL. dpunkt, Heidelberg

Schneider T (2010) SAP-Performanceoptimierung. 6. Auflage, Galileo Press, Bonn

Web Services Interoperability Organization (2011) WS-I Basic Profile http://www.ws-i.org/deliverables/workinggroup.aspx?wg=basicprofile Abgerufen am 10.08.2011

Kapitel 11
Nachrichtenorientierte Integration

And I would send a message
To find out if she's talked
But the post office has been stolen
And the mailbox is locked
Stuck Inside of Mobile with the Memphis Blues Again
Bob Dylan[1]

Zusammenfassung

Die nachrichtenorientierte Integration ergänzt die Integrationsformen über Datenaustausch und Funktionsaufruf. Beide werden durch Nachrichtenaustausch realisiert, welcher nicht nur synchron sondern auch asynchron, also zeitversetzt, stattfinden kann. Nachrichtenorientierte Middleware bietet dazu Unterstützung und gewährleistet Diensteigenschaften wie zuverlässige Übertragung, Informationssicherheit und inhaltsbasierte Zustellung von Nachrichten. SAP Process Integration wird als Beispiel behandelt.

Lernziel

Aufbauend auf den Kapiteln zur Integration über Datenaustausch und Funktionsaufruf die Konzepte der nachrichtenorientierten Integration kennenlernen.

[1] Dylan B (1966) Blonde on Blonde. LP, Columbia Records.

R. Weber, *Technologie von Unternehmenssoftware*, DOI 10.1007/978-3-642-24423-0_11,

11.1 Interaktionsmuster

In diesem Kapitel sehen wir uns verschiedene Aspekte der nachrichtenorientierten Integration an, wie Interaktionsmuster, die Qualität (Zuverlässigkeit, Informationssicherheit) der Nachrichtenübertragung und Dienstausführung und den Grad der Kopplung der Kommunikationspartner. Sie gelten gleichermaßen für die Integration über Datenaustausch wie für die funktionsorientierte Integration.

Die Interaktionen beim Funktionsaufruf (siehe Abb. 10.1) und beim Datenaustausch (siehe Abb. 9.2) sind ähnlich: der Sender (Client) sendet eine Nachricht eines bestimmten Aufbaus, in XML codiert, an den Empfänger (Server) und kann eine Antwortnachricht erhalten. Abstrahierend von der Bedeutung können wir die folgenden *Interaktionsmuster* des Nachrichtenaustauschs für Web-Services ausmachen (Abb. 11.1). Insofern lassen sich Web-Services auch aufbauend auf dem Konzept der Nachricht statt des Funktionsaufrufs (RPC) verstehen, und das Modell geht somit über übliche RPC-artige Modelle hinaus.

- *Anfrage-Antwort (Request-Response)*: Dieses Interaktionsmuster wird bei Web-Services für einen Funktionsaufruf verwendet: auf die Anfrage folgt die Antwort. Hier stellt sich die Frage, ob der Client blockiert und auf die Antwort wartet *(synchroner* Aufruf) oder ob die Antwort erst später zeitversetzt in einer getrennten Kommunikation erfolgt *(asynchron)*[2]. Letzteres lässt sich auch durch eine Einwegkommunikation kombiniert mit einer Benachrichtigung (s. u.) ausdrücken.
- *Einwegkommunikation (One Way)*: Es fließt nur eine Nachricht vom Client zum Server. Dies könnte ein Datenaustausch sein (das Anlegen von Daten, ohne Empfangsquittierung, vgl. Kap. 9) oder ein asynchroner Funktionsaufruf, bei dem es keinen Rückgabewert gibt.
- *Benachrichtigung (Notification)*: Dies ist vom Nachrichtenaustausch her gesehen der umgekehrte Weg zur Einwegkommunikation. Allerdings soll der Inhalt lediglich eine Information sein, nicht wie bei der Einwegkommunikation eine ändernde Operation. Dieses Interaktionsmuster kann das Auslösen eines Ereignisses wiedergeben (vgl. Abschn. 2.4) oder das Ergebnis eines asynchronen Funktionsaufrufs, in Verbindung mit dem Interaktionsmuster Einwegkommunikation für den Aufruf.
- *Antwort erbitten (Solicit Response)*: In diesem eher selten verwendeten Interaktionsmuster kehren Client und Server ihre Rollen um: der Server beginnt die Interaktion.

---

[2] Tatsächlich gibt es im Detail wiederum verschiedene Möglichkeiten, wie man sie vom RPC kennt. Der Client kann warten, bis der Server den Aufruf angenommen hat („normaler" *asynchroner RPC*) oder sich sofort zurückmelden *(Einweg-RPC)*. Ein Spezialfall ist der *verzögerte synchrone RPC*. Er besteht aus zwei asynchronen RPCs, der erste vom Client zum Server, der zweite vom Server zum Client, um die Ergebnisse zu übergeben. Eine Variante davon ist, dass der Client später selbst nach dem Ergebnis fragt (Tanenbaum und van Steen 2007, S. 158).

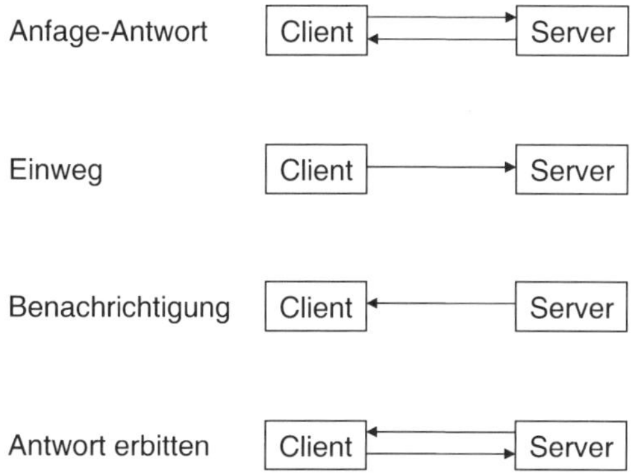

Abb. 11.1 Interaktionsmuster (1)

Diese Interaktionsmuster werden üblicherweise für Web-Services aufgeführt. In einem WSDL-Dokument entscheidet die Reihenfolge der aufgeführten Nachrichten, um welchen Interaktionstyp es sich handelt (van Lessen et al. 2011, S. 47). Das Interoperabilitätsprofil WS-I Basic Profile (Web Services Interoperability Organization 2011) erlaubt allerdings nur Anfrage-Antwort und Einwegkommunikation (van Lessen et al. 2011, S. 84). Es lassen sich beliebig viele weitere Interaktionsmuster finden, wenn wir nicht von maximal einer Nachricht in Hin- und Rückrichtung ausgehen (Abb. 11.2):

- *Sitzung*: Mehrere zusammengehörige Nachrichten fließen vom Client zum Server. Sie werden im Rahmen einer *Sitzung (Session)* ausgetauscht. Die Dienstaufrufe, realisiert durch die Nachrichten, stehen in Abhängigkeit zueinander und können zu dem Zweck auf den Sitzungszustand, im Hauptspeicher gehaltene gemeinsame Daten, zugreifen.
- *Beliebig*: In diesem allgemeinsten Fall werden mehrere Nachrichten zwischen den Kommunikationspartnern in einer abgestimmten Reihenfolge ausgetauscht. Die Rollen „Client" und „Server" erscheinen bei dieser freien Interaktionsform nicht mehr passend.

Und schließlich können wir die Kommunikation von zwei auf beliebig viele Kommunikationspartner ausweiten. Oft wird dies in eine Reihe von Zweierkommunikationen zerlegt. Ein wichtiger Sonderfall wird die Kommunikation über einen Nachrichten-Broker sein (siehe Abschn. 11.3.2).

Die Interaktionsmuster „Anfrage-Antwort" bis „Antwort erbitten" lassen sich als Modelle eines Methodenaufrufs eines Geschäftsobjekts bzw. einer Aktivität in einem Geschäftsprozess sehen. Das Interaktionsmuster „Beliebig" gibt dagegen einen kooperativen Geschäftsprozess bzw. eine Sicht darauf wieder. Hierbei kommunizieren zwei oder mehr Anwendungen inner- oder zwischenbetrieblich in mehreren Schritten miteinander. Das Interaktionsmuster „Sitzung" ist ein Grenzfall: es könnte als Komposition einfacherer Methoden oder Aktivitäten zu komplexeren gesehen werden oder als ein Geschäftsprozess. Die Komposition und Koordination von Ak-

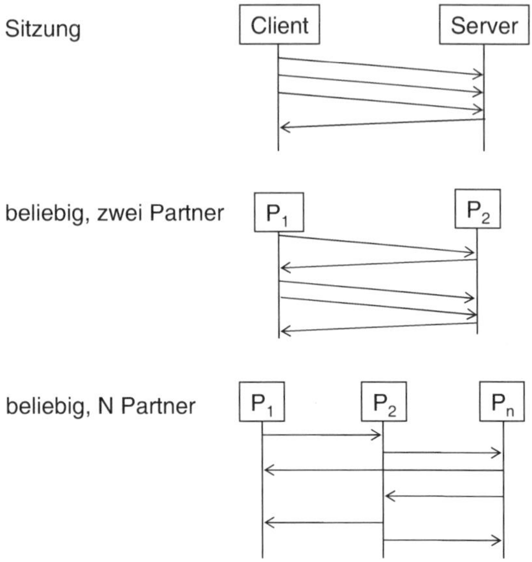

Abb. 11.2 Interaktionsmuster (2)

tivitäten bzw. Diensten, insbesondere hinsichtlich Geschäftsprozesse, werden wir uns in Kap. 12 ansehen.

Die Integrationsformen „Datenaustausch", „Funktion" und „Geschäftsprozess" sind also eng miteinander verzahnt. In der Informatik kennen wir die Integrationsmittel „gemeinsamer Speicher" und „Nachrichtenaustausch" bei parallelen, verteilten Systemen. Den gemeinsamen Speicher (in unserem Fall persistent) haben wir in Form der Datenintegration bei operativen Systemen sowie bei analytischen Systemen kennengelernt. Nachrichtenaustausch findet in einer innerbetrieblichen Systemlandschaft sowie bei der zwischenbetrieblichen Integration statt.

11.2 Zuverlässigkeit

Anders als beim lokalen Funktionsaufruf können beim entfernten Funktionsaufruf Kommunikationsfehler beim Übermitteln der Anfrage- oder Antwortnachricht auftreten. Auch können Client oder Server zeitweise nicht verfügbar sein, nämlich der Server vor oder während des Aufrufs, der Client nachdem die Anfrage übermittelt wurde. Entsprechend gibt es verschiedene „Aufrufsemantiken":

- *„vielleicht" (maybe, Best Effort)*: Keine Fehlerbehebungsmechanismen werden eingesetzt. Geht alles gut, verhält sich der entfernte Aufruf wie ein lokaler, bis auf die Performanz und eingeschränkte Möglichkeiten zur Parameterübergabe, z. B. wird kein Call-by-Reference verwendet. Bei lesenden Zugriffen kann dies ausreichend sein; glückte der Aufruf nicht, führt ihn der Client bei Bedarf später noch einmal aus.

- *„mindestens einmal" (at least once)*: Erhält der Client keine Antwort, wird der Aufruf wiederholt übertragen und ausgeführt, solange bis eine Antwort kommt oder eingeschätzt wird, dass keine Antwort in absehbarer Zeit zu erwarten ist. Für viele Funktionen ist eine wiederholte Ausführung nicht sinnvoll. Der „Klassiker" ist die Überweisung auf ein Konto. Der Unterschied zu „vielleicht" ist, dass sich das Laufzeitsystem, nicht der Client, um die wiederholte Übertragung kümmert.
- *„höchstens einmal" (at most once)*: Dies ist ähnlich wie „mindestens einmal". Allerdings werden hier Duplikate des Aufrufs entdeckt und herausgefiltert. Der Server speichert die Antwortnachricht ab und übermittelt diese bei Bedarf mehrmals, führt die Funktion allerdings nicht erneut aus.
- *„genau einmal" (exactly once)*: Dies wird i.a. in Unternehmenssoftware bei schreibenden Zugriffen gefordert. Die Aufrufsemantik „genau einmal" wird mit Hilfe von Transaktionsmechanismen auf Client- und Serverseite (getrennte Transaktionen) sowie mithilfe des Web-Service-Standards Reliable Messaging erreicht. Durch die Transaktionen auf Client- und Serverseite wird die Übermittlung des Aufrufs persistiert. Das Nachrichtenübertragungssystem kann dadurch einen Aufruf wiederholen, selbst wenn Client, Server oder das Nachrichtenübertragungssystem selbst zeitweilig nicht verfügbar sind (Systemabsturz). „Reliable Messaging" garantiert durch wiederholte Übertragung, dass die Nachricht tatsächlich vom Client- zum Serversystem gelangt. Eine detaillierte Behandlung davon, insbesondere Sequenzdiagramme, findet sich in Huvar et al. (2008, S. 119 ff.).
- *„genau einmal in der richtigen Reihenfolge" (exactly once in order)*: Dies betrifft das Interaktionsmuster „Sitzung", wo die einzelnen Nachrichten in der korrekten Reihenfolge übermittelt und verarbeitet werden müssen.

11.3 Nachrichtenorientierte Middleware

11.3.1 Warteschlangensysteme

Nachrichten laufen über einen Kommunikationskanal; bei Web-Services nahmen wir zunächst an, dass dieser HTTP ist. Die Kommunikation ist *synchron* in dem Sinne, dass der Sender wartet, bis er die Antwortnachricht erhält, und erst dann sein Programm fortsetzt. Die Nachrichten werden nicht dauerhaft gespeichert, sie bestehen nur während des Kommunikationsvorgangs, sind nur „auf der Leitung". In diesem Kapitel verwenden wir lieber die Bezeichnung „Sender" als „Client", da so die Richtung der Nachrichtenübertragung deutlich wird; teilweise ist der Server der Sender, nämlich wenn die Antwortnachricht getrennt übertragen wird.

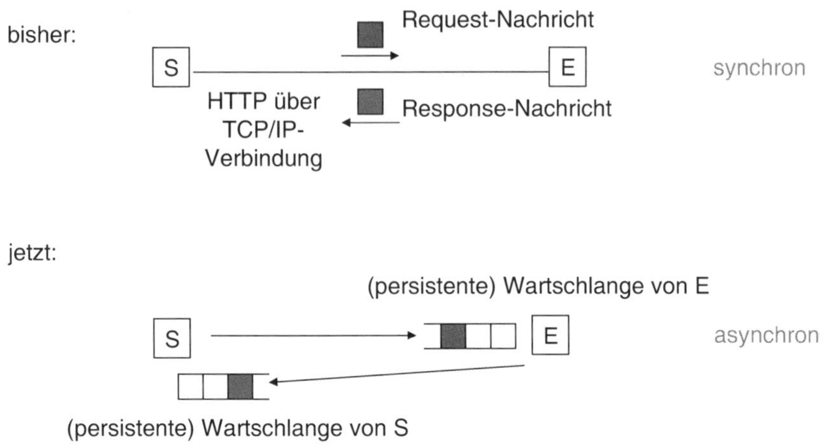

Abb. 11.3 Nachrichtenorientierte Kommunikation

Diese synchrone Kommunikation mit *transienten* Nachrichten ist nur eine Spielart der nachrichtenorientierten Integration (Abb. 11.3). Sehen wir uns in derselben Abbildung den unteren Teil „jetzt" an. Es handelt sich dabei um ein *Warteschlangensystem (Message Queuing System)*, allgemeiner auch *nachrichtenorientierte Middleware (Message-oriented Middleware, MOM)* oder *Nachrichtenübertragungssystem* genannt. MOM bietet noch weitere Funktionalität, wie ein Verfallsdatum oder eine Priorität, welche für eine Nachricht angegeben werden können (Alonso et al. 2004, S. 62), Lastverteilung und Ausfallsicherheit (Illik 2007, S. 45).

Der Sender kommuniziert die Anfragenachricht nun *asynchron* und übermittelt diese an eine *persistente* Warteschlange für den Empfänger. Zwar sind auch transiente Warteschlangensysteme möglich (Tanenbaum und van Steen 2007, S. 166 ff.), üblich sind aber die persistenten. Ist die Nachricht in der Warteschlange abgelegt, ist die Arbeit für den Sender erst einmal erledigt. Im Falle des Datenaustauschs reichte dies schon aus. Der Empfänger nimmt irgendwann die Nachricht aus der Warteschlange und arbeitet sie ab, z. B. führt er den gewünschten Funktionsaufruf aus. Je nachdem ob eine Antwortnachricht nötig ist, erzeugt sie der Empfänger. In gleicher Weise wie bei der ersten Nachrichtenübermittlung geschieht in dem Fall eine zweite in der Rückrichtung. Da die beiden Nachrichtenübermittlungen entkoppelt sind, muss dafür gesorgt werden, dass die Antwortnachricht mit der Anfragenachricht korreliert wird, z. B. durch eine Sequenznummer, wie es bei der Datenkommunikation üblich ist. Außerdem muss der Empfänger die Adresse des Senders (bzw. dessen Sendewarteschlange; jede Anwendung hat eine Sende- und eine Empfangswarteschlange (Tanenbaum und van Steen 2007, S. 174) kennen, damit die Antwortnachricht zurückgeschickt werden kann. Bei HTTP war diese Adresse während des Wartens auf die Antwortnachricht implizit bekannt.

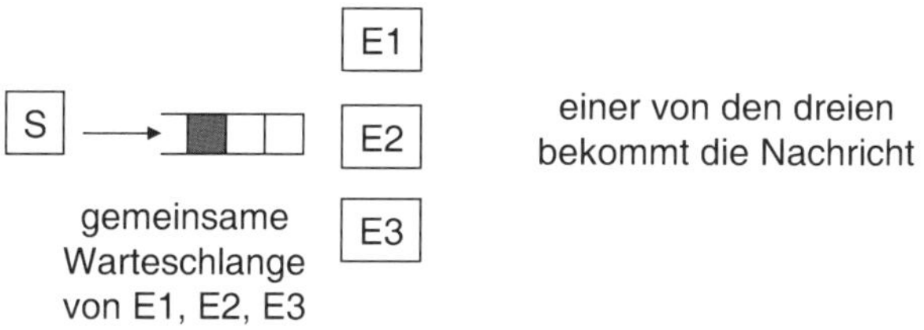

Abb. 11.4 Gemeinsame Warteschlange

Nachrichtenorientierte Kommunikation zwischen Menschen ist uns durch E-Mail vertraut. Wenn wir eine Nachricht an das E-Mail-System übergeben, vertrauen wir darauf, dass sie ausgeliefert wird. Die Erfahrung zeigt, dass dies leidlich gut, wenn auch nicht perfekt funktioniert. Bei einer nachrichtenorientierten Kommunikation zwischen Anwendungen erwarten wir dagegen höchste Zuverlässigkeit.

Im Gegensatz zur funktionsorientierten Integration, wie wir sie in Kap. 10 kennengelernt haben, und entsprechend dem aus der Programmierung bekannten Funktionsaufruf ist die Kommunikation hier asynchron: der Sender übermittelt seine Anfragenachricht und braucht nicht unmittelbar auf die Antwortnachricht zu warten. Irgendwann wird er sie natürlich in seiner Warteschlange empfangen und bearbeiten, aber es entsteht eine zeitliche Entkopplung. Dieser Vorteil zur Laufzeit kann sich in einer höheren Komplexität bei der Erstellung von Anwendungen zur Definitionszeit niederschlagen, da dieses Programmiermodell weniger vertraut ist. Bei dieser Entkopplung muss der Empfänger nicht sofort zur Bearbeitung bereit stehen. Er muss nicht einmal betriebsbereit sein, sein System könnte also temporär nicht verfügbar sein, sofern seine Warteschlange aufnahmebereit ist. Persistente Warteschlangen können also die zuverlässige Nachrichtenübertragung (s. u.) gewährleisten, man nennt sie daher auch *transaktionale* Warteschlangen (Alonso et al. 2004, S. 64).

Eine Variante zeigt Abb. 11.4. Hier teilen sich mehrere Empfänger eine gemeinsame Warteschlange. Die Idee hierbei ist, dass zur Lastverteilung mehrere Empfänger als „Bedieneinheiten" vorgesehen sind. Jeder dieser Empfänger könnte jede Anfragenachricht gleichermaßen bearbeiten. Durch die Anpassung der Empfängeranzahl kann die Leistung skaliert werden.

Es ist möglich, neben den Warteschlangen der Anwendungen und ihren Warteschlangenmanagern Zwischenknoten einzuführen, *Router* oder *Relais* genannt. Somit wird der Kommunikationsmechanismus Store-and-Forward verwendet. Die Router könnten in einem Warteschlangennetz mit dynamischer Topologie das Routing-Wissen haben, die Warteschlangenmanager der Anwendungen brauchen dann nur noch ihren nächsten Router zu kennen (Tanenbaum und van Steen 2007, S. 173).

Sender und Empfänger kommunizieren mit der MOM über ein API. Ein übliches ist der *Java Messaging Service (JMS)* (recht ausführlich in Mandl (2009, S. 153 ff.)

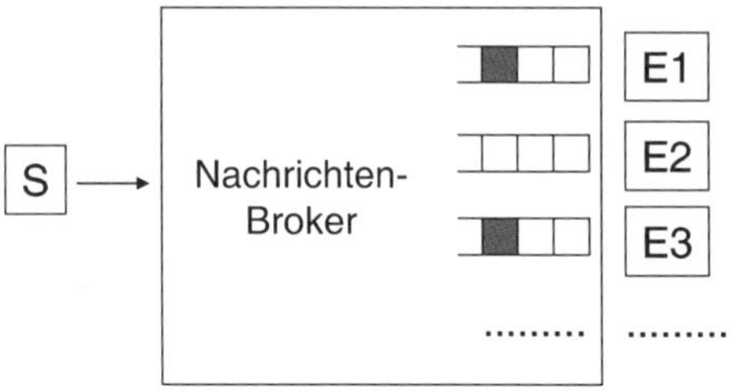

Abb. 11.5 Nachrichten-Broker

beschrieben), welcher aber nichts über das interne Arbeiten der MOM oder ihre Kommunikation mit anderen MOM-Systemen aussagt.

11.3.2 Nachrichten-Broker

Bei dieser Variante einer MOM steht zwischen Sendern und Empfängern eine vermittelnde Komponente, der *Nachrichten-Broker (Message-Broker*, siehe Abb. 11.5), auch *Integration-Broker* oder bei serviceorientierten Architekturen *Service-Bus* genannt. Der Nachrichten-Broker ist das zentrale Konzept der *Enterprise Application Integration (EAI).* Man kann ihn als ein Warteschlangensystem mit Zusatzfunktionalität sehen. Die Sender adressieren nicht direkt einen Empfänger, vielmehr richten sie die Anfragenachricht an den Nachrichten-Broker. Der Nachrichten-Broker ermittelt für eine eingehende Nachricht, welchen Empfängern sie zugestellt werden soll. Man nennt dies *Routing* . Es kann sein, dass eine Nachricht an mehrere Empfänger gehen soll (implizites Multicast). Die Grundlage der Entscheidung, wer die Nachricht erhalten soll, können insbesondere der Nachrichtentyp (z. B. „Bestellung") oder sogar Teile des Nachrichteninhalts sein. Selbstverständlich kann der Empfänger auch explizit angegeben werden, die Nachricht wird dann lediglich durchgeschleust. Damit der Nachrichten-Broker das Routing durchführen kann, ist ein Teil des Anwendungs- bzw. Integrationswissens bei ihm abgelegt. In diesem Fall hat er nicht nur technisches Kommunikationswissen. Für die Nachvollziehbarkeit und das Debugging zur Fehlersuche ist diese verteilte Information hinderlich. Auch die Performanz könnte darunter leiden – letztlich soll der Nachrichten-Broker die Nachrichten ja schnell verteilen (Alonso et al. 2004, S. 75).

Ein Nachrichten-Broker kann eine Nachricht nicht nur unangetastet an die geeigneten Empfänger leiten. Möglicherweise verwenden Sender und Empfänger zwar inhaltlich äquivalente Nachrichten, jedoch sind die Nachrichtenformate unterschiedlich. In dem Fall kann der Nachrichten-Broker die Formate konvertieren *(Mapping)* (Abb. 11.6). Wichtig ist dabei natürlich, dass die Zielinformation aus der Quellinformation „berechnet" werden kann. Für das Mapping sind verschiedene Techniken verwendbar (siehe Abschn. 9.3.5).

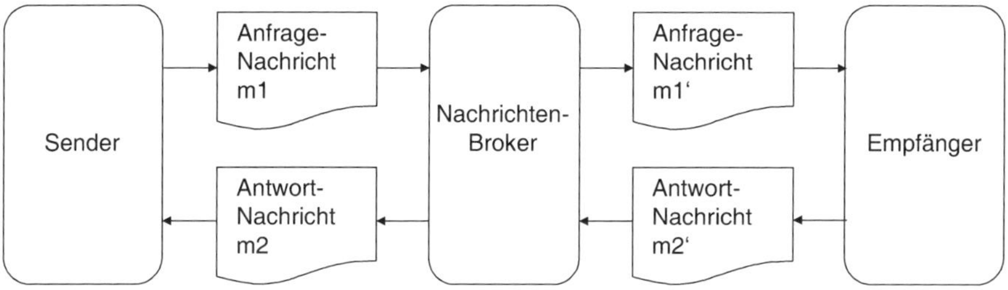

Abb. 11.6 Mapping

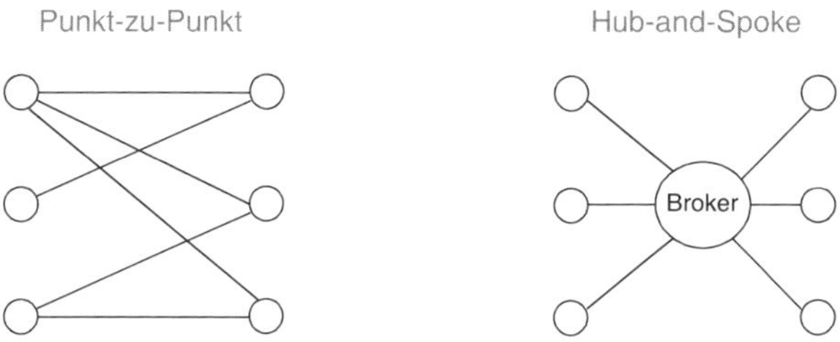

Abb. 11.7 Hub-and-Spoke-Architektur

Bei einem Nachrichten-Broker, welcher zwischen Sendern und Empfängern vermittelt, ergibt sich eine *Hub-and-Spoke-Architektur* (Nabe und Speichen) (Abb. 11.7) statt Punkt-zu-Punkt-Verbindungen. Die kommunizierenden Systeme sind als kleine Kreise dargestellt. Bei Punkt-zu-Punkt-Verbindungen gibt es direkte Verbindungen zwischen den Systemen, jedoch muss nicht jedes mit jedem anderen verbunden sein. Bei der Hub-and-Spoke-Architektur sind alle Systeme nur mit dem Nachrichten-Broker verbunden, indirekt ist dabei jedoch theoretisch jedes System mit jedem anderen verbunden. Entsprechend eignet sich eine solche Architektur für die innerbetriebliche Anwendungsintegration. Vom Nachrichten-Broker aus können zwar auch Nachrichten nach außen an Partnerunternehmen gehen, aber unabhängige Unternehmen werden üblicherweise keine zentrale Steuerung ihrer Anwendung akzeptieren. Daher kommt er zur zwischenbetrieblichen Integration in dieser Form eher nicht zum Einsatz (Alonso et al. 2004, S. 127).

Bei Punkt-zu-Punkt-Verbindungen gibt es topologisch `n * (n - 1)/2` Verbindungen, bei der Hub-and-Spoke-Architektur nur `n` Stück. Allerdings betrifft diese Aussage nur die *Systemverbindungen* – und am lokalen unternehmensinternen Netz hängen in der Regel sowieso alle Systeme, daher sollte man diese Aussage relativieren. Wichtiger ist nämlich, dass zwischen zwei Systemen Anwendungen (Programme, Prozesse) kommunizieren, insofern können mehrere *Anwendungsverbindungen* bestehen. In Abb. 11.8 sehen wir vier Anwendungsverbindungen, welche durch den Nachrichten-Broker gehen. Zwischen dem Sender und Empfän-

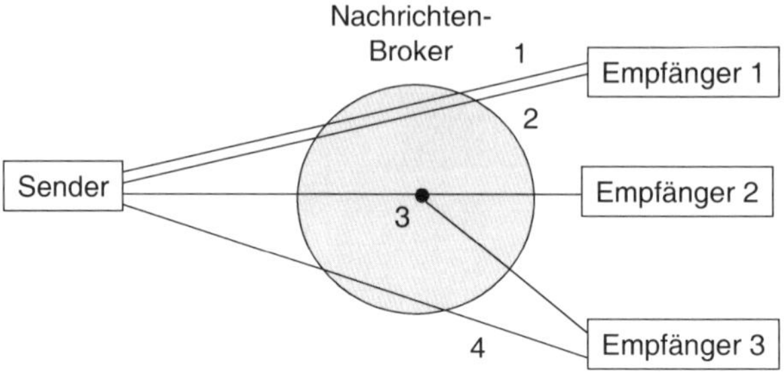

Abb. 11.8 Anwendungsverbindungen

ger 1 gibt es zwei Anwendungsverbindungen mit Nummern 1 und 2, z. B. für zwei verschiedene Dienstoperationen. Die Anwendungsverbindung Nummer 3 geht dagegen vom Sender sowohl zu Empfänger 2 als auch zu Empfänger 3; der schwarze Punkt deutet die Aufspaltung an. Schließlich gibt es noch eine vierte Anwendungsverbindung, diesmal zwischen dem Sender und Empfänger 3. In diesem Fall sind also drei Punkt-zu-Punkt-Anwendungsverbindungen vorhanden und eine, welche einem Multicast entspricht.

Vorteile kann die zentrale Stelle Nachrichten-Broker dennoch auch in diesem Fall bringen:

- Es kann verfolgt werden, welche Verbindungen in einem Systemverbund genutzt werden,
- alle Daten werden zentral protokolliert (Logging),
- die Administration der Kommunikation kann sich auf den Nachrichten-Broker konzentrieren.

Wenn sich selbst in Szenarien geringerer Integration Vorteile beim Einsatz eines Nachrichten-Brokers ergeben, was spricht dann gegen seinen Einsatz (siehe auch Alonso et al. 2007, S. 81 f.)?

- *Aufwand*: Ein Nachrichten-Broker erfordert Aufwand verschiedener Art. Zunächst natürlich die Software-, Hardware- und Personalkosten (Administration) für den Betrieb des Nachrichten-Brokers. Daneben die Einführungskosten, insbesondere die Gestaltung oder Anpassung (Kapselung) der Anwendungen derart, dass sie zum Einsatz für den Nachrichten-Broker tauglich sind. Eine einzelne Punkt-zu-Punkt-Verbindung ist dagegen meistens weniger aufwändig.
- *Performanz*: Alle Nachrichten durch den Nachrichten-Broker zu „schleusen“ kostet Performanz. Natürlich kann die Protokollierung z. B. beim Aufdecken von Fehlern Nutzen bringen. Leistungsmessungen im Rahmen einer

Fallstudie haben ergeben, dass der Unterschied im Vergleich zu Punkt-zu-Punkt-Funktionsaufrufen groß sein wird (Schmitt 2007, S. 166 ff.)[3].

- *Abhängigkeit vom Nachrichten-Broker*: Hierbei ist nicht nur der Nachrichten-Broker als „Single-Point-of-Failure" zur Laufzeit gemeint. Die Verbindung von einem Anwendungssystem zu einem Nachrichten-Broker und die Entwicklungen im Nachrichten-Broker (z. B. Abbildungen zwischen Nachrichten) können recht spezifisch für das eingesetzte Nachrichten-Broker-Produkt sein und müssen bei einem Produktumstieg nachgezogen werden.
- *Teil der Anwendungslogik im Nachrichten-Broker*: Der Nachteil wurde bereits oben erwähnt.

11.3.3 Veröffentlichen und Abonnieren (Publish and Subscribe)

Ein Konzept, welches sich mit Nachrichten-Brokern verwirklichen lässt, ist *Veröffentlichen und Abonnieren*, gebräuchlicher unter dem englischen Namen *Publish and Subscribe* (Abb. 11.9). Hierbei abonniert (subcribe) ein Abonnent ein *Thema*[4]. „Thema" ist ein abstrakter Begriff, es könnte z. B. der Nachrichtentyp wie „Bestellung" sein, „Bestellung für den Lieferanten 4711" oder auch „Bestellung 501". Zu diesem Zweck gibt es im Nachrichten-Broker eine *Abonnementtabelle*. Für ein Thema kann es mehrere Abonnenten geben. Trifft eine Nachricht zu dem Thema ein, erhalten alle Abonnenten die Nachricht (bzw. eine Kopie davon) zugestellt. Ist ein Abonnent nicht mehr an einem Thema interessiert, löscht er sich aus der Abonnementtabelle. Das Konzept „Veröffentlichen und Abonnieren" wird auch bei der Kommunikation per Ereignis eingesetzt. Die Ereignisse entsprächen den Nachrichten, die Ereignisbehandler den Abonnenten. In der Literatur findet sich dafür der Name „Event-Condition-Action-Paradigm", z. B. in Alonso et al. (2004, S. 263). Ereignisbehandler werden demnach nur dann angestoßen, wenn die in der Abonnementtabelle formulierte Bedingung über den Ereignisparametern erfüllt ist.

Das Thema kann beim Abonnement auf Typ- oder Instanzebene sein. Das obige Beispiel „Bestellung" ist auf Typebene: der Empfänger wartet auf eine beliebige Bestellung. Dagegen ist „Bestellung 501" auf Instanzebene: der Abonnent wartet nur auf eine Antwort zur Bestellung mit der Nummer 501, andere interessieren ihn nicht.

[3] Das Ergebnis hängt natürlich davon ab, was womit verglichen wird (z. B. RPC oder SOAP-basierte Web-Services). In Schmitt (2007) werden verschiedene Techniken verglichen und Leistungsmessungen durchgeführt.

[4] Dies ist die Terminologie von JMS. Eine andere Sprechweise wäre „Nachrichten eines bestimmten Typs", wobei aber auch ein Instanzbezug möglich ist. Alonso et al. (2004, S. 76) unterscheiden zwischen *typbasiertem* Abonnement, wobei auch geschachtelte Subtypen möglich sind, z. B. `PurchaseOrder.newPurchaseOrder`, und *parameterbasiertem* Abonnement der Art „`type = ... and customer = ... and quantity = ...`".

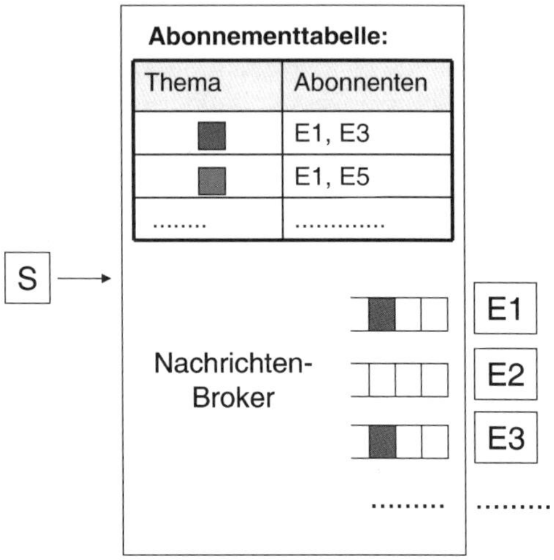

Abb. 11.9 Publish and Subscribe

Der oben erwähnte JMS hat neben Punkt-zu-Punkt-Operationen auch Publish-and-Subscribe-Operationen in seinem API (Alonso et al. 2004, S. 76).

11.4 Zwischenbetriebliche gegenüber innerbetrieblicher Integration

Haben die innerbetriebliche und die zwischenbetriebliche Integration auch gemeinsame Ziele, wie durchgängige, beschleunigte Geschäftsprozesse, so ergeben sich doch bei der zwischenbetrieblichen Integration besondere Anforderungen (Alonso et al. 2004, S. 126):

- Unternehmen stehen in Konkurrenz zueinander. Eine zentrale Steuerung von Anwendungen verschiedener Unternehmen, wie durch einen Nachrichten-Broker, wird im Allgemeinen nicht gewünscht. Vielmehr werden die Unternehmen Punkt-zu-Punkt miteinander kommunizieren.
- Wegen der Übermittlung über öffentliche Netze, unsicherer als ein Intranet, sind stärkere Sicherheitsmechanismen erforderlich. Bei Web-Services werden sie technisch durch den Standard WS-Security (OASIS 2002) bereitgestellt, welcher andere Web-Service-Standards ergänzt. WS-Security definiert, welche SOAP-Kopfattribute für die Authentifizierung verwendet werden können, z. B. `UserNameToken` für Benutzer/Passwort und `BinarySecurityToken` für Zertifikate (Alonso et al. 2004, S. 193). Außerdem spielt Verschlüsselung, zumindest von Teilen einer Nachricht, eine Rolle. Lassen sich Web-Services bereits mit einer gewissen Sicherheit per HTTPS übertragen, so ist oftmals doch eine Ende-zu-Ende-Verschlüsselung sinnvoll.

- Tendenziell ist die Kopplung zwischen Unternehmen loser als unternehmensintern. Asynchrone Kommunikation, wie wir sie von EDI kennen, ist verbreiteter als synchrone Funktionsaufrufe. Denn beim Empfang einer Nachricht kann zur Bearbeitung z. B. eine innerbetriebliche Abstimmung nötig sein, so dass sich lange Bearbeitungszeiten ergeben.

11.5 Diensteigenschaften

Das Senden einer Anfragenachricht und das Empfangen der Antwortnachricht (wenn sie nötig ist) können wir – in Fortsetzung unserer Diskussion über serviceorientierte Architektur (siehe Kap. 10) – als *Dienst* bzw. genauer als *Dienstoperation* bezeichnen. Wiederum abstrahieren wir von der Art des Dienstes (Datenaustausch, Funktionsaufruf). Festlegungen können zudem für mehrere Dienstaufrufe nacheinander (transaktional, in der korrekten Reihenfolge) getroffen werden. Betreiben wir den Dienstaufruf mit einer MOM-Infrastruktur, so können wir *Diensteigenschaften* festlegen, welche die Infrastruktur gewährleisten oder zumindest unterstützen kann. Sie geben die in den vorigen Abschnitten genannten Kriterien wieder. Wir orientieren uns bei der Darstellung an Huvar et al. (2008, S. 115 ff.):

- *Interaktionsmuster*: Diese haben wir uns in Abschn. 11.1 angesehen.
- *Blockierung*: Wartet der Sender auf die Antwortnachricht und blockiert daher *(blockierend* bzw. *synchron)* oder macht er unmittelbar weiter, üblicherweise mit anderen Aufgaben *(nicht blockierend* bzw. *asynchron)*?
- *Sitzung*: Finden mehrere Dienstaufrufe nacheinander statt, sind diese vollkommen unabhängig voneinander *(zustandslos)*? Oder wird eine Sitzung aufgebaut, in der nacheinander mehrere Dienstoperationen geschehen und der Zustand zwischen den Aufrufen gehalten wird *(zustandsbehaftet)*?
- *Zuverlässigkeit*: Ist die Übertragung *unzuverlässig*, d. h. kann es sein, dass die Nachricht den Empfänger zum Beispiel aufgrund eines Kommunikationsfehlers nicht erreicht? Oder ist die Übertragung garantiert *(zuverlässig*, d. h. „genau einmal" oder gar „genau einmal in der richtigen Reihenfolge")?
- *Transaktionsverhalten*: Dies betrifft die Kapselung mehrerer aufeinanderfolgender Dienstaufrufe zu einer Transaktion. Wenn die Eigenschaft „*transaktional*" gesetzt ist, werden entweder alle oder keiner der Dienstaufrufe ausgeführt.
- *Commit-Handling*: Soll ein Commit zum Abschluss einer Transaktion automatisch von der Infrastruktur ausgelöst werden oder explizit vom Aufrufer *(mit Commit/ohne Commit)*?

Für jeden Dienst (eigentlich für jede Dienstoperation) können diese Eigenschaften angegeben werden. Dabei sind jedoch nicht alle Kombinationen möglich oder sinnvoll. Korrelationen bestehen zwischen:

- Interaktionsmuster und Blockierung: Für Anfrage-Antwort ist meist „synchron" sinnvoll, jedoch nicht zwingend.

- Blockierung und Zuverlässigkeit: „Nicht blockierend“ und „zuverlässig“ ist meist eine gute Kombination.

Als weitere Diensteigenschaften lassen sich sehen, auch wenn sich diese inhaltlich, nicht durch Konfiguration ergeben:

- *Dienstinhalt*: Ist der Dienstinhalt ein *Datum* oder ein *Funktionsaufruf*?
- *Adressierung*: Wird der Empfänger *direkt* adressiert oder *indirekt* (z. B. über einen Nachrichten-Broker identifiziert oder nach dem Prinzip „Veröffentlichen und Abonnieren“)?

In Aufgabe 11.2 können Sie überlegen, welche Eigenschaften für verschiedene Dienste angemessen sind.

11.6 Beispiel: SAP Process Integration

Ein üblicher Verwendungszweck von *SAP Process Integration (SAP PI)* (Krimmel und Orb 2010) ist es, SAP-Systeme zu verbinden, zusätzlich eventuell noch einige Nicht-SAP-Systeme. SAP-Systeme sind bereits für SAP PI mit Software zum Nachrichtenaustausch vorbereitet. SAP PI hieß früher *SAP Exchange Infrastructure (SAP XI)*, was den Nachrichtenaustausch deutlicher herausstellte.

Ausgetauscht werden sog. *PI-Nachrichten*. Dies sind prinzipiell SOAP-Nachrichten der Art, wie wir sie bereits kennengelernt haben. Neu ist, dass

- der Nachrichtenkopf verwendet wird und darin Information wie synchrone/asynchrone Übertragung und verschiedene weitere Informationen in PI-spezifischen Laufzeit-, Performanz- und Fehlerattributen gesetzt werden,
- Anlagen (Attachments) vorhanden sein können.

Zur Beschreibung der Dienste wird ein eingeschränktes WSDL verwendet (Krimmel und Orb 2010, S. 96).

Abbildung 11.10 zeigt die Interaktion eines SAP-Anwendungssystems mit dem PI *Integration Server*, dem Nachrichten-Broker von SAP PI. Das SAP-Anwendungssystem tauscht mit dem PI Integration Server PI-Nachrichten aus. Die Beschreibung ist hier unabhängig davon, ob das SAP-Anwendungssystem zum Senden oder Empfangen (oder beidem) verwendet wird. Die vom Sender geschickte Anfragenachricht und die vom Empfänger erhaltene Anfragenachricht müssen nicht übereinstimmen, vielmehr können sie durch eine Abbildung (Mapping) angepasst worden sein (Entkopplung). Gleiches gilt natürlich für die Antwortnachricht. Die Nachrichten geben Schnittstellen von Diensten wieder, welche im *Enterprise Service Repository* abgelegt sind (vgl. Abschn. 10.6).

Der zentrale Teil des PI Integration Server ist die *Integration Engine*. Ein SAP-Anwendungssystem hat eine lokale Integration Engine, womit es mit dem PI Integration Server die Kommunikation über PI-Nachrichten abwickelt. Möchte ein

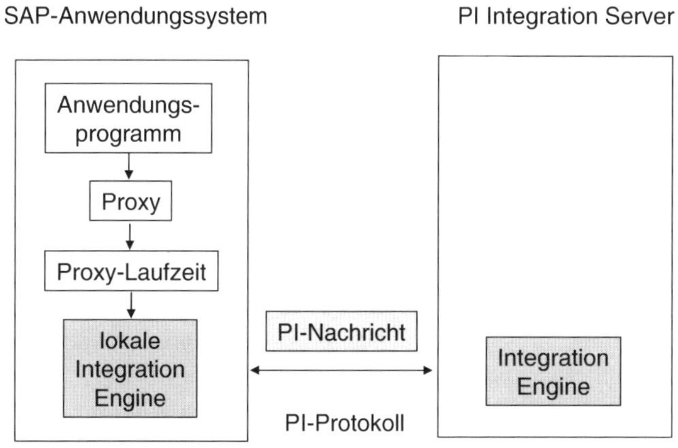

Abb. 11.10 SAP PI: Verbindung SAP-Anwendungssystem – Integration Server

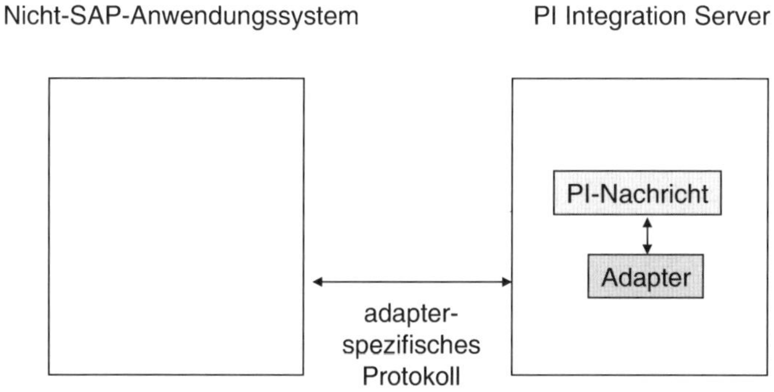

Abb. 11.11 SAP PI: Verbindung Nicht-SAP-Anwendungssystem – Integration Server

Anwendungsprogramm eine Nachricht kommunizieren (senden/empfangen), wird dazu ein Proxy verwendet (dies entspricht unserem Stub, wie in Kap. 10 beschrieben). Während der Proxy dienstspezifisch ist, sind die in der Folge verwendete Proxy-Laufzeit und die lokale Integration Engine generische Komponenten. Die Proxy-Laufzeit schreibt z. B. den Sender in den PI-Nachrichtenkopf.

Anders gestaltet sich die Kommunikation des PI Integration Server mit einem Nicht-SAP-Anwendungssystem (Abb. 11.11). Dieses ist nicht von sich aus befähigt, das PI-Protokoll zu sprechen, d. h. PI-Nachrichten zwischen Integration Engines auszutauschen. Stattdessen wird das Nicht-SAP-System über einen *Adapter* angeschlossen, welcher üblicherweise spezifisch für das Nicht-SAP-System ist. Der Adapter setzt eine Nachricht in das PI-Nachrichtenformat um und umgekehrt. SAP oder Partnerfirmen haben für einige gängige Softwaresysteme Adapter entwickelt. Manche Adapter sind generisch, wie der *Dateiadapter*.

Je nach Anforderung an den Nachrichtenaustausch kommen unterschiedlich mächtige und performante Verfahren zum Einsatz (Krimmel und Orb 2010, S. 26 ff.):

- Für den zustandsbehafteten Austausch von Nachrichten dient die *Business Process Engine*: hier besteht eine Prozessdefinition bzw. ein Protokoll, dass bestimmte Nachrichten in einer festgelegten Reihenfolge auszutauschen sind (vgl. Kap. 12).
- Für den zustandsfreien Nachrichtenaustausch dient die *Advanced Adapter Engine*, welche immer noch Routing und eine Abbildung der Nachrichtenformate (Mapping) durchführen kann, jedoch keine Bearbeitung durch die Integration Engine erfordert, was die Performanz verbessert.
- Sind auch Routing und Mapping nicht erforderlich, kann die Kommunikation *direkt* erfolgen, bei nochmals verbesserter Performanz. Die Dienste der zentralen Konfiguration und des Monitoring werden jedoch weiterhin verwendet.

Technisch baut SAP PI sowohl auf einem ABAP- als auch auf einem Java-Applikationsserver auf (vgl. Kap. 3).

11.7 Übungen und Lösungsvorschläge

11.7.1 Übungen

Aufgabe 11.1 (Verschiedene Integrationsarten, inklusive Nachrichten-Broker):

Diese Aufgabe betrifft alle bisher behandelten Integrationstechniken.

Ein Sachbearbeiter möchte sowohl Kundenstammdaten als auch -kontakte erfassen, ansehen und suchen. Die Daten befinden sich in einem ERP- bzw. in einem CRM-System.

a) Welche Integrationsmöglichkeiten (Benutzeroberfläche, Anwendungslogik, Daten) zwischen den beiden Systemen sind hierbei denkbar und wie sähen diese jeweils im konkreten Fall aus?
b) Würden Sie hierbei einen Nachrichten-Broker verwenden? Was spricht in unserem Fall dafür, was dagegen?

Aufgabe 11.2 (Identifizieren von Diensten):

In einem Pilotprojekt „Dienstorientierter Vertrieb“ soll bei einem Unternehmen geprüft werden, wie der dienstorientierte Gedanke für einen Teilbereich des Vertriebs eingesetzt werden kann. Im Unternehmen werden drei Systeme eingesetzt: ERP, CRM und ein Data Warehouse System. Im Pilotprojekt soll eine neue Web-

Anwendung erstellt werden, welche die folgenden Dienste verwenden soll. Die Dienste sollen durch Kapselung von Funktionen der Anwendungssysteme bereitgestellt werden. Überlegen Sie, welche Systeme bei den Diensten involviert sind und welche Laufzeiteigenschaften (bzgl. Interaktionsmuster, Blockierung, Zuverlässigkeit, Commit-Verhalten und Sitzung) die Dienste haben sollten.

a) Kundenstammdaten anlegen
b) Abfrage von Kundendaten
c) Auftrag erfassen
d) Rechnung per EDI (Electronic Data Interchange) senden
e) Umsatzstatistik der Kunden für kürzere Zeiträume (z. B. letzte Woche) und längere Zeiträume (z. B. die letzten 10 Jahre).

11.7.2 Lösungsvorschläge für die Übungen

Aufgabe 11.1 (Verschiedene Integrationsarten, inklusive Nachrichten-Broker):

a)

- Benutzeroberfläche: Die Sachbearbeiter pflegen Kundenstammdaten und Kontakte im Portal, beide Anwendungen können nebeneinander erscheinen. Das Portal verwendet Single Sign-on, damit sich die Sachbearbeiter nicht zweimal anmelden müssen. Nach der Suche von Kundenstammdaten können die Sachbearbeiter die dazugehörigen Kontakte sehen, wenn dies z. B. per ereignisorientierter Kommunikation so implementiert ist.
- Anwendungslogik: Z.B. im ERP-System wird eine neue Anwendung geschrieben, welche per Web-Service die Kontakte liest und in der neuen Anwendung darstellt.
- Daten: Kundenstammdaten werden von ERP nach CRM übermittelt, z. B. in Hintergrund-Jobs. Das technische Format kann XML oder eine CSV-Datei sein.

b)

- Dafür: Sichere Übertragung von Daten (hier: Kundendaten), inkl. Protokollierung, Offenheit für spätere Integrationen.
- Dagegen: Überdimensionierte Lösung, wenn es wirklich nur um diese eine Integrationsaufgabe geht. Dieses Argument wird hier überwiegen.

Aufgabe 11.2 (Identifizieren von Diensten):

	a)	b)	c)	d)	e)
Beteiligte Systeme	ERP, CRM	ERP, CRM	ERP	ERP	ERP, DWH
Interaktionsmuster	Einwegkommunikation	Anfrage-Antwort	Einwegkommunikation	Einwegkommunikation	Anfrage-Antwort
Blockierung	Nein	Ja	Nein	Nein	Ja
Zuverlässigkeit	Ja	Nein	Ja	Ja	Nein
Commit Handling	Ja	Nein	Ja	Ja	Nein
Sitzung	Nein	Nein	Nein	Nein	Nein/ja

11.8 Literatur

Alonso G, Casati F, Kuno H, Machiraju V (2004) Web Services. Springer, Berlin Heidelberg New York

Huvar M, Falter T, Fiedler T, Zubev A (2008) Anwendungsentwicklung mit Enterprise SOA. Galileo Press, Bonn

Illik JA (2007) Verteilte Systeme. Expert, Renningen

Krimmel M, Orb J (2009) SAP NetWeaver Process Integration. 2. Auflage. Galileo Press, Bonn

van Lessen T, Lübke D, Nitzsche J (2011) Geschäftsprozesse automatisieren mit BPEL. dpunkt, Heidelberg

Mandl P (2009) Master-Kurs Verteilte betriebliche Informationssysteme. Vieweg+Teubner, Wiesbaden

OASIS (2002) http://www.oasis-open.org/specs/index.php#wssv1.0. Abgerufen am 27.09.2011

Pohl T, Peter M (2009) Entwicklung von Enterprise Services für SAP. Galileo Press, Bonn

Schmitt T (2007) SAP/.Net Prozessintegration. entwickler.press, Unterhaching

Stumpe J, Orb J (2005) SAP Exchange Infrastructure. Galileo Press, Bonn

Tanenbaum A, van Steen M (2007) Verteilte Systeme. 2. Auflage. Pearson Studium, München

Web Services Interoperability Organization (2011) WS-I Basic Profile http://www.ws-i.org/deliverables/workinggroup.aspx?wg=basicprofile Abgerufen am 10.08.2011

Kapitel 12
Geschäftsprozessorientierte Integration

HAMM Geht er überhaupt? *Pause. Ungeduldig*: Ob der Wecker geht?
CLOV Warum sollte er nicht gehen?
HAMM Weil er zuviel gegangen ist.
CLOV Er ist doch kaum gegangen.
HAMM *wütend:* Dann, weil er zu wenig gegangen ist!
Endspiel
Samuel Beckett[1]

Zusammenfassung

Die geschäftsprozessorientierte Integration mit Prozessmanagement- bzw. Workflow-Systemen wird vorgestellt. Durch die Prozesssteuerung werden die Methoden von Geschäftsobjekten in einer im Prozess festgelegten Reihenfolge aufgerufen (Orchestrierung). Ein solcher Prozess kann in einem einzelnen Anwendungssystem stattfinden oder systemübergreifend sein. Auch die zwischenbetriebliche Integration ist möglich, üblicherweise mit einer gegenseitigen Abstimmung der Geschäftsprozesse (Choreographie) statt einer zentralen Steuerung. Als Beispiele werden SAP Business Workflow, SAP NetWeaver BPM und SAP Records Management verwendet.

Lernziel

Die geschäftsprozessorientierte Integration anhand von Systemen und Standards des Prozess- und Workflow-Managements kennenlernen.

---

[1] Beckett S (1974) Endspiel. Suhrkamp Taschenbuch 171, erste Auflage 1974, Frankfurt a. M., S. 69.

R. Weber, *Technologie von Unternehmenssoftware*, DOI 10.1007/978-3-642-24423-0_12,

12.1 Workflow-Systeme

In Kap. 2 hatten wir gesehen, dass Anwendungssysteme Geschäftsprozesse bieten, in Systemlandschaften gibt es auch systemübergreifende Geschäftsprozesse. Manche Geschäftsprozesse haben eine implizite Prozesssteuerung, manche eine explizite. In diesem Abschnitt interessiert uns die explizite Prozesssteuerung. Die Integration von Anwendungsfunktionalität besteht hierbei darin, dass die Methoden von Geschäftsobjekten in einer bestimmten, zumindest in Maßen festgelegten Reihenfolge von Bearbeitern (Personen oder Programmen) ausgeführt werden.

Systeme zur Geschäftsprozesssteuerung haben eine lange Tradition. Während die Ideen und Konzepte beibehalten wurden und sich lediglich fortentwickelten, haben sich die Namen dieser Systeme im Laufe der Zeit gewandelt. Anfangs sprach man von Systemen der *Vorgangsbearbeitung*, *aktionsorientierter Datenverarbeitung* (Mertens und Hofmann 1986), in den 90er Jahren von *Workflow-Management-Systemen* oder kürzer *Workflow-Systemen*, nun von *Business Process Management Systemen (BPM-Systemen)*, also *Geschäftsprozessmanagementsystemen* oder kürzer *Prozessmanagementsystemen* (Dadam et al. 2011). Im Folgenden verwenden wir den handlicheren Begriff Workflow-Systeme.

Die Workflow Management Coalition, ein Standardisierungsgremium für Begriffe und Schnittstellen von Workflow-Systemen, hat ein Referenzmodell bereitgestellt, worin wesentliche Konzepte und Begriffe erläutert sind (WfMC 1995), woraus die folgenden beiden Abbildungen entnommen sind. In Abb. 12.1 sehen wir die Komponenten, aus denen typischerweise ein Workflow-System besteht. Zur Definitionszeit modellieren Workflow-Entwickler einen Prozess, üblicherweise mit einem grafischen Modellierungswerkzeug. Im Gegensatz zu anderen Werkzeugen der Prozessmodellierung ist das Ergebnis eine vollständig formal beschriebene *Prozessdefinition* (auch *Prozessmodell* genannt), die als „Code" für das *Workflow-Laufzeitsystem* (im Bild als „Workflow-Enactment-Service" bezeichnet, auch Business Process Engine oder Workflow-Engine genannt) ablauffähig ist. Soll der Prozess starten, wird eine *Prozessinstanz* der Prozessdefinition gebildet. Das Workflow-Laufzeitsystem sorgt dafür, dass die Prozessinstanz genau gemäß der Prozessdefinition abläuft.

Zur Laufzeit werden die einzelnen Schritte *(Aktivitäten)* der Prozessdefinition entweder automatisch von Programmen ausgeführt[2], oder – häufiger – von Benutzern durch die Bedienung von Anwendungsprogrammen im Dialog. Dies zeigt Abb. 12.2. Wir sehen hierin fünf Aktivitäten eines Prozesses. Bis auf die vierte Aktivität werden sie von Benutzern im Dialog bearbeitet. Das Workflow-System erzeugt für jeden Schritt dann ein *Workitem* (auch *Aktivitätsinstanz* genannt), wenn der vorherige Schritt beendet ist. Das Workflow-System stellt es einem Benutzer als *Bearbeiter* zu, wenn die Aktivität einen Benutzerdialog erfordert, z. B. die Frei-

[2] Hier vereinfachen wir ein wenig. Es kann interne Schritte geben, die das Workflow-System eigenständig ausführt, ohne dass eine Aktivität bzw. ein Workitem im Spiel ist, z. B. Bedingungsauswertungen oder Warteschritte.

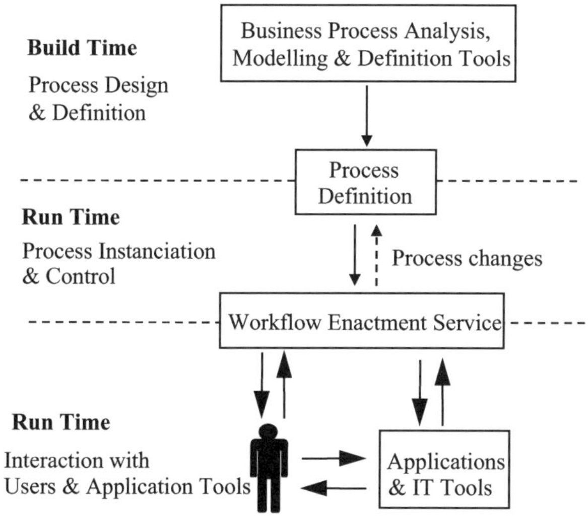

Abb. 12.1 Workflow Management System – Architektur

gabe einer Bestellanforderung. Oder es veranlasst die automatische Ausführung der Aktivität durch ein Anwendungsprogramm, wenn kein Dialog nötig ist, z. B. das Versenden einer E-Mail an einen Geschäftspartner. Prozessmanagement mit menschlicher Interaktion, meist für Entscheidungsschritte oder für die Dateneingabe, wird in Freund und Rücker (2010, S. 7) „Human Workflow Management", in Weske (2007, S. 53) „Human Interaction Workflow" genannt. Der Extremfall eines Prozesses ohne menschliche Interaktion heißt „System-Workflow" (Weske 2007, S. 51) oder „Service-Orchestrierung", wobei die Hintergrundschritte als Dienstoperationen im Sinne einer SOA aufgefasst werden.

Das Workflow-System hat eine *Bring-Schuld (Push-Prinzip)*: die zu erledigende Arbeit wird den Benutzern übermittelt, meist in einen „universellen Eingangskorb", in dem sich neben Workitems E-Mails oder andere Nachrichten befinden. Das Gegenteil wäre die *Hol-Schuld (Pull-Prinzip)* für die Benutzer. Sie ist ohne Workflow-Unterstützung üblich: der Benutzer muss seine zu erledigenden Aufgaben – zu genehmigende Urlaubsanträge, Bestellanforderungen, zu prüfende Rechnungen, E-Mails – in verschiedenen Systemen und dort jeweils an verschiedenen Stellen zusammensuchen.

Wie kommt ein Prozess in Gang? Zwar lassen sich Prozesse, etwa zu Testzwecken, explizit „von Hand" starten. Der komfortablere Weg ist jedoch, hierfür Ereignisse zu verwenden (vgl. Abschn. 2.4): ein Startereignis, z. B. Banf angelegt, kann somit automatisch einen Prozess starten, hier jenen zur Banf-Freigabe.

Zu einer von einem Workflow-System ausführbaren Prozessdefinition gelangt man mit einer Methodik des Geschäftsprozessmanagements. Freund und Rücker

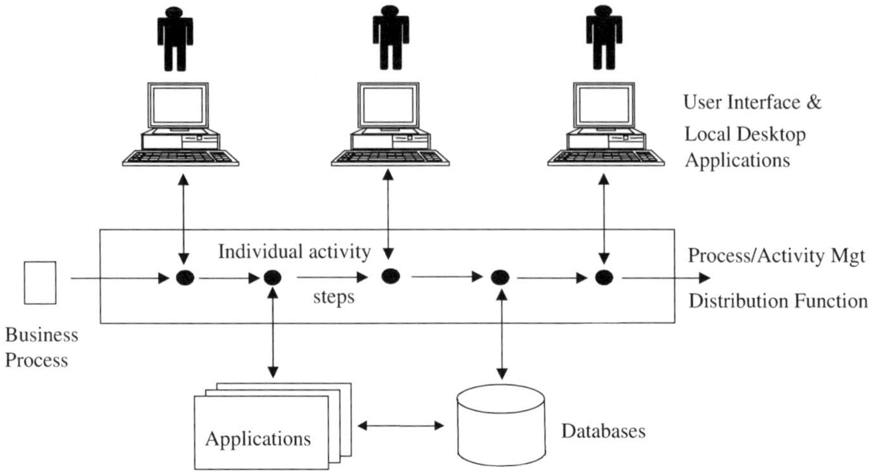

Abb. 12.2 Workflow Management System – Verarbeitung

(2010, S. 15 ff.) z. B. verwenden dreierlei Arten von Prozessdefinitionen, dort „Prozessmodelle" genannt:

- *Strategische Prozessdefinition*: Der Prozess wird aus der Vogelperspektive beschrieben, er soll auf ein DIN A4 Blatt passen. Dabei werden Varianten und Fehlerbehandlung weggelassen, man beschränkt sich auf eine „Happy-Path-Betrachtung", d. h. der gewünschte, erfolgreiche Pfad durch den Prozess wird gewählt. In dieser Prozessdefinition, welcher vor allem zur grundsätzlichen Abstimmung in einem Unternehmen dient, werden pragmatisch bewusst semantische Inkonsistenzen und Lücken in Kauf genommen („Papier ist geduldig"). Kürze und Verständlichkeit gehen vor (Freund und Rücker 2010, S. 121). Sie erwähnen: „Jedes Prozessmodell ist unvollständig – aber manche sind brauchbar."
- *Operative Prozessdefinition*: Diese wird wie die strategische Prozessdefinition aus fachlicher Sicht modelliert, ist jedoch wesentlich ausführlicher und enthält operative Details. Zu einer „guten" operativen Prozessdefinition zu gelangen, ist eine anspruchsvolle und wichtige Aufgabe. Schließlich wird es sich wenig lohnen, einen operativ ineffizienten Prozess durch Workflow-Management zu unterstützen. In van Lessen et al. (2011, S. 9) heißen solche Prozesse *fachliche Prozesse*, im Gegensatz zu *ausführbaren Prozessen*.
- *Technische Prozessdefinition*: Sie soll in einem Workflow-System ablauffähig sein – der Fokus dieses Kapitels. Ausführbare Prozessdefinitionen werden i.a. nicht von der Fachabteilung erstellt, vielmehr sind eigene technische Prozessdefinitionen zu entwickeln (Freund und Rücker 2010, S. 193 f.). Die technische Prozessdefinition wird jedoch sehr eng an der operativen Prozessdefinition angelehnt sein. Die naheliegende Idee, aus der operativen Prozessdefinition eine tech-

nische zu generieren („Forward Engineering“), oder bei Änderungen in der technischen Prozessdefinition diese in die operative zu synchronisieren („Roundtrip Engineering“) wird in Freund und Rücker (2010, S. 194 f.) aus Praxissicht eher skeptisch bewertet.

12.2 Prozessdefinition

Damit die Prozesssteuerung so automatisiert wie oben beschrieben ablaufen kann, muss die Prozessdefinition maschinell ausführbar sein. In Abschn. 2.5 haben wir die Teile einer Prozessdefinition kennengelernt:

- Kontrollfluss
- Datenfluss
- Bearbeiterzuordnung

Nun sehen wir uns an, wie diese Aspekte in Workflow-Systemen ausgeprägt sind.

12.2.1 Kontrollfluss

12.2.1.1 Sprachkonstrukte

Eine mit einem Workflow-Laufzeitsystem ausführbare Prozessdefinition kann man sich ähnlich wie ein Programm vorstellen. Man spricht auch von „Programmieren im Großen“. Die Aktivitäten entsprechen den elementaren Anweisungen, welche in Prozessdefinitionen meist nicht Wertzuweisungen, sondern Aufrufe von Methoden von Geschäftsobjekten sind. Die Reihenfolge ist durch Sprachkonstrukte wie Sequenz, Verzweigung und Schleife festgelegt. Sprachkonstrukte, die in üblichen Programmiersprachen weniger eingesetzt werden, aber in Prozessdefinitionen eine bedeutende Rolle spielen, sind parallele Abschnitte und Ereignisse.

Parallele Abschnitte verkürzen die Prozessdurchlaufzeit. Die Anzahl der parallelen Zweige kann im Prozessmodell statisch vorgegeben sein oder erst zur Laufzeit bekannt werden. Der typische Anwendungsfall für Letzteres ist, dass ein Zweig für mehrere Instanzen gleichartiger Geschäftsobjekte durchgeführt werden soll, z. B. die Prüfung mehrerer Angebote, deren Anzahl sich erst im Prozessablauf ergibt. Bei parallelen Zweigen kann die Zusammenführung nach Beendigung aller Zweige geschehen. Es sind jedoch auch ausgefeiltere Formen möglich: Die Zusammenführung geschieht, wenn M von N Zweigen beendet sind – z. B. wenn nur die Mehrheit der Entscheider zustimmen muss. Oder es wird eine Bedingung formuliert, welche erfüllt sein muss, damit der Prozess fortgesetzt werden kann.

Ereignisse werden eingesetzt, um Datenänderungen mit dem Kontrollfluss zu synchronisieren: ein Prozess kann auf Ereignisse warten oder sie können im Prozess erzeugt werden – explizit in eigenen Prozessschritten oder implizit, indem in einer Aktivität als „Seiteneffekt" ein Ereignis ausgelöst wird. Solche Datenänderungen schließen auch den Empfang übermittelter Nachrichten ein.

Die obigen Aussagen über Sprachkonstrukte beziehen sich weitgehend auf *blockbasierte* Sprachen (z. B. jene des später angeführten Beispiels SAP Business Workflow). In blockbasierten Sprachen haben alle Sprachkonstrukte genau einen Eingang und genau einen Ausgang, sie entsprechen damit dem Prinzip der strukturierten Programmierung. Der Gegenpol sind *graphbasierte* Sprachen (z. B. das später angeführte Beispiel BPMN), wo Verbindungen (Kanten) zwischen Knoten verschiedener Typen gezogen werden. Ein beliebiger Sprung von einem Knoten zu einem anderen („goto") ist in einer blockbasierten Sprache nicht möglich.

Prozessdefinitionen werden üblicherweise versioniert. Schließlich hat ein Prozess eine lange Laufzeit, meist in der Größenordnung von Tagen oder Wochen. Wird die Prozessdefinition während der Laufzeit geändert, so muss sichergestellt werden, dass die „alten" Prozesse gemäß der alten Prozessdefinition zu Ende gebracht werden können.

12.2.1.2 Grafische Modellierung

Der Kontrollfluss wird üblicherweise mit einem grafischen Modellierungswerkzeug definiert, einer Komponente des Workflow-Systems. Die Motivation ist, dass Prozesse auch von Nicht-Programmierern verstanden werden sollen, die grafische Form soll dies erleichtern. Da Prozessdefinitionen in der Praxis eine im Gegensatz zu Programmen niedrige Schrittzahl haben – Prozesse der Größenordnung 10 bis 100 Aktivitäten sind üblich – lässt sich dies gut mit grafischer Darstellung bewerkstelligen. Viele Workflow-Systeme verwenden ihre eigene Modellierungssprache, manche lehnen sich an Notationen wie Ereignisgesteuerte Prozessketten oder UML-Aktivitätsdiagramme an. Neuerdings wird ebenso BPMN (s. u.) eingesetzt. In der akademischen Welt sind zudem Petrinetze und Varianten davon, wie Workflow-Netze, beliebt. Einen Überblick über Notationen bieten Havey (2005) und Weske (2007).

12.2.1.3 Orchestrierung und Choreographie

Prozesse können in genau einem System laufen (lokale Prozesse) oder systemübergreifend in einer Systemlandschaft. In letzterem Fall ist es möglich, dass ein zentraler Prozess die Kontrolle über die in den einzelnen Systemen laufenden Prozessteile übernimmt. Man nennt dies *Orchestrierung*: das Workflow-System bestimmt den Ablauf, ähnlich wie ein Dirigent mit einem Orchester arbeitet. Der zentrale Prozess ist eine *Komposition* der in den Schritten verwendeten Methoden von Geschäftsobjekten (vgl. Abschn. 12.7). Alternativ können mehrere Prozesse in verschiedenen Systemen miteinander kommunizieren und sich synchronisieren. Man nennt dies *Choreographie* . Die Analogie ist das Ballett, wo sich einzelne Tänzerinnen und Tänzer aufeinander abstimmen (siehe Abb. 7.5). Hier handelt es sich um eine *Koordination* zwischen Prozessteilen bzw. in den Schritten verwendeten Methoden von Geschäftsobjekten, vgl. Alonso et al. (2004, S. 250 ff. und S. 276 ff.) für die Beziehung zwischen Komposition und Koordination.

Orchestrierung wird für die innerbetriebliche Prozesssteuerung eingesetzt, Choreographie vor allem für die zwischenbetriebliche Integration. Dort wird nur das Protokoll vereinbart, welches zwischen kooperierenden Geschäftsprozessen (Collaborative Business Processes) herrschen soll. Dabei beschränkt man sich auf den Nachrichtenaustausch. Denn die kooperierenden Prozesse werden immer auch interne Schritte beinhalten, welche aber unternehmensspezifisch sein werden und daher nicht nach außen dringen sollen. Die Nachrichten können physische sein, z. B. Briefe, die als eingescannte Dokumente Workflows starten, oder Nachrichten im Sinne von Kap. 11.

12.2.2 Datenfluss

Die in Abschn. 2.5 gemachten Aussagen gelten hier in voller Schärfe. Tatsächlich wird oftmals erst in Workflow-Systemen der Datenfluss systematisch und genau modelliert. In der Analyse und Konzeptionsphase für einen Prozess wird dagegen pragmatischerweise der Datenfluss oft erst einmal weggelassen, er ergibt sich meist allenfalls aus den Bezeichnungen der Aktivitäten und ist „dazuzudenken“.

Bedingungen, z. B. zur Steuerung von Verzweigungen und Schleifen, können in Prozessen komplex sein. Ein Ansatz ist, solche Bedingungen durch eine eigene Sprache zu beschreiben und diese sog. *Geschäftsregeln* von der Prozessdefinition zu isolieren *(Business Rules Management)*. Dem liegt die Beobachtung zugrunde, dass die Prozesse durch komplexe Bedingungen unübersichtlich werden können, und dass sich die Regeln häufiger ändern werden als die Prozessdefinition. Eine einfache Technik zur Formulierung von Bedingungen sind Entscheidungstabellen, aber es gibt auch spezielle Business Rules Management Systeme (Freund und Rücker 2010, S. 180).

12.2.3 Bearbeiterzuordnung

Ein automatisiert ablaufender Hintergrundschritt wird vom Workflow-System wie bei der funktionsorientierten Integration ausgeführt. Dies kann durch einen lokalen oder entfernten Funktionsaufruf, z. B. per Web-Service, geschehen. Spezifischer für Workflow ist die Zuordnung von Benutzern zu Dialogschritten. Workflow-Systeme unterstützen Formen der Bearbeiterzuordnung wie in Abschn. 2.5 skizziert. Welche Arten von abstrakten Bearbeitern möglich sind, hängt vom Workflow-System ab. Immer werden jedoch Benutzer und Arten von Benutzergruppen und Rollen vorhanden sein. Ebenso variieren die Formen der dynamischen Bearbeiterzuordnung. Eine übliche Methode, Bearbeiterzuordnungen wenigstens auf Ebene der Rollen oder abstrakten Bearbeiter festzulegen, sind *Schwimmbahnen (Swim Lanes)*. Die Prozessdefinition wird dabei so gezeichnet, dass die Aktivitäten, die vom selben Bearbeiter durchzuführen sind, auf einer Schwimmbahn liegen (vgl. Abb. 2.8).

12.3 Beispiele für Prozessnotationen

12.3.1 BPMN

Eine recht neue Notation ist *Business Process Model and Notation (BPMN)* (Freund und Rücker 2010), welche auch bereits in manchen Workflow-Systemen eingesetzt wird. Abbildung 2.8 zeigte bereits ein BPMN-Beispiel. BPMN ist eine graphbasierte Sprache (Freund und Rücker 2010, S. 29) und umfangreich, was die Definition des Kontrollflusses angeht: es gibt über 50 Symbole dafür. Abbildung 12.3 zeigt, dass für die verwendeten Knotenarten Verfeinerungen existieren, was gerade für technische Prozessdefinitionen sinnvoll ist.

- Aktivität: Sie lässt sich genauer danach bestimmen, ob sie im Dialog, als Hintergrundschritt oder „manuell", d. h. ohne IT-Unterstützung, abgewickelt wird.
- Konnektoren: Wichtige sind das exklusive Oder (Alternative), das logische Und (paralleler Abschnitt) und eine ereignisbasierte Steuerung, wo der Zweig mit dem nächsten auftretenden Ereignis gewählt wird.
- Ereignisse: Hierfür gibt es ein reiches Spektrum, nach verschiedenen Kategorien eingeteilt, z. B. der Empfang einer Nachricht, ein Zeitereignis oder das Erreichen einer Bedingung. Unterschieden wird außerdem, ob das Ereignis bei Prozessstart, bei Prozessende oder während des Prozessablaufs stattfindet.

Für den *Datenfluss* innerhalb eines Beckens lassen sich *Datenobjekte* verwenden (speziell in BPMN 2.0, insbesondere Dateneingabe, Datenausgabe und Datenspeicher (Freund und Rücker 2010, S. 21)). Jedoch ist die Definition der Datenstrukturen oder von Geschäftsobjekten nicht Teil von BPMN selbst, vielmehr geschieht dies über *Erweiterungspunkte* von BPMN. Der Standardfall für die Datenbeschreibung ist XML Schema (Freund und Rücker 2010, S. 201; vgl. Abschn. 9.3.4). Über den Daten lassen sich Ausdrücke, z. B. für Bedingungen, formulieren; die Standardeinstellung ist die XPath Expression Language, ein XML-Standard zur Definition von Ausdrücken über einem XML-Dokument (Freund und Rücker 2010, S. 203). Zwischen Prozessteilen in verschiedenen Organisationen („Becken", s. u.) wird ein *Nachrichtenfluss* definiert.

Abb. 12.3 Verfeinerung einiger BPMN-Knoten

Die Bearbeiterzuordnung kann über Schwimmbahnen visualisiert werden (also Stellen, Rollen, Abteilungen, Anwendungen), jedoch sehe ich kein Mittel für die dynamische Bearbeiterzuordnung, welche ja auf Daten aufbaut. BPMN unterstützt zwei Arten von Schwimmbahnen: *Becken (Pools)* für jeweils ein kooperierendes Unternehmen und *Schwimmbahnen* (im engeren Sinne) für die Bearbeiter innerhalb eines Unternehmens.

Fernerhin gibt es in BPMN sog. *Artefakte* (textuelle Anmerkungen, Gruppierungen). Sie sind über *Assoziationen* (gestrichelte Linien) mit anderen grafischen Elementen verbunden. BPMN beschreibt zudem Attribute, die nicht visualisiert werden (Freund und Rücker 2010, S. 25).

BPMN 2.0 ist auch für ausführbare Prozessdefinitionen geeignet. Da einige Aspekte über Erweiterungspunkte abgedeckt werden, in unterschiedlichen Prozessen aber unterschiedlich verwendet werden können, sind Prozessdefinitionen zwischen verschiedenen Workflow-Systemen nicht unbedingt austauschbar (Freund und Rücker 2010, S. 234).

Als Vorteile von BPMN gegenüber anderen Prozessnotationen werden in Freund und Rücker (2010, S. 108) neben der Standardisierung erwähnt:

- Kollaborative Prozesse: Zwischenbetriebliche Prozesse können mit Sprachmitteln des Nachrichtenflusses zwischen Prozessen verschiedener Unternehmen formuliert werden. Darüber hinaus gibt es in BPMN 2.0 *Choreographiediagramme* und *Konversationsdiagramme* (als Ausprägungen von Kollaborationsdiagrammen), die dies ebenso unterstützen (Freund und Rücker 2010, S. 115).

- Reichhaltige Ereignismodellierung, was wir weiter oben schon teilweise gesehen haben. Auch für die Fehler- und Eskalationsbehandlung werden Ereignisse eingesetzt.

Aus meiner Sicht lassen sich mit BPMN Sachverhalte präziser abbilden als z. B. mit EPK oder mit UML, der Einarbeitungsaufwand in die Notation ist dagegen höher. Soweit es nur die Modellierung auf strategischer und operativer Ebene betrifft, wird die Notation in der Praxis wohl nicht in ihrem ganzen Umfang verwendet werden, sondern man wird sich auf einige wenige wichtige Symbole beschränken – ähnlich wie es bei UML in der Praxis zu beobachten ist.

12.3.2 BPEL

Die *Business Process Execution Language (BPEL)* ist ein Standard, welcher auf Web-Services aufbaut und deren Komposition zum Ziel hat (van Lessen et al. 2011). BPEL definiert eine Programmiersprache, kodiert in XML, wo als elementare Anweisungen insbesondere Web-Services aufgerufen werden können (Orchestrierung von Web-Services). BPEL kann auch für die Choreographie derartiger Prozesse eingesetzt werden: abstrakte Modelle werden formuliert, welche als Protokolle für zwischenbetriebliche Prozesse dienen, aber unternehmensinterne Prozessschritte aussparen (van Lessen et al. 2011, S. 54). Die Sprache ist hybrid, in dem Sinne dass sie blockbasierte Sprachkonstrukte enthält, aber ebenso graphbasierte, die zudem gemischt werden können. BPEL ist für den Spezialfall von Geschäftsprozessen gedacht, welche

- nur aus Hintergrundschritten bestehen und
- die Hintergrundschritte durch Web-Services implementiert sind.

Variablen sind in BPEL Bestandteil der Sprache. Die Aktivitäten können auf globale Variablen zugreifen (impliziter Datenfluss). Tabelle 12.1 zeigt einige BPEL-Sprachkonstrukte.

Ein BPEL-Programm besteht aus mehreren Dateien: `BPEL` für die Prozessdefinition, `WSDL` für die aufgerufenen und angebotenen Web-Services (ein BPEL-Prozess bietet selbst eine Web-Service-Schnittstelle), `XSD` (XML Schema) für Datentypen, welche in `WSDL` und `BPEL` verwendet wird. Üblicherweise werden diese Dateien jedoch nicht mit einem Texteditor erstellt, sondern in einer Entwicklungsumgebung (Modellierungswerkzeug), die den Aufwand der XML- und Web-Service-Behandlung abnimmt.

Durch die alleinige Verwendung von Standards könnte ein BPEL-Prozess direkt auf verschiedenen BPEL-Laufzeitumgebungen laufen. Solche Laufzeit- aber auch Entwicklungsumgebungen sind z. B. jBPM5 (jBPM5 2011), IBM WebSphere BPM Suite oder Oracle BPEL Process Manager (van Lessen 2011, S. 199 ff.).

Tab. 12.1 Einige BPEL-Sprachkonstrukte

Sprachkonstrukt	Bedeutung
Receive	Auf eine Nachricht warten
Pick	Auf eine von mehreren möglichen Nachrichten oder Zeitereignis warten
Reply	Nachricht senden
Invoke	Web-Service aufrufen
Sequence	Sequenz
If	Verzweigung
Flow	Parallelität
While, repeatUntil, forEach	Schleife
FaultHandlers	Fehlerbehandlung
Compensate	Kompensation
Wait	Wartezeit
Exit	Prozessinstanz explizit beenden
Link	Für graphbasierte Modellierung

12.4 Flexibilisierung

Nachdem wir die wesentlichen Sprachmittel für Workflow kennengelernt haben, kommen wir nun zu einigen spezielleren Aspekten, zunächst zur Flexibilisierung von Abläufen. Eigentlich läuft ein Workflow zur Laufzeit genau nach seiner Prozessdefinition ab. Jedoch sind meist, selbst bei stark standardisierten Prozessen, gewisse Flexibilisierungen zur Laufzeit sinnvoll und daher in Workflow-Systemen vorgesehen. Wir sehen uns derartige Möglichkeiten an, gegliedert nach den Teilen der Prozessdefinition.

12.4.1 Kontrollfluss

Bei stark standardisierten Prozessen wird man beim Kontrollfluss nicht abweichen. Jedoch gibt es auch Prozesse, bei denen die Reihenfolge nicht so streng vorgegeben ist bzw. bei denen im Einzelfall davon abgewichen werden kann. Man nennt diese Flexibilisierung *Ad-hoc-Workflow*. Hierbei können z. B. Schritte ausgelassen oder zusätzliche eingefügt werden, evtl. aus einem Vorrat von optionalen Schritten. Die Möglichkeiten müssen derart gestaltet sein, dass der Datenfluss nicht gefährdet ist. Zum Beispiel lässt sich natürlich kein Schritt entfernen, welcher ein Geschäftsobjekt anlegt, das im Folgeschritt bearbeitet wird. Aber es gibt auch weniger augenfällige Beispiele, z. B. dass ein Schritt erst ausgeführt werden kann, wenn in einem vorigen Schritt ein Geschäftsobjekt in einen bestimmten Status gesetzt wurde. Eine besondere Form der Flexibilisierung sind *Fallbearbeitungssysteme (Case-Management-Systeme)* (Weske 2007, S. 333): Hierbei wird eine Menge von Aktivitäten festgelegt, und die Reihenfolge kann von den Bearbeitern frei gewählt werden, solange nur die definierten Datenabhängigkeiten eingehalten werden.

12.4.2 Datenfluss

Neben dem in der Prozessdefinition festgelegten Datenfluss können Benutzer bei der Workitem-Bearbeitung den Workitems zusätzlich Notizen (Bearbeitungsvermerke), Anlagen (z. B. Textdokumente) und Geschäftsobjekte (z. B. eine Objektreferenz auf einen bestimmten Lieferanten) hinzufügen. Auf diese wird in den Aktivitätsimplementierungen zwar üblicherweise nicht zugegriffen. Sie werden jedoch im Prozess durchgereicht und können von folgenden Bearbeitern angesehen, auch ergänzt, werden.

12.4.3 Bearbeiterzuordnung

Eine gewisse Flexibilität bieten bereits die in Abschn. 2.5 aufgezeigten Möglichkeiten: ein Workitem kann abstrakten Bearbeitern, z. B. der Art „Benutzergruppe", zugestellt werden. Hier ist kooperatives Verhalten unterstellt, d. h. die Bearbeiter teilen die Menge der anfallenden Workitems unter sich auf, gewissermaßen das Gegenteil der „heißen Kartoffel". Eine andere Flexibilität ist mit den erwähnten Mitteln ebenfalls möglich: ein Benutzer könnte in einem Dialogschritt entscheiden, welcher Bearbeiter aus einer Bearbeitermenge den Folgeschritt ausführen soll. Voraussetzung ist eine Aktivität zur Bearbeiterauswahl in der Prozessdefinition. Eine dritte Möglichkeit ist, dass ein Workitem an eine statisch bestimmte Bearbeitermenge gereicht wird, wenn die dynamische Bearbeiterzuordnung keinen Bearbeiter ermitteln kann. Denn hinter der dynamischen Bearbeiterzuordnung stehen Attribute oder Methoden von Geschäftsobjekten, welche als Ergebnis Bearbeiter liefern sollen. Bei der Methodenausführung könnte aber eine Ausnahme auftreten und kein Bearbeiter gefunden werden.

Unabhängig davon, wie die Prozessdefinition aussieht, kann als Standardfunktion eines Workflow-Systems ein Workitem an andere Benutzer *weitergeleitet* werden. Dies betrifft die Situation, in der ein Bearbeiter erkennt, dass er für die Bearbeitung eines bestimmten Workitems nicht geeignet ist, z. B. weil er neu ist und eine solche Aufgabe noch nicht bearbeitet hat. Auch die *Vertretung* wird in Workflow-Systemen geregelt. Die Anwendungsfälle hierzu sind Urlaub und Krankheit, die allerdings leicht unterschiedlich zu behandeln sind (geplante oder ungeplante Abwesenheit). Daher sollte ein Workflow-System zwei Formen der Vertretungsübernahme gestatten: Zum einen soll ein Mitarbeiter einen Kollegen als Vertreter aktivieren können (Fall Urlaub). Zum anderen soll der Kollege für den Mitarbeiter die Vertretung übernehmen können oder diese von einer dritten Person zugewiesen bekommen (Fall Krankheit). Die Prozessdefinitionen müssen dazu nicht ausgelegt sein, die Übernahme geschieht auf Personenebene. Ausgefeiltere Vertretungsformen sind ebenso denkbar, z. B. dass nur gewisse Aufgaben von einem Kollegen übernommen werden.

12.5 Fehlerbehandlung

Bevor wir uns systematisch Fehler und Reaktionsmöglichkeiten ansehen, werfen wir zunächst einen Blick auf Abb. 12.4 mit einigen typischen Fehlersituationen in Workflows:

1. Ein Ereignis soll den Workflow starten, aber es wird nicht ausgelöst.
2. Während der Aktivitätsbearbeitung geschieht ein Fehler, z. B. ein Programmabsturz.
3. Ein Bearbeiter kann nicht ermittelt werden, z. B. weil eine Stelle nicht besetzt ist.
4. In einer Aktivität erzeugte Daten werden nicht weitergereicht.
5. An den Prozess weitergereichte Daten werden einer Folgeaktivität nicht verfügbar gemacht.
6. Eine Aktivität hat einen unerwarteten Ergebniswert, für welchen keine Folgeaktivität vorgesehen ist.

Fehler können also in allen Teilen der Prozessdefinition auftreten:

- Kontrollfluss, Makroebene: Ist der Kontrollfluss „falsch“ (z. B. falsche Reihenfolge, ein Schritt zu viel oder zu wenig, ein Schritt, welcher durch einen anderen ersetzt werden sollte), wird es sich um einen Modellierungsfehler handeln: es ist prinzipiell der „falsche Prozess“, eine Korrektur der Prozessdefinition ist erforderlich. Solche Fehler sollten beim Testen eines neu entwickelten Prozesses entdeckt werden. Oder das Problem betrifft nur eine gegebene Prozessinstanz; dann können die o. g. Maßnahmen zur Flexibilisierung helfen.
- Kontrollfluss, Mikroebene: Hierunter verstehen wir, dass bei der Ausführung eines Workitems ein Fehler auftritt. Zum einen könnte es ein Programmfehler in der Aktivitätsimplementierung (Methode eines Geschäftsobjekts) sein. In diesem Fall ist der Programmfehler zu beseitigen. Das Workitem wird mit einer Administrationsfunktion in einen korrekten Zustand gebracht und erneut ausgeführt. Ein anderer Fall liegt vor, wenn in der Prozessdefinition eine mögliche Ausnahme der Aktivitätsimplementierung nicht abgefangen wurde, etwa mit dem Motiv, dass diese Ausnahme nicht oder nur in Ausnahmefällen auftritt. Aus pragmatischen Gründen (Aufwand) werden in Prozessdefinitionen oftmals nicht

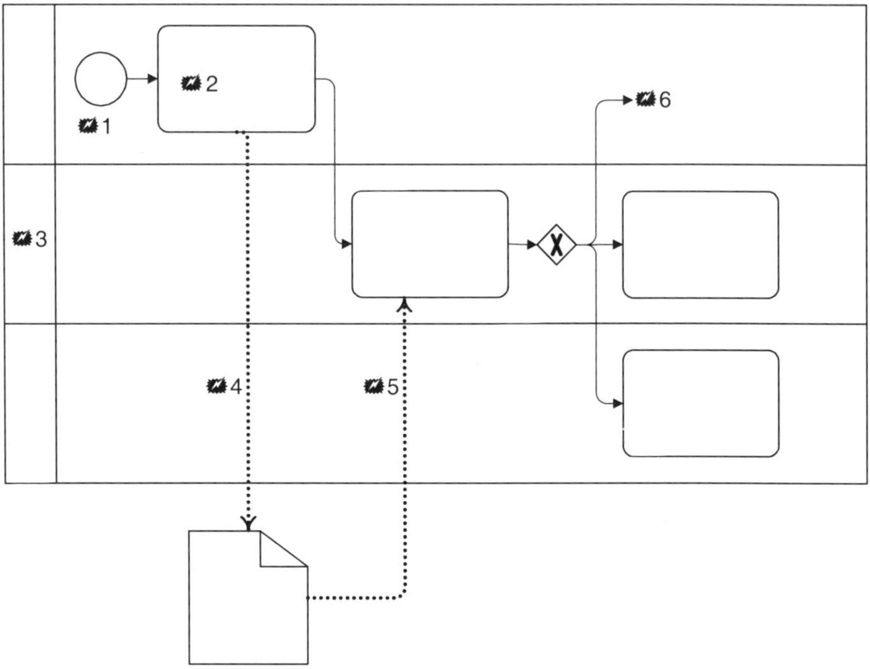

Abb. 12.4 Mögliche Fehler beim Prozessablauf

alle Ausnahmen für eine automatisierte Behandlung vorgesehen. Vielmehr mag entschieden worden sein, dass die Behandlung der Ausnahme „außerhalb des Prozesses" erfolgt. Das Workitem wird dann mit einer Administrationsfunktion behandelt: im Einzelfall wird entschieden, ob dies z. B. das manuelle Beenden sein soll und das manuelle Setzen gewisser Daten.

- Datenfluss: Dies deutet auf einen fehlerhaft definierten Prozess hin. Der Prozess sollte korrigiert werden und das Workitem mit einer Administrationsfunktion in einen korrekten Zustand versetzt werden.
- Bearbeiterzuordnung: In diesem Fall sind der Prozess und häufig ebenso die Methode zur dynamischen Bearbeiterermittlung fehlerhaft. Ein Problem könnte sein, dass ein abstrakter Bearbeiter zu keinem konkreten aufgelöst werden kann. Zum Beispiel wird eine leere Bearbeitergruppe ermittelt, oder eine Stelle ist derzeit nicht besetzt. Manche dieser Fehler beheben sich von selbst, z. B. wenn die Stelle nur kurzzeitig bei einer Umbesetzung vakant ist.

Eine andere Kategorie von „Fehlern" sind zeitliche Abweichungen von der „normalen", erwarteten Bearbeitung: Termine werden nicht eingehalten. In den Aktivitäten lassen sich Termine setzen, etwa „muss spätestens nach zwei Tagen erledigt sein". Für Verzögerungen lässt sich im Prozess ein Eskalationsmanagement definieren. Im einfachsten Fall wird eine bestimmte Person (oft der Vorgesetzte) über den Verzug informiert. Eine ausgefeiltere Form ist ein Eskalationsteilprozess, welcher mit den üblichen Mitteln der Prozessdefinition festgelegt wird. In diesem Fall sind der „normale“ Prozess und zusätzlich der Eskalationsteilprozess aktiv. Im Eskalationsteilprozess kann Einfluss auf den „normalen“ Prozess genommen werden, z. B. dass Schritte als obsolet erklärt werden.

12.6 Vor- und Nachteile

Um einzuschätzen, für welche Fälle sich der Einsatz von Workflow-Management lohnt, stellen wir die Vor- und Nachteile gegenüber:

Vorteile:

- Automatisierung: Geschäftsprozesse werden zumindest teilweise automatisiert. Besteht ein Geschäftsprozess nur aus Hintergrundaktivitäten, ist sogar eine vollständige Automatisierung möglich.
- Qualität steigern: Dadurch, dass die Versorgung mit Daten automatisiert ist (Datenflüsse), werden Eingabefehler vermieden. Aktivitätsspezifische Anleitungen zur Workitem-Ausführung senken die Fehlerrate.
- Datenübergabe bei systemübergreifenden Prozessen: In diesem Sinne unterstützt Workflow-Management zudem die daten- und funktionsorientierte Integration.
- Durchlaufzeit verringern: Workflow-Management bietet dafür verschiedene Mechanismen. Betrachten wir die verschiedenen Zeitanteile: Durchlaufzeit = Übertragungszeit + Liegezeit + Bearbeitungszeit. Bearbeiter werden frühestmöglich mit Workitems versorgt, die benötigten Daten werden bereitgestellt. Dies hat Einfluss auf die Übertragungszeit. Die Liegezeit ist der längste und damit kritischste Teil. Die Terminüberwachung führt organisatorisch zu deren Verkürzung. Parallele Zweige in der Prozessdefinition beeinflussen alle Teile der Durchlaufzeit. Die Bereitstellung von Daten, inklusive Notizen und Anlagen, verkürzt die Bearbeitungszeit.
- Auswertungen: Eine Auswertung der Prozesse mit analytischen Systemen ist möglich. Das Ziel ist dabei die Prozessverbesserung. Die Voraussetzung dafür ist das Aufzeichnen bzw. Protokollieren von Laufzeitdaten. Es fällt in das Gebiet des *Business Activity Monitoring*.
- Garantiert korrekter Ablauf: Wird ein Prozess mit Workflow-Management unterstützt, so läuft er immer gemäß der Prozessdefinition ab. Ausnahmen wurden im Abschn. 12.5 genannt.
- Nachvollziehbarkeit: Durch das Workflow-Protokoll kann man sich von den Details des Ablaufs überzeugen. In einem Workflow-Protokoll wird festgehalten, welche Schritte des Workflows zu welchen Zeiten stattfanden, wer die Schritte bearbeitet hat, und vieles mehr. In einem System kann einstellbar sein, welche Information protokolliert wird. Gesetzliche Regelungen und Betriebsvereinba-

rungen können hierfür Grenzen setzen. Dies zielt insbesondere auf systematische Auswertungen ab (s. u.).

Nachteile:

- Aufwand: Ein hoher entsteht bei der Entwicklung von Workflows, ein gewisser auch beim Betrieb (Administration).
- Unflexibel: Zwar gibt es Maßnahmen zur Flexibilisierung, jedoch sollten diese eher die Ausnahme sein. Prozesse, die jedes Mal unterschiedlich ablaufen sollen, sind für Workflow-Management weniger geeignet.
- Abhängigkeit vom Workflow-System: Fällt das Workflow-System aus, dürfen kritische Geschäftsprozesse nicht stillstehen. Entsprechend sind eine hohe Verfügbarkeit und eine übergangsweise Steuerungsmöglichkeit durch Menschen wichtig.

Daraus ergibt sich, dass sich Workflow-Management für solche Prozesse lohnt, welche

- stark standardisiert sind, d. h. immer nach derselben Prozessdefinition ablaufen, mit wenig Anforderung zur Flexibilisierung, in Leymann und Roller (1999) *Production Workflow*, teilweise auch *Transactional Workflow* genannt,
- besonders gut nachvollziehbar sein sollen, z. B. in dem Sinne, dass die Einhaltung von Richtlinien, wie dem Vier-Augen-Prinzip bei bestimmten Genehmigungsschritten, nachgewiesen werden kann.

In der Praxis zeigt sich, dass sowohl „Mini-Workflows" für eng umrissene kleine Geschäftsprozesse bzw. Teile von größeren Geschäftsprozessen eingesetzt werden als auch Workflows mit einer Vielzahl von Schritten.

12.7 Geschäftsprozess als Komposition

Geschäftsprozesse können wir als eine Form der *Komposition* von Methoden von Geschäftsobjekten oder Diensten sehen. Über viele Anwendungsprogramme könnte man dasselbe sagen. Die Frage ist, wo die Grenze zwischen einem Geschäftsprozess und einem Anwendungsprogramm liegt. Im Folgenden sehen wir uns das Spektrum der Kompositionsformen an:

- *Bildwechsel*: Prinzipiell ließe sich ein Anwendungsprogramm mit mehreren Bildwechseln, evtl. Absprüngen zu anderen Anwendungsprogrammen, als ein Mikrogeschäftsprozess sehen bzw. abbilden *(Frontend-Prozess* im Gegensatz zu *Backend-Prozessen*, „Page-Flows", vgl. van Lessen et al. 2011, S. 53). Die Reihenfolge ließe sich ähnlich wie mit einem Prozesswerkzeug grafisch festlegen. In diese Richtung geht der Ansatz der zusammengesetzten Anwendungen (Composite Applications, Heilig et al. 2008, S. 260) Somit gibt es zwar Ähnlichkeiten zu Workflow-Systemen, jedoch wird das Definitions- und Laufzeitsystem unterschiedlich ausfallen, z. B. keine Protokollierung von Prozessdaten und Bearbeitungszeiten enthalten.

- *Transaktion*: Mehrere Methoden werden nach dem ACID-Prinzip komponiert. Dies eignet sich für kurzlaufende Programme, evtl. über Systemsystemgrenzen hinweg (Zwei-Phasen-Commit-Protokoll, vgl. Tanenbaum und van Steen 2007, S. 388), obwohl dies in der Praxis seltener vorkommt.
- *Fachliche Transaktion (Business Transaction)* (Freund und Rücker 2010, S. 226): Dauern Vorgänge lange, etwa Stunden oder Tage wie bei Geschäftsprozessen, ist die Abbildung als ACID-Transaktion nicht sinnvoll. Eine schwächere Stufe bietet die fachliche Transaktion, wo kein Roll-back beim Scheitern möglich ist, sondern als Ersatz Kompensationsoperationen zur Verfügung gestellt werden müssen. Dieses Thema ist in der Forschung umfangreich behandelt, in der Praxis jedoch nicht derart (Alonso et al. 2004, S, 272). Fachliche Transaktionen finden sich auch in BPMN und BPEL.
- *Prozessdienst (BPEL-Prozess):* Die Orchestrierung von Dienstoperationen in einem BPEL-Prozess lässt sich in vielen Fällen (wenn wenig mit Ereignissen bzw. Nachrichten gearbeitet wird) als Programm auffassen.
- *Innerbetrieblicher Prozess mit Bearbeiterwechseln:* Dieser Fall lässt sich nicht gut als ein Programm abbilden, da bei jenem Bearbeiterwechsel nicht vorgesehen sind.
- *Zwischenbetrieblicher Prozess mit Nachrichtenflüssen:* Über den vorigen Fall hinaus sind die Nachrichtenflüsse zu berücksichtigen.

12.8 Beispiele

12.8.1 SAP Business Workflow

SAP Business Workflow ist das etablierte Workflow-System in SAP-Anwendungssystemen (Gatling et al. 2009). Es ist vor allem für systemlokale Geschäftsprozesse gedacht, wobei die Aktivitätsimplementierungen zumindest überwiegend SAP-Anwendungen sind. SAP Business Workflow entspricht den vorgestellten Konzepten, einige Besonderheiten sind aber zu nennen.

- Integration mit dem Organisationsmanagement: Als abstrakte Bearbeiter dienen sog. *Organisationsobjekte*. Dies sind Objekte des Organisationsmanagements, nicht im objektorientierten Sinne, insbesondere Organisationseinheiten, die Abteilungen, Projektgruppen und Unternehmensbereiche abbilden, Planstellen, Stellen, Personen (Mitarbeiter) und Benutzer (Abb. 12.5). Eine Aufgabe, die der „Abteilung Entwicklung" zugeordnet ist, gelangt an die Benutzer Boss, Winzig, Wickel und Wellhof, eine Aufgabe an die Planstelle „Architekt" gelangt zu Winzig.

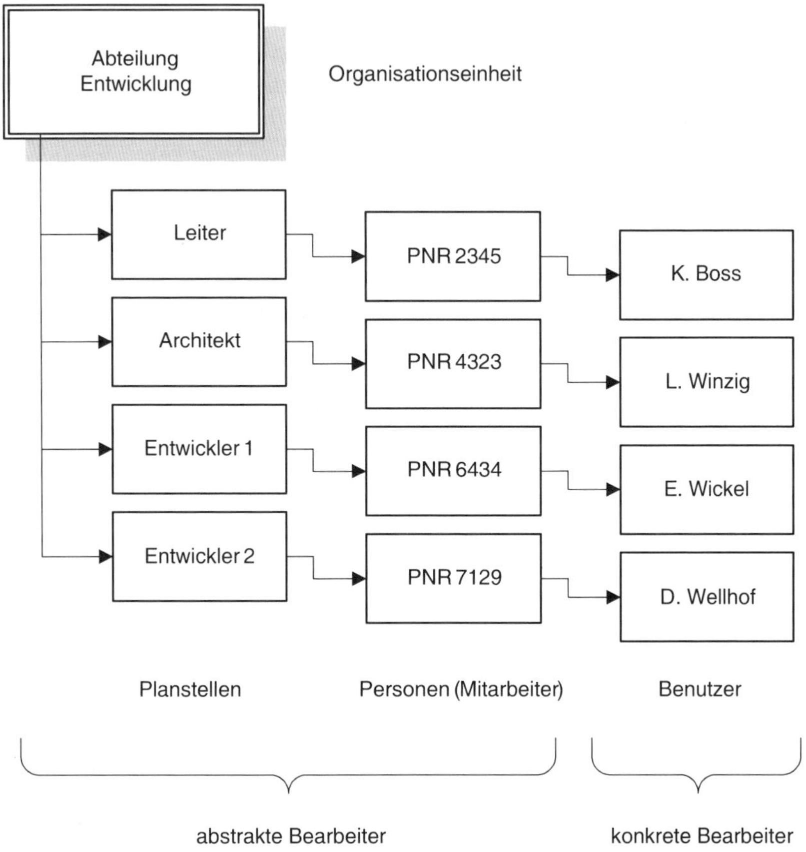

Abb. 12.5 Zuordnung über das Organisationsmanagement

- Geschäftsobjekte: Bereits in der Zeit, bevor SAP objektorientiert programmiert hat (ABAP Objects), wurden für Workflow die sogenannten Business-Objects des Business Object Repository eingeführt (vgl. Abschn. 2.4). Es handelt sich dabei um eine objektorientierte Kapselung nicht-objektorientierter SAP-Funktionalität (Transaktionen, Reports, Funktionsbausteine). Damit lassen sich für den Zweck von Workflow Geschäftsobjekte hinreichend gut abbilden. Mit dem Einzug von ABAP Objects kamen als zweite Kategorie von Geschäftsobjekten ABAP-Klassen hinzu.
- Ereignisse aus Anwendungen: Eine Vielzahl von Anwendungen löst Ereignisse aus, welche z. B. für den Workflow-Start oder für die Synchronisation in Workflows eingesetzt werden können. Daneben lassen sich eigendefinierte Ereignisse über mehrere Mechanismen per Koppelung (und damit Customizing) erzeugen, ohne die Standardanwendungsprogramme zu modifizieren.

- Anpassungskonzept: Es sind verschiedene Stellen für unternehmensspezifische Anpassungen vorgesehen, so dass der Standard nicht modifiziert werden muss (vgl. Kap. 14). Z.B. lassen sich Geschäftsobjekte mit dem Konzept der *Delegation* erweitern.
- Aufgabenschicht: Methoden von Geschäftsobjekten werden nicht direkt in Prozessen aufgerufen, vielmehr gibt es als Zwischenschicht sogenannte *Aufgaben*. Sie kapseln als wiederverwendbare Einheit Methoden von Geschäftsobjekten zusammen mit Beschreibungstexten und statischen Bearbeiterzuordnungen.
- Ausgelieferte *Workflow-Szenarien*: SAP Business Workflow ist Teil von vielen SAP-Systemen, welche den SAP NetWeaver Applikationsserver ABAP verwenden. Damit können Unternehmen, die Anwendungssysteme wie SAP ERP oder SAP CRM einsetzen, eigene Workflows erstellen. Darüber hinaus beinhaltet jedes Anwendungssystem bereits Workflow-Szenarien, die wie die Anwendungsprogramme nach Customizing vom Unternehmen genutzt werden können. Ein Workflow-Szenario besteht aus einer oder mehreren Prozessdefinitionen (*Workflow-Muster* genannt), den in den Aktivitäten verwendeten Aufgaben sowie den dort referenzierten Klassen bzw. Objekttypen von Geschäftsobjekten. Die Workflow-Szenarien können 1:1 übernommen werden oder als Vorlage für eigene Workflows dienen, indem sie kopiert werden und in den Kopien z. B. weitere Schritte eingefügt oder für das Unternehmen überflüssige Schritte entfernt werden.

12.8.2 SAP NetWeaver BPM

Während SAP Business Workflow in ABAP-Systemen seit längerer Zeit eingesetzt wird, gibt es ein weiteres, jüngeres Prozessmanagementsystem, *SAP NetWeaver BPM*. Einige der Konzepte sind ähnlich, Unterschiede sind zu sehen in:

- Java-Basierung: Prozesse werden mit der Java-Entwicklungsumgebung SAP NetWeaver Developer Studio auf dem Client-Rechner entwickelt und zum produktiven Einsatz auf einen Server per Deployment geschafft.
- Systemübergreifende Prozesse: Der Fokus ist weniger auf Prozessen, welche lokal in einem (ABAP-)System laufen, sondern auf systemübergreifenden Prozessen.
- Web-Services: Für Hintergrundschritte werden durchgängig Web-Services verwendet.
- SAP Web-Dynpro für Java: Dialogschritte werden mit SAP Web-Dynpro für Java als Benutzeroberflächentechnologie durchgeführt.
- BPMN: Als Modellierungssprache dient Business Process Model and Notation.
- Bezug zu SAP Business Workflow: Eine direkte Kopplung oder Migration von Prozessen wird nicht unmittelbar unterstützt. Die beiden Prozessmanagementsysteme werden für verschiedene Zwecke genutzt.

12.8.3 SAP Records Management

Um das Spektrum der Prozessunterstützung aufzuzeigen sei schließlich noch ein Werkzeug erwähnt, das nicht wie die anderen vorrangig zur Modellierung technischer Prozessdefinitionen dient. Während der Ausgangspunkt bei Prozessen meist der Kontrollfluss ist, und erst danach die Daten und Bearbeiter betrachtet werden, liegt bei SAP Records Management (Schroeder et al. 2009) der Fokus auf den Daten (vgl. oben: Fallbearbeitung). Es ist ein System zur Definition und Handhabung *elektronischer Akten*. Ein typisches Beispiel ist die Personalakte (Abb. 12.6), welche strukturierte wie unstrukturierte Daten enthält, zum Beispiel den Personalstammsatz und das Bewerbungsschreiben (gescanntes Dokument). Inhaltlich lässt sich dies als eine Menge von Anwendungsprogrammen mit vorbelegten Daten und Dokumenten sehen, welche als Personalakte zusammengefasst werden. Da solche Akten umfangreich werden können, sind Gliederungsebenen möglich. Zunächst ist eine elektronische Akte also ein großes Datenpaket. Der Bezug zu Geschäftsprozessen ist, dass einerseits für Akten Prozesse definiert werden können, etwa dass die Akte verschiedene Bearbeiter durchlaufen muss, welche z. B. bestimmte Dokumente bearbeiten oder einfügen müssen. Andererseits lässt sich eine Akte als impliziter dauerhafter Geschäftsprozess sehen, der im Falle der Personalakte vom Eintritt des Mitarbeiters in das Unternehmen zumindest bis zum Austritt reicht.

12.9 Zusammenfassung der Integrationsaspekte

Wir sind am Ende des zweiten Teils angelangt. Workflow-Management kommt einem Wunsch der Wirtschaftsinformatik sehr nahe: einer möglichst weitgehenden Automatisierung von Geschäftsprozessen. Bei diesem Thema laufen alle in den bisherigen Kapiteln behandelten Aspekte zusammen, einschließlich jene von Teil I. Wir lassen sie Revue passieren und stellen die Anknüpfungspunkte her:

- *Operative Systeme:* Dort haben wir die Konzepte Geschäftsdaten, -objekte und -prozesse kennengelernt, welche ebenso für die anderen Systemtypen Bestand haben. Workflows sind unter Workflow-Steuerung betriebene Geschäftsprozesse. Sie verwenden in den Aktivitäten Methoden von Geschäftsobjekten, zur Steuerung des Kontrollflusses werden deren Attribute herangezogen. Es sind gerade die operativen, immer gleichartig ablaufenden Geschäftsprozesse, die besonders für Workflow-Management geeignet sind.
- *Analytische Systeme:* Auswertungen von Prozessdaten, etwa Durchlaufzeiten, sind möglich. Ein fortgeschrittener Ansatz ist die Erkennung impliziter Prozesse durch Data Mining, welche zur stärkeren Automatisierung und Kontrolle in explizite überführt werden könnten (Process Mining, siehe van der Aalst 2011).

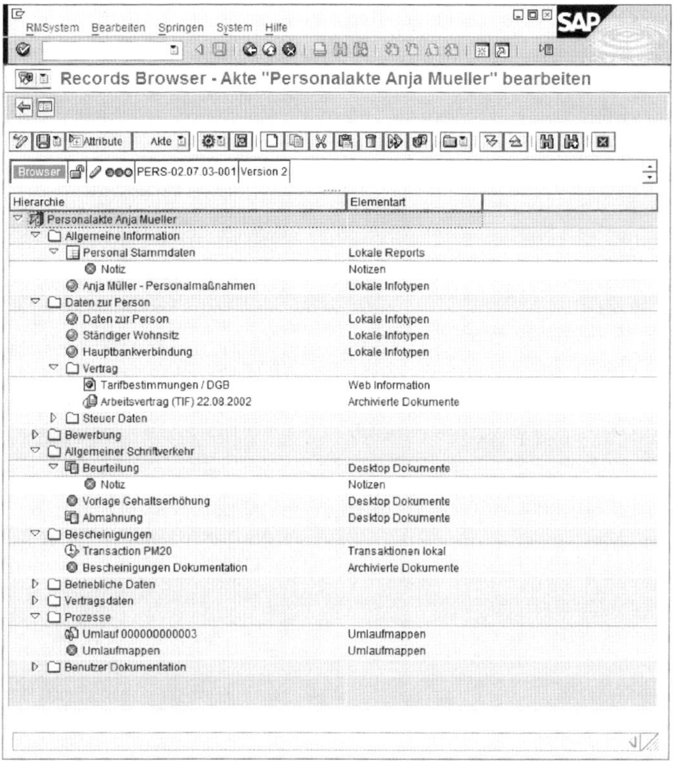

Abb. 12.6 Personalakte

- *Planungssysteme:* Bislang gibt es hierbei weniger Wechselwirkung. Prinzipiell möglich wäre jedoch eine Optimierung der Ressourcen, gesteuert durch ein Planungssystem:
  - *Menschliche Bearbeiter:* Zum Beispiel könnten von den für eine Aufgabe passenden die am wenigsten belasteten Bearbeiter zugeteilt werden. „Passen" bedeutet in dem Zusammenhang, dass sie zumindest grundsätzlich die Aufgabe erfüllen können. Es kann aber auch der Kontext einfließen, z. B. dass ein Bearbeiter der übliche Ansprechpartner für einen bestimmten Kunden ist oder dass er Erfahrung in der Disposition einer bestimmten Warengruppe hat (Abhängigkeit von Laufzeitdaten, hier vom bearbeiteten Geschäftsobjekt).
  - *Rechner:* Die Verteilung von Hintergrundaktivitäten auf Rechenressourcen lässt sich optimieren, wie beim Cloud-Computing (vgl. Abschn. 6.5.2).
  - *Geschäftspartner:* Die geeigneten Geschäftspartner, z. B. ein Lieferant für eine Bestellung, können ermittelt werden. In die Auswahlentscheidung können

die Konditionen, die Sicherheit oder der Gedanke der Diversifikation (Risikosenkung) einfließen.

- *Integration über die Benutzeroberfläche:* Hier ist der „universelle Eingangskorb" in einem Portal zu nennen: alle Workitems, aber auch sonstige Aufgaben und Informationen wie E-Mails sind dort sichtbar. Die Ausführung erscheint in der Web-Oberfläche des Portals; für den Bearbeiter kann somit verborgen bleiben, in welchem System sie tatsächlich stattfindet.
- *Integration über Datenaustausch:* Daten werden bei der zwischenbetrieblichen Geschäftsprozessintegration in Form von Nachrichten ausgetauscht (s. u.).
- *Funktionsorientierte Integration:* Der Prozess orchestriert eine Reihe von Funktionsaufrufen, z. B. Web-Services.
- *Nachrichtenorientierte Integration:* Gerade bei der zwischenbetrieblichen Integration ist Nachrichtenaustausch verbreitet. Die Reihenfolge der Nachrichten ist per Choreographie festgelegt, schon bei EDI, als der Name noch nicht gebräuchlich war.

Weiter oben haben wir eine etwas vereinfachte Beziehung zwischen Geschäftsobjekten und Geschäftsprozessen hergestellt. Im Detail ergibt sich ein vielgestaltigeres Bild. Beziehen wir dazu auch Daten ein:

12.9.1 Daten

Im Workflow sind die in erster Linie bearbeiteten Daten die Geschäftsdaten bzw. die entsprechenden Geschäftsobjekte. Sie werden üblicherweise über eine (Objekt-) Referenz angesprochen. Prinzipiell könnten sie allerdings auch als Kopie, d. h. als Abzug eines Geschäftsobjekts (vgl. Abschn. 2.4), als Teil der Workflow-Daten gespeichert sein. In dem Fall könnten sie nach ihrer Bearbeitung wieder als geändertes Geschäftsobjekt eingebucht werden, was aber eher selten angewendet wird, etwa bei Formulardaten als Vorstufe zu einem Geschäftsobjekt.

Neben den Geschäftsdaten gibt es in Workflows Daten, die nur für die Steuerung des Kontrollflusses eingesetzt werden, in Alonso et al. (2004, S. 264) „Control Flow Data", im Gegensatz zu „application-specific Data", genannt. Es sind zum Beispiel „Flags" oder Bearbeiter einzelner Schritte, die für Folgeschritte verfügbar gemacht werden. Sie speichern einen inhaltlichen Prozesszustand (im Gegensatz zum technischen Prozesszustand, wie „laufend" oder „wartend") und hängen daher von der Prozessdefinition ab.

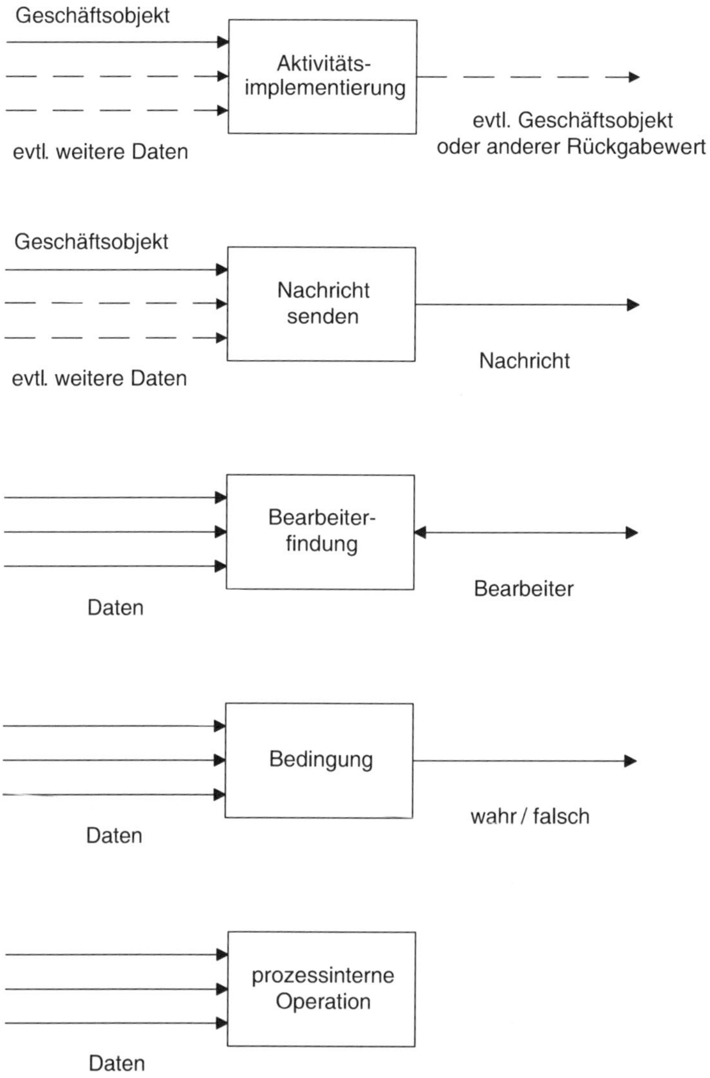

Abb. 12.7 Methoden in Geschäftsprozessen

12.9.2 Methoden

Methoden im weiteren Sinne kommen an verschiedenen Stellen unterhalb des Kontrollflusses des Prozesses vor (vgl. Abb. 12.7). Mit „im weiteren Sinne“ ist gemeint, dass die Methoden nicht wie die bisher betrachteten immer einem naheliegenden

Geschäftsobjekt (wie Lieferant oder Bestellung) zugeordnet werden können, sondern manchmal höchstens einem technischen Objekt, z. B. einem Prozessobjekt. Die Methoden unterscheiden sich teilweise in der Art der Eingabe, mehr noch jedoch im Zweck und entsprechend in der Art der Ausgabe. Sehen wir uns die Arten an.

1. Aktivitätsimplementierung
   Diese Methodenart ist uns bereits vertraut. Die Eingabe ist meist ein Geschäftsobjekt, weitere Parameter, auch andere Objekte, könnten im Einzelfall dazukommen. Die Ausgabe ist entweder nicht an der Schnittstelle sichtbar, wenn die Daten direkt in die Datenbank geschrieben werden, oder besteht aus Rückgabewerten, z. B. dem Entscheidungsergebnis bei einer Prüfmethode oder einem erzeugten Objekt bei einer „anlegen“-Methode.
2. Nachricht senden
   Dies lässt sich oft wie ein impliziter, asynchroner Aufruf einer Methode sehen (vgl. Kap. 11).
3. Bearbeiterfindung
   Die Bearbeiterfindung hängt in manchen Fällen nur von einem Geschäftsobjekt ab, z. B. der Verantwortliche für ein bestimmtes Material, der Personalsachbearbeiter für Mitarbeiter mit einem bestimmten Anfangsbuchstaben des Namens oder der Vorgesetzte eines Mitarbeiters. Dann lässt sich ein Bearbeiter als Attribut des Geschäftsobjektes sehen. Es können jedoch weitere Parameter nötig sein, so dass die Bearbeiterfindung als Methode realisiert wird. Oder die Parameter sind derart, dass eine Zuordnung zu einem bestimmten Geschäftsobjekt nicht naheliegend ist und die Bearbeiterfindung eher als Funktion abgebildet wird. Das Ergebnis ist in jedem Fall eine Menge (Liste) von Bearbeitern, evtl. die leere Menge, wenn kein Bearbeiter identifiziert werden kann. Die Ermittlung kann beliebig aufwändig sein, vom Nachsehen in einer Tabelle bis zum Traversieren des Organisationsmodells.
4. Bedingung
   Formal gehen in eine Bedingung mehrere Daten ein, Geschäftsobjekte oder andere (s. o.), das Ergebnis ist einer der Werte „wahr“ oder „falsch“. In der Regel werden Bedingungen durch Ausdrücke formuliert, z. B. `Banf.Zustand = 'A'` („angenommen“). Bei komplexeren Bedingungen (Geschäftsregeln) lässt sich die Bedingungsauswertung tatsächlich als Methode bzw. Funktion sehen.
5. Prozessinterne Operation
   Dies sind Operationen wie Wertzuweisungen zu Prozessdaten oder Prozesskontrolloperationen, z. B. Beenden einer Aktivität oder des gesamten Prozesses. Sie lassen sich als Methoden eines Prozessobjekts sehen, prozessabhängige wie im ersten Fall (z. B. ein Freigabeflag in den Prozessdaten speichern) oder generische (z. B. den Prozesszustand setzen) wie im zweiten.

12.9.3 *Ereignisse*

Neben den bekannten Ereignissen von Geschäftsobjekten kann auch das Eintreffen einer Nachricht oder das Erreichen eines Termins bzw. das Verstreichen einer gewissen Zeit als ein Ereignis angesehen werden.

12.10 Übungen und Lösungsvorschläge

12.10.1 *Übungen*

Aufgabe 12.1 (Vergleich mit einer Programmiersprache):

Worin entdecken Sie Unterschiede zwischen einer Prozessdefinition für ein Workflow-System und einem Programm in einer üblichen Programmiersprache?

Aufgabe 12.2 (Prozessdefinition für ein Beispiel):

Was müssen Sie tun, um die Prozessdefinition der Aufgabe 2.5 in Kap. 2 in einem Workflow-System nutzen zu können?

Aufgabe 12.3 (Workflow-Definition in SAP Business Workflow):

Diese Aufgabe erfordert den Zugriff auf ein SAP ERP System.

Ähnlich wie man Programmieren am besten lernt, indem man es praktisch in einer Programmiersprache tut, lernt man Workflow-Management am besten anhand eines Workflow-Systems kennen. Da der aktive Umgang mit einem Workflow-System wie SAP Business Workflow eine wesentlich größere Einarbeitungszeit erforderte als durch das Studium dieses Buches möglich, wollen wir wenigstens „passiv" einen existierenden Workflow ansehen.

Betrachten Sie also im Workflow-Builder (Transaktion `SWDD`) den Workflow `WS20000001` („Lieferantendaten freigeben") an. Durch Doppelklick auf die Schritte können Sie sich die Details ansehen, z. B. für den Schritt „Allgemeine Lieferantendaten prüfen" sehen Sie den Verweis auf die entsprechende Standardaufgabe `TS20000002`. Mit einem Doppelklick auf diese Standardaufgabe sehen Sie die Details davon, u. a. die verwendete Objektmethode als Aktivitätsimplementierung.

12.10.2 Lösungsvorschläge für die Übungen

Aufgabe 12.1 (Vergleich mit einer Programmiersprache):

- Granularität: Auf tiefster Ebene nicht Wertzuweisungen an Variablen, sondern Methodenaufrufe, welche selbst nicht mehr Teil der „Sprache“ sind („Zwei-Ebenen-Programmierung“).
- Laufzeit: Beim Programm bis zu Millisekunden üblich, evtl. Sekunden oder Stunden für Hintergrundprozesse. Beim Prozess oft in der Größenordnung Tage bis Wochen.
- Persistenter Programmzustand: Ein Prozess „überlebt“ auch einen Systemabsturz. Zudem ist der Prozess nicht fortwährend aktiv, oft entstehen vielmehr lange Wartephasen bis Aktivitäten ausgeführt werden und der Prozess weitergeschaltet werden kann.
- Bislang wird meist keine standardisierte Notation verwendet. Das mag sich mit BPMN und BPEL ändern.
- Häufig Verwendung von parallelen Abschnitten und Ereignissen.
- Grafische Notation bei Prozessen üblich, bei Programmiersprachen kaum.
- Umfang: Selbst umfangreiche Prozesse kommen nicht in die Größenordnung üblicher betriebswirtschaftlicher Programme (gemessen an der Anzahl der Programmzeilen).

Aufgabe 12.2 (Prozessdefinition für ein Beispiel):

Alle Teile – Kontrollfluss, Datenfluss, Bearbeiterzuordnung – müssen formal gefasst werden, in der „Sprache“ des jeweiligen Workflow-Systems.

Aufgabe 12.3 (Workflow-Definition in SAP Business Workflow):

Die Aufgabenbeschreibung sollte bereits hinreichend ausführlich sein. Für weitere Details findet sich eine Beschreibung dieses Workflow-Szenarios in Rickayzen et al. (2002, S. 519 ff.).

12.11 Literatur

12.11.1 Weiterführende Literatur

Das folgende Buch behandelt die BPMN in der neuen Version 2.0, mit Rückbezügen auf die Vorgängerversion. Es beschreibt jedoch auch gut die Einbettung von

technischen Prozessdefinitionen für Workflow-Systeme in einer Methodik des Geschäftsprozessmanagements und enthält viele Tipps und Einschätzungen aus Praxissicht. In dem Sinne bildet es eine Brücke zwischen einer betriebswirtschaftlichen, fachlichen Behandlung von Prozessmanagement, wie heute in der Wirtschaftsinformatik verbreitet, und unserem eher technischen Fokus.
Freund J, Rücker B (2010) Praxishandbuch BPMN 2.0. 2. Auflage. Hanser, München

Es ist wie beim Programmieren: Workflow-Management versteht man besonders gut, indem man sich praktisch damit beschäftigt, also Workflows in einem Workflow-System realisiert. Eine Möglichkeit dazu ist SAP Business Workflow, ausführlich beschrieben in
Gatling G et al. (2009) Workflow-Management mit SAP. 2. Auflage. Galileo Press, Bonn

12.11.2 Weitere zitierte Literatur

Alonso G, Casati F, Kuno H, Machiraju V (2004) Web Services. Springer, Berlin Heidelberg New York

van der Aalst W (2011) Process Mining. Springer, Berlin Heidelberg New York

Dadam P, Reichert M, Rinderle-Ma S (2011) Prozessmanagementsysteme: Nur ein wenig Flexibilität wird nicht reichen. Informatik-Spektrum, 34(4): S. 364–376

Havey M (2005) Essential Business Process Modeling. O'Reilly Media, Sebastopol

Heilig L, Karch S (2008) SAP NetWeaver. 2. Auflage, Galileo Press, Bonn

jBPM5 (2011) http://www.jboss.org/jbpm Abgerufen am 28.09.2011

van Lessen T, Lübke D, Nitzsche J (2011) Geschäftsprozesse automatisieren mit BPEL. dpunkt, Heidelberg

Leymann F, Roller D (1999) Production Workflow. Prentice Hall, Upper Saddle River, NJ

Mertens P, Hofmann J (1986) Aktionsorientierte Datenverarbeitung. Informatik-Spektrum 9(6): S. 323–333

OASIS Technical Committee (2007) Web Service Business Execution Language, Version 2.0, April 2007. http://docs.oasis-open.org/wsbpel/2.0/OS/webpel-v2.0.html

Rickayzen A, Dart J, Brennecke C, Schneider M (2002) Workflow-Management mit SAP. 1. Auflage. Galileo Press, Bonn

Schroeder N, Spinola U, Becker J (2009) SAP Records Management. 2. Auflage. Galileo Press, Bonn

Tanenbaum A, van Steen M (2007) Verteilte Systeme. 2. Auflage. Pearson Studium, München

Weske M (2007) Business Process Management. Springer, Berlin Heidelberg New York

Workflow Management Coalition (WfMC) (1995) The Workflow Reference Model. Document Number WFMC-TC-1003 http://www.wfmc.org/standards/docs/tc003v11.pdf Abgerufen am 28.02.2011

Teil III
Lebenszyklus

Kapitel 13
Überblick über Teil III

Irgend etwas geht seinen Gang.
Endspiel
Samuel Beckett[1]

Zusammenfassung

Wir sehen uns den Lebenszyklus einer Systemlandschaft und darin insbesondere den eines Anwendungssystems im Unternehmen an. In den Folgekapiteln vertiefen wir zwei der Phasen: die Anpassung von Standardsoftware und die Administration eines Anwendungssystems. Gemäß der Perspektive des Buchs, nämlich der eines Unternehmens, welches Unternehmenssoftware einsetzt, beginnt unser Lebenszyklus nach der „Geburt", d. h. der Entwicklung und Auslieferung des Anwendungssystems durch den Softwareanbieter. Die Entwicklung von Unternehmenssoftware ist somit nicht im Fokus, einige Aspekte finden sich jedoch im Teil „Eigenentwicklung" des Kapitels über Anpassung. Beispiele sind die SAP Legacy System Migration Workbench und SAP Enhancement Packages.

Lernziel

Einen Überblick über den Lebenszyklus von Anwendungssystemen und Systemlandschaften gewinnen.

---

[1] Beckett S (1974) Endspiel. Suhrkamp Taschenbuch 171, erste Auflage 1974, Frankfurt a. M., S. 25.

R. Weber, *Technologie von Unternehmenssoftware*, DOI 10.1007/978-3-642-24423-0_13,

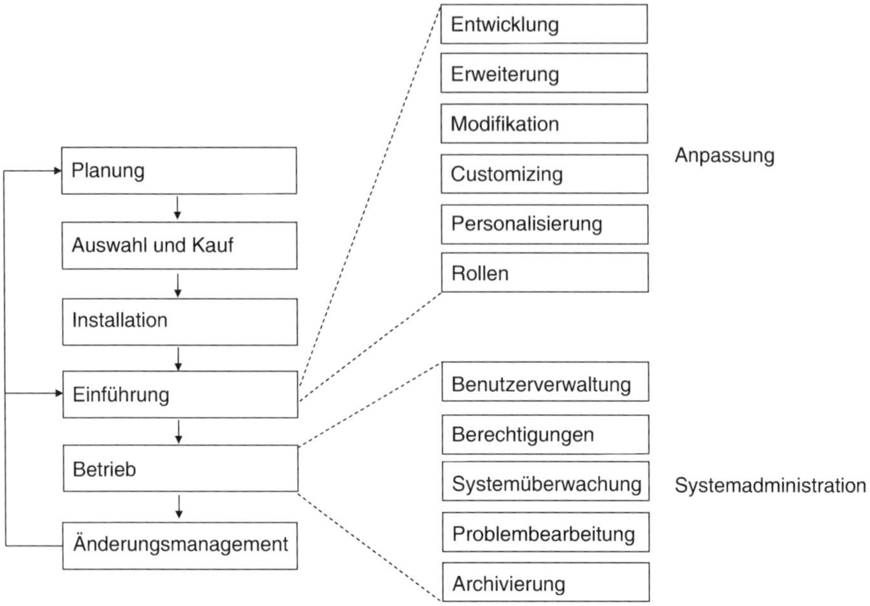

Abb. 13.1 Lebenszyklus

Nachdem heute Unternehmen nicht mehr wie früher überwiegend eigenentwickelte Programme einsetzen sondern Standardsoftware, könnte man den hier vorgestellten Lebenszyklus von Unternehmenssoftware als das Phasenmodell des „Software-Engineering der Wirtschaftsinformatik" ansehen: statt auf Neuentwicklung liegt der Fokus auf Konfiguration und Anpassung der Software, wobei auch darin Softwareentwicklung im Rahmen von Zusatzentwicklung und Erweiterung ihren Platz hat. Aus Sicht eines Unternehmens, welches die Software einsetzt, stellt sich der Lebenszyklus eines Anwendungssystems und allgemeiner einer Systemlandschaft gemäß Abb. 13.1 dar. Hier berührt die Thematik dieses Buches das Informationsmanagement. Wir konzentrieren uns wiederum auf die technologischen Aspekte.

13.1 Planung

Zunächst sind die Systemlandschaft und die darin enthaltenen Anwendungssysteme zu planen. Typische Fragen sind hierbei:

- Welche Teile der bestehenden Systemlandschaft sollen durch ein oder mehrere neue Anwendungssysteme ersetzt werden? Im Folgenden nehmen wir an, dass es sich nur um eines handelt.

- Welche Anforderungen hinsichtlich Funktionalität und Integrierbarkeit mit der bestehenden Systemlandschaft hat das Anwendungssystem zu erfüllen?
- In welcher zeitlichen Abfolge sollen Teile der Systemlandschaft ersetzt werden?

13.2 Auswahl und Kauf

Nach der Planung nimmt das Unternehmen zu den Softwareanbietern Kontakt auf und prüft, welche Anwendungssysteme die Anforderungen am besten erfüllen. Dabei spielen auch finanzielle und strategische Fragen eine Rolle.

- Es kann sein, dass ein teures Produkt die Anforderungen besser erfüllt, wegen des großen Preisunterschieds greift man aber lieber zum hinsichtlich der Funktionalität zweitbesten Produkt.
- Unter der berechtigten Erwartung, dass sich Produkte desselben Softwareanbieters leichter miteinander integrieren lassen, kann die Unternehmensstrategie sein, sich auf nur wenige Anbieter zu konzentrieren und diese möglichst zu wählen. Nach der Strategie *Best of Suite* wird der Anbieter ausgewählt, dessen Produkte insgesamt im Zusammenwirken für das Unternehmen am besten geeignet sind, selbst wenn andere Anbieter bei einzelnen Produkten vorteilhafter sind. Bei *Best of Breed* wird für jede Komponente das beste Produkt gewählt.
- Nicht nur die Kosten für den Softwarekauf sind zu berücksichtigen, sondern die für den ganzen Lebenszyklus. Dies sind insbesondere die Einführungskosten, bestimmt durch die Anpassung des Systems an die Unternehmensbedürfnisse. Daneben eine Vielzahl von Kosten, wie für Personal, Wartung, Energie und Kühlung der Hardware. Man nennt diese Gesamtkosten im Jargon *Total Cost of Ownership (TCO)*.
- Berücksichtigt werden sollte auch das Projektrisiko: wird das System bei anderen hinsichtlich Größe und Branche ähnlichen Unternehmen bereits eingesetzt, und was sind Erfahrungswerte hinsichtlich der Kosten?

Mit dem Kauf der Software sind einmalige *Lizenzkosten* verbunden. Dafür gibt es verschiedene Preismodelle. Ein gängiges basiert auf der Anzahl der Benutzer, welche das System verwenden *(Named Users)*. Bei diesem Modell kommt es tatsächlich auf die Anzahl der Personen an, nicht auf die Anzahl der Benutzerkennungen. So könnte eine Person mehrere Benutzer für Testzwecke haben. Preisunterschiede kann es für verschiedene Benutzerkategorien geben (z. B. Entwickler oder Sachbearbeiter). Ein anderes Modell bezieht sich auf die Anzahl der Benutzer, welche gleichzeitig im System arbeiten können *(Concurrent Users)*. Schließlich sind auch lastabhängige Preise möglich, etwa nach der Anzahl der Personalstammsätze oder nach dem Bewegungsdatenaufkommen (Lehmann und Buxmann 2009). Daneben fallen regelmäßige *Wartungskosten* an, die an den Softwareanbieter zu bezahlen sind. Sie liegen oftmals pro Jahr in der Größenordnung von 20 % der Lizenzkosten.

Eine Alternative für den Kauf, insbesondere für kleinere oder mittelgroße Unternehmen, ist es, das Anwendungssystem vom Softwareanbieter oder einem anderen Unternehmen betreiben zu lassen und nur für die Nutzung der Software zu bezahlen. Heute firmiert dies unter dem Begriff *Software as a Service (SaaS)*, früher nannte man es *Application Service Providing (ASP)* (siehe Abschn. 6.5.2).

13.3 Installation

Die Installation eines großen Anwendungssystems ist oftmals nicht so problemlos wie die Installation eines kleinen PC-Programms. Insbesondere liegen Installationsmenge und -dauer Größenordnungen darüber.

13.4 Einführung

Es schließt sich der aufwändigste Teil an: die Einführung der Software im Unternehmen, organisiert in einem *Einführungsprojekt*. Wir konzentrieren uns auf drei Aktivitäten:

- Anpassung
- Altdatenübernahme
- Integration

13.5 Anpassung

Wir gehen davon aus, dass es sich bei dem Anwendungssystem um Standardsoftware handelt. Entsprechend nimmt die Anpassung einen großen Raum ein. Sie kann Monate bis Jahre dauern, je nachdem, wie weit die Funktionalität der Standardsoftware und die Unternehmensanforderungen auseinander liegen. Dies ist das Thema von Kap. 14.

13.6 Altdatenübernahme

Der Anlass für ein neues Anwendungssystem ist selten die Firmengründung, vielmehr wird es meist ein Vorgängersystem ablösen. Zumindest Teile der vorhandenen Daten müssen daher im neuen System übernommen werden. Zu überlegen ist, welche Stammdaten und insbesondere welche Bewegungsdaten zu migrieren sind, z. B.

nur die Salden, die Einzelposten oder auch ausgeglichene Posten (Willinger und Gradl 2007, S. 26). Dabei wird klar, dass die Altdatenübernahme nicht eine rein technische Angelegenheit ist, sondern betriebswirtschaftliche Überlegungen einschließt, z. B. buchhalterische bei offenen Posten hinsichtlich der Gegenbuchung (Willinger und Gradl 2007, S. 29 ff.) oder die Frage der Reihenfolge der Datenübernahme, z. B. Stamm- vor Bewegungsdaten, Bestellungen vor Wareneingangsbuchungen (Willinger und Gradl 2007, S. 42).

Die Altdatenübernahme, auch *Datenmigration* genannt, ist ein spezieller Aspekt der Integration über Datenaustausch, die prinzipiellen Techniken kommen zum Einsatz (vgl. Kap. 9). Traditionell wird die Altdatenübernahme von Programmierern durchgeführt, was ein Engpass bei einem Einführungsprojekt sein kann, denn Programmierer werden übergreifend für verschiedene Aufgaben und Funktionsbereiche benötigt. Doch haben sich spezialisierte Werkzeuge gebildet, welche insbesondere Techniken aufgreifen, die Programmierung vermeiden bzw. nur an wenigen Stellen erforderlich machen, so dass die Aufgabe teilweise auch von anderen Mitarbeitern übernommen werden kann.

13.6.1 Beispiel: SAP Legacy System Migration Workbench

Die *SAP Legacy System Migration Workbench* (Willinger und Gradl 2007) bietet einen einheitlichen Zugang zu mehreren Verfahren der Datenmigration und eine Benutzerführung. Die unterstützten Datenmigrationsverfahren sind Batch-Input (siehe Abschn. 9.4), *Direct-Input* (Standardprogramme zur Datenübernahme, welche jedoch nicht wie Batch-Input eine Eingabe über die Benutzeroberfläche simulieren, sondern recht direkt in die Datenbank mit weniger Prüflogik schreiben (Willinger und Gradl 2007, S. 51)[2], BAPI (siehe Abschn. 10.6) und Intermediate Document (IDoc; siehe Abschn. 9.4). Ein besonderer Vorteil dieses Werkzeugs gegenüber der direkten Verwendung der unterstützten Datenmigrationsverfahren sind Methoden der Datenkonvertierung und Flexibilität, z. B. indem eigener ABAP-Code hinzugefügt werden kann. Der Einsatz der Legacy System Migration Workbench ist daher besonders dann sinnvoll, wenn die Quell- und Zieldatenstrukturen stark voneinander abweichen. Entsprechend der umfangreichen Funktionalität und Komplexität ist ein gewisser Einarbeitungsaufwand zu veranschlagen.

[2] Dadurch ergibt sich ein mindestens 20-mal schnelleres Schreiben als bei Batch-Input (Willinger und Gradl 2007, S. 288). Als Durchsatz bei Batch-Input geben (Willinger und Gradl 2007, S. 331) etwa 10 bis 40 Datensätze pro Minute an, abhängig von Hardware und Konfiguration.

13.7 Integration

Integration umfasst die vielfältigen Konfigurations- und Entwicklungstätigkeiten, die für die Einrichtung einer Systemlandschaft erforderlich sind und die wir in den Kapiteln über Integration kennengelernt haben. Kommt Standardsoftware aus der Hand eines Softwareanbieters zum Einsatz, sind viele Integrationsmöglichkeiten bereits im Customizing der zu integrierenden Systeme vorgesehen. In manchen Fällen ist jedoch Entwicklungsaufwand nötig.

13.8 In Betrieb nehmen

Nach Anpassung, Tests und Schulung der Anwender kann die Software in Betrieb genommen werden, man nennt dies *Go live*. Im laufenden Betrieb gibt es weitere administrative Tätigkeiten, insbesondere:

- *Benutzerverwaltung*: Im Anwendungssystem müssen Benutzer angelegt werden, welche die passenden Berechtigungen benötigen.
- *Systemüberwachung*: Das System muss überwacht werden, denn die Leistung kann nachlassen und Systemteile können ausfallen.
- *Problembearbeitung*: Im laufenden Betrieb können sich Probleme ergeben, welche sich nicht durch die Systemkonfiguration lösen lassen, sondern Softwarefehler als Ursache haben. Die Hauptaufgabe ist hierbei dafür zu sorgen, dass die Softwarekorrekturen ins System gelangen.

13.9 Änderungsmanagement

Im Laufe der Zeit können sich auf Unternehmensseite zusätzliche Anforderungen an die Software ergeben, welche zu berücksichtigen sind. Im IT-Jargon wird dieses Änderungsmanagement auch *Change Management* genannt. Oft lässt es sich durch weitere Anpassungen, inklusive Erweiterungen, erledigen.

Auch der Übergang zu einer neuen Version der Software ist möglich, *Releasewechsel* oder *Upgrade* genannt – eine Rückkopplung zur Phase „Planung“. Ein Releasewechsel ist besonders sinnvoll, wenn die neue Version benötigte Funktionalität bietet, vielleicht auch solche, die manche Eigenentwicklung nun überflüssig macht (Rückführung in den Standard). Ebenso kann ein Wechsel zu einer qualitativ besseren, stabileren Version hilfreich sein. Gerade neu erstellte Software („First Customer Shipment“) hat Kinderkrankheiten, welche in späteren Versionen hoffentlich behoben sind. Der Aufwand für einen Releasewechsel ist nicht zu unterschätzen, gerade wenn das System Modifikationen enthält.

Zum Leidwesen mancher Unternehmen ist ein Releasewechsel auch aus organisatorischen Gründen erforderlich, selbst wenn die neue Version für das Unternehmen keinen zusätzlichen größeren Nutzwert bringt, nämlich dann, wenn die Wartungsphase für eine Softwareversion abläuft. Zumindest kann die Wartung durch den Softwareanbieter oder ein dafür spezialisiertes Unternehmen teurer werden. Ein weiterer Grund kann sein, dass der Softwareanbieter möglichst viele Unternehmen auf die neue Version bringen möchte, um seinen Wartungsaufwand zu verringern oder die Verkaufszahlen für die neue Version zu verbessern, und den Wechsel daher schmackhaft macht.

Eine ausführliche Schilderung des Releasewechsels am Beispiel Microsoft Dynamics NAV findet sich in Hesseler und Görtz (2008, S. 365 ff.).

13.9.1 Beispiel: SAP Enhancement Packages

Ein Releasewechsel bringt viel neue Funktionalität auf einen Schlag, oft mehr als ein Unternehmen zu einem Zeitpunkt einführen möchte, und verursacht meist hohen Aufwand. Die Idee von SAP *Enhancement Packages* (Kaplan und Oehler 2011) ist dagegen, aufbauend auf einem Basisrelease, wie SAP ERP 6.0, schrittweise weitere Funktionen zu installieren und zu aktivieren. Ein Enhancement Package enthält Funktionen („Business Functions"), die getrennt voneinander aktiviert werden können. Enhancement Packages waren zunächst für SAP ERP verfügbar und sind es nun auch für andere Produkte der SAP Business Suite.

Technische Inhalte eines Enhancement Packages sind insbesondere Programmcode, Benutzeroberflächenelemente, Tabelleneinträge und Append-Strukturen von Datenbanktabellen. Erst nach der Aktivierung zeigen sie tatsächlich Wirkung, z. B. können dadurch neue Felder auf den Benutzeroberflächen erscheinen oder neuer Programmcode verfügbar sein. Nicht aktivierter Programmcode wird bei der Kompilierung nicht berücksichtigt, so dass das Enhancement Package weder funktional noch performanzmäßig einen Unterschied ausmacht (Kaplan und Oehler 2011, S. 37). Das Aktivieren bzw. „Umschalten" geschieht durch Schalter des „Switch-Frameworks".

Für ein Basisrelease gibt es im Zeitablauf verschiedene Enhancement Packages, die kumulativ sind, d. h. aufeinander aufbauen. Administrativ lassen sich Enhancement Packages wie Support Packages (vgl. Abschn. 15.3) regelmäßig installieren, aber erst bei Bedarf aktiveren.

Zwischen Enhancement Packages verschiedener Komponenten können Abhängigkeiten bestehen, z. B. könnte ein Enhancement Package für SAP ERP von einem für SAP NetWeaver abhängen. Die Softwarewerkzeuge zur Behandlung von Enhancement Packages erkennen solche Abhängigkeiten.

Die Wartung der Enhancement Packages geschieht mit eigenen Support-Packages (siehe Abschn. 15.3), getrennt von den Support-Packages des Basisrelease.

Der Ursprung der Enhancement Packages kam von der Idee, Branchenlösungen zu SAP ERP, z. B. für die Automobilbranche, nicht weiter als getrennte Systeme verfügbar zu machen, sondern als Erweiterungen zu SAP ERP. Heute gibt es branchenspezifische („Industry Extension") und branchenübergreifende Funktionen („Enterprise Extension"), die aktiviert werden können.

13.10 Literatur

Hesseler M, Görtz M (2008) Basiswissen ERP-Systeme. 1. korrigierter Nachdruck, W3 L, Herdecke, Witten

Kaplan M, Oehler C (2011) SAP Enhancement Packages – Funktionsweise und Implementierung. 2. Auflage, Galileo Press, Bonn

Lehmann S, Buxmann P (2009) Preisstrategien von Software-Anbietern. Wirtschaftsinformatik, Vol. 51, Nr. 6, S. 519–529

Willinger M, Gradl J (2007) Datenmigration in SAP. 2. Auflage, Galileo Press, Bonn

Kapitel 14
Anpassung von Standardsoftware

Zweimal abgeschnitten und immer noch zu kurz, sagte der Schneider.
Sprichwort

Zusammenfassung

Wir sehen uns die verschiedenen Möglichkeiten an, Standardsoftware an ein Unternehmen oder auch nur an die Bedürfnisse einzelner Benutzer oder Benutzergruppen anzupassen. Dabei unterscheiden wir zwischen Anpassung durch Konfiguration, worunter das Customizing, die Personalisierung und die Verwendung von Rollen zählen, und Anpassung durch Entwicklung, nämlich Eigenentwicklung in einem Unternehmen, kundenspezifische Erweiterung und Modifikation der Standardsoftware. SAP-Beispiele: Customizing, ABAP-Programmierung für Eigenentwicklung und Erweiterung, Softwarelogistik, Erweiterung mittels Business-Add-ins, Anpassungskonzepte in SAP Business ByDesign und ein spezielles objektorientiertes in SAP Records Management.

Lernziel

Die verschiedenen Anpassungsmöglichkeiten betrieblicher Standardsoftware kennenlernen.

14.1 Einführung von Standardsoftware

Ist eine betriebliche Standardsoftware gekauft und installiert, steht sie noch nicht unmittelbar zur Nutzung bereit. Sie muss erst an die Unternehmensbedürfnisse

R. Weber, *Technologie von Unternehmenssoftware*, DOI 10.1007/978-3-642-24423-0_14,

angepasst werden. Dies ist Teil der *Einführung* bzw. *Implementierung* (englisch: *Implementation*) der Standardsoftware. Diese Verwendung des Begriffs „Implementierung" in der Wirtschaftsinformatik ist vom gleichlautenden Begriff in der Informatik zu unterscheiden, dort die Realisierung eines Konzepts oder einer Spezifikation durch Softwareentwicklung. Der organisatorische Rahmen ist das *Einführungsprojekt*, von dem einige Aktivitäten in den Folgeabschnitten dargestellt sind. Manche der Aktivitäten, z. B. die Eigenentwicklung, werden nicht in jedem Einführungsprojekt auftreten. Immer erforderlich ist dagegen das Customizing (Parametrisierung), die unternehmensspezifische Anpassung im engeren Sinne durch Konfigurationseinstellungen. Ein Einführungsprojekt ist wegen seiner Größe im Allgemeinen in Teilprojekte untergliedert. Bei einem ERP-System könnte dies zum Beispiel nach Anwendungsbereichen (Rechnungswesen, Logistik, Personalwesen) geschehen. Im Einführungsprojekt arbeiten verschiedene Personen:

- IT-Mitarbeiter des Unternehmens: Schließlich müssen diese dafür sorgen, dass das Anwendungssystem ordnungsgemäß läuft, und sie haben die IT-Expertise.
- Mitarbeiter aus den Fachabteilungen des Unternehmens: Sie bringen das Anwendungs-Know-how mit, insbesondere das unternehmensspezifische. Einige von ihnen werden nur zeitweise im Projekt eingesetzt sein, da sie zusätzlich ihrem „Tagesgeschäft" nachgehen müssen.
- Berater: Sie kommen entweder aus dem Beratungsbereich des Softwareanbieters oder – häufiger – von größeren oder kleineren Beratungsunternehmen, oftmals spezialisiert auf einen Teil der Produkte eines Softwareanbieters. Insofern handelt es sich dabei weniger um Unternehmensberater („Strategieberatung"), vielmehr sind solide Kenntnisse der Anwendungen und Technologie der einzuführenden Standardsoftware gefragt, wünschenswerterweise außerdem Erfahrung in der Einführung der Standardsoftware in anderen Unternehmen.

Für die Einführung gibt es verschiedene Strategien:

- *Big-Bang*: Die Einführung geschieht in einem großen Schritt.
- *Anwendungsweise Einführung*: Die Software wird in mehreren Etappen nach Anwendungsbereichen eingeführt, z. B. zuerst das Rechnungswesen, dann die Logistik, schließlich das Personalwesen.

Ein Konzern, der in mehreren Ländern tätig ist, kann die Einführung in beiden Fällen nach den Standorten bzw. Ländern organisieren (*länderweise Einführung*). Auf diese Weise wird das Risiko auf jeweils eine Landesgesellschaft begrenzt, Erfahrung kann für folgende Länder verwendet werden.

Da der Fokus des Buchs auf der Technologie liegt, mögen diese einordnenden Worte zur Systemeinführung genügen. Eine detailliertere Darstellung findet sich z. B. in Gadatsch (2010).

Tab. 14.1 Konfigurationsmöglichkeiten

	Wirkung	Inhalt	Durchführung
Customizing	Mandant, System (selten); alle Benutzer	Betriebliche Funktionen	Fachkräfte (Berater, Organisatoren, ...)
Rolle	Benutzergruppe	Benutzeroberfläche, Zugriffsberechtigungen	Administratoren, Organisatoren
Personalisierung	Benutzer	Benutzeroberfläche	Benutzer für sich selbst

14.2 Anpassungsarten

Hier gewinnen wir einen Überblick über die Anpassungsmöglichkeiten, in den Folgeabschnitten werden sie vertieft. Es gibt zwei Kategorien: Konfiguration und Entwicklung.

14.2.1 Konfiguration

Die Einstellungen werden in Benutzeroberflächen gepflegt. Tabelle 14.1 zeigt die Konfigurationsmöglichkeiten:

System- und mandantenweite Einstellungen des Customizing betreffen die Weise, wie die Standardsoftware wirkt, z. B. welche Konten gebucht werden können. Bei den Einstellungen für Benutzer oder Benutzergruppen dagegen wird nur festgelegt, welche Funktionen ein Benutzer sieht und ausführen darf, zudem wie er sie sieht.

Das Rollenkonzept haben wir in Kap. 8 kennengelernt. Dadurch bekommen Gruppen von Benutzern Einstellungen zugewiesen, die nur für diese gelten. Benutzer können verschiedene Rollen einnehmen, damit implizit verschiedenen, sich nicht gegenseitig ausschließenden Benutzergruppen zugeordnet sein. Verwandt mit den Rollen sind Berechtigungsprofile.

14.2.2 Entwicklung

Dies ist Anpassung der Standardsoftware durch Programmierung. Sie wirkt stets auf das gesamte Anwendungssystem, d. h. auf alle Mandanten und alle Benutzer. Zur Entwicklung zählen:

- *Eigenentwicklung:* Entwicklung zusätzlicher Programme, neben der Standardsoftware
- *Erweiterung:* Ergänzung des Quellcodes der Standardsoftware an dafür vorgesehenen Stellen
- *Modifikation:* Ändern des Quellcodes der Standardsoftware an beliebigen Stellen.

Im Folgenden sehen wir uns die verschiedenen Anpassungsarten im Detail an. Wir starten bei den Anpassungsarten mittels Konfiguration und gehen dann zu jenen mittels Entwicklung.

14.3 Customizing

Das Customizing ist auf jeden Fall bei der Einführung eines Anwendungssystems durchzuführen. Hierzu sind keine Programmierkenntnisse erforderlich, vielmehr werden die Einstellungen über die Benutzeroberfläche vorgenommen. Es ist verwandt mit den „Optionen", die wir z. B. von Textverarbeitungsprogrammen kennen. Von der Benutzeroberfläche her ist das Customizing ähnlich, nur liegen die Einstellungsmöglichkeiten bei betrieblicher Standardsoftware in einer anderen Größenordnung. In Standardsoftware für Großunternehmen finden sich mehrere tausend Customizing-Einstellungen. Zudem erfordert das Customizing sowohl Kenntnisse über die Standardsoftware als auch über die Geschäftsprozesse des Unternehmens. Viele Einstellungen sind später nicht mehr oder nur noch schwer änderbar. Die Customizing-Einstellungen betreffen das Unternehmen als Ganzes, also nicht nur einzelne Benutzer wie bei der Personalisierung. Wie Stamm- und Bewegungsdaten sind die Customizing-Einstellungen in der Datenbank des Anwendungssystems abgelegt.

Einige Arten von Customizing-Einstellungen:

- Die Organisationsstruktur des Unternehmens und Einstellungen dafür, etwa wiedergegeben durch Organisationsobjekte (siehe Abschn. 2.3), z. B. Einkaufsorganisationen und Werke.
- Steuernde Parameter, die Einfluss darauf haben, welche Funktionen auswählbar sind. Zum Beispiel legt die Materialart u. a. fest, ob ein Material im Unternehmen bestellt werden darf.
- Feldeinstellungen für die Benutzeroberfläche: Für einige Anwendungen lässt sich einstellen, welche Felder aus einer vorgegebenen Menge in einem Anwendungsprogramm für Benutzer erscheinen sollen. Genauer gesagt lässt sich sogar einstellen, ob Feldinhalte nur angezeigt oder auch geändert werden können, ob sie überhaupt sichtbar sind, ob es sich im Unternehmen um eine Musseingabe handelt.

Einige Beispiele sehen wir uns in Aufgabe 14.1 an.

Die Grenze zwischen Customizing und Stammdatenpflege ist, bedingt durch die Natur von Customizing-Daten, oftmals fließend.

Wird eine Funktion erst zu einem späteren Zeitpunkt eingeführt, muss deren Customizing nachgeholt werden. Auch wenn auf eine neue Version der Standardsoftware umgestiegen wird, kann Customizing-Aufwand anfallen: Beim *Delta-Customizing* sind es neue Customizing-Aktivitäten für Zusatzfunktionalität der neuen Version. Beim *Upgrade-Customizing* sind es abgewandelte oder erweiterte Customizing-Aktivitäten, damit die alte Funktion nach dem Upgrade weiterhin problemlos läuft (Föse et al. 2008, S. 249).

14.3.1 Beispiel: Customizing in SAP-Software

Der *Einführungsleitfaden*, englisch *Implementation Guide* oder kurz *IMG* genannt, beinhaltet den Zugang zu den Customizing-Einstellungen, die in *Customizing-Aktivitäten* durchgeführt werden. Der *SAP-Referenz-IMG* enthält alle Customizing-Aktivitäten, die im SAP-System möglich sind (Transaktion `SPRO` in SAP-NetWeaver-basierten Systemen). Neben dem Zugang zu den Customizing-Aktivitäten bietet die Transaktion `SPRO` Möglichkeiten zur Projektverwaltung für Customizing-Projekte. Denn typischerweise werden Customizing-Aktivitäten an verschiedene Projektgruppen verteilt.

Die Customizing-Aktivitäten sind in einem Menü hierarchisch nach Anwendungsbereichen organisiert. Direkt neben jeder Customizing-Aktivität findet sich eine Beschreibung (Abb. 14.1). Customizing-Aktivitäten sind als „muss“ (keine SAP-Voreinstellung möglich), „kann“ (die SAP-Voreinstellung ist zu prüfen) oder „nicht erforderlich“ (Standardsystem) klassifiziert. Zudem gibt es eine Festlegung als „kritisch“ oder „nicht kritisch“ (Föse et al. 2008, S. 248).

Die Eintragungen in die Customizing-Tabellen erfolgen mit weniger oder mehr Prüflogik, insbesondere hinsichtlich anderer Tabellen. Bei Eintragungen mit wenigen Prüfungen werden Customizing-Aktivitäten meist in Form von generierten Dialogprogrammen zur Tabellenpflege durchgeführt, welche teilweise durch manuell erstellte Prüflogik ergänzt sind. Hierbei kann bei Eingabe einer Tabelle oder mehrerer abhängiger (in der Art von Kopf-Positionsstrukturen etwa, technisch ausgedrückt durch Fremdschlüsselbeziehungen) automatisch ein Dialogprogramm erzeugt werden, mit welchem Tabelleneinträge angelegt, geändert, gelöscht oder lediglich angezeigt werden können. Abbildung 14.2 zeigt eine Customizing-Aktivität in SAP ERP.

Die Customizing-Tabellen haben unterschiedliche *Auslieferungsklassen*, die für unterschiedliche Kategorien von Customizing-Daten dienen:

- C: Pflege nur durch das Unternehmen (Kunde aus SAP-Sicht), kein SAP-Import; das bedeutet, dass SAP hierfür keine Vorschlagswerte ausliefert. Beispielsweise

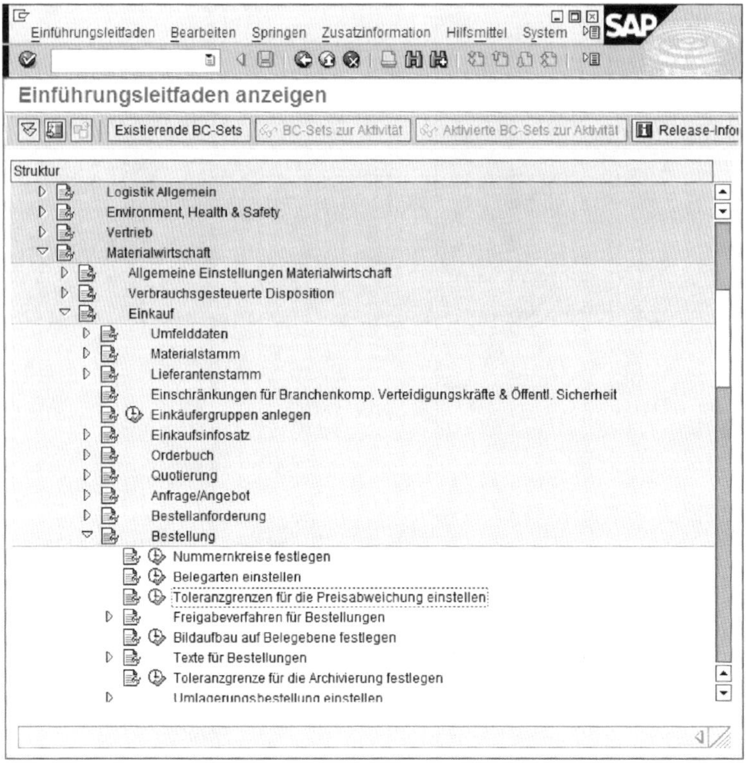

Abb. 14.1 SAP-Referenz-IMG

ist die Unternehmensstruktur unternehmensspezifisch, z. B. welche produzierenden Werke es gibt. Diese Kategorie ist damit eng verwandt mit Stammdaten (siehe Abschn. 2.3).

- G: Pflege durch das Unternehmen und SAP, allerdings haben das Unternehmen und SAP getrennte Namensräume. SAP liefert also Vorschläge aus. In neuen Softwareversionen kann sich diese Vorschlagsliste ändern. Sinnvoll ist es meist nur, diese zu ergänzen, da das Unternehmen Vorschlagswerte in früheren Versionen genutzt haben kann. Das Unternehmen kann eigene Werte eintragen, welche wegen der getrennten Namensräume nicht durch neue SAP-Vorschlagswerte überschrieben werden. Dabei können technisch gleich behandelte, aber inhaltlich verschiedene Unterfälle auftreten:
  - Die Ergänzung ist die Ausnahme: Währungseinheiten, Länderschlüssel oder Maßeinheiten können in der Regel übernommen werden. Während bei Währungseinheiten meist keine Ergänzung sinnvoll ist, könnten unternehmens- oder branchenspezifische Maßeinheiten vom Unternehmen ergänzt werden.

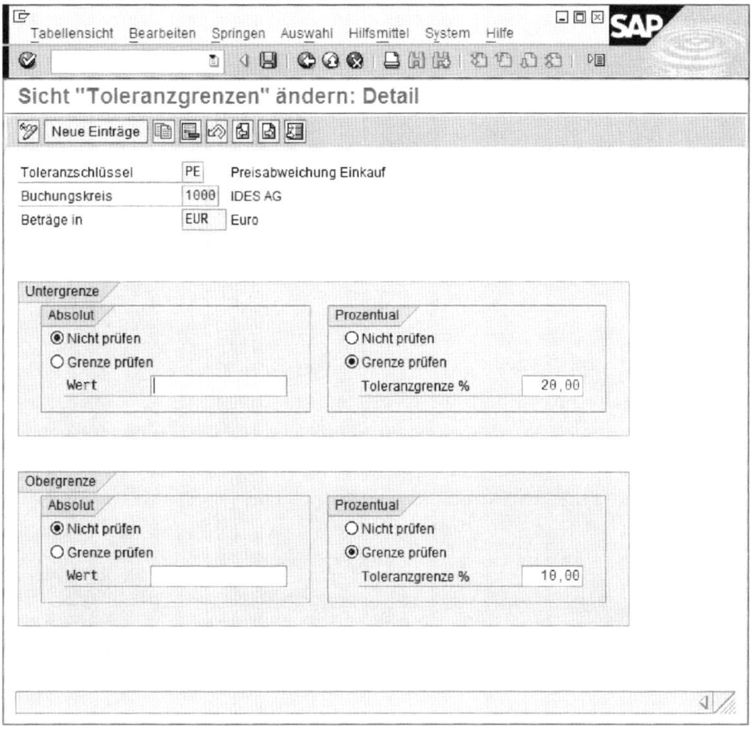

Abb. 14.2 Eine Customizing-Aktivität

Somit werden alle oder viele der in der Standardsoftware vordefinierten Werte vom Unternehmen übernommen, wenngleich nicht unbedingt genutzt.

– Die Ergänzung ist die Regel: Hier liefert die Standardsoftware einige Vorschlagwerte, sie können auch übernommen werden. Unternehmensspezifische Ergänzungen sind jedoch häufig. Oftmals basieren sie auf den Vorschlagswerten der Standardsoftware: diese werden kopiert und an einigen Stellen abgeändert.

Für Datenbanktabellen gibt es neben diesen Auslieferungsklassen, welche für das Customizing gedacht sind, weitere für Stamm- und Bewegungsdaten sowie Systemtabellen, z. B. für Entwicklungsobjekte.

14.4 Personalisierung

Bei der Personalisierung trifft der Benutzer meist „harmlose“, aber nützliche Einstellungen, die seine Arbeitsweise unterstützen (Benutzeroberfläche) und nur für ihn gelten. Typische Fälle sind:

- Datendarstellung: Wir haben gesehen, dass betriebswirtschaftliche Daten durch einen eindeutigen Identifikator bestimmt werden, daneben gibt es eine sprachabhängige Bezeichnung. Ein Benutzer kann an manchen Stellen einstellen, ob nur die Bezeichnung, der Identifikator oder beide angezeigt werden. Ein anderes Beispiel ist das Datumsformat, das vom Kulturkreis abhängt. In diesem Sinne kann man es auch als einen Aspekt der Internationalisierung auffassen. Z.B. ist der erste April 2012 in Deutschland 01.04.2012, in USA 04/01/2012.
- Vorschlagswerte für bestimmte Felder: Für einen Benutzer können Vorschlagswerte für bestimmte Felder automatisch in die Bildschirmmasken eingetragen werden. Bestellt ein Einkäufer z. B. immer für das Werk 1000, so kann diese 1000 in alle Felder „Werk" gesetzt werden. Bei Bedarf überschreibt es der Benutzer. Die Personalisierung dient hier als Datenerfassungshilfe.
- Layout-Eigenschaften: Dies betrifft zum Beispiel die Schriftgröße – einfachere Lesbarkeit gegenüber mehr Information pro Fläche.
- Benutzerspezifisches Menü und Favoriten: Neben dem Standardmenü, welches durch die Vielfalt der Funktionen manche Benutzer eher überfordert, lässt sich ein benutzerspezifisches Menü konfigurieren, welches nur die für den Benutzer wichtigen Funktionen enthält. Es wird vor allem auf der Ebene von Benutzergruppen bzw. Rollen eingesetzt (siehe Kap. 15). In ähnlicher Weise sind vom Benutzer selbst definierte Favoriten möglich, d. h. ein kleines Menü mit vom Benutzer besonders häufig gewählten Funktionen.

14.5 Rollen

Rollen hatten wir bereits in Kap. 8 kennengelernt, dort in systemübergreifender Weise. Doch auch in einem einzelnen System sind Rollendefinitionen möglich. Das Konzept ist identisch. Wir kommen auf Rollen noch einmal im Zusammenhang mit Berechtigungen in Kap. 15 zu sprechen.

14.6 Eigenentwicklung

Unter unternehmensspezifischer *Eigenentwicklung* verstehen wir, ergänzende, unternehmensindividuelle Software zu erstellen, welche für das Unternehmen nötig erscheint, aber die Standardsoftware nicht oder nicht in der gewünschten Form bietet. Die großen Hersteller von Standardsoftware bieten dafür Entwicklungswerkzeuge. Als „Software" ist nicht nur Programmquellcode gemeint. Sie umfasst allgemeiner *Entwicklungsobjekte*, hier nicht im objektorientierten Sinne zu verstehen. Einige Beispiele umreißen das Spektrum von Entwicklungsobjekten:

- Anwendungsprogramme mit Benutzeroberfläche
- objektorientierte Klassen
- Datenbanktabellen
- Datentypen eines Data-Dictionary
- Web-Services
- Workflows

In manchen Fällen wird eine Eigenentwicklung in einer späteren Version der Standardsoftware überflüssig, da jene die Funktion nunmehr ebenfalls bietet. Im Sinne der Senkung von Wartungskosten (jedes erstellte Stück Software verursacht Wartungsaufwand) mag es dann ratsam erscheinen, auf die neue Standardfunktion zu migrieren.

Selten wird eine Eigenentwicklung völlig unabhängig von der Standardsoftware sein. Vielmehr wird man einzelne Funktionen der Standardsoftware wiederverwenden, meist über den Aufruf einer Programmierschnittstelle. Für eine stabile Programmentwicklung sind vom Softwareanbieter freigegebene Schnittstellen wichtig (vgl. Abschn. 10.6).

Eine Zwischenstufe zwischen Standardsoftware und unternehmensspezifischer Eigenentwicklung sind *Add-ons* und *Projektlösungen*. Es sind Zusatzentwicklungen von Softwarehäusern und Beratungsunternehmen, welche auf der Standardsoftware aufbauen und bekannte Lücken der Standardsoftware füllen. Die Standardsoftware bietet in dem Fall die Funktion gar nicht oder nicht mit dem Komfort des Add-on an.

14.6.1 Beispiel: Eigenentwicklung mit ABAP in SAP-Software

Der weit überwiegende Teil der Anwendungssoftware in SAP-Systemen ist in der SAP-eigenen Programmiersprache *ABAP (Advanced Business Application Programming)* geschrieben (Keller und Krüger 2006). Für ABAP bietet SAP eine Entwicklungsumgebung, die *ABAP-Workbench*. ABAP-Programme werden interpretiert, also nicht in Maschinencode kompiliert, und laufen in der ABAP-Laufzeitumgebung, einer virtuellen Maschine. Der offene Quellcode ist Teil eines SAP-Systems (mit Ausnahmen wie SAP Business ByDesign und SAP Business One). Unternehmen können ihn also ansehen, sogar verändern (siehe Abschn. 14.8).

ABAP ist eine sehr umfangreiche Sprache mit einer großen Menge von Anweisungen, welche verschiedene Varianten und Zusätze haben können. In anderen Programmiersprachen wird mehr Funktionalität in Softwarebibliotheken verlagert. In die Sprache integriert sind insbesondere SQL-Anweisungen und Funktionen der Transaktionssteuerung.

Die Programme liegen, wie fast alle „Daten" (im weiteren Sinne) in der Datenbank. Ein ABAP-Programmierer hat dadurch keinen Umgang mit Dateien. Entwicklungsobjekte sind in *Paketen* gruppiert, welche Entwicklungsobjekte aus Komponentensicht zusammenfassen. Z.B. gibt es in SAP ERP Pakete „Einkauf" und „Gemeinkosten-Controlling".

In der Anfangszeit war ABAP nicht objektorientiert (ABAP/4, wobei „4" für „Sprache der vierten Generation" steht). Zur Modularisierung dienten vor allem *Funktionsbausteine* (englisch: *Function Module*), vergleichbar mit Funktionen in anderen Programmiersprachen. Mittlerweile ist ABAP zur objektorientierten Sprache ausgebaut, daher *ABAP Objects* genannt. Bei den Sprachkonstrukten fällt insbesondere die Verwendung von *internen Tabellen* auf, d. h. im Programm bzw. im Hauptspeicher, nicht in der Datenbank, abgelegten Tabellen. Interne Tabellen werden gerne als Gegenstück und Arbeitsbereich für Datenbanktabellen verwendet: einzelne Datensätze aus der Datenbank werden in eine interne Tabelle gelesen, dort modifiziert und das Ergebnis wieder in die Datenbanktabellen eingebracht. Datentypen werden häufig nicht lokal in einem Programm definiert, sondern im *ABAP Dictionary*, einer Sammlung von in vielen Programmen nutzbaren Datentypen (siehe Abschn. 2.3).

Auch die Technologie zur Gestaltung von Benutzeroberflächen ist SAP-spezifisch. Die meisten Programme verwenden *Dynpros (dynamische Programme)*, die ein seitenorientiertes Interaktionsverhalten bieten. Seit einigen Jahren gibt es das *Web-Dynpro* als neue Oberflächentechnologie, es ist für Web-basierte Anwendungen vorgesehen.

Um unternehmensspezifische Eigenentwicklungen von der Standardsoftware zu unterscheiden, werden *Namensräume* verwendet. Hierbei gibt es die Festlegung, dass Entwicklungsobjekte des Unternehmens mit `Y` oder `Z` beginnen müssen. Außerdem können Unternehmen bei SAP-eigene Namensräume reservieren lassen, der Form `/krapp/`, wo beispielsweise für das Unternehmen Krapp AG ein Namensraum reserviert wird, die Entwicklungsobjekte beginnen dann mit `/krapp/` statt mit `Y` oder `Z`. Aufgabe 14.2 geht auf den Nutzen von Namensräumen für Entwicklungspartner und Beratungsunternehmen ein.

14.6.2 Drei-Systeme-Landschaft

Entwickelt ein Unternehmen betriebswirtschaftliche Software, auch für den Eigengebrauch, wird es das sinnvollerweise nicht in dem System tun, in dem das Tagesgeschäft abläuft. Die Gründe sehen wird uns in Aufgabe 14.3 an. Empfehlenswert ist und etabliert hat sich die *Drei-Systeme-Landschaft* (Abb. 14.3).

Die Entwicklung findet im *Entwicklungssystem*, auch *Integrationssystem* genannt (Föse et al. 2008, S. 184), statt.

Nach Entwicklertests werden in sich abgeschlossene Entwicklungen in ein *Testsystem*, auch *Qualitätssicherungssystem* oder *Konsolidierungssystem* genannt, kopiert und dort getestet. Die Tester sollten nicht mit den Entwicklern identisch sein. Entdeckte Fehler werden im Entwicklungssystem korrigiert, es wird erneut kopiert und nachgetestet. Für einen realistischen Test ist es wichtig, dass die Testdaten

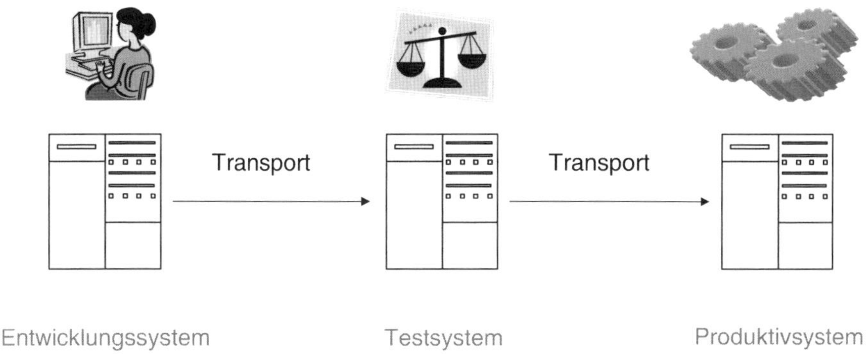

Abb. 14.3 Drei-Systeme-Landschaft

den Produktivdaten in Struktur, Qualität und Menge entsprechen. Da es meist aufwändig und nicht einfach ist, künstliche Testdaten zu generieren, werden oftmals Produktivdaten verwendet. Je nach Anwendung kann dies problematisch sein (z. B. Personalwesen, Gehaltsdaten), so dass auf anonymisierte Produktivdaten ausgewichen wird. In der Praxis gibt es hierbei oftmals Tücken im Detail.

Sind die Tests hinreichend erfolgreich gelaufen, werden die Entwicklungsobjekte ins *Produktivsystem*, auch *Belieferungssystem* genannt (Föse et al. 2008, S. 184), kopiert und laufen dort (hoffentlich) gut.

Setzt ein Unternehmen mehrere Anwendungssysteme ein (Systemlandschaft) und führt an ihnen womöglich gleichzeitig Entwicklungen durch, sieht die Drei-Systeme-Landschaft komplexer aus. Zu beachten ist, dass darin Testsysteme auch dann zur Verfügung stehen müssen, wenn für dieses System keine Eigenentwicklung ansteht, sondern nur die Integration getestet werden soll; schließlich soll im Test der Produktivbetrieb nicht gestört werden, insbesondere nicht auf Produktivdaten zugegriffen werden.

Neben den erwähnten Systemen kann es Schulungs- und Demosysteme geben.

14.6.3 *Beispiel: Änderungs- und Transportwesen in SAP-Software*

Für die ABAP-Entwicklung gibt es einen eigenen Mechanismus für das „Kopieren“ zwischen den Systemen: das *Änderungs- und Transportmanagement,* auch *Softwarelogistik* genannt (Kösegi und Nerding 2009). Bei der folgenden Ablaufbeschreibung gehen wir davon aus, dass ein Team von Softwareentwicklern eine Software erstellt, die aus vielen Entwicklungsobjekten besteht.

1. Transportauftrag anlegen: Der Teamleiter legt einen *Transportauftrag* (auch *Änderungsauftrag* genannt) an. In einem Transportauftrag werden die geschriebenen (d. h. neu angelegten, geänderten, gelöschten) Entwicklungsobjekte aufgezeichnet.
2. Aufgaben anlegen: Der Teamleiter legt für jedes Teammitglied eine *Aufgabe* zum Transportauftrag an. Der Begriff hat hier eine spezielle Bedeutung: die Aufgabe dient der Aufzeichnung der von einem Teammitglied geschriebenen Entwicklungsobjekte. Die Entwicklungsobjekte des Transportauftrags ergeben sich aus den in allen Aufgaben aufgezeichneten Entwicklungsobjekten.
3. Aufnahme von Entwicklungsobjekten: Im Laufe der Entwicklung schreiben die Teammitglieder Entwicklungsobjekte, wodurch sie in Aufgaben aufgenommen werden. Im Detail: Beim Schreiben erscheint ein Fenster, worin ein Transportauftrag bzw. eine Aufgabe auszuwählen ist. Durch die Auswahl wird das Entwicklungsobjekt in den Transportauftrag aufgenommen.
4. Aufgaben freigeben: Am Ende der Entwicklung gibt jedes Teammitglied seine Aufgabe frei.
5. Transportauftrag freigeben: Danach kann der Teamleiter den Transportauftrag freigegeben. Daraufhin kann der Transportauftrag transportiert werden.
6. Export: Durch das Freigeben des Transportauftrags wird dieser *exportiert*. Dies bedeutet, dass zwei in Bezug stehende Dateien auf dem Dateisystems des SAP-Systems erzeugt werden, welche die Änderungen enthalten. Diese Dateien werden *File* (Datendatei) und *Cofile* (Metadaten über die im Auftrag enthaltenen Entwicklungsobjekte) genannt. Durch den Export werden die Daten noch nicht in das Zielsystem eingespielt, lediglich in die Import-Warteschlange des oder der Zielsysteme gestellt.
7. Import: Der Administrator des Zielsystems *importiert* den Transportauftrag. Damit wird der Inhalt der beiden Dateien eingespielt. Wenn alles gut geht (keine Transportfehler), befinden sich die Entwicklungsobjekte dann auch korrekt im Zielsystem.

Die technische Verbindung zwischen Quell- und Zielsystem des Transports sind gemeinsam genutzte Dateiverzeichnisse. Ein Qualitätssicherungsverfahren kann verwendet werden, so dass in das Produktivsystem nur Aufträge gelangen, die getestet und daraufhin genehmigt worden sind (Kösegi und Nerding 2009, S. 152).

Über einige Tücken, die beim Transport auftreten können, machen wir uns in Aufgabe 14.4 Gedanken.

In gleicher Weise werden Softwarekorrekturen in ein System eingespielt: sie sind ebenfalls Transportaufträge. Ein Transport zur Softwarekorrektur kann für einen einzelnen Programmfehler erstellt sein oder gebündelt eine größere Menge von Korrekturen enthalten. Dies ist insbesondere der Zweck von *Support-Packages*. Sie werden in der Reihenfolge der Support-Package-Nummern lückenlos eingespielt, da sie aufeinander aufbauen.

Das Transportmanagement lässt sich auch beim Customizing verwenden. Hierfür gibt es *Customizing-Aufträge*, welche allerdings mandantenabhängige Daten transportieren (die Transportaufträge für Entwicklungsobjekte heißen entsprechend *Workbench-Aufträge*[1]). Auf diese Weise lassen sich Customizing-Einstellungen, also Inhalte von Customizing-Tabellen, aufzeichnen und in ein Zielsystem transportieren.

14.7 Erweiterung

Hier haben wir den Fall, dass die Standardsoftware eine Funktion zwar anbietet, aber die Funktion soll ein wenig angepasst werden. Am einfachsten ist es für ein Unternehmen, wenn die Anpassung per Customizing erfolgen kann. Dafür muss die Anpassungsmöglichkeit schon inhaltlich vorgedacht und bereitgestellt sein, so dass nur noch eine Auswahl getroffen werden muss. Es gibt jedoch Anwendungen, für die unternehmensspezifische Anpassungswünsche äußerst unterschiedlich sein können, weswegen eine alles umfassende Vorschlagsliste nicht realistisch ist. Allerdings kann zumindest bekannt sein, an welchen Stellen der Anwendung die Anpassung sinnvoll ist, wenngleich deren Inhalt offen ist. Dann lässt sich das Konzept der unternehmensspezifischen *Erweiterung* einsetzen: es werden *Erweiterungsstellen* angeboten, wo unternehmensspezifischer Programmcode „eingehängt" werden kann. Eine Erweiterungsstelle kann man sich wie ein Loch in der Standardsoftware vorstellen, welche durch eigenen Programmcode gefüllt werden kann. Eine Randbedingung muss allerdings eingehalten werden: die Schnittstelle (Signatur) des Programms ist vordefiniert. Technisch läuft ein dynamischer Programmaufruf ab – dynamisch in dem Sinne, dass der aktuelle Inhalt der Erweiterungsstelle verwendet wird. Der Anbieter der Standardsoftware macht die Erweiterungsstellen bekannt, inklusive einer Beschreibung ihrer Schnittstellen.

Das Besondere an der Erweiterungsstelle ist, dass sie stabil gegen neue Versionen der Standardsoftware ist. D.h. wenn das Unternehmen auf eine neue Version wechselt, soll die Erweiterung ohne weiteres weiterhin funktionieren.

Eine andere häufig genutzte Erweiterungsmöglichkeit sind *Append-Strukturen*. Der Anwendungsfall ist, dass neben den in der Standardsoftware vorhandenen Datenfeldern in einer Datenbanktabelle weitere, unternehmensspezifische genutzt werden sollen. Zu dem Zweck wird für die Datenbanktabelle eine unternehmensspezifische Append-Struktur mit jenen Feldern definiert. Außerdem muss dafür gesorgt werden, dass die Felder gefüllt werden, was meist dadurch geschieht, dass Bildschirmmasken ebenfalls erweitert werden. Werden die zusätzlichen Felder in den Bildschirmmasken gefüllt, gelangen sie zusammen mit den regulären Feldern in den um die Append-Struktur erweiterten Datensatz. Dieser wird als Ganzes in die Datenbank geschrieben, d. h. die Verbuchung in der Datenbank wird miterledigt.

[1] Workbench-Aufträge können dagegen auch mandantenunabhängiges Customizing enthalten (Kösegi und Nerding 2009, S. 111).

Beispiel: Business-Add-in in SAP-Software

In SAP-Software sind im Zeitablauf verschiedene Erweiterungskonzepte entstanden: *User-Exit, klassisches BAdI, neues BAdI im Erweiterungsspot*. Sie existieren heute nebeneinander. In Schwaninger (2010), von dem wir das folgende Beispiel aufgreifen, findet sich neben der umfassenden Behandlung, wie diese Erweiterungen in der Materialwirtschaft verwendet werden können, auch eine Erklärung der Konzepte.

Das neueste der Konzepte, objektorientiert, ist das des *Business Add-in (BAdI)*, von dem es die beiden erwähnten Varianten gibt. Der Unterschied betrifft vor allem die Organisation. Welche Erweiterungsmöglichkeiten durch BAdIs es gibt, lässt sich im SAP-Einführungsleitfaden, der Dokumentation oder Fachliteratur über Anwendungen feststellen.

Wir sehen uns die Methodik anhand eine Beispiels an, dem BAdI `ME_POHIST_DISP_CUST`. Es beeinflusst, wie die Bestellentwicklung in Bestellpositionen angezeigt wird. Die Definition des BAdIs findet sich in SAP ERP in Transaktion `SE18`. Der wichtigste Teil des BAdI ist eine ABAP-Schnittstelle, hier `if_ex_me_pohist_disp_cust`. Eine ABAP-Schnittstelle beschreibt die Signatur von Klassenbestandteilen, insbesondere von Methoden. Sie zeigt also, welche Methoden es gibt, welche Parameter sie haben und welche deren Typen sind. Daneben gibt es eine Dokumentation sowie eine Beispielimplementierung, die als Vorlage zur unternehmensspezifischen Implementierung dienen kann. Der Aufruf des BAdI im SAP-Quellcode geschieht nach dem folgenden Schema:

```
DATA: l_badi TYPE REF TO ME_POHIST_DISP_CUST.

GET BADI l_badi.
CALL BADI l_badi-> if_ex_me_pohist_disp_cust~fieldcat_change ...
```

In der ersten Zeile wird eine Variable für das BAdI deklariert. Sie ist für Methodenaufrufe ähnlich einer Objektreferenz verwendbar. In der zweiten Zeile wird die BAdI-Implementierung ermittelt[2]. In der dritten wird die Methode `fieldcat_change` („Feldkatalog ändern") der Schnittstelle `if_ex_me_pohist_disp_cust` der BAdI-Implementierung aufgerufen. Zur Vereinfachung sind die Parameter nur durch Punkte angedeutet. Dies ist es, was SAP bereitstellt.

Bei der unternehmensspezifischen BAdI-Implementierung muss nun eine ABAP-Klasse entwickelt werden, welche diese Schnittstelle implementiert. In Schwaninger (2010, S. 31) wird für unsere Methode `fieldcat_change` die folgende einfache Beispielimplementierung angegeben:

Vom `changing`-Parameter (d. h. ein Parameter, welcher als Ein- und Ausgabe für die Methode dient) `ct_fieldcat`, einer Liste (genauer gesagt: interne Tabelle) von Feldnamen mit Zusatzinformationen („Feldkatalog"), werden einige

[2] Vereinfachend nehmen wir an, dass es genau eine Implementierung des BAdI gibt. Es sind aber auch komplexere Fälle abbildbar.

```
METHOD if_ex_me_pohist_disp_cust~fieldcat_change.
  DELETE ct_fieldcat WHERE fieldname = 'DMBTR' OR
                           fieldname = 'HSWAE' OR
                           fieldname = 'WRBTR' OR
                           fieldname = 'WAERS'.
ENDMETHOD.
```

Einträge gelöscht; diese Felder werden dann nicht in der Bestellentwicklung angezeigt.

Eine BAdI-Implementierung besteht darin, für alle in der Schnittstelle vorgesehenen Methoden eine Implementierung anzugeben. Ist eine der Methoden nicht erheblich, wird die Implementierung leer gelassen. Eine BAdI-Implementierung muss schließlich noch aktiviert, d. h. „scharfgeschaltet" werden, damit sie Wirkung zeigt. Umgekehrt kann sie deaktiviert werden, wenn sie zumindest zeitweise wirkungslos sein soll.

Organisatorisch sind die neuen BAdIs in *Erweiterungsspots* organisiert. Ein Erweiterungsspot gruppiert zusammengehörige BAdIs. Unser BAdI `ME_POHIST_DISP_CUST` befindet sich im Erweiterungsspot `ES_BADI_ME_POHIST`.

14.8 Modifikation

Von *Modifikation* spricht man, wenn das Unternehmen die Standardsoftware an nicht explizit dafür vorgesehenen Stellen ändert. Die unternehmensspezifische Erweiterung und das Customizing bestimmen zwar auch das Verhalten der Standardsoftware, ändern diese jedoch nicht. Modifikation ist in einem Unternehmen nur dann möglich, wenn die Entwicklungsobjekte der Standardsoftware für das Unternehmen verfügbar sind und Entwicklungs-Know-how im Unternehmen besteht. Üblicherweise wird bei einer Modifikation Quellcode geändert, oftmals damit einhergehend auch Bildschirmmasken und Datenbanktabellen. Denkbar sind ebenso Modifikationen ohne Quellcodeänderung, z. B. wenn ein Datenfeld verlängert wird, was Einfluss auf Datentypen des Data-Dictionary, Datenbanktabellen und Bildschirmmasken haben kann, aber nicht notwendigerweise auf den Quellcode. Geschick ist nötig, die Stellen im Quellcode zu finden, die modifiziert werden sollen. Bei der Modifikation bestehen zwei Gefahren:

- Gewährleistung: Der Anbieter der Standardsoftware übernimmt keine Gewähr, dass die modifizierten Stellen korrekt laufen und – wichtiger – nicht als Seiteneffekt das korrekte Verhalten der Standardsoftware an anderer Stelle ändern.
- Stabilität gegen neue Versionen: Wird eine neue Version der Standardsoftware eingespielt, sind die Modifikationen bedroht. In dem Fall muss sorgfältig abgeglichen und getestet werden, ob die Modifikation in der neuen Version weiterhin Bestand hat.

Aus diesen Gründen wird vor Modifikation gewarnt. Man sollte sie höchstens dann einsetzen, wenn andere Anpassungsmethoden nicht angewendet werden können.

14.9 Beispiel: Anpassung in SAP Business ByDesign

SAP Business ByDesign ist ein „Software as a Service"-Produkt (siehe Abschn. 6.5.2) für den Mittelstand. Gerade im Mittelstand wünscht man sich eine möglichst einfache Anpassung von Standardsoftware. Die hier zusammengefasste Information basiert auf Becker (2011) und Hufgard und Krüger (2011).

Sehen wir uns zunächst einige Konzepte des Produkts an, die zum Verständnis der Anpassungsmöglichkeiten erforderlich sind. Die Bedienung von SAP Business ByDesign geschieht allein über einen Web-Browser, es handelt sich um eine *Rich Internet Application* Benutzeroberfläche. Die Navigationsstruktur der Benutzeroberfläche enthält auf der obersten Ebene *Arbeitsbereiche (Work Center)*, z. B. „Produktportfolio", „Lieferantenbasis", „Organisationsmanagement" oder „Mein Verantwortungsbereich". In den Arbeitsbereichen befinden sich die Anwendungsfunktionen.

Nach unserer Systematik unterscheiden wir Konfiguration mit den Möglichkeiten Personalisierung, Rollenkonzept sowie Customizing, und Entwicklung, mit den Möglichkeiten Erweiterung, Eigenentwicklung sowie Modifikation. Ein besonderes Rollenkonzept ist nicht vorgesehen. Vielmehr bestimmen die Arbeitsbereiche zusammen mit der organisatorischen Zuordnung eines Benutzers, welche Daten ein Benutzer sieht und bearbeiten kann. Die Personalisierung der Benutzeroberfläche und das Customizing sind dagegen vorgesehen, wenngleich dafür der Begriff *Anpassungsmodus („Adaption Mode")* gebraucht wird. Auch Entwicklung kann eingesetzt werden, Erweiterung und Eigenentwicklung (über Entwicklungspartner), wobei versucht wird, Erweiterungsmechanismen mit Anpassung und Generierung von Entwicklungsobjekten „unter der Hand" zu erreichen. Da der Quellcode im Gegensatz zu den meisten anderen SAP-Produkten nicht offen ist, kommt Modifikation nicht in Frage.

Die Personalisierung und die Anpassung werden auf ähnliche Weise durchgeführt. Die Anpassung geschieht durch Anwendungsexperten („Key User") und wirkt sich auf alle Benutzer aus. Außerdem bietet sie mehr Möglichkeiten als die Personalisierung, z. B. zusätzliche Felder im Anpassungsmodus zu erstellen statt Felder nur auszublenden oder bzgl. Titel oder Bildschirmposition anzupassen (Hufgard und Krüger 2011, S. 203f.). Beeinflusst werden dadurch insbesondere die Bildschirmmasken, auch zusätzliche Arbeitsbereiche können festgelegt werden. An den Beispielen für Personalisierung bzw. Anpassung erkennt man, dass auf einfache Anpassungsmechanismen Wert gelegt wird, Komplexität, z. B. für neue, unternehmensspezifische Prozesse, wird vermieden.

- *Erweiterungsfelder*: Sie entsprechen den Append-Strukturen (siehe Abschn. 14.7). Jedoch wird für den Anpassenden der Aufwand dadurch verringert, dass er über die Benutzeroberfläche lediglich neue Felder für eine Maske konfiguriert und daraus automatisch die benötigten Anpassungen an den relevanten Objekten (wie Geschäftsobjekte, Formulare, Datenbanktabellen) generiert werden. Auch Festwerte können als Wertehilfe hinterlegt werden. Eigene Wertetabellen sind im Augenblick nicht vorgesehen.
- *Mashup*: Ein Mashup ist eine Ergänzung einer Bildschirmmaske um Information, welche aus dem Internet bezogen wird. Es handelt sich also um eine Erweiterung um eine über das Web (Inter- oder Intranet) aufrufbare Dialog- oder Hintergrundanwendung. Dafür gibt es drei Möglichkeiten:
  - URL-Mashup: Hierbei wird eine Web-Seite in einem neuen Web-Browser-Fenster aufgerufen, wobei Teile des URL durch Information von der Bildschirmmaske gesetzt werden. Z.B. könnte der Unternehmensname auf der Bildschirmmaske als ein Parameter des URL verwendet werden.
  - HTML-Mashup: Dies ist ähnlich dem URL-Mashup, nur wird die HTML-Seite auf der Bildschirmmaske eingebettet.
  - Daten-Mashup: Während URL- und HTML-Mashup Dialoganwendungen integrieren (Integration über die Benutzeroberfläche), handelt es sich beim Daten-Mashup um eine Integration per Web-Service (funktionsorientierte Integration), wobei das Ergebnis auf der Bildschirmmaske angezeigt wird. Über ein Definitionswerkzeug lassen sich Eingabedaten für den Web-Service aus der Bildschirmmaske und analog Ausgabedaten des Web-Service zur Bildschirmmaske definieren.
- *Workflow-Konfiguration*: Im System enthaltene Workflows können konfiguriert werden, die Definition neuer Workflows ist nicht vorgesehen.
- *Formulare* für den Druck von Geschäftsdaten: Hierfür sind einfachere und komplexere Möglichkeiten vorgesehen. Mit dem Easy Form Editor lassen sich vordefinierte Felder für den Druck aktivieren und deaktivieren. Mehr Funktionalität bietet der Adobe LiveCycle Designer for SAP Business ByDesign.
- *Terminologieanpassung:* Je nach Branche kann die Terminologie angepasst werden, z. B. „Patient“ statt „Kunde“, „Artikel“ statt „Material“.
- *Unternehmensspezifische Dokumentation:* Diese kann eingebracht werden, im Augenblick jedoch den Arbeitsbereichen noch nicht direkt zugeordnet werden.

Erweiterungen sind neben den oben genannten, ausgeführt von Anwendungsexperten oder für einfachere Fälle vom Anwender selbst, zusätzliche Anwendungen („Apps“). Sie werden von Entwicklungspartnern der SAP erstellt und über den „SAP Store“, der dem App Store von Apple ähnlich ist, angeboten. Die Entwicklungspartner verwenden dazu ein Software Development Kit (SDK), das *SAP Business ByDesign Studio*. Es basiert auf dem Microsoft Visual Studio und verwendet eine eigene Skript-Sprache, die *SAP Business ByDesign Scripting Language*. Den Skript-Code transformiert SAP dann in ABAP. Damit Erweiterungen Zugriff auf SAP-Code haben, werden Geschäftsobjekte bereitgestellt, welche über Assoziationen in den Erweiterungen genutzt werden können.

14.10 Beispiel: Objektorientierte Anpassung in SAP Records Management

SAP Records Management realisiert elektronische Akten (vgl. Abschn. 12.9; Schroeder et al. 2009). Darin findet sich ein interessantes Anpassungskonzept, welches auf Objektorientierung basiert. Gehört SAP Records Management auch nicht zu den breit eingesetzten Funktionen, sei daher dieses Konzept hier geschildert. Neben dieser Anpassungsart verwendet SAP Records Management für einfachere Anpassungen ein eigenes Customizing in der Records-Management-Registry. Beispiele dafür sind die Festlegung einer Record-Management-System-ID, um den Bereich aller Akten in Teilbereiche wie Personalakten oder Lieferantenakten zu zerlegen, und Generierungsregeln für Aktenzeichen (Schroeder et al. 2009, S. 238).

Elektronische Akten können verschiedene Einträge haben: Dokumente, Geschäftsobjekte, SAP-Transaktionen und einige mehr. Die Funktionalität eines Eintragtyps, z. B. „Dokument", wird durch sog. *Service-Provider* erbracht. Hinter einem Service-Provider stehen ABAP-Klassen, welche bestimmte Schnittstellen erfüllen müssen. Möchte man eine neue, unternehmensspezifische Eintragsart verwenden, kann ein entsprechender neuer Service-Provider erstellt werden und in der Records-Management-Registry eingetragen werden. Die Implementierung des Service-Providers besteht darin, Klassen zu erstellen, welche die geforderten Schnittstellen erfüllen.

Welche Schnittstellen erforderlich sind, wird letztlich durch den *Service-Provider-Typ* definiert. Dieser legt fest, welche sog. *Klassenrollen* er erfordert. Eine Klassenrolle wiederum kann man sich als einen abstrakten Stellvertreter einer Klasse vorstellen; formal ist sie als eine Menge von ABAP-Schnittstellen definiert, wobei einige verpflichtend sind (d. h. implementiert werden müssen, wenngleich manche Methodenimplementierungen aus leerem Code bestehen könnten), andere optional. Außerdem umfasst eine Klassenrolle eine Basisklasse, von der die implementierende Klasse erbt. Zum Beispiel gibt es die Klassenrolle `IS_SP_CONTENT_CONNECTION_CLASS`, welche Lese- und Schreibzugriffe des Service-Providers beschreibt, oder die Klassenrolle `IS_SP_VISUALIZATION_WIN_CLASS`, welche zur Visualisierung des Service-Providers und insbesondere zur Ausführung der Benutzeraktivitäten dient (Schroeder et al. 2009, S. 317).

Neben dem Erstellen neuer Service-Provider ist auch die programmatische Anpassung eines existierenden Service-Providers möglich: eine neue Klasse wird angelegt, die von der ursprünglichen des Service-Providers erbt (Schroeder et al. 2009, S. 344).

14.11 Übungen und Lösungsvorschläge

14.11.1 Übungen

Aufgabe 14.1 (Customizing):

Diese Übung ist in einem SAP ERP IDES-System durchzuführen.

a) Customizing der Materialwirtschaft: Wo wird gesteuert, welche Sichten bei welcher Materialart angelegt werden können? (Tipp: Materialart im Customizing – Transaktion `SPRO` – ansehen: Diese ist in „Logistik allgemein“ bei den Grundeinstellungen des Materialstamms zu finden. Sehen Sie sich zum Beispiel die Einstellungen zu den Materialarten „Rohstoff“ und „Fertigerzeugnis“ an.)
b) Customizing des Finanzwesens: Wenn Sie eine neue Kostenstelle im Buchungskreis 2000 anlegen (Transaktion `KS01`) und dort vergessen, den Geschäftsbereich anzugeben, erhalten Sie eine Fehlermeldung. Warum? Lassen Sie sich die entsprechende Einstellung im Customizing anzeigen. (Tipp: Grundeinstellungen des Finanzwesens, speziell der Buchungskreise)

Aufgabe 14.2 (Namensräume):

Weshalb ist es für Beratungsunternehmen, welche Projektlösungen vermarkten wollen, sinnvoll, sich Namensräume bei SAP zu reservieren?

Aufgabe 14.3 (Drei-Systeme-Landschaft):

Welche Probleme ergeben sich, wenn die unternehmensspezifische Eigenentwicklung im Produktivsystem stattfindet?

Aufgabe 14.4 (SAP-Transportwesen):

a) Wieso ist es sinnvoll, dass der Administrator des Zielsystems entscheidet, ob und wann ein Transport eingespielt werden soll?
b) Welche Probleme können sich beim Import eines Transportauftrags ergeben?

Aufgabe 14.5 (Modifikation):

Wir kennen ein Risiko der Modifikation: Als „Nebeneffekt“ könnten auch Teile der Standardsoftware unbeabsichtigt beeinflusst werden, so dass eine Standardfunktion nicht mehr ordentlich funktioniert. Nehmen wir an, so ein Effekt tritt auf, und das Unternehmen erstellt eine Problemmeldung an den Softwareanbieter. Mit welchen Mechanismen könnte der Softwareanbieter schnell herausfinden, dass das Problem tatsächlich von einer Modifikation herrührt?

14.11.2 Lösungsvorschläge für die Übungen

Aufgabe 14.1 (Customizing):

a) Sichten zu einer Materialart: Im Customizing: `Logistik allgemein` → `Materialstamm` → `Grundeinstellungen` → `Materialarten` → `Eigenschaften der Materialarten festlegen`. Die „Fachbereiche" entsprechen den Sichten.
b) Geschäftsbereiche: Im Customizing ist bei `Finanzwesen` → `Grundeinstellungen Finanzwesen` → `Buchungskreis` → `Globale Parameter prüfen und ergänzen` festgelegt, dass im IDES-System im Buchungskreis 1000 Geschäftsbereichsbilanzen zu erstellen sind.

Aufgabe 14.2 (Namensräume):

Neue Entwicklungsobjekte können bei Unternehmen nur in den Namensräumen `Y*` und `Z*` oder einem bei SAP reservierten Namensraum angelegt werden. Entwickelt das Beratungsunternehmen eine Software und erstellt dafür einen Transportauftrag, so kann es in Namensräumen `Y*` und `Z*` bei seinen Kunden zu Namenskollisionen kommen. Beim reservierten Namensraum wird das vermieden.

Aufgabe 14.3 (Drei-Systeme-Landschaft):

- Instabilität, wenn während des Laufs entwickelt wird. Im Extremfall könnten Programme sogar falsche Ergebnisse liefern.
- Performanzeinschränkungen
- Entwickler haben Zugriff auf eventuell sensible Produktivdaten (z. B. Gehaltsdaten)

Aufgabe 14.4 (SAP-Transportwesen):

a) Entscheidung des Administrators: Der Administrator kann das Einspielen zeitlich steuern, d. h. einen günstigen Zeitpunkt wählen. Er kann sich auch (in Maßen) vergewissern, ob der Transport Probleme verursachen würde (z. B. über Tests informieren).

b) Probleme: Die Reihenfolge der Transporte muss eingehalten werden. Sonst könnte ein Transport Syntaxfehler verursachen, wenn die Grundlage (vorige Transporte) nicht gesichert ist. Die Reihenfolge ergibt sich aus den Zeitpunkten der Exporte.

Aufgabe 14.5 (Modifikation):

Der Problembearbeiter muss schnell erkennen können, ob die Software modifiziert wurde. Ein theoretischer, aber langsamer Weg ist Quellcodevergleich. Schneller geht es über die Protokollierung (Verwaltungsinformation der Programme), jedoch ist dazu in beiden Fällen ein Zugriff zur Software des Kundenunternehmens nötig. Eine bessere Möglichkeit ist, die Modifikationen (d. h. die Tatsache, dass das Programm verändert wurde) beim Softwarehersteller zu protokollieren: registrierte Entwickler des Unternehmens registrieren ihre Änderungen, was beim Softwarehersteller festgehalten wird. Der Problembearbeiter erkennt dann ohne direkten Zugriff auf die Software des Unternehmens, ob diese modifiziert wurde.

14.12 Literatur

14.12.1 Weiterführende Literatur

Organisatorische Aspekte eines Einführungsprojekts, jedoch weniger technische, werden angesprochen in
Gadatsch A (2010) Grundkurs Geschäftsprozessmanagement. 6. Auflage, Vieweg+Teubner, Wiesbaden
Einige der Themen, die in diesem Kapitel überblicksartig dargestellt sind, finden sich vertieft mit SAP-Bezug in einer Reihe von spezialisierten und umfangreichen Büchern.

Die Programmierung in ABAP, verwendet bei Eigenentwicklung und Erweiterung, ist umfassend beschrieben in
Keller H, Krüger S (2006) ABAP Objects. 3. Auflage, Galileo Press, Bonn

Das Transportwesen von SAP ist gründlich behandelt in
Kösegi A, Nerding R (2009) SAP-Änderungs- und Transportmanagement. 3. Auflage, Galileo Press, Bonn

Die kundenspezifische Anpassung mittels Programming, dargestellt am Beispiel von BAdIs der Materialwirtschaft bei SAP in einer recht ausführlichen, technischen Beschreibung, findet sich in

Schwaninger, J (2010) ABAP – Programmierung für die SAP-Materialwirtschaft – User-Exits und BAdIs. Galileo Press, Bonn

14.12.2 Weitere zitierte Literatur und Quellen

Becker M (2011) Introduction to SAP Business ByDesign – Flexiblity, Extensibility and SDK. Session des SAP University Alliances Program. Walldorf, 06.10.2011

Föse F, Hagemann S, Will L (2008) SAP NetWeaver AS ABAP – Systemadministration. 3. Auflage, Galileo Press, Bonn

Hufgard A, Krüger S (2011) SAP Business ByDesign. Galileo Press, Bonn

Schroeder N, Spinola U, Becker J (2009) SAP Records Management. 2. Auflage. Galileo Press, Bonn

Kapitel 15
Systemadministration

Ich liebe die Ordnung.
Sie ist mein Traum.
Eine Welt, in der alles still und starr wäre
und jedes Ding seinen letzten Platz hätte,
unterm letzten Staub.
Endspiel
Samuel Beckett[1]

Zusammenfassung

In diesem Kapitel wenden wir uns verschiedenen Aufgaben der Administration von Anwendungssystemen zu: der Benutzerverwaltung, dabei insbesondere der Vergabe von Berechtigungen, der Überwachung des laufenden Systembetriebs, der Bearbeitung von Problemen, meist Softwarefehlern, welche sich beim Betrieb einstellen können, und der Datenarchivierung. Alle Themen werden durch SAP-Beispiele illustriert.

Lernziel

Typische Aufgaben der Administration von Anwendungssystemen kennenlernen.

[1] Beckett S (1974) Endspiel. Suhrkamp Taschenbuch 171, erste Auflage 1974, Frankfurt a. M., S. 83.

R. Weber, *Technologie von Unternehmenssoftware*, DOI 10.1007/978-3-642-24423-0_15,

15.1 Benutzer und Berechtigungen

15.1.1 Benutzerverwaltung

Benutzer sind Stammdaten, die von der Systemadministration verwaltet werden. Sie sind in der Regel Mitarbeiter des Unternehmens, es können aber auch Benutzer für Externe angelegt werden, z. B. Benutzer für Berater in Entwicklungssystemen. Neben Daten wie Name, Büro- und E-Mail-Adresse sind die Benutzerkennung (oft nur kurz „Benutzer" genannt) und das Kennwort (Passwort) zur Anmeldung am System wichtig. Die schwierigste Aufgabe ist jedoch die Vergabe von Berechtigungen für einen Benutzer, womit wir uns im folgenden Abschnitt beschäftigen werden.

Hat ein Mitarbeiter Aufgaben in mehreren Systemen einer Systemlandschaft zu erfüllen, benötigt er in jedem einen Benutzer mit den jeweiligen Berechtigungen. Umständlich ist es für ihn, wenn er unterschiedliche Benutzerkennungen und unterschiedliche Kennwörter hat. Unterschiedliche Benutzerkennungen lassen sich organisatorisch vermeiden: in jedem System erhält der Mitarbeiter dieselbe Benutzerkennung und die Pflege kann (zumindest teilweise) an zentraler Stelle erfolgen, z. B. in einem LDAP-Verzeichnis. Mindestens ebenso lästig sind mehrere, parallel zu verwendende Kennwörter. Denn ein Mitarbeiter könnte verschiedene Kennwörter wählen; und selbst wenn er immer dasselbe wählt, könnte eine Richtlinie, die ein Ändern nach einer bestimmten Zeit erfordert, zu zumindest zeitweisen Inkonsistenzen führen: in einem System hat der Mitarbeiter noch ein altes Kennwort, in einem anderen hat er bereits ein neues gewählt. Dieses Problem lässt sich mit der Technik des Single Sign-on, die wir in Kap. 8 kennengelernt haben, lösen.

15.1.1.1 Beispiel: Zentrale Benutzerverwaltung in SAP-Software

Für ABAP-basierte Systeme gibt es die *Zentrale Benutzerverwaltung (ZBV)* (Lehnert und Bonitz 2010, S. 316 ff.). Von der Idee her, wenngleich nicht von der technischen Gestaltung, ist sie mit dem Stammdatenmanagement vergleichbar (vgl. Abschn. 6.2). Dabei werden die Benutzer in einem zentralen Mandanten oder System gepflegt, das nur für diesen Zweck bestimmt ist, und an die anderen ABAP-Systeme verteilt (Föse et al. 2008, S. 353). Die Rollen- und damit Berechtigungspflege (s. u.) geschieht allerdings in den angeschlossenen Systemen, zentral vorhanden sind lediglich die Rollennamen, nicht die Inhalte. Die technische Basis der ZBV ist der Datenaustausch per ALE, vgl. Abschn. 9.4. In der ZBV lässt sich einstellen, was zentral, was lokal und was rückzuverteilen ist.

Dies ist nicht der einzige Mechanismus in SAP-Software, wie das Problem unterschiedlicher Benutzer gelöst werden kann. So gibt es die *User Management Engine*, die verschiedene Datenquellen verwalten kann, neben dem AS ABAP auch den AS Java von SAP (vgl. Kap. 3) oder LDAP-fähige Verzeichnisse (Lehnert und Bonitz 2010, S. 381 f.). Das *SAP NetWeaver Identity Management* verwaltet Benutzer in

SAP- und anderen Systemen. Dafür ist der Aufwand für Aufbau und Betrieb jedoch höher (Lehnert und Bonitz 2010, S. 329 ff. und 340).

15.1.2 Berechtigungen

Ein Benutzer sollte genau jene Berechtigungen haben, welche er benötigt – nicht zu viele, nicht zu wenige.

- Zu wenige: Er kann Aufgaben nicht ausführen, welche er erfüllen soll.
- Zu viele: Er hat Zugriff auf Aufgaben, welche er nicht ausführen dürfte.

Die Erfahrung zeigt, dass in der Praxis das erste Problem eher selten besteht, häufig dagegen das zweite. Die Gründe sind, dass es mit den in der Praxis üblichen Verfahren der Berechtigungsvergabe oftmals nicht einfach ist, die genau benötigte Menge an Berechtigungen einzustellen; wir werden uns dies in Kürze genauer ansehen. Zum anderen sind die Grenzen der Berechtigungen für einen Benutzer teilweise organisatorisch nicht genau definiert.

Sinnvoll ist es, einen neuen Benutzer in zwei organisatorisch getrennten Schritten mit den nötigen Berechtigungen zu versorgen (Föse et al. 2008, S. 326):

1. Der Systemadministrator legt den Benutzer an.
2. Der Berechtigungsadministrator vergibt an diesen die Berechtigungen oder eine Rolle (s. u.).

Anders als typischerweise in Büchern über Betriebssysteme geschilderte Berechtigungen, welche Create, Read, Update oder Delete (CRUD) auf eine Ressource gestatten, sind Berechtigungen in betrieblichen Anwendungssystemen üblicherweise wesentlich feiner gestaltet. So darf ein Benutzer vielleicht eine Bestellanforderung ändern, d. h. bestimmte Attribute wie die Menge oder das Material, sie aber nicht selbst freigeben, d. h. das Attribut „Status" entsprechend setzen. Letzteres ist ebenfalls eine ändernde Operation, aber eben eine speziellere.

In erster Näherung könnte man eine Berechtigung also an der auszuführenden Methode an einem Geschäftsobjekt festmachen. Auch die Methodenparameter können dabei berücksichtigt werden. Zum Beispiel dürfte ein Benutzer die Methode `freigeben` für die Banf 4711 ausführen. Zur Definitionszeit ist die Banf 4711 natürlich nicht bekannt. Stattdessen wird man Attribute der Banfen zur Berechtigungsdefinition verwenden. Zum Beispiel, die Methode `freigeben` für Banfen bis zu einem Gesamtbetrag (ein Attribut der Banf) von 5000 €. Da ein Attribut eines Geschäftsobjekts A wiederum ein Geschäftsobjekt B sein kann (siehe Abschn. 2.4), könnte auch auf Attribute von B Bezug genommen werden – und dies kann transitiv fortgesetzt werden. Beispielsweise könnte sich die Berechtigung auf Banfen zu Materialen bestimmter Warengruppen beziehen, z. B. Gefahrgut. Die Warengruppe wäre ein Attribut des Materials, das Material ist ein Attribut der Banf.

Über diese erste Näherung hinaus sind weitere Abhängigkeiten der Berechtigungen möglich. Zum Beispiel wenn eine Banf nach dem Vier-Augen-Prinzip freigegeben werden soll. Das bedeutet, dass zwei verschiedene Personen eine Banf freigeben müssen, ein Mechanismus, welcher bei heikleren Materialien angewendet werden könnte. Hierbei ist die Historie der Banf wichtig, die sich natürlich ebenfalls als ein Attribut der Banf modellieren ließe. Der Unterschied zum obigen Beispiel ist, dass zum Anlegezeitpunkt der Banf die später benötigte Berechtigung noch nicht vollständig bekannt ist, sondern sich erst im Zeitablauf konkretisiert. Ein anderes (in dem Fall etwas künstliches) Beispiel wäre, wenn ein Mitarbeiter eine Banf nur innerhalb einer Woche ändern können dürfte, danach wäre die Änderung nur noch seinem Vorgesetzten gestattet. In Unternehmenssoftware werden solche Abhängigkeiten meist weniger durch Berechtigungen (im engeren Sinne) als durch Anwendungslogik, Geschäftsprozessdefinition oder Geschäftsregeln festgelegt.

15.1.2.1 Beispiel: Berechtigungskonzept in SAP-Software

In SAP-Software bekommen Benutzer *Berechtigungen* zugeteilt (vgl. auch Abb. 15.1). Eine Berechtigung bezieht sich auf ein sog. *Berechtigungsobjekt* (nicht im objektorientierten Sinne zu verstehen). Ein Berechtigungsobjekt lässt sich als ein Typ einer Datenstruktur mit mehreren Feldern sehen. Eine Berechtigung wäre dann eine Instanz zum Berechtigungsobjekt, d. h. für jedes Feld wird ein Wert angegeben. Der Benutzer `KRAPP` habe unter anderen zum Berechtigungsobjekt `M_BEST_BSA` („Belegart in Bestellung") eine Berechtigung `YM_BEST_NB` mit den Feldwerten:

- `BSART`(„Einkaufsbelegart") = `NB` („Normalbestellung")
- `ACTVT`(„Aktivität") = *

Für das erste Feld des Berechtigungsobjekts, die Einkaufsbelegart, ist für den Benutzer nur der Wert `NB` eingetragen. Das zweite Feld, die Aktivität, enthält dagegen eine Wildcard (Platzhalter), „*" steht für alle möglichen Werte. Eine Berechtigung entspricht also meist nicht einer Instanz im Sinne einer Datenstruktur gemäß dem Typ des Berechtigungsobjekts, sondern einer Menge solcher Instanzen. Die Bedeutung der Berechtigung ist daher: Der Benutzer darf alle möglichen Aktivitäten mit Normalbestellungen ausführen. Tatsächlich haben viele Berechtigungsobjekte im SAP-System einen ähnlichen Aufbau: Zunächst einige Felder, welche bestimmte Customizing- oder Stammdaten angeben, dann das Feld `ACTVT`, dessen Wertemenge abhängig vom Berechtigungsobjekt ist. Sie ist jeweils eine Teilmenge der Menge aller möglichen Aktivitäten, wie „Erzeugen", „Ändern", „Preisanzeige", bzw., genauer gesagt, eine numerische Repräsentation davon.

Ob der Benutzer eine passende Berechtigung hat, wird im ABAP-Anwendungsprogramm mit der Anweisung `AUTHORITY-CHECK` geprüft:

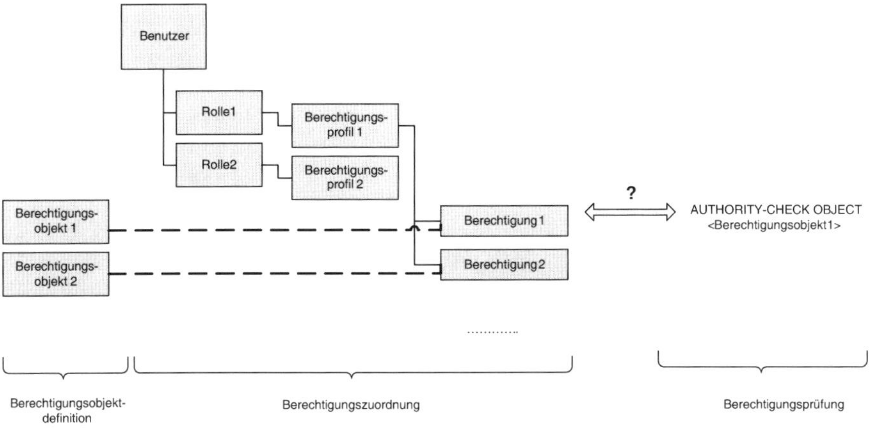

Abb. 15.1 Berechtigungen in SAP-Software

```
...
AUTHORITY-CHECK OBJECT 'M_BEST_BSA'
 ID 'BSART' FIELD lv_bsart
 ID 'ACTVT' FIELD '02'.

 IF sy-subrc <> 0.
 MESSAGE ...
 ENDIF.
...
```

Nehmen wir an, der Wert der Variable `lv_bsart` sei `NB` und der Benutzer habe die o. g. Berechtigung `YM_BEST_NB`. Im obigen Teilstück eines ABAP-Programms wird geprüft, ob der Benutzer eine Berechtigung zum Berechtigungsobjekt `M_BEST_BSA` hat, welche

- für das Feld `BSART` den in der Variable `lv_bsart` enthaltenen Wert abdeckt; mit „abdecken" ist gemeint, dass in der Berechtigung der Wert als Einzelwert vorkommt (z. B. `NB`) oder in einem Intervall enthalten ist, was eher bei Zahlen sinnvoll ist, oder durch eine Wildcard abgedeckt wird (z. B. `*`); die Berechtigung `YM_BEST_NB` erfüllt diese Anforderung;
- für das Feld `ACTVT` den Wert `02` abdeckt; auch dies tut die Berechtigung `YM_BEST_NB`.

Ist dies nicht der Fall, wird eine Fehlermeldung ausgegeben, sonst – wie mit unserer Berechtigung `YM_BEST_NB` – mit dem Programm fortgefahren. In der Regel erfolgt danach der Datenzugriff.

Nachdem wir gesehen haben, wie die Berechtigungsprüfung technisch funktioniert, stellt sich die Frage, wie man die Zuteilung von Berechtigungen an Benutzer am besten organisiert. Ein Benutzer benötigt eine Vielzahl von Berechtigungen. Jedem einzelnen jeweils all diese Berechtigungen zuzuordnen, erforderte einen hohen Verwaltungsaufwand, außerdem wäre es unübersichtlich.

Ein geeigneter Weg ist, Berechtigungen zu *Berechtigungsprofilen* zusammenzufassen, und dem Benutzer ein oder mehrere Berechtigungsprofile zuzuordnen. Berechtigungsprofile lassen sich wieder hierarchisch zusammenfassen, man spricht dann von *Sammelprofilen*. Ein *Einzelprofil* enthält dagegen nur Berechtigungen. Sowohl Berechtigungen als auch andere Berechtigungsprofile in ein Sammelprofil aufzunehmen, ist nicht gestattet. Die Zuordnung von Berechtigungsprofilen zu Benutzern geschieht heute üblicherweise indirekt über Rollen (s. u.).

Das beschriebene Berechtigungssystem verwendet eine *positive Berechtigungslogik*: das bedeutet, dass der Benutzer genau jene Berechtigungen hat, welche in den zugeordneten Berechtigungsprofilen direkt oder indirekt (über die Schachtelung in Sammelprofile) enthalten sind[2]. Man kann nicht explizit ausdrücken, dass ein Benutzer eine bestimmte Berechtigung *nicht* hat. Es geht nur implizit, indem die Berechtigung in den Berechtigungsprofilen nicht auftaucht. Wir sehen in Aufgabe 15.1, dass solche Zuordnungen mühselig sein können.

15.1.3 Rollen

Eine Tücke bei der Zuordnung von Berechtigungen ist, dass der Administrator wissen muss, für welche Funktion welche Berechtigungen erforderlich sind. Dies sieht man aber der Funktion nicht unmittelbar an, vielmehr finden sich Berechtigungsprüfungen insbesondere im Anwendungscode. Die Information, welche Berechtigungen eine Funktion erfordert, muss daher der Softwareanbieter hinterlegen. Sie wird bei der *rollenbasierten* Zuordnung ausgewertet, wo für einen Benutzer lediglich festgelegt wird, welche Funktionen er ausführen soll. Auf diese Weise kann die entsprechende Menge der Berechtigungen berechnet und dem Benutzer zugeordnet werden.

15.1.3.1 Beispiel: Rollen in SAP-Software

Eine Rolle im SAP-System kann man sich vereinfacht als eine Menge von Transaktionen vorstellen, zusammen mit einem rollenspezifischen Menü. Für jede Transaktion ist dem Softwareanbieter bekannt, welche Berechtigungen mit welchen Werten geprüft werden – schließlich hat er die Software erstellt und kann dies eruieren. Aus dieser Information und der Menge der Transaktionen wird automatisch ein Berechtigungsprofil generiert, welches dem Benutzer verbunden mit der Rol-

[2] Tatsächlich ist dies nicht ohne Ausnahme: Im Personalwesen kann der eigene Benutzer vom Zugriff ausgeschlossen werden (Lehnert und Bonitz 2010, S. 145).

le zugeordnet wird. In Einzelfällen können manuell gesondert Werte eingetragen werden.

Ein Problem ist dabei noch zu lösen: Berechtigungen können von Organisationsobjekten (auch *Organisationsebenen* genannt, Lehnert und Bonitz 2010, S. 160) abhängen, z. B. der Einkaufsorganisation oder dem Werk. Diese sind unternehmensspezifisch und können daher nur vom Unternehmen gesetzt werden. Solche Organisationsobjekte kann man sich wie „Parameter" einer Rolle vorstellen, die für alle darin enthaltenen Berechtigungen gelten, z. B. könnte die Einkaufsorganisation für alle Berechtigungen auf 1000 gesetzt werden, in denen das Feld „Einkaufsorganisation" erscheint. Man spricht von *Referenzrollen* (d. h. Vorlagerollen), worin die Organisationsobjekte offen sind, und *abgeleiteten Rollen*, die sich nur durch die gesetzten Organisationsobjekte unterscheiden (Lehnert und Bonitz 2010, S. 185).

Dies kann jedoch immer noch aufwändig sein, da die Zahl der möglichen Ableitungen von Rollen abhängig von den Organisationsobjekten exponentiell wächst (Lehnert und Bonitz 2010, S. 288). Als Mittel dagegen gibt es das Werkzeug *Rollenmanager* und das *Bereichsrollenkonzept*. Die Idee ist, einem Benutzer verschiedene *funktionale Rollen* zuzuordnen, worin die Organisationsobjekte nicht ausgeprägt sind, und dazu *Bereichsrollen* für die Festlegung der Organisationsobjekte. Aus funktionalen und Bereichsrollen ergeben sich *Zuständigkeitsrollen*, welche vom Rollenmanager umgesetzt werden, und diese sind letztlich für den Benutzer erheblich. Auch mehrere funktionale Rollen und Bereichsrollen können zugeordnet werden, um zwischen lesendem und schreibendem Zugriff je nach den Ausprägungen der Organisationsobjekte zu unterscheiden (Lehnert und Bonitz 2010, S. 290 ff.).

Eine Besonderheit in Bezug auf Berechtigungen und Rollen ist das Personalwesen. Zum einen, weil es als Mittel der indirekten Rollen- bzw. Berechtigungszuordnung verwendet werden kann, zum anderen, weil es weitere, spezielle Berechtigungskonzepte gibt.

Zunächst zur indirekten Rollenzuordnung: Statt eine Rolle direkt einem Benutzer zuzuordnen, kann sie z. B. einer Stelle zugeordnet werden. Alle Benutzer, die eine Planstelle haben, die zu jener Stelle korrespondiert, „erben" die Rolle und die Berechtigungen.

Nun zu den speziellen Berechtigungskonzepten im Personalwesen (Lehnert und Bonitz 2010, S. 413 ff.): Zusätzlich zum dargestellten Berechtigungskonzept gibt es *strukturelle Berechtigungen*. Sie sind dynamisch in dem Sinne, dass sie zur Laufzeit über das Organisationsmodell ermittelt werden. Genauer gesagt kann ein Startobjekt des Personalwesens (z. B. eine Planstelle) und ein sog. Auswertungsweg angegeben werden, woraus sich zur Laufzeit die Berechtigungen ergeben. Über den Berechtigungshauptschalter kann die strukturelle Berechtigungsprüfung aktiviert werden. Darüber hinaus gibt es *kontextsensitive Berechtigungen*, welche Aspekte des rollenbasierten Konzepts und der strukturellen Berechtigungen kombinieren.

Wie an vielen Stellen gibt es in Software wie SAP ERP für Rollen Vorschläge, die *Template-Rollen* (Lehnert und Bonitz 2010, S. 626).

15.2 Systemüberwachung

Der laufende Betrieb eines Anwendungssystems muss hinsichtlich Leistung und Fehlern überwacht werden. Hierfür gibt es Werkzeuge, welche auch einen Durchgriff auf die Administrationsdaten der Systeminfrastruktur gewährt. Prinzipielle Anzeigemöglichkeiten sind:

- gegenwärtiger Zustand von Systemkomponenten, z. B. Prozesse, Speicherverbrauch
- Aktionen oder Zustände in der Vergangenheit, aufgezeichnet in Protokollen (Logs)
- Reaktion auf bewertete Systemzustände „kritisch“, „bedenklich“ und „in Ordnung“ (Ampelmechanismus)

Beispiel: Systemüberwachung in SAP-Software

Die Server- und Prozesssicht sowie die Benutzersicht haben wir in Kap. 3 bereits in Aufgabe 3.2 kennengelernt. Zudem gibt es diverse Protokolle: Systemlog, Laufzeitfehler, Trace-Dateien, Sperreinträge (Föse et al. 2008, S. 365 ff.). Im Folgenden sehen wir uns beispielhaft zwei Überwachungsfunktionen an, nämlich das Monitoring (Abb. 15.2) und das Datenbankmanagement in ABAP-basierten Systemen.

Beim *Monitoring und Alert-Management* (Föse et a. 2008, S. 442 ff.) stellt der Systemadministrator Schwellwerte für gewisse Systemteilzustände ein, die Über- oder Unterschreitung und Normalfälle werden dann in Form einer Ampel angezeigt. Es lassen sich außerdem Analyse- und Autoreaktionsmethoden definieren, z. B. eine E-Mail versenden. Zusätzlich zu von SAP ausgelieferten Alert-Monitoren können Unternehmen eigene definieren, was natürlich schwieriger und aufwändiger ist. Neben Über- oder Unterschreitung gibt es andere Arten von Monitorattributen, wie „Herzschlag“ (Alarm bei Ausfall) oder Protokollattribut (Durchsuchen einer Protokolldatei nach einem Muster). Monitorattribute werden zu Monitorobjekten zusammengefasst. Um eine schnelle Übersicht zu gewinnen, werden die Ergebnisse des Monitoring hierarchisch in einem Baum von Monitoring Tree Elements (MTE) angezeigt. Auf der untersten Ebene finden sich die Attribute von Monitor-Objekten. Die schwerwiegendste Ampelfarbe eines untergeordneten MTE bestimmt die des übergeordneten. Das Monitoring einer Systemlandschaft sollte in einem eigenen, zentralen System erfolgen (Föse et al. 2008, S. 466).

Beim *Datenbankmanagement* (Föse et al. 2008, S. 389 ff.) fallen verschiedene Teilaufgaben an, die nicht alle zur Systemüberwachung im engeren Sinne gehören. Neben Datenbanksicherungen, die täglich stattfinden sollten, ist die zumindest kurzzeitige Aufbewahrung der Protokolldaten der Datenänderungen wichtig, damit der aktuelle Datenbankzustand aufbauend auf der letzten Datensicherung nachgestellt werden kann. Insbesondere nach Hardware-Ausfällen (korrupte Blöcke) sind zumindest die betroffenen Bereiche zu analysieren. Eine zweite Teilaufgabe ist

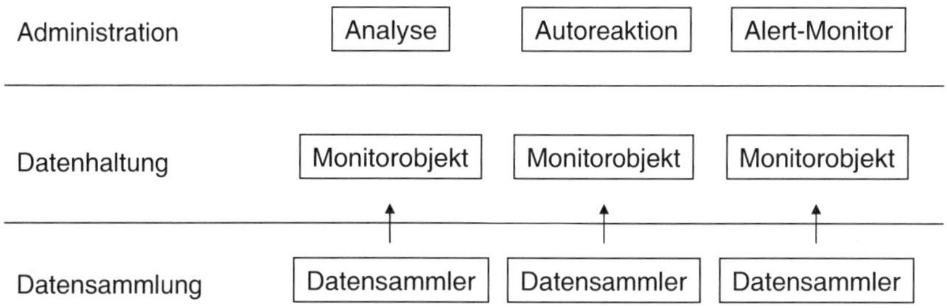

Abb. 15.2 Monitoring

es, den Datenbankfüllungsgrad zu überwachen, bei Bedarf ist die Datenbank zu vergrößern. Eine dritte, die Statistiken für den kostenbasierten Optimierer des Datenbanksystems zur effizienten Ausführung von Datenbankoperationen regelmäßig, z. B. wöchentlich, zu aktualisieren.

Zur Unterstützung der Systemadministration dient das Werkzeug *Systemadministrations-Assistent* (Föse et al. 2008, S. 403 ff.), worin die wichtigsten oder häufigsten regelmäßig oder sporadisch durchzuführenden Aufgaben gelistet sind. Sie lassen sich von dort aufrufen, nach Ausführung werden sie als erledigt gekennzeichnet, wobei die Aktionen und Zeitstempel sowie die ausführenden Benutzer protokolliert werden.

Beispiel: SAP Solution Manager

Der *SAP Solution Manager* ist ein eigenes Anwendungssystem, welches den Lebenszyklus einer Systemlandschaft verwalten soll (Schäfer und Melich 2011). Vom SAP Solution Manager aus können viele Administrationsfunktionen entfernt ausgeführt werden; sie ließen sich auch nach einer Anmeldung im jeweiligen System durchführen. Für die entfernte Ausführung sind RFC-Verbindungen zu den angeschlossenen Systemen erforderlich. Vielfältige Aufgaben werden in diesem System zusammengefasst. Wir greifen einige heraus (Föse et al. 2008, S. 566 ff.):

- *System Monitoring*: Die Systeme der Systemlandschaft und ihre Verbindungen werden dargestellt. Der jeweilige Systemzustand wird durch eine Ampel wiedergegeben. Die Information ergibt sich aus den Alert-Monitoren der einzelnen Systeme.
- *Change Control Management*: Hier wird zentral die Änderung der technischen Konfiguration überwacht, z. B. Einspielen von Support Packages oder Änderungen des Programmcodes. Mit diesen Fragen befassen wir uns im nächsten Abschnitt.
- *EarlyWatch Alert*: Dies ist ein automatisch, z. B. ein Mal wöchentlich ablaufender Dienst. Er misst Werte wie die Performanz oder die Ressourcenauslastung

und gibt aufgrund von Erfahrungs- oder Kundendurchschnittswerten Empfehlungen für eine Anpassung.
- *Service Level Reporting:* Basierend auf dem EarlyWatch Alert kann ein Bericht für eine Systemlandschaft definiert werden, der Kennzahlen wie Antwortzeiten, Hardwareauslastung und Datenwachstum wiedergibt.
- *Business Process Monitoring:* Ausgehend von einer grafischen Darstellung eines Geschäftsprozess, worin für die Geschäftsprozessschritte auch visualisiert ist, in welchem System sie stattfinden, kann von einem Schritt zu den Alert-Monitoren und Analysefunktionen gesprungen werden.
- *GoingLive-Service*: Dieser kann für den Produktivstart verwendet werden. Verschiedene Prüfungen werden durchgeführt, Schwachstellen erkannt, als Vorbereitung für die Feineinstellung.

15.3 Problembearbeitung

Während des laufenden Betriebs werden Probleme auftreten, welche auf Softwarefehler zurückzuführen sind. Sie müssen erkannt werden, Korrekturen sind zu suchen und diese müssen eingespielt werden. Eine übliche Organisation des Problemmanagements („Incident-Bearbeitung") ist wie folgt:

- Im Unternehmen gibt es eine Benutzerbetreuung („Help-Desk"). Entdeckt ein Mitarbeiter ein Problem, wendet er sich üblicherweise erst an diese. Es kann sein, dass unerfahrene Mitarbeiter Probleme erleben, die nicht Softwarefehler sondern Bedienungsfehler sind. Die Grenze lässt sich nicht streng ziehen: Ist eine Software schwer zu bedienen, kann ein Mitarbeiter leicht von der vorgesehenen Bedienung abweichen. Liegt der Fehler in der nicht optimalen Ergonomie der Software oder am fehlenden Geschick des Benutzers? Für eine pragmatische Hilfe muss die Benutzerbetreuung entscheiden, ob das Problem durch Beratung (z. B. andere Bedienung oder ein „Work-around") zu lösen ist oder ob einem Softwarefehler nachgegangen werden muss.
- Liegt ein Softwarefehler vor, eruiert die Benutzerbetreuung oder ein anderer Mitarbeiter der IT-Abteilung des Unternehmens, wie er beseitigt werden kann. Typischerweise sucht er nach Lösungsvorschlägen für bereits bekannte Probleme. Der Softwareanbieter bietet dafür Informationsmöglichkeiten.
- Ist keine Lösung bekannt, wird eine Problemmeldung an den Softwareanbieter erfasst. Hierfür gibt es spezielle Systeme, welche die bidirektionale Kommunikation zwischen Unternehmen und Softwareanbieter unterstützen. Unter anderem sieht man darin die gesamte Historie der Problemmeldung, d. h. die Kommunikation zwischen Unternehmen und Softwareanbieter, das Umsetzen des Bearbeitungsstatus.
- Beim Softwareanbieter wird in einem mehrstufigen Prozess nach einer Lösung gesucht:

1. Stufe: Hier suchen, ähnlich wie bei der Benutzerbetreuung, Mitarbeiter des Softwareanbieters nach bekannten Lösungen für Probleme.
2. Stufe: Bei hartnäckigen Problemen kann ein Mitarbeiter der zweiten Stufe eingeschaltet werden. Dieser ist oft für einen Funktionsbereich spezialisiert und technisch versierter. In vielen Fällen kann er das Problem orten und einen Lösungsvorschlag machen.
3. Stufe: Wird die 2. Stufe nicht fündig, kann ein noch spezialisierterer Mitarbeiter, oftmals der Entwickler der Software, kontaktiert werden.

Wird ein neues Problem gelöst, muss überprüft werden, ob es auch in anderen Softwareversionen auftritt. Für alle betroffenen Softwareversionen werden Lösungsvorschläge erarbeitet. Ein Lösungsvorschlag kann eine Softwarekorrektur („Patch", englisch für „Flicken" oder „Pflaster") sein, eine Beschreibung für eine manuelle Vorgehensweise (z. B. in der Softwarekonfiguration) oder eine Kombination aus beiden.

Beispiel: Problembearbeitung für SAP-Software

Bei SAP wird eine Problembearbeitung analog zur obigen angeboten. Dies gehört zur Wartung, für die das Unternehmen bezahlt. Die 1. Stufe wird First-Level-Support genannt, die 2. Stufe Second-Level-Support. Die 3. Stufe wird oftmals von Entwicklern übernommen.

Ein wichtiger Punkt ist dabei, den Fehler nachzustellen. Dies wird dadurch vereinfacht, dass sich Entwickler in den ABAP-basierten Systemen der Unternehmen, welche die Standardsoftware einsetzen, anmelden können – wie ein Mitarbeiter im Unternehmen. Das Unternehmen kann eine Beschreibung liefern, wie der Fehler nachzuvollziehen ist. Der Entwickler kann dann den Fehler per Debugging orten. Dabei hilft, dass der Quellcode der SAP-Software offen ist (bis auf Ausnahmen wie SAP Business ByDesign), und jeder berechtigte Benutzer den Code debuggen kann, auch von entfernter Stelle aus. Natürlich muss aus Sicherheitsgründen für einen SAP-Support-Mitarbeiter erst ein Benutzer angelegt werden, mit welchem er sich anmelden kann und zusätzlich eine Verbindung zum SAP-System des Unternehmens freigeschaltet werden. Die Verbindung zwischen der Systemlandschaft des Unternehmens mit dem SAP-Service zeigt Abb. 15.3, angelehnt an Föse et al. (2008, S. 575). Die Rechner auf Unternehmensseite sind im lokalen Netz mit dem *SAPRouter* verbunden. Der SAPRouter ist ein Gateway auf Applikationsebene, worüber ein- und ausgehende Verbindungen kontrolliert und protokolliert werden. Der SAPRouter ist eigentlich ein Programm, aber man bezeichnet damit gewöhnlich auch den Rechner, auf dem es läuft. Der SAPRouter auf Unternehmensseite hat eine Verbindung mit dem SAPRouter auf SAP-Seite. Die Verbindung kann eine Standleitung sein, ISDN oder das Internet.

Werden Fehler gefunden, so wird eine Lösung dafür in einem sogenannten *Hinweis* erfasst. Der Hinweis hat oft einen Verweis auf einen Transportauftrag

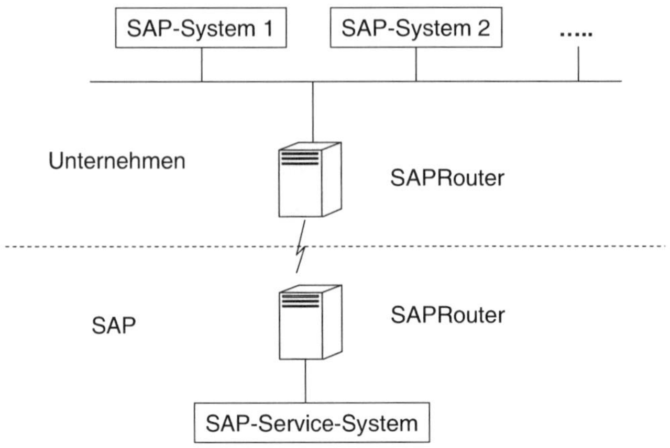

Abb. 15.3 Anbindung des entfernten Service

(siehe Abschn. 14.6), welcher die Programmkorrektur enthält. Die Mitarbeiter der Administration müssen diesen Transport zur Fehlerkorrektur dann im SAP-System importieren. Hinweise können aber auch Konfigurationsanleitungen enthalten oder Klarstellungen von Sachverhalten, welche in der Dokumentation nicht deutlich wurden.

Support-Packages sind ebenfalls Transportaufträge, welche die wichtigsten in einer Systemversion erkannten Fehler beseitigen. Sie ersetzen damit oftmals mehrere Hinweise. Doch enthalten sie nicht nur Korrekturen zu Softwarefehlern, sondern auch Funktionalität zu gesetzlichen Änderungen, die im Unternehmen benötigt wird. Support-Packages bauen aufeinander auf, sie sind besonders sorgfältig zu behandeln, weshalb es ein eigenes Werkzeug gibt, den Support Package Manager (Föse et al. 2008, S. 275 ff.).

15.4 Archivierung

Läuft ein System einige Jahre, häufen sich vor allem viele Bewegungsdaten an. Dabei ergibt sich das Problem, dass eine größere Datenbanktabelle eine schlechtere Performanz hat (die Suche ist teurer), zudem fällt mehr Speicheraufwand an (Festplatte, Hauptspeicher, Datensicherung). Viele Daten sind höchstens bei Bedarf noch für eine spätere Nachvollziehbarkeit von Bedeutung, etwa aus gesetzlichen Gründen. Gerade deswegen werden betriebswirtschaftliche Daten üblicherweise nicht gelöscht, sondern archiviert, d. h. aus der Datenbank ausgegliedert und auf ein externes Medium geschrieben. Früher waren dies oft optische Speichersysteme, vor allem weil Magnetplatten teuer waren. Mit den heutigen günstigeren Preisen dieser Speichermedien können auch diese verwendet werden. Rechtlich kann teilweise die Unveränderbarkeit von Daten gefordert sein, in welchen Fällen die Ablage in den Speichermedien WORM (Write Once, Read Multiple), DVD oder CD-ROM erfolgt (Föse et al. 2008, S. 482). Bei der Archivierung ist es wichtig, dass die Daten lange Zeit danach noch gelesen werden können. In diesem Sinne sind dauerhaft verwendbare Formate wichtig.

Der Ablauf der Archivierung ist grundsätzlich: Zu archivierende Daten identifizieren, extrahieren, komprimieren, auf einem externen Speichermedium ablegen, nach erfolgreicher Ablage (d. h. dem Test, ob die Daten lesbar sind) aus der Datenbank löschen.

Standardsoftware ist darauf ausgelegt, dass Archivierung durchgeführt werden kann. Unterschiedliche Anwendungen gehen damit unterschiedlich um. Es kann sein, dass archivierte Daten nur mit einem speziellen Archiv-Viewer angesehen werden können. Bei anderen archivierten Daten kann es sein, dass diese im Anwendungssystem wie operative Daten angezeigt werden können, nur durch den etwas größeren Zeitverzug mag der Anwender merken, dass es sich um archivierte Daten handelt.

Der Begriff Archivierung wird auch für eine zweite Funktion verwendet: das Ablegen von gescannten Papierdokumenten in einem Speichersystem (Archivsystem, Dokumentenverwaltungssystem, Content-Management-System). Dabei werden die Dokumente mit Geschäftsdaten über Verweise in Beziehung gesetzt. Die Methodik für diese Art der Archivierung unterscheidet sich somit von der Archivierung von Altdaten.

Beispiel: Archivierung in SAP-Software

Grundlage der Archivierung sind *Archivierungsobjekte* (Föse et al. 2008, S. 482 ff.). Sie sind Geschäftsobjekten ähnlich, umfassen meist Daten aus mehreren zusammengehörigen Datenbanktabellen sowie die zur Archivierung im weiteren Sinne benötigten Programme (zum Archivieren im engeren Sinne, Löschen, Zurückladen im Notfall, Auf- und Abbauen eines Index für den direkten Zugriff auf die archivierten Daten). Ein Beispiel ist das Archivierungsobjekt `MM_EBAN`, welches Daten aus den Tabellen `EBAN` (Bestellanforderung), `EBKN` (Bestellanforderungskontierung) und vielen weiteren enthält. Ähnlich wie bei Geschäftsobjekten bestehen Beziehungen zwischen Archivierungsobjekten, welche die Reihenfolge der Archivierung bestimmen. Die Beziehungen werden in einer Netzgrafik der Archivadministration visualisiert.

Die Archivierung erfolgt in drei Schritten (Föse et al. 2008, S. 484):

1. Daten aus der Datenbank extrahieren, Archivdateien erzeugen: Die zu archivierenden Daten für einen Archivierungszeitraum werden aus fachlicher Sicht bestimmt. Die Archivdateien sind in einem hardwareunabhängigen Format und komprimiert.

2. Archivdateien auf ein externes Ablagesystem schreiben (optionaler Schritt): Der Transfer geschieht über die SAP-Schnittstelle *ArchiveLink*. Ablagesysteme können von SAP zertifiziert sein. Es könnte sich um ein Hierarchical Storage Management System handeln, welches selbsttätig die Archivdateien auf die Stufen Platte, Jukebox und Band verteilt.
3. Löschprogramme starten: Vor dem Löschen aus der Datenbank wird zur Sicherheit geprüft, ob die Archivdaten tatsächlich gelesen werden können. Dies kann entweder nach dem Abschließen der Archivdatei oder nach dem Übertragen der Archivdatei in das externe Ablagesystem geschehen.

Ob ein Geschäftsobjekt archivierbar ist, hängt vom anwendungsabhängigen Status ab sowie von der Überschreitung einer eingestellten Zeit, der *Residenzzeit* (Stefani 2007, S. 68).

Eine Archivdatei kann mehrere Datenobjekte enthalten. Die Größe der Archivdatei lässt sich pro Archivobjekt definieren, sowohl die physische Größe (in MB) als auch die maximale Anzahl von Datenobjekten. Für den Zugriff wird ein Index aufgebaut, womit aus einer Archivdatei einzelne Datenobjekte gelesen werden können.

Die Archivierung baut auf den Funktionen des *Archive Development Kits (ADK)* auf, was auch für die Definition von neuen Archivierungsobjekten für unternehmensspezifische Geschäftsobjekte verwendet werden kann. Das ADK ist die Schnittstelle zwischen der Anwendung, der Datenbank und der Archivdatei. Es bietet u. a. Funktionsbausteine, um Archivdaten in aufbereiteter Form in ein Verzeichnis zu schreiben. Zudem wird der Archivierungslauf damit administriert.

15.5 Übung und Lösungsvorschlag

15.5.1 Übung

Aufgabe 15.1 (Berechtigungen im SAP-System):

Die Übung zielt auf das Verständnis von Berechtigungen ab, in der Praxis würde man bei der methodischen Vorgehensweise von Rollen ausgehen.

Nehmen Sie an, die Benutzer u_1, u_2 und u_3 haben das Sammelprofil s zugeordnet bekommen. s enthalte unter anderem das Einzelprofil p. p enthalte wiederum eine Berechtigung b. Nun ergibt sich die Situation, dass das Sammelprofil für u_1 und u_2 bestens geeignet ist. u_3 soll jedoch statt der Berechtigung b eine leicht abgewandelte Berechtigung b′ erhalten. Wie nehmen Sie diese Änderung vor?

15.5.2 Lösungsvorschlag für die Übung

Aufgabe 15.1 (Berechtigungen im SAP-System):

p ist nach p′ zu kopieren, darin ist b durch b′ zu ersetzen. s ist nach s′ zu kopieren, darin ist p durch p′ zu ersetzen. Eventuell lässt sich durch Umgestaltung der Profile eine bessere Modularisierung erreichen.

15.6 Literatur

15.6.1 Weiterführende Literatur

Föse F, Hagemann S, Will L (2008) SAP NetWeaver AS ABAP – Systemadministration. 3. Auflage, Galileo Press, Bonn
Die gesamte Systemadministration eines ABAP-basierten SAP-Systems wird beschrieben, vorwiegend aus praktischer Sicht.

Lehnert V, Bonitz K (2010) SAP-Berechtigungswesen. Galileo Press, Bonn
Ausführliche Schilderung des SAP-Berechtigungswesen, inklusive Rollen und Benutzerverwaltung

15.6.2 Weitere zitierte Literatur

Schäfer M, Melich M (2011) SAP Solution Manager. 3. Auflage, Galileo Press, Bonn

Stefani H (2007) Datenarchivierung mit SAP. 2. Auflage, Galileo Press, Bonn

Kapitel 16
Zusammenfassung und Ausblick

Ich liebe die alten Fragen.
Schwungvoll:
Ah, die alten Fragen, die alten Antworten,
da geht nichts drüber!
Endspiel
Samuel Beckett[1]

16.1 Sein und Wunsch

Wir haben gesehen, dass sich die Geschäftsprozesse eines Unternehmens auf Geschäftsobjekte stützen, vor allem zur Implementierung der Aktivitäten der Geschäftsprozesse. Die Geschäftsobjekte kapseln Geschäftsdaten. Die Geschäftsprozesse umspannen heute meist mehrere Anwendungssysteme, welche wir in die Kategorien operative Systeme, analytische Systeme und Planungssysteme einteilen können. Sie ergeben zusammen die Systemlandschaft eines Unternehmens und müssen miteinander integriert werden. Auch zwischenbetriebliche Integration ist für Unternehmen wichtig. Integration ist auf den Ebenen der Geschäftsprozesse, -objekte und -daten möglich. Sie werden unterstützt von den Geschäftsschnittstellen, welche die Anwendungssysteme anbieten. Bei den Anwendungssystemen handelt es sich um Standardsoftware, die an die Unternehmensbedürfnisse angepasst werden muss. In all diesen Bereichen haben sich spezifische Techniken herausgebildet.

Somit haben wir uns in diesem Buch vor allem den gegenwärtigen Stand der Technologie von Unternehmenssoftware angesehen, also das „Sein". Wir könnten

[1] Beckett S (1974) Endspiel. Suhrkamp Taschenbuch 171, erste Auflage 1974, Frankfurt a. M., S. 57.

R. Weber, *Technologie von Unternehmenssoftware*, DOI 10.1007/978-3-642-24423-0_16,

uns nun fragen, wie wir uns Unternehmenssoftware wünschten und dies mit dem Sein abgleichen. Aus meiner Sicht sieht es wie folgt aus:

16.1.1 Preisgünstig

Ein Anwenderunternehmen hätte gerne eine preisgünstige Software, was für Standardsoftware spricht. Zum Tragen kommen die Gesamtkosten (Total Cost of Ownership, TCO), insbesondere die Einführungskosten, aber auch die Wartungskosten, welche bei Individualsoftware als höher eingeschätzt werden. Die Einführungskosten können hoch sein, ebenso das Projektrisiko. Beides lässt sich durch ein fachmännisches Einführungsprojekt möglichst gering halten. Auch die Kosten des Wechsels zu einem anderen Anbieter (s. u.) wären einzubeziehen.

16.1.2 Änderungen berücksichtigen

Die Unternehmenssoftware soll die aktuellen Geschäftsprozesse gut unterstützen und bei Bedarf verbessern lassen, z. B. wenn ein Produkt durch wirtschaftlichen Druck schneller auf den Markt gebracht werden muss (s. u.: unternehmensspezifische Prozesse). Zwangsläufige Änderungen, z. B. aufgrund gesetzlicher Änderungen, sollen automatisch integriert werden, was wiederum für Standardsoftware spricht. Änderungen, z. B. die Fusion von Unternehmen, sollte sich schnell in der Unternehmenssoftware berücksichtigen lassen. Dies ist bei heutigen heterogenen Systemen nicht so einfach möglich (s. u.: Wechselmöglichkeit).

16.1.3 Standardprozesse ohne Aufwand

Standardprozesse, welche für viele Unternehmen, zumindest einer Branche, gleich ablaufen, sollen unmittelbar in der Standardsoftware verwendbar sein. Anpassungsaufwand sollte nur anfallen, wenn das Unternehmen von der Regel abweicht.

16.1.4 Unternehmensspezifische Prozesse

Das Unternehmen soll darüber hinaus die Möglichkeit haben, unternehmensspezifische Prozesse dort individuell zu gestalten, wo ein Unterschied zu den Konkurrenten besteht. Darin soll aber möglichst viel vorhandene Funktionalität integrierbar sein – also keine Individualentwicklung, sondern eher eine Individualkonfiguration. Das Problem erscheint mir heute noch nicht gut gelöst. Workflow-Systeme und SOA versprechen hier zu helfen, aber zumindest ist der Aufwand heute noch höher als gewünscht.

16.1.5 Verschiedene Anwendungssysteme und damit Integration

Dass die Geschäftsobjekte, -daten und -prozesse verschiedene Anwendungssysteme involvieren und damit Integrationsaufwand entsteht, ist in erster Linie kein Interesse des Anwenderunternehmens. Das Unternehmen interessiert, dass die Funktionalität erbracht wird, wie die Aufteilung funktional geschieht, kann ihm egal sein. Oder weniger als egal, wenn man Aufwand und Reibungsverluste durch Integration berücksichtigt. In ähnlicher Weise ist die Aufteilung in operative und analytische Systeme zu sehen, welche organisatorisch (es gibt im „Sein“ viele Datenquellen) und technisch (Performanz) motiviert ist. Der Kauf verschiedener Systeme kann aber sehr wohl durch Kosten motiviert sein – wenn zwei kleine Systeme günstiger als ein größeres sind. Der heutige Stand sind allerdings mehrere Systeme in einer Systemlandschaft, mit entsprechendem Integrationsaufwand. Verbunden damit ist, dass meist konzeptuelle Geschäftsobjekte zerstückelt sind, z. B. Teile der Kundendaten im ERP-System, andere im CRM-System. Wünscht man einheitliche, systemübergreifende Methoden, wären diese mit Aufwand zu erstellen.

16.1.6 Wechselmöglichkeit

Für ein Unternehmen wäre es vorteilhaft, wenn es den Wechsel auf ein anderes Produkt ohne großen Aufwand vollziehen könnte. Ähnlich wie man den Telefonanbieter dauerhaft oder sogar von Anruf zu Anruf wechseln kann, was bei einem dermaßen standardisierten Dienst natürlich einfacher ist. Hierfür sind „Standards“ erforderlich. Der Begriff „Standardsoftware“ erklärt sich dagegen als Unterschied zur Individualsoftware. Standardisiert sind nur kleinere Teilmengen der Funktionalität, z. B. gewissen Schnittstellenformate. Für den Umzug wäre also zumindest ein Standardformat für den Abzug von Geschäftsdaten erforderlich, und die Geschäftsobjekte in Quell- und Zielsystem dürften sich auf Typebene nicht unterscheiden. Zudem müssten implizite und explizite Geschäftsprozesse kompatibel sein. Vom Wunschzustand sind wir hier also weit entfernt.

16.1.7 Qualität

Selten in der Literatur oder in Produktbroschüren angesprochen, wo hauptsächlich über die Funktionalität geschrieben wird: Die Software sollte eine gute Qualität haben. Nicht die Reichhaltigkeit der Funktionalität sollte alleinbestimmend sein, sondern die Güte, mit der sie erbracht wird. Dies betrifft nicht nur die Software, sondern auch die damit verbundenen Dienstleistungen. Bei vielen Gütern, insbesondere Konsumgütern, erleben wir, dass die Qualität im Zeitablauf nachlässt. Software erreicht große Technologie- und Funktionalitätssprünge, aber die Qualität hält nach meiner Einschätzung nicht mit. Bessere Qualität wäre durch sorgfältigere Entwicklung, insbesondere umfangreichere Tests möglich, aber mit höherem Aufwand und damit Kosten verbunden. Die Beobachtung zeigt, dass sich die vorhandene Preis-Qualitätskombination am Markt behauptet. Aus meiner Sicht könnte eine Gesamtkostenbetrachtung hier ein anderes Bild ergeben, beim Softwareanbieter wie beim Anwenderunternehmen. Beim Softwareanbieter entsteht durch geringere Qualität Aufwand beim Service (s. Abschn. 15.3). Aus dem Software-Engineering ist bekannt, dass spät entdeckte Fehler besonders teuer sind. Bei Standardsoftware betrifft dies Korrekturen in verschiedenen Softwareversionen. Beim Anwenderunternehmen fällt Problembearbeitungsaufwand natürlich ebenso an. Eine besondere Dimension bekommen Qualitätsmängel, wenn zwei Produkte interagieren sollen, die Produkte natürlich wenig für die vielfältigen Kombinationsmöglichkeiten integrationsgetestet sind, und die Verantwortlichkeit für das Problem nicht klar dem einen oder anderen Produkt zuordenbar ist. Oder wenn durch die Integration ein drittes Produkt betroffen ist, was sich aber erst aus einer langen Analyse ergibt. Mit anderen Worten: Gerade bei der sowieso schon aufwändigen Integration sind Qualitätsmängel noch zusätzlich erschwerend.

16.1.8 Verlässliche Beziehung zum Softwareanbieter

Gerade weil ein Wechsel zu einem anderen Softwareanbieter eben doch nicht so einfach ist, ist eine verlässliche Beziehung wünschenswert. Dies beinhaltet, dass die Preise, z. B. für Wartung oder Folgeversionen, im Rahmen bleiben, dass sich die Qualität der Software nicht verschlechtert, dass die Software langfristigen Bestand hat.

Die Wünsche und Ziele von Softwareanbietern und Beratungsunternehmen dagegen decken sich natürlich nur zum Teil mit den Anwenderwünschen. Softwareanbietern liegt an einem großen Marktanteil. Bei Großunternehmen teilen sich die großen Anbieter SAP und Oracle den Markt weitgehend, bei mittelgroßen und kleineren Unternehmen gibt es eine viel größere Anzahl von Softwareanbietern. Da das Wachstum für die großen Anbieter bei Großunternehmen beschränkt ist, werden Wachstumsmöglichkeiten im Mittelstand gesehen. Ein Beispiel ist das Produkt

SAP Business ByDesign. Und wie in allen Branchen besteht das Interesse, Kunden zu halten.

16.2 Konzepte

Es geht die Rede, dass die Beschäftigung mit abstrakten Dingen das Denken schule, unabhängig vom konkreten Untersuchungsgegenstand. In diesem Buch ist es eher der gegenläufige Ansatz: es spricht über konkrete Dinge, und uns interessieren daraus abgeleitete abstrakte Konzepte. In der Informatik, genauer in der Softwaretechnik, wird das Thema unter dem Begriff *Muster (Pattern)* behandelt: Entwurfsmuster, Architekturmuster. Mein Ziel ist nicht eine Formalisierung der Konzepte/Muster. Ich denke, es ist bereits hilfreich, die Muster am Beispiel zu verdeutlichen. In diesem Sinne werden im Buch angesprochene Konzepte aufgelistet, mit einem Verweis, bei welchem Thema und Kapitel sie angesprochen wurden. Die Hoffnung ist, dass das beispielhafte Lernen eines Konzepts einen nachhaltigen Effekt hat.

Konzept	Inhalt/Zweck	Thema	Kapitel
Asynchrone vs. synchrone Kommunikation	Engere oder losere Kopplung zwischen Kommunikationspartnern	Nachrichtenorientierte Integration	11
Bring-Schuld (Push) vs. Hol-Schuld (Pull)	Steuerung der Informationsübermittlung	Workflow-Management, SCM-Datenaustausch	12, 5, 9
Datentransformation	Abbildung von einem Quell- auf ein Zielformat	XML, XSLT, ETL, Nachrichten-Broker, Altdatenübernahme	9, 4, 11, 13
Datenübertragung zum Datenabgleich	Trennung in Initialübertragung und Änderungsübertragung zur Aufwandsreduktion	ETL, Planungssysteme	4, 5
Datenverdichtung	Konzentration auf das Wesentliche	DWH	4
Definitions- vs. Laufzeit	Auswirkung der Festlegungen zur Definitionszeit auf die Laufzeit kennen; Abwägung, welche Schritte zu welcher Zeit stattfinden sollen	Web-Services, geschäftsprozessorientierte Integration	10, 12

Konzept	Inhalt/Zweck	Thema	Kapitel
Dynamischer Funktionsaufruf	Generisch Funktionen bereitstellen	BAdI, SAP Records Management, Web-Service	14, 10
Flaschenhals	Performanzengpass	Client-Server-Systeme	3
Indirektion	Änderungsfreundlichkeit	Systemlandschaft, abstrakter Bearbeiter	6, 2
Hierarchiebildung	Strukturierung, zur Übersichtlichkeit und einfachen Verarbeitung	XML, DWH	9, 4
Kapselung	Zusammenfassung zu einem „Ding“	Geschäftsobjekte	2
Kopieren vs. Referenzieren	Änderungsfreundlichkeit	ID eines Geschäftsobjekts, Referenzdaten	2
Namensraum	Namen eindeutig machen	Namensraum in XML, Eigenentwicklung	9, 14
Parallelisierung	Leistungssteigerung durch kürzere Durchlaufzeit	Geschäftsprozesse, DWH (Partitionierung, Domänen), Client/Server	2, 4, 3
Veröffentlichen und Abonnieren	Flexibles Koppeln von Sendern und Empfängern	Nachrichtenorientierte Integration	11
Replikation	Ausfallsicherheit	Client-Server-Systeme	3
Schichtenbildung	Beherrschung der Komplexität	Dreistufige Client-Server-Architektur	3
Schnittstellenbildung	Funktionale Dekomposition, Flexibilität, Änderungsfreundlichkeit	Geschäftsobjekte, WSDL	2, 10
Single Point of Failure	Kritische Stelle bzgl. Ausfallsicherheit	Client-Server-Systeme	3
Skalierung	Performanzsteigerung	Client-Server-Systeme	3
Speicher- vs. Rechenperformanz	Abgeleitete Information speichern oder jedes mal neu berechnen	Data Warehouse Systeme	4
Speicherhierarchie	Kosten und Zugriffsgeschwindigkeit verbessern	DWH, persistente Objekte, Hauptspeicherdatenbank, Tabellenpufferung, Archivierung	4, 2, 15
Standardisierung	Vereinfachung des Zusammenwirkens von Komponenten	XML, Web-Service	9, 10
Typ vs. Instanz	Schematische Beschreibung und Syntaxprüfung (Fehlervermeidung zur Laufzeit)	XML Schema, Geschäftsobjekte	9, 2

Konzept	Inhalt/Zweck	Thema	Kapitel
Vor die Klammer ziehen	In Analogie zum Distributivgesetz in der Mathematik: (a * b) + (a * c) = a * (b + c). Zur Redundanzfreiheit und Übersichtlichkeit	Client-Server-Systeme, Kopf- und Positionen	3, 2
Virtualisierung	U. a. leichtere Handhabung, ähnlich Schnittstellenbildung	Client-Server-Systeme, Geschäftsobjekte, Cloud-Computing, DWH	3, 2, 6, 4

Ende, es ist zu Ende,
es geht zu Ende,
es geht vielleicht zu Ende.
Pause.
Ein Körnchen kommt zum anderen,
eins nach dem anderen,
und eines Tages, plötzlich, ist es ein Haufen,
ein kleiner Haufen,
der unmögliche Haufen.
Endspiel
Samuel Beckett[2]

[2] Beckett S (1974) Endspiel. Suhrkamp Taschenbuch 171, erste Auflage 1974, Frankfurt a. M., S. 11.

Glossar[1]

ACID-Prinzip Eigenschaften einer Datenbanktransaktion: Atomarität, Konsistenz (Consistency), Isolation, Dauerhaftigkeit

Advanced Business Application Programming (ABAP) Programmiersprache von SAP für betriebswirtschaftliche Standardsoftware. Der größte Teil der Anwendungsprogramme von SAP ist in ABAP geschrieben.

analytisches System Anwendungssystem zur Auswertung bzw. Analyse von Daten

Anwendung unterschiedlich verwendet: (1) ein zusammengehöriger Teil eines Anwendungssystems („die Anwendung Einkauf"), (2) ein ganzes System („die Anwendung SAP ERP"), (3) ein Anwendungsprogramm („die Anwendung ‚Bestellung anlegen'"), (4) als Gegenpol zu „Technologie"

Anwendungsbasissystem Einem Anwendungssystem zugrundeliegende anwendungsunabhängige Software, welche zwischen der Systeminfrastruktur (Betriebssystem, Datenbanksystem) und den Anwendungsprogrammen vermittelt. Ein wichtiger Bestandteil: die Client-Server-Struktur, insbesondere die Applikationsserver.

Anwendungssystem Betriebliche Software, üblicherweise mit einer eigenen Datenbank. Beispiele: ein ERP-System, ein Data Warehouse System, ein Supply Chain Management System

API Application Programming Interface, d. h. eine Programmierschnittstelle einer Software, im Gegensatz zur Benutzerschnittstelle (grafische Benutzeroberfläche). Beispiel: BAPI

Applikationsserver Rechner, auf welchem betriebswirtschaftliche Anwendungsprogramme laufen

[1] Die Begriffserklärungen verstehen sich als kurze Beschreibungen, Verdeutlichungen und Gedächtnishilfen, weniger als Definitionen. Ich denke, dass sich die vollständige Bedeutung besser aus dem Text erschließt als aus mehrzeiligen Definitionsversuchen.

R. Weber, *Technologie von Unternehmenssoftware*, DOI 10.1007/978-3-642-24423-0,

asynchrone Kommunikation Die Kommunikationspartner sind nicht gleichzeitig tätig. Beispiele: E-Mail, Brief

Berechtigung Zugriffsschutzmechanismus für betriebliche Daten und Funktionen. Berechtigungen werden Mitarbeitern zugeordnet, damit sie ihre Aufgaben erfüllen können. Beispiel: die Berechtigung, eine Bestellung eines bestimmten Typs anlegen zu dürfen.

Bewegungsdaten Geben Geschäftsvorfälle wieder. Beispiele: Bestellung, Rechnung, Wareneingang

Business Application Programming Interface (BAPI) Betriebswirtschaftliche Programmierschnittstelle von SAP in Form einer Funktion, z. B. eine Bestellanforderung anlegen

Cache Pufferspeicher für den schnellen Datenzugriff

Cloud-Computing Statt Software kaufen und auf dem eigenen Rechner installieren per Internet auf bei einem Anbieter installierte Software zugreifen

Comma Separated Values (CSV) Datenaustauschformat, bei dem die Daten in einer Datei durch Kommas oder ähnliche Trennzeichen getrennt sind

Content Management System Softwaresystem zum Speichern von unstrukturierten Daten, insbesondere Dokumenten und Bildern

Customizing Anpassung von Standardsoftware an ein Unternehmen durch Setzen von Parametern, mit Auswirkung auf alle Benutzer. Beispiele: den Aufbau der Bildschirmmasken zum Anlegen einer Bestellung einstellen, mögliche Zahlungsbedingungen an Lieferanten festlegen

Dialog Bearbeitung über eine Benutzeroberfläche. Gegenteil: Hintergrundverarbeitung. Beispiel: Anlegen einer Bestellung über eine Bildschirmmaske

Dienst (Service) In Unternehmenssoftware eine Zusammenfassung von ähnlichen Funktionen, erbracht von einem Dienstanbieter, nutzbar von Dienstverbrauchern

dreistufige Client-Server-Architektur In Anwendungssystemen wie SAP R/3 verwendete technische Architektur, bestehend aus Datenbankserver, Applikationsservern und Präsentationsservern (Clients)

Dynamic Link Library (DLL) Softwarebibliothek, welche dynamisch erst beim Ablauf des Programms gebunden wird, nicht bereits zur Entwicklungszeit

dynamisches Binden Zur Laufzeit Dienst suchen und Verbindung dazu aufbauen, im Gegensatz zur Entwicklungszeit

Einführungsprojekt Projekt zur Einführung von Standardsoftware in einem Unternehmen. Umfasst alle Aktivitäten nach dem Kauf bis zum Betrieb der Software, insbesondere die Anpassung der Software an die Unternehmensbedürfnisse

Electronic Data Interchange (EDI) Verfahren zum zwischenbetrieblichen Datenaustausch, wobei Geschäftsdaten in einem Datenaustauschformat kodiert über einen Kommunikationskanal fließen. Beispiel: EDIFACT

Enterprise Resource Planning (ERP) Operatives, integriertes Anwendungssystem, welches weitgehend die innerbetriebliche Datenverarbeitung abdeckt. Typische Beispiele: SAP R/3 und SAP ERP

Ereignis Gibt Zustandsänderung eines Geschäftsobjekts wieder. Beispiele: Bestellanforderung angelegt, Bestellanforderung geändert, Bestellanforderung freigegeben

Extraktion, Transformation, Laden (ETL) Prozess, gemäß dem Daten von Datenquellen (Extraktion) in ein analytisches System gelangen (Laden). Zur Bereinigung und Vereinheitlichung der Daten werden sie transformiert.

Funktionsbaustein SAP-Bezeichnung für eine Funktion (vereinfacht gesprochen)

Geschäftsdatum Komplexe Datenstruktur, welche Daten eines Unternehmens zusammenfasst, gespeichert in einer Datenbank. Beispiele: ein Lieferant, eine Bestellung

Geschäftsobjekt Konzeptuell objektorientiertes Modell für ein Geschäftsdatum. Neben den Attributen kommen also Methoden und eventuell Ereignisse hinzu. Beispiel: eine Rechnung, mit Methoden wie „anlegen" und „ändern"

Hintergrundverarbeitung Ausführung einer Funktion ohne Benutzeroberfläche. Beispiel: Gehaltsabrechnung

Historisierung Daten mit Zeitbezug ablegen statt nur den aktuellen Wert speichern

HTTP-POST Methode (Funktion) des Protokolls HTTP. Damit können Daten in einer Anfragenachricht an einen URI gesendet werden und das Ergebnis in einer Antwortnachricht zurückerhalten werden. Eine synchrone Kommunikationsform

IDES Modellunternehmen von SAP, realisiert in einem Mandaten eines SAP-Systems, verwendet für Demos und Schulungen

LDAP Das Lightweight Directory Access Protocol dient zum Zugriff auf ein Verzeichnis. Jenes enthält insbesondere Daten über Benutzer, wie E-Mail-Adressen oder öffentliche Schlüssel zur Datenverschlüsselung, und Rechner (wie Serveradressen)

Middleware Anwendungsunabhängige Software, die Kommunikations-, Vermittlungs- und Integrationsdienste bietet. Nicht scharf umrissener Begriff, weitgehend wie „Anwendungsbasissystem" verwendet.

Modifikation Änderung des Programmcodes von Standardsoftware durch ein Unternehmen, ohne dass diese Änderung vom Softwareanbieter vorgesehen ist

operatives System Anwendungssystem für das Tagesgeschäft. Typisches Beispiel: ein ERP-System

Organisationseinheit Customizing-Daten in SAP-Software, welche die Organisationsstruktur eines Unternehmens abbilden. Beispiele: Einkaufsorganisation, Werk

persistentes Datum Dauerhaft, meist in der Datenbank gespeichertes Datum

Publish-and-Subscribe-Prinzip Kommunikationsprinzip, bei dem der Sender ein Datum ohne Empfängerbezug sendet, empfangen wird es von allen Abonnenten

Remote Function Call (RFC) Eine dem RPC vergleichbare Technik des entfernten Funktionsaufrufs von SAP

Remote Procedure Call (RPC) Entfernter, programmiersprachen- und rechnerübergreifender Prozedur- bzw. Funktionsaufruf

Rollback „Rückrollen" einer (gescheiterten) Datenbanktransaktion, womit begonnene Änderungen rückgängig gemacht werden

Rolle Menge von Funktionen und Berechtigungen zur Zuordnung an Benutzer. Beispiele: die Rolle „Einkäufer", die Rolle „Mitarbeiter", die Rolle „Manager"

SAP Business Suite Umfasst verschiedene Produkte nämlich SAP ERP, SAP CRM, SAP SRM, SAP SCM, SAP PLM

SAP ERP ERP-Software von SAP, der Nachfolger von SAP R/3

SAP NetWeaver Basistechnologie von SAP, weitgehend zu verstehen wie der Begriff „Anwendungsbasissystem"

serviceorientierte Architektur (SOA) Organisatorisches und Softwarearchitekturprinzip, wonach Software als eine zusammengeschaltete Menge wiederverwendbarer Dienste (Services, Funktionen) gestaltet wird

Signatur In der Softwaretechnik die syntaktische Schnittstelle einer Funktion oder Methode, d. h. die Namen, Typen und Arten (Ein-, Ausgabe, Übergabemechanismus) der Parameter

Single Sign-on Technisches Verfahren, womit ein Benutzer mit nur einer Anmeldung in einer Systemlandschaft auskommt

Skalierbarkeit Steigerung der Leistung durch Hinzufügen weiterer, gleichartiger Komponenten. Beispiel: Hinzufügen eines weiteren Applikationsservers in einer dreistufigen Client-Server-Architektur

SQL Structured Query Language, die Standardsprache für Datenzugriffe in relationalen Datenbanksystemen

Stammdaten Daten, die eine lange Relevanz für Geschäftsvorfälle haben und dort referenziert werden, selbst aber keine Geschäftsvorfälle wiedergeben. Beispiele: Lieferant, Material

Supply Chain Management (SCM) Methoden und Techniken zur Unterstützung der Logistikkette, idealerweise über mehrere Stufen (Lieferant, Produzent, Kunde)

synchrone Kommunikation Die Kommunikationspartner sind gleichzeitig tätig. Beispiel: Telefon

Systemlandschaft Anwendungssysteme eines Unternehmens und ihre Verbindungen untereinander

Thread Leichtgewichtiger Prozess bei Betriebssystemen

Transaktion Bei Datenbanksystemen: Datenbanktransaktion. Bei SAP: ein Anwendungsprogramm, meist mit Benutzerdialog. Beispiele: Lieferant anlegen, Bestellung ändern

Unified Modeling Language (UML) Grafische Notation zur Softwaremodellierung von der OMG, enthält z. B. Klassendiagramme

Web Dynpro Benutzeroberflächentechnologie von SAP für Web-Anwendungen, erhältlich in Ausführungen für ABAP und Java

Web-Service Funktion ohne Dialog, welche über Web-Protokolle aufgerufen werden kann

Workflow Durch ein Workflow-System unterstützter, teilautomatisierter Geschäftsprozess

XML eXtensible Markup Language (XML). Sprache, welche heute für den Datenaustausch populär ist

XML Schema Sprache zur Beschreibung von Datentypen in XML

Literaturverzeichnis

Weiterführende Literatur

Alonso, G., Casati, F., Kuno, H., Machiraju, V.: Web Services. Springer, Berlin Heidelberg New York (2004)

Balla, J., Layer, F.: Produktionsplanung mit SAP APO, 2. Aufl. Galileo Press, Bonn (2010)

Banner, M., Latka, B., Schroth, R., Spee, M.: Praxishandbuch SAP NetWeaver Portal. Galileo Press, Bonn (2008)

Bauer, A., Günzel, H. (Hrsg): Data-Warehouse-Systeme, 3. Aufl. dpunkt, Heidelberg (2009)

Baun, C., Kunze, M., Nimis, J., Tai: Cloud Computing, 2. Aufl. Springer, Berlin Heidelberg New York (2011)

Bothe, M., Nissen, V. (Hrsg): SAP APO in der Praxis. Vieweg, Wiesbaden (2003)

Buck-Emden, R.: Die Technologie des SAP-Systems R/3, 4. Aufl. Addison-Wesley, München (1999)

Burke, B., Monson-Haefel, R.: Enterprise JavaBeans 3.0. O'Reilly Media, Sebastopol (2006)

Coulouris, G., Dollimore, J., Kindberg, T.: Verteilte Systeme, 3. Aufl. Pearson Studium, München (2002)

Dickersbach, J.T., Keller, G., Weihrauch, K.: Produktionsplanung und -steuerung mit SAP, 2. Aufl. Galileo Press, Bonn (2006)

Föse, F., Hagemann, S., Will, L.: SAP NetWeaver AS ABAP – Systemadministration, 3. Aufl. Galileo Press, Bonn (2008)

Freund, J., Rücker, B.: Praxishandbuch BPMN 2.0, 2. Aufl. Hanser, München (2010)

Gadatsch, A.: Grundkurs Geschäftsprozessmanagement, 6. Aufl. Vieweg+Teubner, Wiesbaden (2010)

Gatling, G., et al.: Workflow-Management mit SAP, 2. Aufl. Galileo Press, Bonn (2009)

Harold, E.R., Means, W.S.: XML in a Nutshell, 3. Aufl. O'Reilly, Sebastopol (2005)

Heilig, L., Karch, S.: SAP NetWeaver, 2. Aufl. Galileo Press, Bonn (2008)

Heilig, L., Karch, S., Böttcher, O., Hofmann, C.: SAP NetWeaver Master Data Management. Galileo Press, Bonn (2006)

Hengevoss, W., Linke, A.: SAP NetWeaver System Landscape Directory. Galileo Press, Bonn (2009)

Hoppe, M.: Absatz- und Bestandsplanung mit SAP APO. Galileo Press, Bonn (2007)

Huvar, M., Falter, T., Fiedler, T., Zubev, A.: Anwendungsentwicklung mit Enterprise SOA. Galileo Press, Bonn (2008)

Illik, J.A.: Verteilte Systeme. Expert, Renningen (2007)

Keller, H., Krüger, S.: ABAP Objects, 3. Aufl. Galileo Press, Bonn (2006)

Kemper, H.G., Baars, H., Mehanna, W.: Business Intelligence, 3. Aufl. Vieweg+Teubner, Wiesbaden (2010)

Kösegi, A., Nerding, R.: SAP-Änderungs- und Transportmanagement, 3. Aufl. Galileo Press, Bonn (2009)

Krafzig, D., Banke, K., Slama, D.: Enterprise SOA. Mitp, Heidelberg (2007)

Lehnert, V., Bonitz, K.: SAP-Berechtigungswesen. Galileo Press, Bonn (2010)

Mandl, P.: Master-Kurs Verteilte betriebliche Informationssysteme. Vieweg+Teubner, Wiesbaden (2009)

Marx Gomez, J., Rautenstrauch, C., Cissek, P., Grahlher, B.: Einführung in SAP Business Information Warehouse. Springer, Berlin Heidelberg (2006)

Marx Gomez, J., Rautenstrauch, C., Cissek, P.: Einführung in SAP Business Intelligence mit SAP NetWeaver 7.0. Springer, Berlin Heidelberg (2009)

Mehrwald, C.: Datawarehousing mit SAP BW 7. 5., korr. Aufl. dpunkt, Heidelberg (2010).

Muir, N., Kimbell, I.: Discover SAP, 2. Aufl. Galileo Press, Bonn (2009)

Nicolescu, V., Klappert, K., Krcmar, H.: SAP NetWeaver Portal. Galileo Press, Bonn (2007)

Papazoglou, M.P.: Web Services: Principles and Technology. Prentice-Hall, Upper Saddle River (2007)

Pohl, T., Peter, M.: Entwicklung von Enterprise Services für SAP. Galileo Press, Bonn (2009)

Schneider, T.: SAP-Performanceoptimierung, 6. Aufl. Galileo Press, Bonn (2010)

Schwaninger, J.: ABAP – Programmierung für die SAP-Materialwirtschaft – User-Exits und BAdIs. Galileo Press, Bonn (2010)

Snapp, S.: Discover SAP SCM. Galileo Press, Bonn (2010)

Tanenbaum, A., van Steen, M.: Verteilte Systeme, 2. Aufl. Pearson Studium, München (2007)

W3 C: XML Schema Part 0: Primer, second edition. http://www.w3.org/TR/2004/REC-xmlschema-0-20041028/primer.html (2004). Abgerufen am 10.10.2011

Wolf, F.K., Yamada, S.: Datenmodellierung in SAP NetWeaver BW. Galileo Press, Bonn (2010)

Zitierte Literatur und Quellen

van der Aalst, W.: Process Mining. Springer, Berlin Heidelberg New York (2011)

Back, T., Füchsle, M., Reimitz, U.: SAP Web Client. Galileo Press, Bonn (2010)

Bartsch, H., Teufel, T.: Supply Chain Management mit SAP APO. Galileo Press, Bonn (2000)

Becker, M.: Introduction to SAP Business ByDesign – Flexiblity, Extensibility and SDK. Session des SAP University Alliances Program. Walldorf, 06.10.2011 (2011)

Bögelsack, A., Wittges, H., Krcmar, H.: Virtualisierung von SAP-Systemen. Galileo Press, Bonn (2010)

Bretzke, W.R.: „SCM Collaboration" und „4PL's": Bemerkungen über die Grenzen eines Paradigmas. Logistikmanagement **4**(1), 41–44 (2002)

Dadam, P., Reichert, M., Rinderle-Ma, S.: Prozessmanagementsysteme: Nur ein wenig Flexibilität wird nicht reichen. Informatik-Spektrum **34**(4), 364–376 (2011)

Davidenkoff, A., Werner, D.: Globale SAP-Systeme – Konzeption und Architektur. Galileo Press, Bonn (2008)

Egger, N., Fiechter, J.M., Rohlf, J.: SAP BW Datenmodellierung. Galileo Press, Bonn (2004)

Esswein, W., Weller, J.: Unternehmensarchitekturen – Grundlagen, Verwendung und Frameworks. HMD – Praxis der Wirtschaftsinformatik **2008**(262), 6–18 (2008)

Fielding, R.T.: Architectural Styles and the Design of Network-based Software Architectures. University of California, Irvine (2000). Dissertation

Fischer, O.: Private Kommunikation. 17.10.2011 (2011)

Gronau, N.: Enterprise Resource Planning: Architektur, Funktionen und Management von ERP-Systemen, 2. Aufl. Oldenbourg, München (2010)

Großmann, M., Koschek, H.: Unternehmensportale – Grundlagen, Architekturen, Technologien. Springer, Berlin Heidelberg New York (2005)

Gulyássy, F., Hoppe, M., Isermann, M., Köhler, O.: Disposition mit SAP. Galileo Press, Bonn (2009)

Hammer, M., Champy, J.: Reengineering the Corporation. Addison-Wesley, Reading, MH (1994)

Havey, M.: Essential Business Process Modeling. O'Reilly Media, Sebastopol (2005)

Hellberg, T.: Einkauf mit SAP MM, 2. Aufl. Galileo Press, Bonn (2009)

Hesseler, M., Görtz, M.: Basiswissen ERP-Systeme. W3 L, Herdecke, Witten (2008). 1. korrigierter Nachdruck

Hufgard, A., Krüger, S.: SAP Business ByDesign. Galileo Press, Bonn (2011)

Inmon, W.H.: Building the Data Warehouse, 1. Aufl. John Wiley, New York, Chichester et al. (1993)

Java Community Process: JSR-000168 Portlet Specification. http://www.jcp.org/ja/jsr/detail?id=168 (2003). Abgerufen am 24.05.2011

Java Community Process: JSR-000286 Portlet Specification 2.0 http://www.jcp.org/en/jsr/detail?id=286 (2008). Abgerufen am 31.05.2011

jBPM5 http://www.jboss.org/jbpm (2011). Abgerufen am 28.09.2011

Kaplan, M., Oehler, C.: SAP Enhancement Packages – Funktionsweise und Implementierung, 2. Aufl. Galileo Press, Bonn (2011)

Keller, W.: IT-Unternehmensarchitektur. dpunkt, Heidelberg (2007)

Kießwetter, M., Gulis, G., Vahlkamp, D., Arrenbrecht, A.: Praxishandbuch Unternehmensplanung mit SAP. Galileo Press, Bonn (2010)

Krimmel, M., Orb, J.: SAP NetWeaver Process Integration, 2. Aufl. Galileo Press, Bonn (2009)

Kurzidim, M.: Praxis: In-Memory-Appliance SAP HANA. http://www.computerworld.ch/businesspraxis/artikel/praxis-in-memory-appliance-sap-hana-57722/5/ (2011). Abgerufen am 07.12.2011

Lehmann, S., Buxmann, P.: Preisstrategien von Software-Anbietern. Wirtschaftsinformatik **51**(6), 519–529 (2009)

Lehnert, V., Bonitz, K.: SAP-Berechtigungswesen. Galileo Press, Bonn (2010)

Leymann, F., Roller, D.: Production Workflow. Prentice Hall, Upper Saddle River, NJ (1999)

✓ van Lessen, T., Lübke, D., Nitzsche, J.: Geschäftsprozesse automatisieren mit BPEL. dpunkt, Heidelberg (2011)

Lorenz, P., Eichin, R.: Technologische Innovationen. In: Hufgard, A., Krüger, S. (2011)

Mehrwald, C.: Datawarehousing mit SAP BW 7. dpunkt, Heidelberg (2010). 5. korrigierte Aufl.

✓ Mertens, P.: Integrierte Informationsverarbeitung. Operative Systeme in der Industrie, 17. Aufl. Bd 1. Gabler, Wiesbaden (2009)

Mertens, P., Hofmann, J.: Aktionsorientierte Datenverarbeitung. Informatik-Spektrum **9**(6), 323–333 (1986)

Mertens, P., Meier, M.: Planungs- und Kontrollsysteme in der Industrie, 10. Aufl. Integrierte Informationsverarbeitung. Bd 2. Gabler, Wiesbaden (2008)

OASIS: http://www.oasis-open.org/specs/index.php#wssv1.0 (2002). Abgerufen am 27.09.2011

OASIS Technical Committee Web Service Business Execution Language, Version 2.0, April 2007. http://docs.oasis-open.org/wsbpel/2.0/OS/webpel-v2.0.html (2007)

OASIS: Web Services for Remote Portlets. Specification v2.0 http://docs.oasis-open.org/wsrp/v2/wsrp-2.0-spec-os-01.html (2008). Abgerufen am 31.05.2011

Plattner, H., Zeier, A.: In-Memory Data Management. Springer, Berlin Heidelberg New York (2011)

Rechenberg, P.: Was ist Informatik, 4. Aufl. Hanser, München (2006)

Repschläger, J., Pannicke, D., Zarnekow, R.: Cloud Computing: Definitionen, Geschäftsmodelle und Entwicklungspotentiale. HMD – Praxis der Wirtschaftsinformatik **2010**(275), 6–15 (2010)

Rickayzen, A., Dart, J., Brennecke, C., Schneider, M.: Workflow-Management mit SAP, 1. Aufl. Galileo Press, Bonn (2002)

SAP: http://help.sap.com/saphelp_scm70/helpdata/de/2e/2c8e39b7b3972ce10000000a114084/frameset.htm (2011). (SAP-Online-Hilfe zu Supply-Chain-Collaboration) Abgerufen am 30.04.2011

Schäfer, M., Melich, M.: SAP Solution Manager, 3. Aufl. Galileo Press, Bonn (2011)

Scheer, A.W.: Wirtschaftsinformatik – Referenzmodelle für industrielle Geschäftsprozesse, 7. Aufl. Springer, Berlin Heidelberg New York (1997)

Schmitt, T.: SAP / .Net Prozessintegration. entwickler.press, Unterhaching (2007)

Schroeder, N., Spinola, U., Becker, J.: SAP Records Management, 2. Aufl. Galileo Press, Bonn (2009)

Sebestyen, T.J.: XML. Pearson, München (2010)

Software AG: webMethods Tamino http://www.softwareag.com/Corporate/products/wm/tamino/default.asp (2011). Abgerufen am 04.06.2011

Stefani, H.: Datenarchivierung mit SAP, 2. Aufl. Galileo Press, Bonn (2007)

Stumpe, J., Orb, J.: SAP Exchange Infrastructure. Galileo Press, Bonn (2005)

Trapp, T.: XML für ABAP-Entwickler, 2. Aufl. Galileo Press, Bonn (2010)

Walmsley, P.: Definitive XML Schema. Prentice Hall PTR, Upper Saddle River, NJ (2002)

Web Services Interoperability Organization: WS-I Basic Profile http://www.ws-i.org/deliverables/workinggroup.aspx?wg=basicprofile (2011). Abgerufen am 10.08.2011

Weinhardt, C., Anandasivam, A., Blau, B., Borissov, N., Meinl, T., Michalk, W., Stößer, J.: Cloud-Computing – Eine Abgrenzung, Geschäftsmodelle und Forschungsgebiete. Wirtschaftsinformatik **51**(5), 453–462 (2009)

Weske, M.: Business Process Management. Springer, Berlin Heidelberg New York (2007)

Willinger, M., Gradl, J.: Datenmigration in SAP, 2. Aufl. Galileo Press, Bonn (2007)

Workflow Management Coalition (WfMC): The Workflow Reference Model. Document Number WFMC-TC-1003 http://www.wfmc.org/standards/docs/tc003v11.pdf (1995). Abgerufen am 28.02.2011

Zencke, P.: Eine neue Geschäftsplattform für mittelgroße Firmen. In: Hufgard, A., Krüger, S. (2011)

Zitzelsberger, A.: Private Kommunikation. 20.10.2011 (2011)

Zurek, T.: HANA and BW 7.30 – Part 1 http://www.sdn.sap.com/irj/scn/weblogs?blog=/pub/wlg/25122 (2011). Abgerufen am 09.12.2011

Sachverzeichnis

Printed by Printforce, the Netherlands